W0268178

ALLE · ZEIT · WACH
1842

Der Laser

Grundlagen und klinische Anwendung

Herausgegeben von
K. Dinstl und P.L. Fischer

Unter Mitarbeit von F. Aussenegg, B.R. Binder, K. Burian, K. Dinstl, H. Fanta, P.L. Fischer, H.J. Härb, F. Heppner, A. Hofstetter, I. Kaplan, P. Kiefhaber, M.E. Lippitsch, E. Mester, T. Ohshiro, H. Platz, H. Plenk jr., C.F. Rothauge, H.F. Schellhas

Mit 107, zum Teil farbigen Abbildungen und 24 Tabellen

Springer-Verlag
Berlin Heidelberg GmbH 1981

Prof. Dr. med. Karl Dinstl, Univ. Professor für Chirurgie an der Universität Wien, Vorstand der 1. Chirurgischen Abteilung der Krankenanstalt „Rudolfstiftung", Juchgasse 25, A-1030 Wien

Dr. phil. P. Leander Rudolf Fischer, Physiker am Ludwig-Boltzmann Institut für Laserchirurgie, Professor am Schottengymnasium (Benediktiner-Pater), Freyung 6, A-1010 Wien

ISBN 978-3-642-68009-0 ISBN 978-3-642-68008-3 (eBook)
DOI 10.1007/978-3-642-68008-3

CIP-Kurztitelaufnahme der Deutschen Bibliothek
Der Laser/hrsg. von K. Dinstl u. P.L. Fischer. Unter Mitarb. von:
F. Aussenegg. . . – Berlin; Heidelberg; New York: Springer, 1981.

NE: Dinstl, Karl [Hrsg.]; Aussenegg, Franz [Mitverf.]

2119/3321-543210

Inhaltsverzeichnis

Mitarbeiterverzeichnis

Aussenegg, F., Univ. Prof. Dr., Leiter der Abteilung für Elektrooptik und Kurzzeitphysik am Institut für Experimentalphysik der Universität Graz, Universitätsplatz 5, A-8010 Graz

Binder, B.R., Univ. Doz. Dr., Physiologisches Institut der Universität Wien, Schwarzspanierstr. 17, A-1090 Wien

Burian, K., Univ. Prof. Dr., Vorstand der 2. Universitätsklinik für HNO, Wien, Alserstr. 4, A-1090 Wien

Dinstl, K., Univ. Prof. Dr., Vorstand der 1. Chirurgischen Abteilung der Krankenanstalt Rudolfstiftung und des Ludwig Boltzmann Institutes für Laserchirurgie in Wien, Juchgasse 25, A-1030 Wien

Fanta, H., Univ. Prof. Dr., ehem. Vorstand der Augenabteilung der Krankenanstalt Rudolfstiftung in Wien, Ferstelgasse 4, A-1090 Wien

Fischer, P.L., Prof. Dr., Ludwig-Boltzmann Institut für Laserchirurgie in Wien, Professor am Schottengymnasium in Wien, Freyung 6, A-1010 Wien

Härb, H.J., Oberarzt Dr., 1. Chirurgische Abteilung der Krankenanstalt Rudolfstiftung, Juchgasse 25, A-1030 Wien

Heppner, F., Univ. Prof. Dr., Vorstand der Universitätsklinik für Neurochirurgie in Graz, Landeskrankenhaus A-8036 Graz

Hofstetter, A., Univ. Prof. Dr., Urologische Klinik und Poliklinik der Universität München, Thalkirchner Str. 48, D-8000 München 2

Kaplan, I., Univ. Prof. M.D., Department of Plastic Surgery, Beilinson Hospital Center, Petah Tikva, Israel

Kiefhaber, P., Primarius Dr., Stadtkrankenhaus in Traunstein, D-8220 Traunstein

Lippitsch, M.E., Assistent Dr., Institut für Experimentalphysik der Universität Graz, Universitätsplatz 5, A-8010 Graz

Mester, E., Univ. Prof. Dr., Orvostovabbkepzö Intezet, Szaboles utca 35, Budapest XIII

Ohshiro, T., Director Dr., Ohshiro Clinic of Plastic and Reconstractive Surgery Shuwa-Kioicho, TBR Building 608, 5–7 Kojimachi, Chiyoda-ku, Tokyo 102, Japan

Platz, H., Assistent Dr., Allgemeines Öffentliches Krankenhaus in Linz, Krankenhausstr. 9, A-4020 Linz

Plenk, H. jr., Univ. Doz. Dr., Histologisches Institut der Universität Wien, Schwarzspanierstr. 17, A-1090 Wien

Rothauge, C.F., Univ. Prof. Dr., Lehrstuhl und Abteilung für Urologie der Justus Liebig Universität in Gießen, Klinikstr. 37, D-6300 Gießen

Schellhas, H.F., Associate Prof., M.D., Radiation Oncology Department of Obstetrics and Gynecology, University of Cincinnati, College of Medicine, 231 Bethesda Avenue, Cincinnati, Ohio 45267 USA

Vorwort

In rund zwei Jahrzehnten hat sich die Entdeckung des Lasers als ungemein fruchtbar erwiesen, nicht nur für die Physik selbst (nichtlineare Optik), sondern auch darüber hinaus in den verschiedenen Zweigen der Naturwissenschaft und Technik. Aus der Fülle des Stoffes und der Vielfalt der Anwendungen kann das vorliegende Buch nur eine Auswahl bieten, wobei die Biologie und Medizin besonders berücksichtigt wurden. Nicht nur der Arzt, sondern auch jeder naturwissenschaftlich Interessierte sowie der Student soll mit einem minimalen Aufwand an mathematisch-physikalischen Formalismen in das Verständnis des Lasers und seiner Aufgaben eingeführt werden. Vom Einfachen zum Schwierigen aufsteigend soll der Leser die Begriffe der Laserphysik verstehen lernen, um dann selbst imstande zu sein, weiter in die Literatur eindringen zu können.

Der historische Abschnitt kann ohne Einbuße des Verständnisses der folgenden Teile übergangen werden. Das *Glossar* bringt nicht nur die englischen Fachausdrücke der Laserphysik, sondern vertieft auch den vorher bearbeiteten Stoff. Außer den SI-Einheiten werden auch andere ältere Einheiten verwendet.

Ein besonderer Dank gebührt Prof. Dr. Aussenegg, dem Leiter der Abteilung für Elektrooptik und Kurzzeitphysik am Institut für Experimentalphysik der Universität Graz, für seine wertvolle Mitarbeit am physikalischen Teil, und Prof. Dr. Dinstl, dem Vorstand der 1. Chirurgischen Abteilung der Krankenanstalt Rudolfstiftung und des Ludwig-Boltzmann-Institutes für Laserchirurgie in Wien, der seine ärztlichen Kollegen für medizinische Beiträge gewinnen konnte. Ein herzlicher Dank sei ausgedrückt Dr. Kerber, Dr. Richart und allen Angestellten der Zentralbibliothek der Physikalischen Institute in Wien, die stets hilfsbereit die nötige Literatur zur Verfügung stellten.

Wien, im März 1981 Dr. P.L. Fischer

1 Geschichte

Der Laser, 1960 erstmalig von Maiman realisiert, hat heutzutage fast alle Zweige der Naturwissenschaft und Technik erobert. Bei dieser Strahlungsquelle kommen Erkenntnisse zum Tragen, die schon in früherer Zeit gewonnen wurden; einige davon sollen in Kap. 1.1 kurz angedeutet werden. Der Laser ist keine Zufallsentdeckung, sondern das Ergebnis langjähriger systematischer Forschung. Es wurde versucht, die im Mikrowellenbereich gelungene Verstärkung durch stimulierte Emission (*m*icrowave *a*mplification by *s*timulated *e*mission of *r*adiation: Maserprinzip) auch im optischen Spektralbereich zu erreichen. Daher wird in Kap. 1.2 einiges aus der Geschichte des Masers mitgeteilt. In Kap. 1.3 ist dann die Entwicklung des Lasers aufgezeigt. Von den vielfältigen Anwendungen kann nur eine bescheidene Auswahl unter besonderer Berücksichtigung der Biologie und Medizin gegeben werden.

Zur Quellenangabe im historischen Teil sei folgendes bemerkt: Ein Asteriskus oder eine Jahreszahl neben dem Namen weist darauf hin, daß die entsprechende Publikation im Literaturverzeichnis zu finden ist; dem interessierten Leser wird empfohlen, den oft recht aufschlußreichen Titel nachzusehen.

1.1 Wichtige Erkenntnisse vor 1950

1800: Herschel entdeckt das Infrarot im Spektrum Sonne.

1813: Brewster. Der Polarisationswinkel ist dadurch bestimmt, daß der gebrochene Strahl auf dem an der Grenzfläche reflektierten normal steht.

1831: Faraday entdeckt die elektromagnetische Induktion.

1845: Faraday. Drehung der Schwingungsebene polarisierten Lichtes bei der Ausbreitung längs der magnetischen Kraftlinien (magnetooptisches Phänomen).

1862: Maxwell veröffentlicht im *Philosophical Magazine* die nach ihm benannten Gleichungen.

1875: Kerr. Bestimmte Stoffe werden im elektrischen Feld doppelbrechend (elektrooptischer Kerr-Effekt).

1886: Hertz gelingt die erste Übertragung elektromagnetischer Wellen.

1887: Hertz beobachtet als erster den lichtelektrischen Effekt (später Hallwachs und andere).

1895–1898: Boltzmann „Vorlesungen über Gastheorie".

1900: Planck* begründet die *Quantentheorie.*

1905: Einstein* nimmt an, daß es Energiequanten des Lichtes gäbe (Hypothese der Lichtquanten).

1911: Rutherford erkennt, daß der Großteil der Atommasse im »Kern« konzentriert ist (Kernmodell).

1913: Bohr. Zwei Postulate: 1) strahlungslose Quantenbahnen, 2) Frequenzbedingung $E_a - E_e = h\nu$.

1917: Einstein*. Ein Molekül (Resonator) im Strahlungsfeld kann nicht nur Energie aufnehmen (Absorption), sondern auch *abgeben* („negative Absorption“, induzierte Emission).

1919: Sommerfeld*. Erste zusammenfassende Atomphysik.

1927: Heisenberg. Unbestimmtheitsbeziehung.

1928: Grotrian*. Termschemata der Elemente. Raman beobachtet fast gleichzeitig mit anderen den 1923 von Smekal vorausgesagten Effekt der Lichtstreuung an den Molekülen.

Kopfermann und Ladenburg* beobachten bei elektrisch zum Leuchten angeregtem Neon ein Absinken der anomalen Dispersion mit steigender Stromstärke und beweisen, daß dies nur durch Anwachsen der Zahl der Atome im höheren Energiezustand zu erklären ist. Dies ist der erste Experimentalbeweis für die induzierte Emission.

1948: Gabor* versucht das Auflösungsvermögen des Elektronenmikroskops durch einen Zweischrittprozeß zu verbessern: Elektronische Analyse, optische Synthese. Er hat die Grundlagen der Holographie geschaffen.

1.2 Entwicklung des Masers, 1950–1959

Nach dem Zweiten Weltkrieg hat die Mikrowellentechnik um 1950 einen hohen Stand erreicht. Um diese Zeit etwa reift nach Lengyel (1966) in verschiedenen Laboratorien der Gedanke, Mikrowellen durch stimulierte Emission zu verstärken (Maser). Wichtige Publikationen aus diesem Gebiet sind im folgenden angeführt.

1951: Purcell und Pound* können bei Experimenten mit einem Lithiumfluoridkristall im Magnetfeld Inversion nachweisen.

Fabrikant. Patent Nr. 123209 vom 18. Juni 1951: „Ein Verfahren zur Verstärkung elektromagnetischer Strahlung (Ultraviolett, sichtbares Licht, Infrarot, Radiowellen), das sich von anderen dadurch unterscheidet, daß die verstärkte Strahlung durch ein Medium geleitet wird, das mit Hilfe zusätzlicher Strahlung oder auf andere Weise eine übergroße Konzentration von Atomen, anderen Partikeln oder Systemen auf höheren Energieniveaus, die angeregten Zuständen entsprechen, hervorruft.“ Zitiert nach Kassel 1963).

1953: Weber*. Mikrowellen können verstärkt werden, wenn sich *mehr* Oszillatoren im angeregten, als im energieärmeren Zustand befinden.

1954: Gordon, Zeiger und Townes* berichten über das Funktionieren des ersten Masers. Beim Einschießen eines Strahles angeregter Ammoniakmoleküle in einen abgestimmten Hohlraum entsteht infolge stimulierter Emission kohärente Strahlung; dieser Mikrowellenoszillator arbeitet bei einer Frequenz von 23870 MHz ($\lambda = 1{,}25$ cm). Eine spannende Schilderung der Details dieser Entdeckung und des Lasers gibt Carroll (1964).

Basov und Prokhorov* stellen um fast dieselbe Zeit erst theoretische Betrachtungen über die Verwendbarkeit von Molekularstrahlen zur Mikrowellenspektroskopie an; eingehende Berechnungen.

1955: Basov und Prokhorov* erwägen das Dreiniveausystem bei Gasmasern.

1956: Bloembergen* denkt unabhängig von den russischen Forschern ebenfalls an ein Dreiniveausystem, der neue Masertyp soll mit einem Festkörper arbeiten.

Scovil, Feher und Seidel (1957) gelingt es noch im selben Jahr, den Vorschlag von Bloembergen zu verwirklichen. Sie verwenden einen Lanthanäthylsulfatkristall mit 0,5% Gd^{+++} und 0,2% Ce^{+++} bei der Temperatur des flüssigen Heliums; Frequenz 9 GHz.

Manenkov und Prokhorov beobachten Feinstrukturlinien paramagnetischer Resonanz auch bei Raumtemperatur (zitiert nach Kassel 1963).

1957: Feher, Gordon, Buehler, Gere und Thurmond (1958). Erster gepulster Festkörpermaseroszillator im Zweiniveausystem.

Makhov, Kikuchi, Lambe und Terhune (1959) gelang es erstmalig, mit einem Rubin Masertätigkeit zu erzeugen. Zum Pumpen diente ein Klystron.

Butayeva und Fabrikant beobachten Inversion und Verstärkung bei einem Gemisch von Metalldampf mit einem Puffergas (zitiert nach Kassel 1963).

1958: Basov, Bul und Popov. Patent vom 7. Juli 1958 für Maser mit Halbleitermaterialien (zitiert nach Kassel 1963). Diese Autoren haben die Prinzipien für Halbleitermaser erst später (1960) publiziert.

Schawlow und Townes* überdenken Probleme und Aspekte, die sich bei der Erweiterung der Masertechnik auf den infraroten und sichtbaren Spektralbereich ergeben: neue Möglichkeiten für die Spektroskopie.

1959: Javan* und Sanders* schlagen vor, die Inversion durch Elektronenstöße in einer Gasentladung (Gemisch von Neon mit Helium) zu erreichen.

Zeiger stellt Betrachtungen über die Masertätigkeit bei Halbleitern an (zitiert nach Quist et al. 1962).

1.3 Das Zeitalter des Lasers

1960: Rautian und Sobelman wollen durch eine Mischung zweier Dämpfe (Natrium, Quecksilber) und Pumpen mit einer Quecksilberlampe ($\lambda = 253{,}7$ nm) im optischen Bereich Masertätigkeit erreichen (zitiert nach Kassel 1963).

Ablekov, Pesin und Fabelinskiy schlossen aus ihren Experimenten mit einer Quecksilber-Zink-Entladungslampe, daß die Anregung eines Gemisches von Atomen in einer Gasentladung durch Stöße zweiter Art eine geeignete Methode zur Erzeugung von Inversion und Strahlung im infraroten und sichtbaren Spektralbereich sei (zitiert nach Kassel 1963).

Maiman (Hughes Research Laboratories, Malibu, California) erzielt beim Bestrahlen eines an den Enden versilberten Rubinkristalls mit einer starken Xenonblitzlampe stimulierte Emission und rote Laserstrahlung ($\lambda = 694{,}3$ nm). Bereits zwei Monate nach der Publikation in *Nature* (1960) erschien in den *Physical Review Letters*, die zuerst die Entdeckung von Maiman nicht publiziert hatten, eine eingehende Untersuchung von Collins et al.*.

Javan, Bennett jr. und Herriott (1961) gelingt es Ende 1960, den ersten *Gaslaser* mit Dauerbetrieb (continuous wave maser) zu verwirklichen; er emittiert im nahen Infrarot bei λ = 1118, *1153*, 1160, 1199 und 1207 nm; die kräftigste Schwingung hat eine Ausgangsleistung von 15 mW. Die Gasentladung wird in einem Gemisch von Helium und Neon aufrechterhalten. Der heutzutage weit verbreitete Helium-Neon-Laser mit der roten Linie bei $\lambda = 632{,}8$ nm wurde erst 1962 erfunden.

Sorokin und Stevenson* erhalten induzierte Emission mit dreiwertigem Uranion, das in Calciumfluorid eingebettet ist; erster Festkörperlaser, der als Vierniveausystem arbeitet.

1961: Sorokin und Stevenson* verwenden erstmalig eine *seltene Erde* als aktives Lasermedium: zweiwertiges Samarium in Calciumfluorid ($CaF_2 : Sm^{++}$). Im gleichen Jahr noch entdecken Johnson und Nassau* das *Neodym* als Substanz für Festkörperlaser. Als Wirtsmaterial verwenden sie Calciumwolframat ($CaWO_4 : Nd^{+++}$), Snitzer* aber Glas. Der Neodymlaser strahlt im nahen Infrarot. Weil er bei Raumtemperatur arbeitet, hat er sich durchgesetzt; seit 1964 wird meist „YAG" als Wirtmaterial verwendet.

Hellwarth* erwägt die Erzeugung sehr kurzer Impulse durch rasche Änderung des Reflexionsvermögens am Ende des Resonators; vor allem soll der elektrooptische Kerr-Effekt ausgenutzt werden: Prinzip der *Gütemodulation* (Q-Switch). Noch im selben Jahr haben McClung und Hellwarth (1962) die Güteschaltung bei einem Rubinlaser realisiert und Pulse von 0,12 μs Dauer erhalten: die Gesamtspitzenleistung betrug 600 kW. Die Nitrobenzol-Kerr-Zelle war im Resonator untergebracht.

Collins und Kisliuk (1962) verwenden eine rotierende Scheibe als optischen Schalter.

Franken, Hill, Peters und Weinreich* gelingt es, mit einer Quarzplatte die Frequenz des Rubinlaserlichtes zu *verdoppeln* (second harmonic). Das ist der Beginn der *nichtlinearen* Optik.

Kaiser und Garrett* beobachten bei der Bestrahlung eines $CaF_2 : Eu^{++}$-Kristalls mit dem intensiven Licht eines Rubinlasers den „Zwei-Photon-Absorptionsprozeß", den Göppert-Mayer (1931) vorausgesagt hat.

Porto und Wood (1962 a, b). Der Rubinlaser (ruby optical maser) ist eine ausgezeichnete Lichtquelle zur Anregung von *Raman*-Spektren.

Campbell, Koester und andere (New York): Beginn der Experimente zur ophthalmologischen Verwendung des Rubinlasers (Wolbarsht 1971).

1962: White und Rigden* erzeugen mit einer Helium-Neon-Mischung (10 : 1) die bekannte Neonlinie bei 632,8 nm.

Kogelnik und Patel* gelingt es, durch Verwendung von drei Spiegeln und einer Irisblende im Resonator Frequenzreinheit (single mode operation) bei einem Helium-Neon-Laser zu erreichen.

Rabinowitz, Jacobs und Gould*. Lasertätigkeit in Cäsiumdampf durch Bestrahlen mit der intensiven Heliumlinie bei 388,8 nm.

Der erste *Halbleiterlaser* arbeitet mit Galliumarsenid (GaAs); er wurde von folgenden Laboratorien fast gleichzeitig verwirklicht:

1) General Electric Research Laboratory, Schenectady, New York (Hall et al. 1962);

2) International Business Machines Corporation in Yorktown Heights, New York (Nathan et al. 1962);

3) Lincoln Laboratory, Massachusetts Institute of Technology, Lexington 73, Mass. (Quist et al. 1962).

Rigden und Gordon* beschreiben das Phänomen der Granulation (granularity).

Eckhardt, Hellwarth, McClung, Schwarz, Weiner und Woodbury* beobachten stimulierte Raman-Streuung bei organischen Substanzen.

Basov und Krokhin (1964). Theoretische Studie über die Aufheizung eines Plasmas durch Hochenergielaser; solche, die in einem Deuteriumplasma thermonukleare Reaktionen auslösen könnten, gibt es z.Z. noch nicht.

Smullin und Fiocco* senden die ersten Lasersignale zum Mond (9. Mai: Albategnius, 10. Mai: Copernicus; 11. Mai: Tycho und Longomontanus). Die Rubinlaserimpulse (Energie 50 J, Dauer 0,5 ms) wurden mit einem 12-inch-Cassegrain-Teleskop gesendet und mit einem 48-inch-Cassegrain empfangen (Gesichtsfeld 0,2 mrad); der Nachweis des Echos erfolgte mit einem Photomultiplier.
Bessis et al.* Erste Mikroirradiation von Zellen unter Ausnützung der selektiven Absorption des Rubinlaserlichtes durch Janusgrün. Mit Hilfe des Mikroskops kann ein Brennfleck von etwa 2 μm Durchmesser erzielt werden.

1963: Der erste erfolgreiche Flüssigkeitslaser arbeitet mit einem Chelat: Das Ion einer *seltenen Erde* wird von den umgebenden Liganden wie in einem Käfig festgehalten. Lempicki und Samelson* verwendeten beim ersten Laser dieser Art Europium (Eu) in Benzoylaceton. Erst bei tiefer Temperatur sendet die alkoholische Lösung dieses metallorganischen Komplexes in geeigneter Konzentration rotes Licht ($\lambda = 613{,}1$ und 615,0 nm) aus. Eine wichtige Erweiterung des Spektralbereiches zu kürzeren Wellenlängen hin stellt der von Heard* erfundene Stickstofflaser dar, der viele ultraviolette Linien hat, die kräftigste bei $\lambda = 337{,}1$ nm. Dieser Impulslaser im Nanosekundenbereich (20 ns) arbeitet bei Raumtemperatur.
Basov und Oraevskii*. Theoretische Spekulationen, in einem Gassystem auf thermischen Weg (Erwärmung, Abkühlung) Inversion herzustellen; Prinzip des gasdynamischen Lasers.
Das große Interesse an den Wechselwirkungen der Laserstrahlung mit *Materie* findet in den folgenden Arbeiten seinen Niederschlag: Lichtman und Ready* sowie Giori et al.* untersuchen die Elektronenemission bei Laserbestrahlung. Honig und Woolston* arbeiten mit einem Massenspektrographen, dem die durch einen fokussierten Rubinlaserstrahl aus dem Target ausgelösten Teilchen zugeführt werden. Diese Untersuchungen von hoher Genauigkeit ($1 : 10^6$) werden an Leitern (Cu, Mo, Ta, W, Stahl, Graphit) und Halbleitern (Ge, Si) durchgeführt; auch ein Nichtleiter (Al_2O_3) wurde untersucht. Photographische Studien des Verdampfungsvorganges im Laserstrahl liegen von Ready* und Harris* vor.
Meyerand und Haught* berichten als erste über das Phänomen des *Luftdurchschlags*, ausgelöst durch die Riesenimpulse eines Rubinlasers.
Leith und Upatnieks* verwenden den Laser als ausgezeichnete Lichtquelle für die *Holographie*.
Bayly et al.*. Messungen des Absorptionsvermögens des Wassers (H_2O, HDO, D_2O) im Infrarot von 0,7 bis 10 μm.
Kapany, Peppers, Zweng und Flocks*. Tierversuche zur Photokoagulation der Netzhaut mit einem Rubinlaser (Palo Alto, California).
Goldman et al.* exponieren verschiedene Gewebe der Strahlung des Rubinlasers; besonderes Augenmerk ist auf die Farbe des Gewebes gelegt.
Saks und Roth*. Mikroskopische Untersuchung des Einflusses der Rubinlaserstrahlung auf die Alge Spirogyra.

1964: Patel* beobachtet beim *Kohlendioxid*gas Laserschwingungen, deren kräftigste eine Wellenlänge von 10,6324 μm (Vakuum) aufweist. Dieser erste Laser arbeitete mit einem 5 m langen, mit *reinem* CO_2 gefüllten Entladungsrohr, an das Gleichspannung gelegt war; Druck 0,2 Torr. Die Dauerleistung (continuous waves) betrug nur 1 mW. Durch Zusatz von Stickstoff (N_2) und Helium (He) konnten Patel et al. (1965) die Ausgangsleistung gewaltig steigern. Heutzutage zählt der CO_2-Laser zu den leistungsstärksten Lasern.

Bridges* beschreibt den *Argonionen*laser. Ein neues Prinzip der Güteschaltung bei Rubinlasern: Sorokin et al.* verwenden eine Lösung von Phthalocyanin-Farbstoffen, Kafalas et al.* eine dünne Farbstoffschicht auf einer Glasunterlage. Der Farbstoff wirkt als ausbleichbarer Absorber.

Hargrove, Fork und Pollack* gelingt Modenkopplung (mode locking) durch einen in den Helium-Neon-Laser eingebauten Transducer (akustooptische Modulation).

Geusic, Marcos und van Uitert*. Erfolgreiche Experimente mit neuen Wirtsmaterialien für die Ionen *seltener Erden*; am bekanntesten ist Yttrium-Aluminium-Granat *(YAG)*, $Y_3Al_5O_{12}$.

Crocker, Gebbie, Kimmit und Mathias* erschließen das ferne Infrarot für den Laser.

Ramsden und Savic*, Raizer (1965) versuchten das Phänomen des Luftdurchschlags zu deuten.

McGuff et al.*. Erste Publikation über die chirurgische Anwendung des Lasers. Die bösartigen Tumoren an Tier und Mensch wurden ausschließlich mit Rubinlaserimpulsen bestrahlt.

1965: Auch Moeller und Rigden* erkennen unabhängig von Patel et al.*, daß ein Zusatz von Helium zum CO_2-N_2-Gemisch die Leistung erhöht.

Wilson (1966) erreicht in einem Stickstoffstrom die Inversion durch Überschallgeschwindigkeit.

Röss (1966) faßt die gesamte Literatur (3141 Arbeiten) bis September 1965 zusammen.

Stahle und Hoegberg wenden erstmalig den Laser in der Otolaryngologie (Labyrinth) an. Jako macht mit dem von Polanyi (American Optical Company) gebauten Neodymlaser Versuche an Stimmbändern von Leichen (zitiert nach Jako 1972). Stellar (1965 a, b) studiert den Einfluß der Laserstrahlung auf Gehirn und Nervengewebe.

Peppers* beschreibt ein Rubinlasermikroskop für biologische Forschung.

Hoye und Minton. Erste blutlose Leberresektion an Kaninchen mit einem Argonlaser als *Lichtmesser* (zitiert nach Kaplan 1976).

1966: Sorokin und Lankard* entdecken beim Bestrahlen einer Phthalocyaninlösung mit einem Rubinlaser die Eignung organischer Farbstoffe zur Laseremission. Dies ist der erste *Farbstofflaser.*

Konyukhov und Prokhorov erhalten ein Patent (Nr. 223954 vom 19. Februar 1966) auf die Herstellung einer Inversion durch adiabatische Expansion einer CO_2-N_2-Gasmischung (zitiert nach Dronov et al. 1970).

DeMaria, Stetser und Heynau* verwenden als Expanderelement (Cutler 1955) einen reversibel bleichbaren Farbstoff im Resonator des Neodymlasers, so daß ultrakurze Impulse erzeugt werden können („self mode locking"). Die Impulsdauern wurden von verschiedenen Autoren gemessen und liegen bei 4 bis 16 ps (Shapiro und Duguay 1969; vgl. Glenn und Brienza 1967).

Michon, Ernest und Auffret* erreichen bei einem Neodymglaslaser „mode locking" durch einen KDP-Kristall am einen Ende der Kavität.

L'Esperance jr. vergleicht die klinischen Aspekte der Photokoagulation mit der Xenon-Bogenlampe und mit dem Rubinlaser (zitiert nach Goldman und Rockwell 1971).

Yahr und Strully* machen im Laboratorium der American Optical Corporation chirurgische Versuche an Hunden mit einem Kohlendioxidlaser; es ist die erste Anwendung dieses Lasertyps in der Chirurgie (zitiert nach Kaplan 1976).

1967: Sorokin und Lankard* erreichen brillante Laserstrahlung im Sichtbaren durch Bestrahlen von alkoholischen Farbstofflösungen (Acridinrot, Rhodamine, Fluorescein) mit einer speziellen Blitzlampe (Luft-Argon-Gemisch).

Wood und Schwarz*. Passive Güteschaltung bei einem CO_2-Laser mit dem Gas Schwefelhexafluorid (SF_6) als Absorber. Bei einer Pulsbreite von 0,4 bis 2 μs werden 1.000–25.000 Impulse erreicht.

Giordmaine und seine Mitarbeiter entwickeln die TPF-Technik (two photon fluorescence) zur Messung von Picosekundenimpulsen (zitiert nach Smith et al. 1974).

Spencer, Lenzo und Ballman*. Übersicht der dielektrischen Materialien für Elektrooptik, Elastooptik und Ultraschall.

Korobkin et al. (1968) vom Lebedev-Instituts für Physik studieren eingehend den „spark", der durch fokussierte Laserstrahlung in Luft ausgelöst wird.

Jako setzt mit dem von der American Laser Company für chirurgische Zwecke eigens entwickelten CO_2-Laser seine 1965 begonnenen Versuche fort (s. Jako 1972; vgl. Kaplan 1976).

Gullberg, Hartmann, Kock und Tengroth* untersuchen an Kaninchen die Schädlichkeit der CO_2-Laserstrahlung auf die Hornhaut. Gewöhnliches Glas schützt die Augen gegen Reflexe.

1968: Korobkin und Alcock*. Luftdurchschlagversuche mit einem Rubinlaser. Hypothese der Selbstfokussierung.

Hagen (1969) erzeugt mit einem Highradiance-Neodymglaslaser eine 25 m lange Schnur von Luftdurchschlagspunkten.

Basov, Kriukov, Zakharov, Senatsky und Tchekalin* beobachten Neutronenemission aus Lithiumdeuterid, das im Fokus eines Hochleistungslasers ultrakurzen Impulsen ausgesetzt wurde.

Makous und Gould* publizieren eine eingehende Untersuchung, wie die Laserstrahlung auf das menschliche Auge wirkt. Die Schädigungsschwelle ist vor allem durch die Erwärmung bedingt.

L'Esperance. Die Einführung des Argonionenlasers in die Ophthalmologie bewahrte viele Patienten vor der Blindheit (s. Wolbarsht 1974).

Mulvaney und Beck. Einführung des Argonlasers in die Urologie: Bestrahlung eines Harnröhrenkarzinoms (zitiert nach Staehler et al. 1976).

Mullins, Jennings und McClusky* teilen ihre Beobachtungen bei Leberresektionen mit dem Kohlendioxidlaser mit.

1969: Dumanchin und Rocca-Serra* verwirklichen bei einem CO_2-Laser erstmalig das Prinzip der transversalen Anregung; der Druck des Gasgemisches (CO_2, N_2 und He) konnte bis 450 Torr gesteigert werden. Der erste „TEA-Laser" (*T*ransversely *E*xcited *A*tmospheric Pressure Laser) wird von Beaulieu (1970) beschrieben. Er arbeitet bei Atmosphärendruck.

Tiffany, Targ und Foster* konstruieren einen leistungsstarken Gastransportlaser, der mit CO_2 arbeitet.

Kuehn und Monson (1970) bemühen sich, die Parameter eines gasdynamischen CO_2-Lasers zu optimieren.

Young*. Zusammenfassende Arbeit über *Glas*laser; es werden 246 Publikationen zitiert.

Panzer* teilt seine Erfahrungen mit einem Lasermikroskop für Werkstoffbearbeitung mit.

Astronauten der Apollo-11-Mission stellen einen Laserreflektor auf dem *Mond* auf (s. Faller und Wampler 1970).

Die Entwicklung des für *chirurgische* Zwecke von der American Optical Corporation gebauten CO_2-Lasers kann als abgeschlossen betrachtet werden. Darüber informieren zwei Arbeiten: 1) Stellar, Polanyi und Bredemeier (1970): mit dem Laser als »neurosurgical instrument« wird die erste Hirntumoroperation durchgeführt. 2) Polanyi, Bredemeier und Davis (1970): Beschreibung des chirurgischen CO_2-Lasers mit seinen Zusatz- und Hilfseinrichtungen wie Zeitvorwahl, Laserendoskop, Mikroskop mit einem He-Ne-Pilotstrahl.

2. bis 3. Juli 1969: Conference on Laser in Medicine in der Middlesex Hospital Medical School in London. Der Amerikanische Laser steht im Mittelpunkt.

1970: Die American Optical Corporation entwickelt einen Mikromanipulator mit binokulärem Einblick, kombiniert mit dem ZEISS-Operationsmikroskop (Abb. bei Kaplan 1976). Ein Lichtpunkt markiert das Ziel für den CO_2-Strahl.

Goodale et al.* berichten über Blutstillung bei Magenkrebs und Magengeschwüren mit dem unfokussierten CO_2-Laserstrahl.

Gonzales et al.* verwenden den CO_2-Laser erstmalig für Eingriffe an der Leber.

Müssiggang und Katsaros*. Pionierstudien über die Verwendung des „Neodymlaserlichtes" bei Operationen.

1971: Nath (1972) entwickelt einen neuen Lichtleiter, der für die endoskopische Anwendung des Lasers entscheidend wird. Es können Dauerleistungen über 100 W und Pulsleistungen im Megawattbereich übertragen werden. Goldman testet den neuen Leiter in seinem Laboratorium in Cincinnati (Ohio) mit einem KY-5-200-Watt-Dauerstrich-Nd-YAG-Laser. 1972 stellt Nath diesen neuartigen Lichtleiter in der Chirurgischen Universitätsklinik in München mit der Absicht vor, ihn zu einem flexiblen Laserskalpell weiterzuentwickeln (s. Moritz 1978).

Jako (1972). Versuche an den Stimmbändern von Hunden; dabei wurde der CO_2-Laser kombiniert mit dem ZEISS-Operationsmikroskop angewandt. Um diese Zeit beginnt auch die klinische Anwendung des CO_2-Lasers in der Kehlkopfchirurgie (s. Strong und Jako 1972).

Hall, Beach, Baker und Morison* untersuchen kinematographisch den Schneide- und Verdampfungsvorgang von Gewebe, das von CO_2-Laserstrahlung getroffen wird.

Ready* schreibt ein Buch über die Wirkungen intensiver Laserstrahlung auf Materie, Goldman und Rockwell* über die medizinische Anwendung des Lasers.

Nachdem Hodgson (1970), Waynant et al. (1970) und Basov et al. (1970) das Vakuum-Ultra-Violett (VUV) für den Laser erschlossen hatten, gelingt es Hodgson und Dreyfus (1972), noch weiter bis zu den Wernerbanden des Wasserstoffs ($\lambda = 116$ bis 124 nm) vorzudringen. Es ist zur Zeit das kürzeste VUV, das mit einem Laser erzeugt werden kann. Die beiden Forscher bombardierten das Gas bei etwa 50 Torr mit den Elektronen eines kommerziell zugänglichen, mit Feldemission arbeitenden REB-Generators (REB = *R*elativistic *E*lectron *B*eam). Dieser liefert 5 Gigawatt bei einem einzigen Impuls von 3 ns Dauer. Der emittierte Elektronenstrahl wird in der dem REB-Generator vorgelagerten H_2-Röhre durch ein pulsierendes Magnetfeld zusammengehalten. Das vom Wasserstoff emittierte VUV ist Superstrahlung. Solche elektronenstrahlgepumpte Gaslaser eignen sich zu Untersuchungen auf dem Gebiet der Photochemie, Photodissoziation und Photoionisation.

1972: Koehler, Ferderber, Redhead und Ebert* erzeugen ebenfalls VUV mit einem REB-Generator, aber nicht bei vermindertem, sondern bei hohem Druck; sie verwenden *Xenon* als Füllgas. Erst oberhalb 1379 kPa (13,6 atm) zeigt sich stimulierte Emission. Werden Spiegel von 1 m Krümmungsradius angewandt, so verengt sich das 15 nm breite Emissionsband und es erscheint eine scharfe Emissionslinie bei $\lambda = 171{,}6$ nm; die Pulsbreite geht von 50 auf 3 ns zurück.
Nuckolls, Wood, Thiessen und Zimmerman. Überlegungen zu einem Laser*fusionsreaktor*: Durch ein von einem Hochleistungslaser versorgtes Implosionssystem kann Wasserstoff auf das 10 000fache seiner Dichte im flüssigen Zustand komprimiert werden.
Brewer* berichtet in *Science* über die Erfolge der *nichtlinearen Spektroskopie*; der Laser ermöglicht eine bisher nicht erreichbare Genauigkeit.
Sharon modifiziert den CO_2-Laser der American Optical Corporation nach den Plänen von Kaplan; das neue, den chirurgischen Bedürfnissen besser angepaßte Gerät Sharplan wird klinisch eingesetzt. Kaplan arbeitet in Israel (Beilinson Hospital, Petah Tiqva), Ger in USA (Einstein College of Medicine, New York). Stellar verwendet das *Lasermesser* bei Dekubitus, Levine et al.* verwenden es bei Verbrennungen.

1973: Es erscheinen die ersten Berichte über die klinische Anwendung des CO_2-Lasers: Erster vorläufiger Report (Kaplan und Ger 1973 a); Mammaoperationen (Kaplan und Ger 1973 b); plastische Chirurgie (Kaplan et al. 1973 c); Gynäkologische Operationen am Gebärmutterhals (Kaplan et al. 1973 d).
Boyer*, der Leiter des „LASL" (*L*os *A*lamos *S*cientific *L*aboratory), informiert über den Stand der Vorarbeiten zur *Kernfusion* mit dem Laser.
Sliney und Freasier* untersuchen die Schädlichkeit der modernen Lichtquellen für das Auge.
Nath, Gorisch und Kiefhaber (1973 a) erwägen für endoskopische Zwecke den Einsatz einer möglichst verlustfreien Fiberoptik, kombiniert mit einem Argon- oder Neodym-YAG-Laser; der CO_2-Laser, den Goodale et al. (1970) zusammen mit einem starren Gastroskop verwendeten, erscheint ihnen wenig geeignet. Die Münchner Arbeitsgruppe macht Versuche mit Hunden. Durch ein Laparoskop (Biopsiekanal) wird ein Lichtleiter in die Bauchhöhle eingeführt; es werden Nekrosen an der Oberfläche der Leber gesetzt und auch kleine Blutungen können gestillt werden. Noch im gleichen Jahr gelingt es dem Team (Nath et al. 1973 b), die Argonlaserstrahlung mit einer flexiblen Fiberoptik durch den Biopsiekanal eines Gastroskopes hindurchzuleiten. So ist der klinische Einsatz vorbereitet.
Goldman, Nath, Schindler, Fidler und Rockwell* publizieren vorläufige Forschungsergebnisse mit einem Neodym-YAG-Laser hoher Leistung (maximal 200 W). Dieser wird auf seine Eignung für chirurgische Zwecke an Tieren und Patienten mit Hauterkrankungen getestet; auf die selektive Absorption wird besonderes Augenmerk gelegt. Die von Nath und Schindler entwickelte Quarzfiberoptik erweist sich wegen ihrer Flexibilität und hohen Transmission (80%) als geeignetes Transmissionssystem. Der Zielstrahl wird von einem Helium-Neon-Laser erzeugt. Unter anderem ist auch an den endoskopischen Einsatz des Neodym-YAG-Lasers gedacht.

Dreyfus und Hodgson* untersuchen mit dem elektronenstrahlgepumpten UV-Laser verschiedene Gase: bei Parawasserstoff wird eine Laserlinie bei $\lambda = 109{,}8$ nm beobachtet; es ist zur Zeit die kurzwelligste VUV-Linie.

1974: Wallace und Dreyfus* konstruieren den ersten im VUV kontinuierlich *durchstimmbaren* Hochdruck-Xenon-Laser. Durch ein schwenkbares Bariumfluorid-Prisma mit Aluminiumüberzug kann die zentrale Wellenlänge von 172 nm in einem Bereich von 50 nm geändert werden. Durch Integration der Feldemissionsdiode mit der Xenon-Hochdruckzelle konnte eine höhere Pumpleistung erzielt werden. Ein experimentelles Kunstwerk besonderer Art ist das Titanfenster, das sowohl den hohen Druck (bei 20 atm) als auch die enorme Stromdichte (5 kA/cm^2) aushalten muß.

Frühmorgen, Reidenbach, Bodem, Kaduk und Demling* berichten über die Wirkungen der Argonionenlaserstrahlung auf den gastrointestinalen Trakt (Ödem, Koagulation, Verkohlung); die Versuche wurden an Autopsiematerial und Katzen durchgeführt.

Grotelüschen und Bödecker* vergleichen den CO_2- und Neodym-YAG-Laser bezüglich ihrer Eignung als chirurgische Schnittwerkzeuge. Zum Schneiden trägt der das Laserstrahlbündel umgebende Dampfmantel wesentlich bei (Dampfmantel-Theorie).

Mester et al. (1974a, c) untersuchen den Einfluß der Laserstrahlung auf die Wundheilung.

1975: Searles und Hart* berichten über den ersten Edelgashalogenidlaser; das Xenonbromid (XeBr) zeigt bei $\lambda = 281{,}8$ nm stimulierte Emission. Ein solcher Laser beruht darauf, daß durch energiereiche Elektronen ein Edelgasatom in den angeregten Zustand versetzt wird; dieses reagiert dann mit einem Halogenmolekül unter Bildung eines angeregten Edelgashalogenids. Beim Zerfall gibt dieses sehr kurzwellige Laserstrahlung im UV ab. Brau und Ewing* rufen durch Elektronenstrahlen in einer Xenon-Fluor-Mischung Lasertätigkeit bei $\lambda = 354$ nm hervor. Derartige UV-Laser sind als Strahlungsquellen für photochemische Reaktionen bedeutungsvoll. Es wird die Hoffnung geäußert, diese Hochleistungslaser durchstimmbar zu machen.

Erstes Internationales Symposium für Laserchirurgie, gehalten in Israel vom 5. bis 6. November 1975 (Kaplan 1976).

Kyrle beginnt als erster in Österreich, den Laser in der Allgemeinchirurgie einzusetzen (I. Chir. Abtlg., Krankenanstalt Rudolfstiftung, Wien). Günter et al. (1979).

1975 beginnt der endoskopische Einsatz zweier Laser am *menschlichen* Gastrointestinaltrakt:

1) Argonionenlaser. Dwyer in USA arbeitet mit einem ophthalmologischen Photokoagulator mit angekoppelter Fiberoptik (Kaplan 1976). Frühmorgen et al. in Erlangen–Nürnberg verwenden einen handelsüblichen Argonlaser mit einem flexiblen Plastiklichtleiter.

2) Neodym-YAG-Laser. Kiefhaber in München bevorzugt diesen leistungsstärkeren Laser gegenüber dem Argonlaser. Der klinische Einsatz in der Notfallendoskopie beginnt im Herbst 1975.

Ohshiro (1977) in Japan beginnt mit einem von ihm umgebauten, handelsüblichen Rubinlaser Patienten, die an Farbfehlern der Haut (chromatic maculae) leiden, zu behandeln.

Die New York Academy of Sciences veranstaltet vom 22. bis 25. April 1975 die Dritte Konferenz über den Laser. Der von Goldman (1976) herausgegebene Report zeigt die vielfältige Anwendung und die Bedeutung des Lasers: Laser im Wellenlängenbereich unter $\lambda = 300$ nm (UV, VUV, Röntgen); nichtlineare Laserspektroskopie; Laserfusion, Isotopentrennung; Zellforschung (Zellmigrationsindex, Mikroirradiation, Zellzählung und -sortierung); Zerstörung von Tumoren durch Photoaktivierung; Ophthalmologie, Chirurgie, Behandlung von Brandwunden, Otolaryngologie; medizinische akustische Holographie; Krebsprogramm; Nachrichtenübertragung im Weltraum und für medizinische Zwecke; optische Speicherung, Abtastung und Aufzeichnung; Datenverarbeitung und Computersysteme; Holokamera für Wetterforschung.

1976: Ascher (1977) und Heppner führen mit dem nach ihren Plänen *umgestalteten* Sharplan am 28. Juli die erste Hirntumoroperation erfolgreich durch: Zur Zielmarkierung diente ein Helium-Neon-Laser; die undurchsichtige Germaniumlinse wurde durch eine aus Zinkselenid ersetzt. Der Mikroadapter wurde kleiner gebaut. Beim Einblick in das Mikroskop kann der Operateur selbst von einem steril abdeckbaren Schaltpult (Microslad) aus den Strahl dirigieren und das ganze Gerät steuern.

Verschueren*. Richtungsgebende Publikation über die Anwendung des CO_2-Lasers, insbesondere in der Tumorchirurgie.

Beginn der zystoskopischen Behandlung von Blasentumoren mit einem Neodym-YAG-Laser in der Urologischen Universitätsklinik in München (Staehler, Hofstetter und Siepe 1977b).

Koslow und Moskalik*, Leningrad, teilen ihre Erfahrungen über 330 Patienten mit, die an benignen und malignen Hautgeschwülsten litten und mit den Impulsen eines Neodym-Glas-Lasers behandelt wurden.

1977: Caspers*. Anwendung des Helium-Neon-Lasers zur Akupunktur.

Das Symposion on Lasers in Medicine and Biology vom 22. bis 25. Juni in Neuherberg (1977) informiert über den gegenwärtigen Stand der Anwendungen des Lasers in Medizin und Biologie.

29. Oktober 1964: Nobelpreis für

Charles H. Townes (Massachusetts Inst. of Technology),

Nikolai G. Basov und Aleksandr M. Prokhorov (beide Lebedev-Institut für Physik, Moskau):

„Fundamental work in the field of quantum electronics which has led to the construction of oscillators and amplifiers based on the Maser-Laser principle."

„Und es ward *Licht*.
Und Gott sah, daß das
Licht gut war" (Gen.)

2 Physikalische Grundlagen

2.1 Was ist Licht?

In der Geschichte der Optik gab es zwei verschiedene Auffassungen vom Licht, die einander auszuschließen schienen:

1) Emissions- oder Korpuskulartheorie, von Descartes († 1650) begründet und von Newton († 1727) unterstützt; danach sendet der leuchtende Körper kleinste Teilchen aus, die mit hoher Geschwindigkeit wegsausen.

2) Wellen- oder Undulationstheorie, mit der Huygens († 1695) die Doppelbrechung erklären konnte und die durch die Experimente von Young († 1829) und Fresnel († 1827) gefördert wurde: Licht ist eine Wellenbewegung; die Wellen breiten sich im „Äther" aus. Die Polarisation beweist, daß das Licht eine „Seitlichkeit" besitzt, also eine Transversalwelle ist. 1862 hat sich Maxwell durch die Aufstellung seiner Gleichungen für elektromagnetische Wellen unsterblichen Ruhm erworben.

Heute ist es klar, daß die *Dualität* Korpuskel (Teilchen) und Welle eigentlich nur zwei Bilder (Erscheinungsformen) sind, mit denen das Phänomen Licht, gleichsam „je nach Bedarf" von der Naturwissenschaft exakt – mit Hilfe der Mathematik – beschrieben werden kann. Bei der Ausbreitung des Lichtes und allen damit zusammenhängenden Erscheinungen, wie Reflexion, Brechung, Beugung, Interferenz und Polarisation, macht sich die Wellennatur bemerkbar. Beim Entstehen des Lichtes (Emission), seinem Verschwinden (Absorption) und manch anderen Erscheinungen, von denen nur der lichtelektrische[1] und der Compton-Effekt genannt seien, zeigt sich seine korpuskulare Natur. Diese liegt allen Wechselwirkungen des Lichtes mit Materie zugrunde.

Das sich ausbreitende Licht kann als *elektromagnetische* Transversalwelle aufgefaßt werden: In einem Raumpunkt, den es durcheilt, ändern sich periodisch die elektrische und magnetische Feldstärke, deren Vektoren aufeinander und auf der Fortpflanzungsrichtung des Lichtes normal stehen, also ein „Dreibein" bilden, wie es Abb. 2.1 zeigt.

Als *Welle* kann das Licht auf zweierlei Weise gekennzeichnet werden:

1) Wellenlänge λ. Das ist der Abstand zweier benachbarter Wellenberge, bzw. Wellentäler oder sonstiger gleicher Schwingungszustände (Phasen) gemessen in einer Längeneinheit.

2) Frequenz ν. Das ist die Anzahl der Schwingungen in der Zeiteinheit, gemessen in Hertz. $1\ \text{Hz} = 1\ \text{s}^{-1}$, also 1 Schwingung/s; 10^3 Hz = 1 kHz (Kilohertz), 10^6 Hz = 1 MHz (Megahertz), 10^9 Hz = 1 GHz (Gigahertz). Zwischen den beiden Größen λ und ν besteht für *jede* Welle die fundamentale Beziehung $\lambda\nu = c$, wobei c die Fortpflanzungsgeschwindigkeit ist; für die des Lichtes im Vakuum gilt $c_0 = 299\,792{,}50$ km/s.

[1] Lichtelektrischer Effekt (Photo- oder Hallwachs-Effekt) ist das Austreten von Elektronen aus einer Metalloberfläche, die vom Licht getroffen wird. Die Versuche zeigen, daß nicht die Intensität des Lichtes (d.h. die Anzahl der Photonen), sondern nur seine Frequenz (Energie der Photonen) für die Geschwindigkeit der ausgelösten Elektronen ausschlaggebend ist

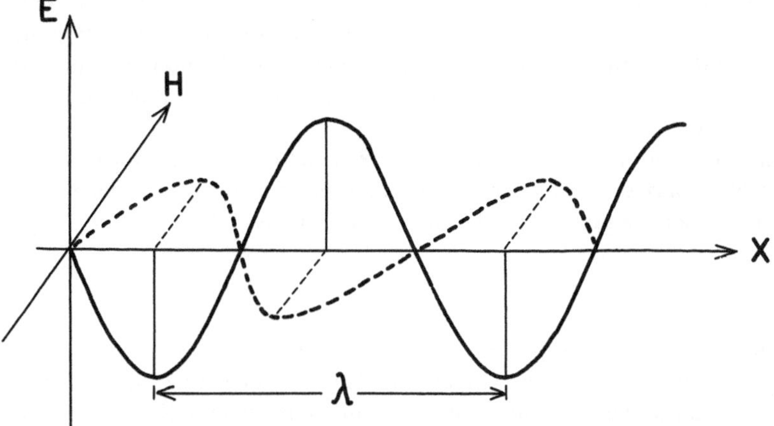

Abb. 2.1. Licht, eine elektromagnetische Welle. Die elektrische Feldstärke E, die magnetische Feldstärke H und die Fortpflanzungsrichtung X bilden ein Dreibein. λ ist die Wellenlänge

Wird weißes Licht durch ein Prisma oder ein Gitter zerlegt, so zeigt sich eine Fülle von Farben, ein kontinuierliches Spektrum, an dessen Enden Rot und Violett gesehen werden. Jeder Farbe entspricht eine bestimmte Wellenlänge λ bzw. Frequenz ν. Das menschliche Auge kann Wellenlängen zwischen $\lambda = 400$ nm (violett) bis $\lambda = 720$ nm (rot) wahrnehmen; die entsprechenden Frequenzen sind etwa 749 bzw. 416 Billionen Schwingungen/s. Licht *einer* bestimmten Wellenlänge wird als „monochromatisch" bezeichnet. In der Strahlung der Natriumdampflampe dominieren die beiden gelben Spektrallinien D_1 mit 589,6 nm und D_2 mit 589,0 nm; das Licht ist also praktisch monochromatisch.

Was das Auge sehen kann – „sichtbares Licht" – ist nur ein kleiner Teil des großen Bereiches elektromagnetischer Wellen, die es in der Natur gibt. Dieses *elektromagnetische Spektrum* umfaßt nach abnehmender Wellenlänge (zunehmender Frequenz) geordnet die folgenden Bereiche: technischer Wechselstrom, Funkwellen (Lang-, Mittel-, Kurz-, Mikrowellen), Infrarot, sichtbares Licht, Ultraviolett, Röntgenstrahlen, Gammastrahlen, kosmische Strahlen. Der Teil vom Infrarot bis zum Ultraviolett wird als „optischer Bereich" und dieser inkl. Röntgenstrahlen oft als „Licht" bezeichnet. Am kurzwelligen Ende des elektromagnetischen Spektrums macht sich der Teilchen-, am langwelligen der Wellencharakter vorzugsweise bemerkbar.

Die Aussage „Licht ist eine elektromagnetische Welle" bedarf einer wesentlichen Ergänzung durch die Quantentheorie, die auf Planck (1900) und Einstein (1905) zurückgeht. Die Strahlungsmessungen von Kurlbaum und Rubens sowie von Lummer und Pringsheim zwangen Planck zu der Annahme, daß die von den schwingungsfähigen Gebilden („Resonatoren") des Hohlraums ausgesandte bzw. aufgenommene Energie „gequantelt" ist, d.h. nur in größeren oder kleineren Portionen oder Paketen existiert. Also nicht nur die Materie, sondern auch die Strahlung hat atomistische Struktur. Damit vollbrachte Planck eine revolutionäre Tat und leitete eine neue Epoche, die Quantenphysik, ein.

Nach Einstein (1905) besteht ein Lichtstrahl aus einem Strom von Teilchen, den „Lichtquanten" oder „Photonen". Er schreibt darüber: „Die Energie ist nicht kontinuierlich auf größer und größer werdende Räume verteilt, sondern es besteht dieselbe aus einer endlichen Zahl von in Raumpunkten lokalisierten *Energiequanten*, welche sich bewegen, ohne sich zu teilen und nur als Ganzes absorbiert und erzeugt werden können."[2] Wie ein Atom nicht halbiert oder geteilt werden kann, so ist es auch beim Photon. Sommerfeld (1931) kennzeichnet die Photonen als „Energiezentren, die von der Quelle aus mit Lichtgeschwindigkeit forteilen".

Planck erkannte, daß die Schwingungsenergie der Resonatoren ihrer Frequenz direkt proportional ist. Daher führt jedes *Photon* einen größeren oder kleineren Energiebetrag E mit sich, der allein von der Frequenz ν der Strahlung abhängt; also gilt

$$E = h\nu \,. \tag{2.1}$$

Die darin vorkommende Naturkonstante $h = 6{,}626196 \cdot 10^{-34}$ J·s nannte Planck „elementares Wirkungsquantum" weil es die Dimension einer Wirkung (Energie · Zeit) hat; heutzutage heißt h Plancksches Wirkungsquantum oder kurz Planck-Konstante. Die Gl. (2.1) sagt aus, daß die Quanten um so energiereicher sind, je höher die Frequenz, bzw. je kleiner die Wellenlänge der Strahlung ist (dies wegen der Beziehung $\nu = c/\lambda$). Die Quanten kurzwelligen Lichtes sind also energiereicher, z.B. photographisch wirksamer. Gleichung (2.1) stellt auch eine Beziehung zwischen Korpuskel (Photon, gekennzeichnet durch seine Energie) und Welle (gekennzeichnet durch Frequenz bzw. Wellenlänge) her. Jedem Photon einer bestimmten Energie kann eine Welle zugeordnet werden und umgekehrt.

Einer der eindruckvollsten Beweise der Lichtquantentheorie ist wohl der Compton-Effekt: Beim Zusammenstoß eines Photons mit einem Elektron der Atomhülle verhalten sich diese wie zwei Kugeln beim Billardspiel. Andere Beweise sind der lichtelektrische Effekt, die Versuche von Joffé sowie von Brumberg und Vavilow.

2.2 Die Atome – Sender des Lichtes

Schon Leukipp und Demokrit (5. Jh. v. Chr.) nahmen an, daß die sichtbaren Körper aus nicht weiter zerlegbaren Teilchen, den *Atomen*, bestehen, zwischen denen der Raum leer ist. Dieser Gedanke setzte sich vom 17. Jh. an immer mehr in der Naturwissenschaft durch. Dalton machte ihn in seinem Werk *A New System of Chemical Philosophy* (1808) für die moderne Chemie fruchtbar: „Alle Änderungen, die wir hervorbringen können, bestehen in der Trennung von Atomen ... und in der Vereinigung solcher" (zitiert nach Hermann 1972).

Daß die Materie nicht durch und durch „dicht" sein kann („Plenismus"), zeigt der Versuch von Lenard (1894): Rasch bewegte Elektronen (Katodenstrahlen) können durch eine dünne Aluminiumfolie (Lenard-Fenster) in Luft austreten. 1906 untersuchte Rutherford die Streuung von α-Teilchen (doppelt positiv geladene Heliumkerne) an einer Metallfolie. Seine Versuche und die von Geiger und Marsden brachten die Erkenntnis des *Atomkerns*: Im Zentrum des Atoms existiert ein winziger Bereich von etwa 1 Billionstel Zentimeter Radius, der positiv geladen ist und in dem fast die ganze Masse des Atoms konzentriert ist. Um ihn kreisen die Elektronen wie die Planeten um die Sonne (Kern- und Planetenmodell von Rutherford 1911).

---

[2] Einstein war damals die Unbestimmtheitsrelation von Heisenberg (1927) noch nicht bekannt

Dieses dynamische Modell barg ein Problem in sich: Nach den Gesetzen der Elektrodynamik müßte das kreisende Elektron dauernd strahlen und schließlich wegen des Energieverlustes in den Kern fallen. Die Erfahrung aber zeigt, daß die Atome sehr stabil sind und nur ganz bestimmte Frequenzen (Linienspektren) aussenden, z.B. der Wasserstoff die im Sichtbaren gelegene Balmerserie.

Es war Bohr, der 1913, gestützt auf die Quantenvorstellung Plancks, das Problem durch die Annahme löste, daß im atomaren Bereich die klassische Physik nicht mehr voll gültig sei. Er stellte zwei Postulate auf:

1) **Quantenbedingung.** Das Elektron kann nur auf ganz bestimmten Bahnen, den Quantenbahnen, ohne Strahlung auszusenden, den Kern umkreisen. Die Radien dieser auserwählten Bahnen ergeben sich aus der Überlegung, daß der Drehimpuls (Masse · Geschwindigkeit · Bahnradius) eine *Wirkung* ist und daß diese nach Planck nur ein ganzzahliges Vielfaches des Wirkungsquantums h sein kann. Für einen vollen Umlauf (2π) des Elektrons gilt also

$$2\pi \cdot mvr = nh\,, \qquad n = 1, 2 \ldots \tag{2.2}$$

n kennzeichnet die einzelnen Bahnen und wird als Hauptquantenzahl bezeichnet. Für $n = 1$ ergibt sich die innerste (energieärmste) Bahn. Deren Radius für das Wasserstoffatom beträgt $0{,}529 \cdot 10^{-8}$ cm; ein Wert, er gut zum Atomdurchmesser paßt.

2) **Frequenzbedingung.** Da jeder Quantenbahn ein bestimmter Energiezustand E des Atoms entspricht, tritt beim *Sprung* des Elektrons von einer auf eine andere Bahn eine Energiedifferenz $E_1 - E_2$ auf; dieser entspricht genau der Energie des ausgesandten bzw. verschluckten Photons. Daraus ergibt sich für die Frequenz ν der emittierten bzw. absorbierten Strahlung die Bedingung

$$E_1 - E_2 = h\nu\,. \tag{2.3}$$

Im Bild von Bohr wird also *Absorption* von Licht dadurch erklärt, daß ein einfallendes Photon ein Elektron auf eine weiter außen befindliche Bahn „hebt"; die *Emission* bedeutet dann das „Zurückfallen" auf eine innere Bahn unter Aussendung eines Photons. Jeder derartige Sprung ist durch eine bestimmte Frequenz, d.h. Spektrallinie (dunkle Absorptionslinie oder helle Emissionslinie) gekennzeichnet. Sprünge von verschiedenen Bahnen auf ein und dieselbe Bahn erklären die Spektralserien der Elemente.

Das Bohr-Atommodell (1913) konnte zwar die Spektren der Atome sowie Absorption und Emission als quantenhafte Vorgänge erklären, enthielt aber Probleme, die noch nicht befriedigend gelöst waren. So wurde die Feinstruktur der Linien von Sommerfeld durch Ellipsenbahnen erklärt. Der entscheidende Fortschritt ist die Erkenntnis der Materiewellen durch de Broglie (1924): Auch die Materie hat Welleneigenschaften; der Welle-Teilchen-Dualismus wurde konsequenterweise auch auf Ströme von Materieteilchen angewandt. Eine Bohrsche Quantenbahn wird durch eine stehende Elektronenwelle dargestellt. Erst die 1926 von Heisenberg und Schrödinger begründete *Quantenmechanik* konnte die experimentellen Ergebnisse befriedigend beschreiben, allerdings ohne die alte Anschaulichkeit. Auf die quantenmechanische Atomtheorie und ihre Vertiefung durch Jordan, Pauli, Dirac und Weizsäcker kann hier nicht eingegangen werden.

Sender des Lichtes können nicht nur neutrale, sondern auch geladene Atome (Ionen) sein, ferner höhere, aus mehreren Atomen zusammengesetzte Einheiten, die *Moleküle*.

Wie das Atom, so ist auch jedes Ion oder Molekül durch verschiedene diskrete *Energiezustände* gekennzeichnet: Neben den elektronischen Anregungszuständen treten auch solche auf, die durch verschiedene Arten der *Schwingung* und *Rotation* des Moleküls gegeben sind. Die in einer Geraden angeordneten Atome O–C–O des CO_2-Moleküls zeigen die folgenden Schwingungsformen:

1) Symmetrische Schwingung (100). Bei ruhendem C-Atom schwingen die beiden O-Atome gegeneinander.

2) Unsymmetrische Schwingung (001). Die beiden O-Atome schwingen in gleicher Richtung, das C-Atom entgegengesetzt dazu.

3) Biegeschwingung (010). Die beiden O-Atome und das C-Atom schwingen normal zur Verbindungslinie und gegeneinander; stets bleibt der Schwerpunkt erhalten.

Gleichgültig, ob Atom, Ion oder Molekül, stets ist mit dem *Übergang* vom einen zum anderen Energiezustand die Aufnahme bzw. Abgabe einer bestimmten Differenzenergie verbunden. Wirkt sich der Übergang *optisch* aus, so wird elektromagnetische Strahlung einer ganz bestimmten Frequenz absorbiert bzw. emittiert. Diese Frequenz entspricht genau der Bohrschen Bedingung (s. Gl. 2.3).

Die für ein Atom oder Molekül charakteristischen Energiezustände werden in einem *Termschema* (Energieniveauschema, Grotrian diagram) übersichtlich dargestellt. Auf der Ordinatenachse wird angegeben:

1) Von unten nach oben die *Anregungsenergie* (E) in Elektronvolt. 1 eV ist die Energie, die ein Elektron (Elementarladung $1{,}6 \cdot 10^{-19}$ C) erhält, wenn es durch eine Potentialdifferenz von 1 V beschleunigt wird (also eine sehr kleine Energie). Oder

2) von oben nach unten die Wellenzahl ($\bar{\nu}$); das ist der Kehrwert der auf das Vakuum reduzierten und in cm gemessenen Wellenlänge. Die Dimension dieses Termwertes ist also cm^{-1}. Zwischen diesen Größen besteht die Beziehung

$$1\,\text{eV} = 1{,}6 \cdot 10^{-19}\,\text{J(Ws)} = 8066\,\text{cm}^{-1}\,.$$

Ein bestimmter Energiezustand (Quantenzustand) wird im Termschema durch einen horizontalen geraden Strich, ein *Niveau* (Niveaulinie), dargestellt. Das unterste Niveau bedeutet den *Grundzustand*, jedes weiter oben befindliche einen energiereicheren, „angeregten Zustand“. Oft sind zu diesen Niveaus die Quantenzahlen oder andere spektroskopische Kennzeichnungen hinzugeschrieben. Der Übergang von einem zum anderen Energiezustand und damit die Absorption bzw. Emission einer ganz bestimmten Frequenz (Spektrallinie) wird durch vertikale oder schräge Verbindungsstriche zwischen zwei Niveaulinien symbolisiert; ein Pfeil nach oben bedeutet naturgemäß Absorption, einer nach unten Emission von Strahlung. Meist wird die Wellenlänge dieser Strahlung dazugeschrieben; sie kann aber auch leicht aus der Niveaudifferenz (Energie- bzw. Wellenzahlskala) berechnet werden. Wird einem Atom immer mehr Energie zugeführt, so kommt es zur Abtrennung zunächst eines Elektrons: Das Atom wird ionisiert. Die dazu erforderliche Ionisierungsenergie kann an der Termgrenze des Niveauschemas abgelesen werden; sie beträgt z.B. beim Neon 21,5 eV.

2.3 Ein Atom ändert seine Energie

Damit ein Atom aus dem Grundzustand, in dem es sich normalerweise befindet, in den *angeregten* Zustand übergeht, ist Zufuhr von Energie erforderlich. Diese kann auf verschiedene Art geliefert werden:

1) Durch *Stoßprozesse*, sei es im elektrischen Feld (elektrische Anregung), sei es bei hoher Temperatur (thermische Anregung).

2) Im Strahlungsfeld durch *Absorption* eines Photons (optische Anregung).

Ad 1) Bei *Gasen* gibt es zwei Arten der Anregung durch Stoß:

1) *Elektronenstoß (Stoß 1. Art):* Ein Elektron hoher kinetischer Energie (e_1) überträgt auf ein Atom im Grundzustand (A) gerade soviel Energie, als dieses zur Anregung braucht, symbolisch

$$A + e_1 \rightarrow A^* + e_2 \qquad \textit{Stoß 1. Art}\,. \tag{2.4}$$

(Der Asteriskus bedeutet das angeregte Atom, e_2 das verlangsamte Elektron nach dem Stoß.)

Auf dieses Ereignis folgt i. allg. nach einer äußerst kurzen Zeit[3] $\tau = 10^{-8}$ s (nur 1 Hundertmillionstel Sekunde) ein Emissionsvorgang: Das angeregte Atom strahlt nach der Bohrschen Frequenzbedingung die überschüssige Energie als Licht aus, symbolisch

$$A^* \rightarrow A + h\nu \qquad \textit{Emission}\,. \tag{2.5}$$

Da dieser Vorgang ohne besonderen Anlaß (Strahlungsfeld), also von selbst erfolgt, heißt er „spontane Emission“. Stöße 1. Art sind also mit Strahlung verbunden.

2) *Stoßanregung (Stoß 2. Art):* Ein angeregtes Atom (A*) stößt mit einem Elektron – oder was wichtiger ist – mit einem anderen Atom im Grundzustand B zusammen und überträgt Energie, symbolisch

$$A^* + B \rightarrow A + B^* \qquad \textit{Stoß 2. Art}\,. \tag{2.6}$$

Voraussetzung dabei ist, daß die beiden Atome etwa die gleichen Anregungsenergien haben (Energieresonanz), ferner, daß das angeregte Atom (A*) in diesem Zustand länger als normal verweilt. Diese Energiespeicherung mit einer mittleren Verweilzeit $\tau \gg 10^{-8}$ s wird als *metastabiler Zustand* bezeichnet. Die geschilderte Art der Energieübertragung verläuft *ohne* Strahlung; es handelt sich um *strahlungslose Übergänge.*

Ad 2) Im *Strahlungsfeld*, in dem sich ein Atom befindet, sind – wie Einstein schon 1917 genial erkannt hat – zwei Vorgänge von besonderer Bedeutung:

1) *Absorption.* Die Energie des einfallenden Photons $h\nu$ reicht genau hin, das Atom anzuregen; das Licht wird also vom Atom aufgenommen, verschluckt (absorbere). Atome, die sich so verhalten, schwächen naturgemäß das einfallende Licht. Im Wellenbild wird die Amplitude der einfallenden Welle kleiner. Ein klassisches Beispiel der Absorption sind die dunklen Fraunhofer-Linien im Sonnenspektrum.

2) *Stimulierte oder induzierte Emission.* Dieser Vorgang setzt einen nicht normalen Zustand (nichtthermisches Gleichgewicht) voraus, nämlich, daß im durchstrahlten Stoff

[3] Näheres s. Glossar: life time, Lebensdauer

sich bereits „energiegeladene", angeregte Atome befinden. Trifft nun ein Photon P ein solches Atom, so kann es dieses veranlassen (inducere), Strahlungsenergie freizusetzen. Das getroffene Atom sendet ein weiteres Photon aus, wobei zweierlei zu beachten ist:

1) beide Photonen haben die gleiche Energie;
2) die zu diesen Photonen gehörenden Lichtwellen sind in Phase, es entsteht *kohärentes* Licht.

Diese angestachelte (stimulare) Emission bewirkt eine Verstärkung des einfallenden Lichtes. Dieser Vorgang spielt beim *Laser* eine entscheidende Rolle und hat ihm den Namen eingebracht: *L*ight *A*mplification by *S*timulated *E*mission of *R*adiation (Lichtverstärkung durch stimulierte Aussendung von Strahlung). Da bei der Absorption eine *Aufnahme*, bei der stimulierten Emission aber eine *Abgabe* von Energie erfolgt, wird die stimulierte Emission auch als „negative Absorption" bezeichnet. Abbildung 2.2 a–c gibt eine Übersicht der Wechselwirkungen des Lichtes mit Materie (P-Photonen).

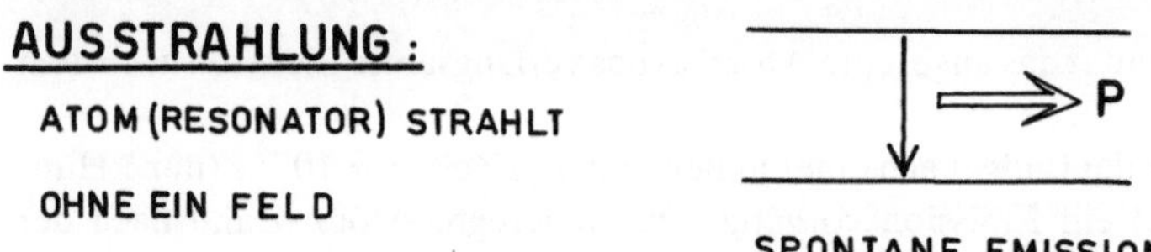

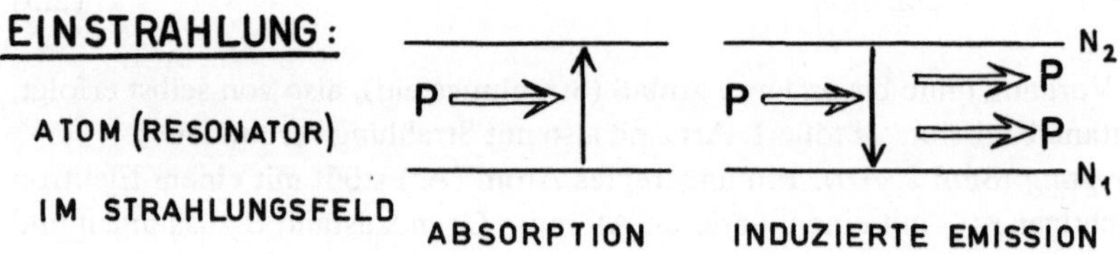

Abb. 2.2 a–c. Wechselwirkungen des Lichtes mit Materie. **a** Ein angeregtes Teilchen (Atom, Molekül, Ion) gibt Energie in Form eines Photons P ab (spontane Emission); **b** das Photon P wird verschluckt und macht das Teilchen energiereicher (Absorption); **c** das einfallende Photon P löst aus dem angeregten Teilchen ein weiteres Photon P der gleichen Energie und Phasenlage aus (induzierte Emission). N_1 Zahl der Teilchen im energieärmeren, N_2 im energiereicheren Zustand

Ein Atom kann durch Energiezufuhr nicht nur angeregt, sondern auch ionisiert werden. Dazu ist eine für jedes Atom charakteristische Energie (Ionisierungsenergie) erforderlich, z.B. beim Argon 15,75 eV. Die *Ionisation* kann entweder durch Stoß oder durch Strahlung (hν) erfolgen. Stets tritt dabei eine Vermehrung der freien Ladungsträger ein.

1) *Stoßionisation.* Der Zusammenstoß eines Elektrons hinreichend großer kinetischer Energie (e_1) mit einem neutralen Atom (A) erzeugt ein Ion (A^+) und ein freies Elektron (e); das stoßende Elektron hat dann eine geringere Energie (e_2):

$$A + e_1 \rightarrow A^+ + e + e_2 \,. \tag{2.7}$$

Bei der elektrischen Gasentladung wird das Elektron im elektrischen Feld beschleunigt. Andere Ursachen der Stoßionisation sind radioaktive Teilchen oder Temperaturen von einigen tausend Grad (thermische Ionisierung).

2) *Photoionisation.* Damit ein Photon P ein Atom ionisiert kann, muß seine Energie hν gleich oder größer als die Ionisierungsenergie des Atoms sein, das die Strahlung absorbiert:

$$A + P(h\nu) \rightarrow A^{+} + e\left(\frac{m\,v^2}{2}\right). \tag{2.8}$$

Der Energieüberschuß des Photons erteilt dem wegfliegenden Elektron seine kinetische Energie.

Die zu den Elementarprozessen Gl. (2.7) und (2.8) inversen Prozesse, bei denen Ionen in neutrale Atome übergehen, werden als *Rekombination* bezeichnet.

Dreierstoß-Rekombination. Ein positives Ion stößt mit 2 Elektronen zusammen, von denen eines sich mit dem Ion zu einem neutralen Atom vereinigt; das andere aber übernimmt die freiwerdende Energie und eilt damit davon. Die Funktion dieses Elektrons kann auch ein anderes Gasteilchen X übernehmen, so daß sich ergibt

$$A^{+} + e + X \rightarrow A + X_{kin}. \tag{2.9}$$

X kann auch die Gefäßwand des Entladungsrohres sein, die sich durch diesen Vorgang erwärmt (Wandstöße).

Zweierstoß-Rekombination ist die Vereinigung eines Ions mit einem Elektron zu einem neutralen Atom unter Aussendung von Strahlung. Die Energie der produzierten Photonen ist gleich der Summe aus der Rekombinationsenergie und der kinetischen Energie des auftreffenden Elektrons. Die erstgenannte Energie unterliegt der Quantenbedingung, die zweitgenannte aber nicht, da das Elektron jeden Wert der kinetischen Energie haben kann. Die Folge ist die Aussendung eines *Seriengrenzkontinuums*, das als *Rekombinationsleuchten* beobachtet werden kann. Im Gegensatz dazu verläuft die Dreierstoß-Rekombination strahlungslos.

2.4 Eine Population von Atomen

Darunter wird eine sehr große Menge von Atomen, Ionen oder Molekülen verstanden, die ein und denselben Energiezustand haben. Ein bestimmter erlaubter Zustand im Termschema (horizontaler Strich) wird durch eine bestimmte Anzahl von Teilchen bevölkert. Im folgenden soll die Population eines Termschemas betrachtet werden, das nur aus dem Grundzustand E_1 und einem angeregten Zustand E_2 besteht; N_1-Atome befinden sich im Zustand E_1, N_2 im Zustand E_2. Es erhebt sich die Frage, was sich abspielen wird, wenn dieses Ensemble durchstrahlt wird.

Im Strahlungsfeld, einem Strom von Photonen, können diese sowohl durch *Absorption* (Übergang $E_1 \rightarrow E_2$) verschluckt, als auch durch *induzierte Emission* (Übergang $E_2 \rightarrow E_1$) vermehrt werden. Beide Prozesse sind der Strahlungsdichte direkt proportional und hängen überdies auch noch von der Übergangswahrscheinlichkeit ab, die für die Atome charakteristisch ist. Dazu kommt noch die *spontane Emission*, die vom Strahlungsfeld unabhängig, nur von der Anzahl der angeregten Atome und ihrer Verweilzeit im angeregten Zustand abhängt. Ferner ist noch zu bedenken, daß die spontane Emission in alle möglichen

Richtungen des Raumes erfolgt, die induzierte aber nur in dieselbe Richtung wie die einfallende Strahlung, die dadurch verstärkt wird.

Da die spontane Emission zur Verstärkung der Strahlung nicht wesentlich beiträgt, konkurrieren nur die beiden Prozesse der Absorption und der stimulierten Emission. Für die Gesamtbilanz kommt es auf die Besetzungszahlen an:

N_1 ist die Zahl der Atome im Grundzustand. Sie können aus dem Strahlungsfeld geeignete Lichtquanten absorbieren oder durch Aufnahme sonstiger Energie in den angeregten Zustand übergehen, von wo aus sie durch spontane Emission sofort in den Grundzustand zurückkehren. Die Atome senden dabei das Licht unabhängig voneinander in alle möglichen Richtungen aus; die Strahlung ist inkohärent.

N_2 ist die Zahl der Atome im angeregten Zustand. Sie sind im Strahlungsfeld zur induzierten Emission befähigt, d.h. durch Photonen werden weitere Photonen ausgelöst und es entsteht kohärente Strahlung. Nun sind drei Fälle denkbar:

1) $N_1 > N_2$. Es überwiegt die Absorption, daher wird die Strahlung geschwächt.

2) $N_1 = N_2$. Absorption und induzierte Emission sind gleich häufig. Das Medium läßt das Licht ungeändert durch (durchsichtig);

3) $N_1 < N_2$. Die induzierte Emission überwiegt; daher wird die Strahlung verstärkt.

Der Fall 3 wird als *Bevölkerungsumkehr* (population inversion) oder kurz als *Inversion* bezeichnet. Diese ist die Voraussetzung für jede Lasertätigkeit.

Wie sieht es nun im *thermischen Gleichgewicht* aus, d.h. wenn durch die Wechselwirkung mit dem umgebenden Strahlungsfeld gleich viele Absorptions- wie Emissionsakte (spontane + induzierte) pro Zeiteinheit erfolgen?

Die Anzahl der angeregten Atome N_2 kann aus der Anzahl der Atome im Grundzustand N_1 nach der Formel von Boltzmann (Boltzmann-Verteilung) berechnet werden:

$$N_2 = \frac{N_1}{e^{\frac{E_2 - E_1}{kT}}} = \frac{N_1}{e^{\frac{h\nu}{kT}}} \tag{2.10}$$

Darin bedeuten:

$e = 2{,}71828 \ldots$	Basis der natürlichen Logarithmen
$E_2 - E_1 = h\nu$	Energiedifferenz der beiden Niveaus, gleich der Energie des Photons (eV)
$k = 1{,}38 \cdot 10^{-23}$	J/K Boltzmann-Konstante
T (K)	absolute Temperatur in Grad Kelvin (0 K = − 273,16 °C)

Die Formel läßt erkennen, daß $N_2 > N_1$ bei thermischen Lichtquellen nicht zu schaffen ist, auch wenn T sehr groß und ν sehr klein gehalten wird. Daher überwiegt bei ihnen die Absorption gegenüber der stimulierten Emission. Diese kann eben nur durch Besetzungsumkehr (Inversion) erreicht werden.

3 Der Laser

3.1 Begriff

Laser ist ein Akronym für „*l*ight *a*mplification by *s*timulated *e*mission of *r*adiation". Da die induzierte Emission zuerst im Mikrowellenbereich beim *Maser* (*m*icrowave *a*mplification by *s*timulated *e*mission of *r*adiation) und bald darauf im optischen Bereich realisiert wurde, heißt der Laser in der älteren Literatur auch „optischer Maser".

Heute ist im Sprachgebrauch der Physik und Technik der *Laser* ein auf Verstärkung durch induzierte Emission beruhender *Lichtgenerator*, der in einem schmalen Frequenzbereich ein kohärentes, kaum divergierendes, energiereiches Strahlungsbündel erzeugt; infolge dieser Eigenschaften können mit der Laserstrahlung besondere Wirkungen erzielt werden.

Laser und Maser haben gemeinsam, daß sie *Verstärkung* elektromagnetischer Strahlung bewirken; kennzeichnend dabei ist, daß diese mit der Materie in direkte Wechselwirkung nach Quantenbedingungen tritt; dabei kommt der induzierten Emission eine entscheidende Rolle zu. Für diese Art der Verstärkungstechnik und Informationsverarbeitung hat sich der Ausdruck *Quantenelektronik* eingebürgert. Laser und Maser sind typische Geräte der Quantenelektronik. Während der Maser auf den Mikrowellenbereich beschränkt ist, arbeitet der Laser im Infrarot und in den sich daran anschließenden, noch kürzeren Spektralbereichen. Der Maser ist als ein besonders rauscharmer Verstärker für hochfrequente, äußerst schwache Signale bekannt.

3.2 Prinzip

Wie ein Laser funktioniert, sei zunächst in den folgenden Punkten kurz erklärt:

1) Als Lasermaterial ist jede Substanz (Festkörper, Flüssigkeit oder Gas) brauchbar, die günstig gelegene, möglichst scharfe Energieniveaus besitzt. Energieniveaus mit relativ langer Lebensdauer (metastabile Niveaus) spielen wegen der leichter erreichbaren Besetzungsinversion eine wichtige Rolle.

2) Durch Zufuhr von Energie, sog. „Pumpen", wird das Lasermaterial aktiviert und in den Zustand der Besetzungsinversion (Besetzungsumkehr), kurz Inversion, versetzt. Dieser Zustand wird gelegentlich als „nichtthermisches Gleichgewicht" bezeichnet. Die Anzahl der Atome im angeregten Zustand (N_2) überwiegt die Anzahl der im energieärmeren Zustand befindlichen (N_1). Mit $N_2 > N_1$ ist aber die Voraussetzung für die *induzierte Emission* gegeben, die Verstärkung der Strahlung bewirkt.

3) Die Lasermaterie wird i. allg. zwischen zwei *Spiegeln* angeordnet, so daß das Licht hin- und herläuft. Diese Spiegelanordnung wirkt als *optischer Resonator*: Von einer bestimmten Pumpleistung an tritt infolge der Verstärkung durch das aktive Lasermaterial Selbsterregung ein. Es kommt zur Ausbildung von ungedämpften Eigenschwingungen,

den *Moden*, die spektral dicht beieinander liegen. In dem Raum zwischen den beiden Spiegeln, der Resonatorkavität, bilden sich stehende Lichtwellen aus.

4) Damit die kohärente, energiereiche Strahlung nach außen kann, ist der eine Spiegel teilweise durchlässig gemacht; das ist der Ausgang (output) des Lasers.

Abbildung 3.1 gibt einen Überblick der wesentlichen Teile eines Lasers.

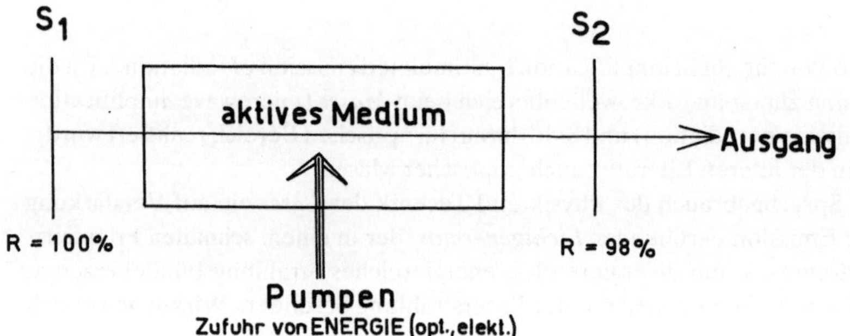

Abb. 3.1. Prinzip eines Lasers. S_1 und S_2 parallele Spiegel (R Reflexionsgrad); sie bilden den optischen Resonator (Kavität)

3.2.1 Einiges zum Lasermaterial

3.2.1.1 Laserkristalle und Halbleiter

Bei den *Festkörpern* können zwei Gruppen unterschieden werden, die eigentlichen Laserkristalle und die Halbleiter.

Die *Laserstäbe* sind künstlich in Hochtemperaturöfen hergestellte Kristalle oder Gläser. Meist ist das für die Lasertätigkeit verantwortliche *aktive Ion* (Dopmaterial) in ein Trägermaterial (Mutterkristall, Wirtmaterial) eingebaut. Schon Maiman hat die Fluoreszenzeigenschaften des *Rubins* untersucht. Der Rubin ist Aluminiumoxid Al_2O_3, das mit etwa 0,05 % Chrom dotiert ist, dem der Kristall seine tiefrote Farbe verdankt (Edelkorund). Nicht nur die 3wertigen Ionen des Chroms (Cr^{+++}) haben für die Festkörperlaser Bedeutung, sondern auch die *seltenen Erdmetalle* (Lanthaniden), wie z.B. Praseodym, Neodym, Samarium, Dysprosium, Holmium, Erbium, Thulium. Darunter ist das *Neodymion* (Nd^{+++}) von besonderer Wichtigkeit; als Wirtmaterial dient YAG (Yttrium-Aluminium-Granat, $Y_3Al_5O_{12}$) oder Glas. Die Länge der Laserstäbe beträgt einige Zenti- bis Dezimeter, ihr Durchmesser einige Millimeter bis Zentimeter. Ein Neodymstab ist durch seine zarte rosaviolette Farbe gekennzeichnet.

Bei den winzigen *Halbleiterlasern* (Dimension: Millimeterbruchteile) spielen vor allem die Elemente der 3. und 5. Gruppe des Periodensystems eine Rolle; am bekanntesten ist der Galliumarsenidlaser (GaAs).

3.2.1.2 Flüssigkeitslaser

Bei den *Flüssigkeitslasern* werden Lösungen organischer Farbstoffe (meist in Alkohol) als lichtverstärkende Substanzen verwendet. Die Emission der Farbstofflösung ist spektral breitbandig. Durch geeignete frequenzselektive Elemente im Laserresonator lassen sich daher diese Laser in einem weiten Bereich abstimmen (tunable laser).

3.2.1.3 Gase

Bei den *Gasen* wird meist eine Mischung aus dem eigentlichen *Lasergas* und dem zur Energieübertragung (Stöße 2. Art) notwendigen *Puffer- oder Pumpgas* verwendet. Beim Helium-Neon-Laser gibt das Neon die Laserübergänge, das Helium dient zum Pumpen.

3.2.2 Die Arten des Pumpens

Die zu jeder Lasertätigkeit erforderliche *Inversion* kann auf verschiedene Weise herbeigeführt werden:

1) *Optisches Pumpen* durch eine Hochleistungslampe: eine Blitzlichtlampe (flash lamp) bei Impulslasern oder eine Bogenlampe bei Dauerbetrieb. Xenon oder Krypton sind geeignete Füllgase. Damit der Laserstab oder das Rohr mit der aktiven Flüssigkeit allseitig von dem intensiven Licht getroffen werden, sind Stab und Lampe in den Brennlinien eines elliptischen Gehäuses untergebracht. Da die inkohärente Pumplichtquelle ein breites *Band* mit sehr vielen Frequenzen emittiert, das Lasermaterial aber nur ganz bestimmte Frequenzen in einem schmalen Bereich absorbieren kann, ist die Energieausbeute nur sehr gering. Die unvermeidbare Wärmeentwicklung im Lasermaterial führt rasch zu optischen Inhomogenitäten und zur Verstimmung bzw. zu stärkeren Verlusten im Resonator. Das optische Pumpen wird bei Festkörper- und Flüssigkeitslasern angewandt.

2) *Pumpen durch eine Gasentladung*, oft als elektrisches Pumpen bezeichnet, wird bei allen Gaslasern angewandt. Es beruht auf dem Elektronenstoß (Gl. 2.4) und der daran sich anschließenden Stoßanregung (Gl 2.6). Die hohe kinetische Energie bekommt das Elektron im starken elektrischen Feld der Entladungsröhre.

3) *Thermodynamisches Pumpen* beruht auf der raschen Erhitzung oder rapiden Abkühlung von Gassystemen. Darauf beruht der gasdynamische Laser.

4) Bei den Halbleiterlasern kann die Inversion direkt *durch den elektrischen Strom* erzeugt werden, welcher Elektronen an einem pn-Übergang in das Leitungsband injiziert; daher heißen solche Laser auch *Injektionslaser*. Diese Art der Erzeugung der Inversion hat den besten Wirkungsgrad aller Verfahren.

3.2.3 Mehrniveausysteme

Bisher wurden nur zwei Energiezustände betrachtet, *praktisch* realisierte Pumpsysteme aber benutzen im allgemeinen *mehrere* Niveaus. Der Rubinlaser arbeitet mit einem *Drei-*, andere Festkörperlaser und die Gaslaser arbeiten mit einem *Vier*niveausystem. Zur allgemeinen Erläuterung der beiden Systeme dienen die Termschemata in Abb. 3.2 a, b. Es bedeuten: E_0 Grundniveau, E_1, E_2 und E_3 angeregte Niveaus. E_3 ist meist ein *Band*, d.h. eine Vielzahl höherer Niveaus, die dicht beisammen liegen; so ist die Absorption des Pumplichtes ergiebiger. Die möglichen Übergänge zwischen den Niveaus sind durch Pfeile angedeutet. τ_{ik} ist die *mittlere Lebensdauer*, d.h. die Zeit, während der ein Atom im Energiezustand (i) im Mittel verweilt, bevor es in den niedrigeren Energiezustand (k) übergegangen ist. Die langlebigen Zustände der *metastabilen* Niveaus E_2 sind für das Zustandekommen der Inversion bedeutungsvoll. In E_2 wird Energie gespeichert, das gehobene Elektron

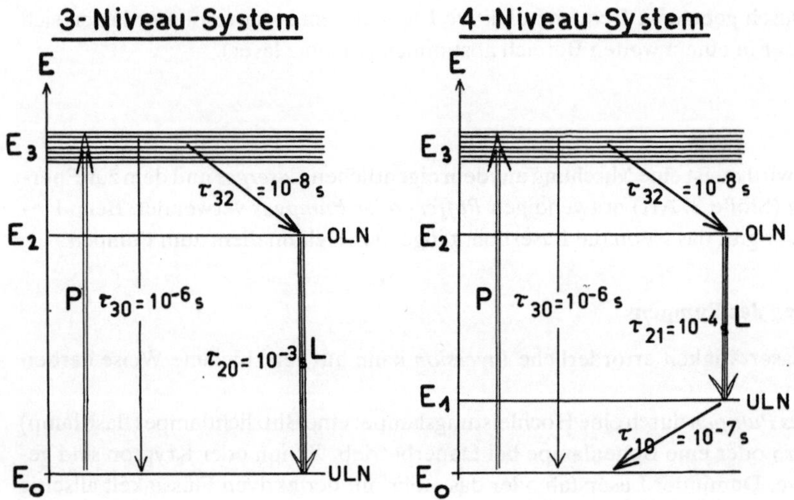

Abb. 3.2. Herbeiführung der Inversion durch Pumpen P bei einem Drei- *(links)* und Vierniveausystem *(rechts)*. E_0 ist der Grundzustand, E_1, E_2 und E_3 sind angeregte Zustände; die τ_{ik} sind ihre Lebensdauern. L ist der mit Strahlung verbundene Laserübergang vom oberen (OLN) zum unteren Laserniveau (ULN)

sitzt gleichsam wie in einer Falle fest. P symbolisiert das Pumpen (Energiezufuhr). OLN und ULN sind das obere und untere Laserniveau, L die Laserübergänge mit den Frequenzen

$$\nu = \frac{E_2 - E_0}{h} \quad \text{bzw.} \quad \nu' = \frac{E_2 - E_1}{h}.$$

3.2.3.1 Das Dreiniveausystem (Rubinlaser)

Durch den Pumpvorgang werden die Cr^{+++}-Ionen aus dem Grundzustand in das breite Energieband E_3 gefördert. Nun stehen zwei Wege offen: Entweder geht das Atom durch spontane Emission in den Grundzustand über, oder *strahlungslos* in den Zustand E_2. Weil $\tau_{32} < \tau_{30}$ ist, hat dieser Übergang die größere Wahrscheinlichkeit. So werden durch das Pumpen immer mehr Atome über den Zwischenzustand E_3 in den Zustand E_2 gelangen. Aber erst wenn mehr als die Hälfte aller Atome dort ist, tritt eine Besetzungsumkehr der Niveaus 0 und 2, also Inversion, ein. Dieses Verfahren erfordert also eine hinreichend kräftige Energiezufuhr und eine entsprechend günstige Lebensdauer des metastabilen Niveaus. Wird die Energiezufuhr abgestellt, so stellt sich nach etwa 1/1000 s der thermische Gleichgewichtszustand wieder her. Der nichtthermische Zustand der Materie kann also nur durch dauernde Energiezufuhr unterhalten werden.

3.2.3.2 Vierniveausystem

Auch hier wird durch das Pumpen – wie schon beschrieben – das Niveau E_2 über E_3 aufgefüllt. E_2 ist meistens metastabil. Da E_1, das untere Laserniveau (ULN), recht weit vom

Grundniveau entfernt liegt – es soll $E_1 - E_0 \gg kT$ sein [Boltzmannformel Gl. (2.10)] – und die Verweilzeit τ_{10} klein ist, ist es praktisch *leer*. Daher genügt es, nur wenige Atome in den Zustand E_2 zu versetzen, um Inversion herbeizuführen. So sind die *Vorteile* des Vierniveausystems klar:

1) Minimale Pumpleistung genügt zur Erzeugung der Inversion.

2) Die Lebensdauer des oberen Laserterms braucht nicht mehr groß zu sein.

Bei beiden Verfahren erfolgen die Übergänge $E_3 \rightarrow E_2$ strahlungslos. Wohin geht die freiwerdende Energie? Bei Kristallen werden Gitterschwingungen, sog. *Phononen*, ausgelöst; bei Gasen wird die Energie von Stoßprozessen mit Fremdatomen oder der Wand aufgenommen. Wegen der dabei entstehenden Erwärmung ist Kühlung erforderlich.

3.3 Der Laser als Oszillator

Durchquert Strahlung ein aktives Medium, d.h. einen Stoff mit Besetzungsinversion (s. Kap. 2.4), so kann durch induzierte Emission Verstärkung der Strahlung eintreten. Es handelt sich dann um einen Laser im ursprünglichen Sinn des Wortes, also um einen *Lichtverstärker*.

In den meisten Fällen aber ist ein Laser mehr, er ist auch *Oszillator*. Schon lange wurde in der Optik das Fabry-Perot-Interferometer, eine Anordnung von zwei zueinander parallelen ebenen Spiegeln in kleinem Abstand voneinander, verwendet. Diese Einrichtung gestattet, bestimmte Wellenlängen (Frequenzen) auszuwählen, wirkt also als ein *selektives* Frequenzfilter. Im Prinzip stellt so ein Fabry-Perot-Interferometer einen *optischen Resonator* dar, der, wenn seine unvermeidbaren Verluste durch ein lichtverstärkendes Medium (Lasermaterial im Zustand der Besetzungsinversion) kompensiert werden, ungedämpfte Eigenschwingungen vollführt. So ergibt sich der Laseroszillator, der kohärente, monochromatische und scharf gebündelte Strahlung emittiert. Zum besseren Verständnis des Oszillators sollen vorher noch einige Begriffe – soweit es der Rahmen dieser Arbeit zuläßt – geklärt werden.

3.3.1 Breite der Spektrallinien

Bisher wurde angenommen, daß ein Energieniveau eines Atoms haarscharf bestimmt ist. Tatsächlich aber ist es wegen der *Unschärferelation* von Heisenberg nicht so; jedes Energieniveau weist vielmehr eine Energieunschärfe ΔE auf. Dieser entspricht eine Frequenzunschärfe $\Delta\nu$, so daß in etwa $\Delta E/\Delta\nu = h$ (Planck-Konstante) ist. Eine Spektrallinie ist daher auch bei bestem Auflösungsvermögen des Spektralapparates keine scharfe Linie, sondern zeigt die in Abb. 3.3 dargestellte Intensitätsverteilung, das *Linienprofil*: Die einzelnen Frequenzen sind um eine Mittenfrequenz ν_0 mit der maximalsten Intensität I_0 verteilt; diese nimmt nach beiden Seiten nach einer Glockenkurve bis Null ab. Es gibt zwei Frequenzen (ν_1, ν_2), bei denen die maximale Intensität ihren halben Wert hat. Kennzeichnend für das Linienprofil und ein Maß für die Unschärfe einer Spektrallinie ist δ, die *Linienbreite*, auch kurz *Breite* genannt. δ ist die Differenz der Frequenzen $\nu_2 - \nu_1$ und wird in MHz oder GHz angegeben. Der Bereich innerhalb von ν_1 und ν_2 wird als *Linienkern*, die danebenliegenden Bereiche als *Linienflügel* bezeichnet. Das Linienprofil gilt sowohl für Emission als auch für Absorption; das Atom kann nicht nur die Mittenfrequenz, sondern auch nahe benachbarte Frequenzen absorbieren.

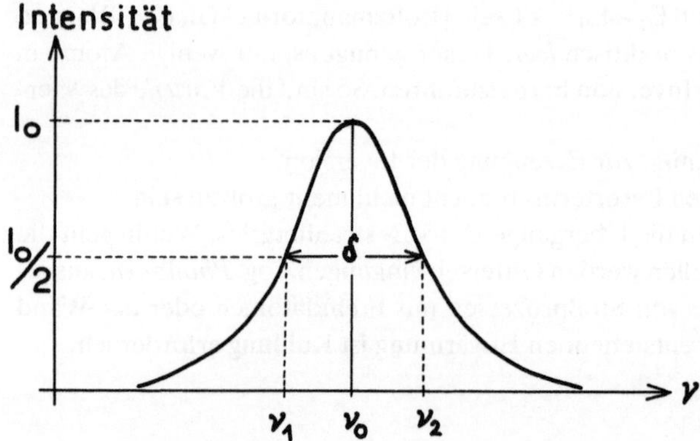

Abb. 3.3. Das Linienprofil zeigt die Frequenzverteilung einer Spektrallinie um den Zentralwert ν_0. Ist I_0 der Scheitelwert der Intensität, so gibt es zwei Frequenzen ν_1 und ν_2, bei denen er auf die Hälfte abgesunken ist.
$\nu_2 - \nu_1 = \delta$ wird als Linienbreite oder Breite der Spektrallinie bezeichnet

Die durch die Unschärfe der Energieniveaus bedingte *Linienbreite* wird als *natürliche* bezeichnet und ist durch die endliche Lebensdauer τ des angeregten Zustands begründet. Das Profil der Abb. 3.3 ergibt sich aus einer Theorie, die berücksichtigt, daß das angeregte Atom seine Energie nicht dauernd als einen unendlichen Wellenzug aussendet, sondern nur innerhalb der Lebensdauer τ des angeregten Zustands. Diese beträgt im Normalfall etwa 1 Hundertmillionstel Sekunde. Innerhalb dieser Zeit nimmt die Amplitude des Wellenzuges, der einem einzelnen Photon zugeordnet werden kann, von Null auf einen Höchstwert zu und dann gleich wieder ab; diese zeitliche Amplitudenverteilung heißt *Gaußscher Wellenzug* und ist in Abb. 3.4 angedeutet. So kommt die korpuskulare Natur des Lichtes zum Ausdruck, die Tatsache, daß das Licht einen Strom von Lichtquanten (Photonen) darstellt. Auf die Bedeutung von τ wird später noch bei der Kohärenz (s. Kap. 4.2) eingegan-

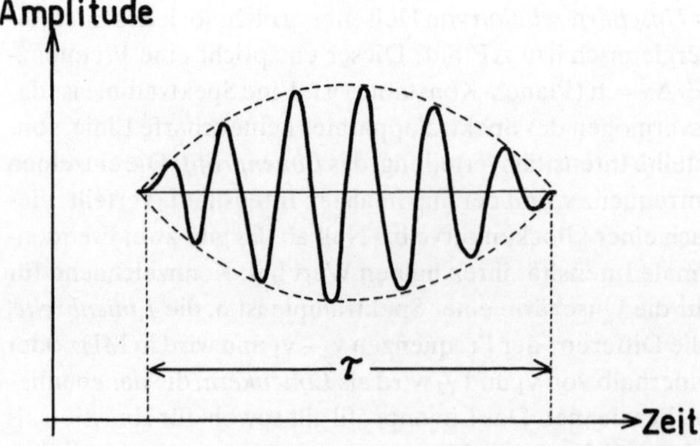

Abb. 3.4. Zeitliche Verteilung der Amplitude bei einem Gauß-Wellenzug. τ ist die Lebensdauer

gen werden. Die natürliche Linienbreite δ_N ist der Lebensdauer τ indirekt proportional, also

$$\delta_N \approx \frac{1}{\tau}. \tag{3.1}$$

Je rascher also ein Atom den angeregten Zustand verläßt, desto breiter ist die emittierte Linie; die auf metastabile Niveaus zurückgehenden Linien sind daher schärfer als andere.

Die *Linienverbreiterung* kann außer der endlichen Lebensdauer des angeregten Zustands noch *andere Ursachen* haben. Wichtige Ursachen sind z.B.

1) Dopplereffekt wegen der raschen thermischen Bewegung der Teilchen. Daher steigt die Dopplerverbreiterung mit der Temperatur, ist aber bei massereicheren Atomen geringer als bei leichten. Die Dopplerverbreiterung kann die natürliche Linienbreite weit übertreffen.

2) Stoßvorgänge. Weil die Lebensdauer durch Stöße verkürzt wird, ergibt sich eine Stoßverbreiterung. Steigt der Druck eines Gases, so gibt es mehr Kollisionen. Daher ist auch der Druck eine Ursache der Linienverbreiterung.

3.3.2 Verstärkung und Verluste

Es erhebt sich die Frage, wieso es durch die Anordnung des aktiven Mediums zwischen zwei Spiegeln zum Einsatz der Oszillation kommt. Durch die Energiezufuhr werden Atome zunächst zur spontanen Emission veranlaßt; diese erfolgt zufällig verteilt nach allen Richtungen hin. Der Anteil, der in Richtung der Achse des Laserrohres geht, wirkt als „Eingangssignal" und kann bei anderen angeregten Atomen induzierte Emission auslösen: Ein Photon löst ein weiteres Photon gleicher Energie aus. Durch Wiederholung des Vorgangs längs der Achsenrichtung zum Spiegel hin verstärkt sich diese kohärente Strahlung. Auf dem Rückweg vom Spiegel spielt sich wiederum dasselbe ab. So wird kohärentes Licht bei jedem Hin- und Hergang in der Kavität verstärkt. Dazu bildet sich durch Interferenz der hin- und hergehenden Welle eine stehende Welle (Mode) aus. Sehr vereinfacht gesagt, tritt durch die Spiegel als rückkoppelndes Element *Selbsterregung* ein. Die spontane Emission (Rauschen) wird durch die induzierte Emission übertroffen.

Die geschilderte Verstärkung aber hat eine Konkurrenz, nämlich die auftretenden *Verluste*; diese sind nach ihren Ursachen benannt. Abgesehen von den Absorptionsverlusten beim Durchqueren des Lasermediums sind noch folgende Verluste zu nennen:

1) Transmissions- und Absorptionsverluste an den Spiegeln. Wegen der Auskopplung der Energie ist eine teilweise Transmission der Spiegel erforderlich. Um die Absorptionsverluste möglichst klein zu halten, werden dielektrische Spiegel (s. Kap. 3.3.3) verwendet.

2) Beugungsverluste. Da beim optischen Resonator der Spiegelabstand den Spiegeldurchmesser weit übertrifft, treten Beugungserscheinungen auf. Die Beugungsverluste werden durch die *Fresnel-Zahl* N bestimmt und sind ihr direkt proportional. Bedeutet L den Spiegelabstand, a den Spiegelradius und λ die Wellenläge, so ist die Fresnel-Zahl definiert durch

$$N = \frac{a^2}{L \cdot \lambda}. \tag{3.2}$$

3) Wanderungsverluste. Sind die Spiegel nicht genau parallel, so gehen Strahlen durch Herauswandern verloren.

4) Streuverluste. Streuung durch das Lasermedium, aber auch durch Unebenheiten der Spiegelfläche, Staub etc.

Damit also Lasertätigkeit eintreten kann, muß die Verstärkung größer sein als die Summe aller Verluste.

3.3.3 Laserspiegel

Die wichtigsten Elemente des *optischen Resonators* sind die Spiegel. Daher muß einiges über ihre Qualität und Anordnung mitgeteilt werden.

Die Spiegeloberfläche soll sowohl einen sehr hohen Reflexionsgrad besitzen als auch sehr glatt sein, damit die einfallenden Lichtwellen möglichst wenig deformiert werden. Außerdem sollen die Absorptionsverluste klein gehalten werden. Dies wird erreicht bei sog. *dielektrischen Spiegelschichten*, die heute bei fast allen Lasern verwendet werden. Wegen des Aufbaus aus mehreren Schichten heißen diese Spiegel auf englisch *Multilayer mirrors*. Da die Reflexion des Lichtes durch Interferenz zustande kommt, werden sie auch als *Interferenzspiegel* bezeichnet. Ihre hohe optische Qualität wird in Bruchteilen der Wellenlänge λ ausgedrückt; $\lambda/20$ bedeutet z.B., daß die Abweichung von der Sollfläche nicht mehr als 1/20 der Wellenlänge beträgt; bei gelbem Licht ist das etwa 0,03 Mikrometer.

Auf einem Schichtträger (z.B. Glas) werden im Vakuum äußerst dünne Schichten (Mikrometerbruchteile) stets in ungerader Gesamtzahl aufgedampft, wobei sich dielektrische Substanzen hoher und geringer Brechzahl η abwechseln. Bekannte Kombinationen von Dielektrika sind z.B. *weicher Überzug* aus Zinksulfid (ZnS, $\eta = 2{,}5$) und Kryolith (Na_3AlF_6, $\eta = 1{,}35$); *harter Überzug* aus Titandioxid (TiO_2, $\eta = 2{,}2$) und Siliciummonoxid (SiO, $\eta = 1{,}75$ bis 1,8). Die Schichtdicke d des Dielektrikums richtet sich nach der Brechzahl und ist so bemessen, daß stets $d\eta = \lambda/4$ ist. Eine Eigenart der Interferenzspiegel ist es, daß sie nur für ganz bestimmte Wellenlängen und normalen Lichteinfall den gewünschten hohen Reflexionsgrad zeigen. Diese selektive Wirkung ist beim Laser sehr erwünscht.

Der *optische Resonator* kann verschieden ausgeführt werden; die wichtigsten Typen zeigt die Abb. 3.5 a–e. Die Begrenzungslinie zwischen den Spiegeln deutet an, wie sich die Strahlung in der Kavität von selber einspielt.

Der *planparallele Resonator* hat zwar das größte Volumen für den Grundmode, doch kann dieser nur schwer von den übrigen transversalen Moden (s. Kap. 3.3.4) getrennt werden. Ein enormer Nachteil ist das Herauswandern des Strahls und das Aufhören der Lasertätigkeit wegen kleiner Justierfehler und sogar wegen Staubteilchen am Spiegel. Auch Temperaturänderungen und Erschütterungen können stören.

Der *konfokale Resonator* wurde so benannt, weil die Brennpunkte der beiden Spiegel in der Mitte der Kavität zusammenfallen. Der Strahlverlauf wird durch ein einschaliges Rotationshyperboloid begrenzt. Die Flächen gleicher Phase sind Kugelflächen, außer in der Strahltaille T und am seitlichen Rand. Daher können überall im Strahlengang sphärische Spiegel angeordnet werden. Die Strahltaille entspricht dem Durchmesser des Grundmode. Der konfokale Resonator hat die kleinsten Beugungsverluste.

Wird in die Strahltaille T ein Planspiegel gebracht, so entsteht aus dem konfokalen der *hemisphärische Resonator*. Dieser schwingt sehr stabil, nur nützt er das Lasermedium schlecht aus.

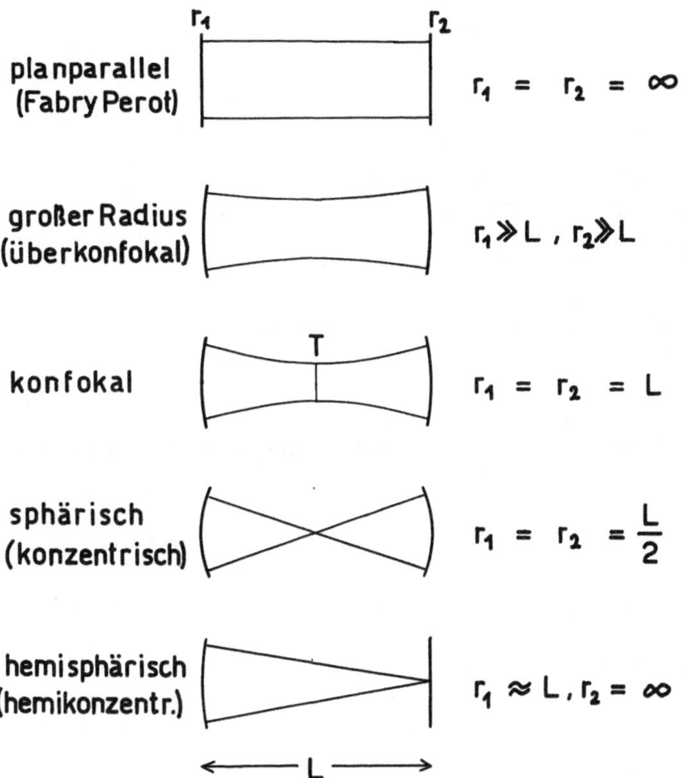

Abb. 3.5 a–e. Verschiedene Typen des optischen Resonators. **a** planparalleler Resonator (Fabry-Perot): $r_1 = r_2 = \infty$; **b** „großer Radius" (überkonfokal): $r_1 \gg L, r_2 \gg L$; **c** konfokal: $r_1 = r_2 = L$; **d** sphärisch (konzentrisch): $r_1 = r_2 = L/2$; **e** hemisphärisch (hemikonzentrisch): $r_1 \approx L, r_2 = \infty$. L Abstand der Spiegel, r_1 und r_2 ihre Krümmungsradien, T Strahltaille

Ein wichtiges Problem ist die *Justierung* der Spiegel. Diese ist am empfindlichsten beim planparallelen Resonator (Bogensekunden), weniger empfindlich beim konfokalen Resonator (Bogenminuten), beim hemisphärischen Resonator aber genügen einige Bogengrade.

Nicht immer wird das Lasermedium von den Spiegeln selbst begrenzt *(interne Spiegel). Gase* befinden sich meist in einem an den Enden mit Brewster-Fenstern verschlossenen Entladungsrohr und die Spiegel sind außerhalb angebracht: *externe Spiegel.* Diese können wegen der leichteren Zugänglichkeit bequem justiert werden. In Abb. 3.13 ist ein Helium-Neon-Laser mit Brewster-Fenstern und Außenspiegeln zu sehen.

Abschließend sollen noch zwei Bauteile des optischen Resonators beschrieben werden, die häufig bei Gaslasern anzutreffen sind: Brewster-Fenster und Selektionsprisma (s. Abb. 3.6). Zum Verständnis muß zunächst das *Gesetz von Brewster* dargelegt werden.

Fällt Licht auf eine Materieschicht, z.B. eine Glasplatte, so wird ein Teil zurückgeworfen (Reflexion), ein anderer Teil dringt ein (Brechung). Durch den einfallenden und den reflektierten Strahl ist eine Ebene, die Einfallsebene, bestimmt. Das einfallende Licht wird

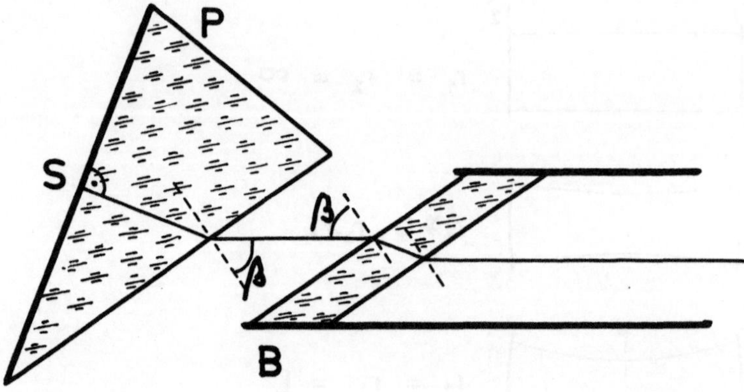

Abb. 3.6. Brewster-Fenster B mit Selektionsprisma P; β ist der Polarisationswinkel; S verspiegelte Seitenfläche

je nachdem, ob es normal oder parallel zu dieser Einfallsebene schwingt, unterschiedlich stark reflektiert. Nach Brewster gibt es einen besonderen Einfallswinkel β, den *Polarisations- oder Brewster-Winkel*, bei dem das in der Einfallsebene schwingende Licht überhaupt nicht reflektiert wird. Ist η_λ die Brechzahl eines Stoffes bei einer bestimmten Wellenlänge, so gilt

$$\operatorname{tg}\beta = \eta_\lambda\,. \tag{3.3}$$

Brewster-Fenster sind Platten aus Glas oder Quarz, die das Entladungsrohr derartig schräg abschließen, daß der Einfallswinkel der Laserstrahlung gleich dem Brewster-Winkel β ist. Daher wird nur das in der Einfallsebene schwingende Licht *ohne* Reflexionsverluste durchgelassen, dasjenige mit anders gelagerter Schwingungsebene aber wird teilweise reflektiert und erleidet dadurch Verluste. Da jedoch relativ geringe Verluste eine Laseroszillation verhindern, schwingt im Laser nur Licht, das parallel zur Einfallsebene polarisiert ist. Laser mit Brewster-Fenstern emittieren daher linear polarisiertes Licht. In Abb. 3.6 ist ein solches Brewster-Fenster B abgebildet; das linear polarisierte Licht schwingt in der Zeichenebene.

Strahlt ein Laser, wie z.B. der Argonionenlaser, auf mehreren Wellenlängen, soll aber nur eine *einzige* zum Anschwingen kommen, so läßt sich dies sehr einfach durch ein *Selektionsprisma*, z.B. ein *Littrow-Prisma P* (Abb. 3.6), erreichen. Seine verspiegelte Seitenfläche S ersetzt den zweiten Resonatorspiegel. Nur ein *normal* auf diese Fläche auftreffender Strahl wird in sich selbst reflektiert und wieder in den Resonator zurückkehren, wo er verstärkt wird. Das aber wird, je nach der Stellung des Prismas P, immer nur für eine ganz bestimmte Wellenlänge zutreffen; zur Auswahl dieser Wellenlänge wird P in die entsprechende Stellung gedreht. Eine sehr kleine Verdrehung gestattet wegen der Empfindlichkeit der Spiegeljustierung, der Reihe nach verschiedene Wellenlängen einzustellen.

3.3.4 Moden

Von einer bestimmten Pumpleistung an, der *Schwelleistung* (diese ist groß beim Dreiniveausystem, klein beim Vierniveausystem – vor allem bei tiefer Temperatur), tritt *Selbsterregung* des Lasers ein: Im optischen Resonator ist es zur Ausbildung von *Eigenschwingungen*, den sog. *Moden*, gekommen.

Die durch die Anzahl der Knoten entlang der Laserachse unterscheidbaren Schwingungszustände werden *axiale Moden* genannt. Die Abb. 3.7 zeigt eine solche stehende Welle, wie sie sich durch Interferenz der hin- und hergehenden Welle gebildet hat; die endständigen Knoten liegen auf der Spiegeloberfläche. Unter Umständen können auch *mehrere* axiale Moden gleichzeitig schwingen.

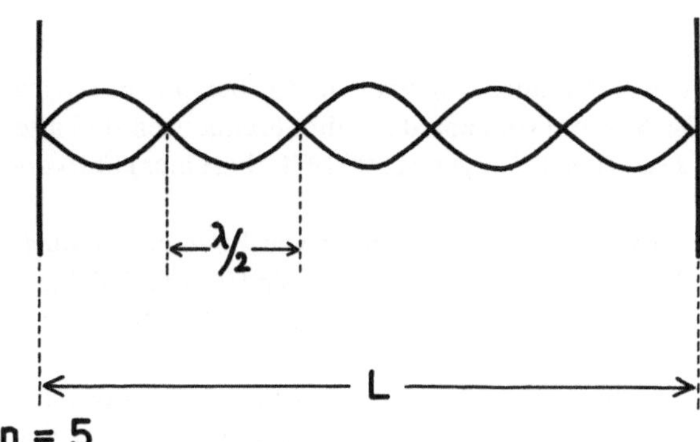

Abb. 3.7. Eine stehende Lichtwelle hat sich zwischen den Spiegeln ausgebildet. L Länge des optischen Resonators

Ist L der Spiegelabstand, also die Länge des optischen Resonators, und λ die Wellenlänge der Strahlung, so kann sich nur dann durch *Resonanz* eine stehende Welle ausbilden, wenn L ein ganzzahliges Vielfaches der halben Wellenlänge ist, also

$$L = \frac{\lambda}{2} n , \qquad n = 1, 2, 3 \ldots \tag{3.4}$$

Da die Resonatorlänge L die Wellenlänge des Lichtes weitaus übertrifft, ist die Ordnung n eine sehr große; es handelt sich daher um sehr hohe Oberschwingungen. Die folgende Ungleichung gibt die Größenordnung vom Infrarot ($\lambda = 1/100$ mm) bis zum Ultraviolett ($\lambda = 1/10$ nm) bei $L = 1/2$ m an:

Infrarot $10^5 < n < 10^{10}$ (UV)

Je nach der Länge L sind also nur ganz bestimmte Wellenlängen und damit Frequenzen möglich; der optische Resonator wirkt *selektif*.

Da, wie Kap. 2.1 zeigt, das Produkt aus Wellenlänge und Frequenz gleich der Lichtgeschwindigkeit c ist, kann Gl. (3.4) umgeformt werden; es ergibt sich für die Resonanzfrequenz der n-ten Ordnung

$$\nu_n = \frac{nc}{2L} , \tag{3.5}$$

und, wenn auch noch die Brechzahl η des Mediums berücksichtigt wird:

$$\nu_n = \frac{nc}{2L\eta} \quad . \tag{3.6}$$

Da bei Gasen η nahezu 1 ist, ergibt sich für Gaslaser wiederum Gl. (3.5). Die beiden Formeln geben die Resonanzbedingung für die axialen Moden des Resonators an.

Wie aus Gl. (3.6) durch Differenzbildung ν_{n+1} minus ν_n leicht gefunden werden kann, beträgt der Frequenzabstand zweier benachbarter Moden

$$\Delta\nu = \frac{c}{2L\eta} \quad . \tag{3.7}$$

Wie man sieht, ist dieser Abstand von der Frequenz unabhängig, d.h. bei *jeder* Frequenz haben die axialen Moden den gleichen Abstand voneinander – ihre Frequenzen sind also *äquidistant*. $\Delta\nu$ beträgt bei einem Gaslaser (L = 0,5 m) etwa 300 MHz, bei einem Festkörperlaser (L = 0,1 m) etwa 1 GHz.

Der optische Resonator ist also imstande, bei einer Vielfalt von Frequenzen anzuschwingen, d.h., er bietet eine große Menge axialer Moden an. Diese sind in Abb. 3.8 durch lotrechte feine Striche angedeutet. Welche Resonatormoden *tatsächlich* zum Schwingen kommen, hängt von verschiedenen Faktoren ab.

Zunächst ist das aktive Medium entscheidend. Durch Pumpen ist in diesem Inversion hergestellt worden. Der Energiedifferenz $E_2 - E_1$ der invertierten Niveaus entspricht eine bestimmte Frequenz $\nu_0 = (E_2 - E_1)/h$.

Wegen der Energieunschärfe (natürliche Linienbreite) besitzt dieser Laserübergang eine endliche spektrale Breite. Eine weitere Verbreiterung durch die Bewegung der Atome (Dopplereffekt) und durch Stoßvorgänge kommt noch hinzu. All diese Faktoren ergeben das breite *Verstärkungsprofil*, das in Abb. 3.8 zu sehen ist. Seine Breite beträgt i.allg.

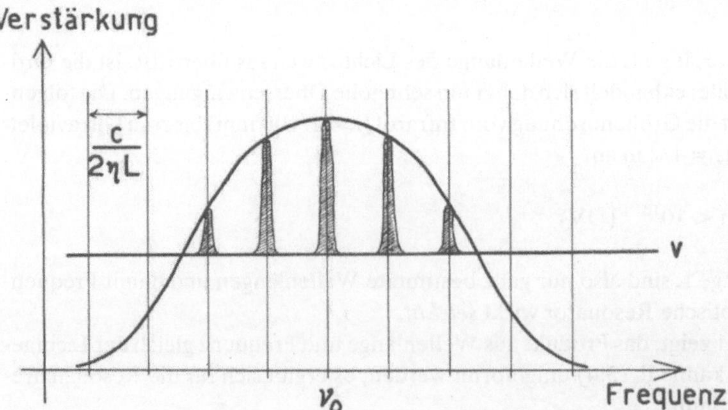

Abb. 3.8. Modenspektrum eines Laseroszillators. Die feinen *lotrechten Striche* bedeuten die möglichen axialen Moden. Tatsächlich werden nur die Moden anschwingen, die innerhalb der Glockenkurve (Verstärkungsprofil) und oberhalb der Verlustgeraden v liegen. ν_0 Mittenfrequenz

einige 100 GHz, kann aber auch beachtlich kleiner sein (Dysprosium, 300 MHz). Die Verstärkung im Lasermedium hat aber eine Konkurrenz: die Resonatorverluste. Die sie kennzeichnende Verlustgerade v bestimmt das *Schwellniveau*. Nur wenn die Verstärkung größer ist als die Verluste, tritt Oszillation auf. Daher werden nicht alle möglichen Resonatormoden anschwingen können, sondern nur die, die innerhalb des Verstärkungsprofils und oberhalb der Verlustgeraden liegen; in Abb. 3.8 sind es 5 Moden.

Diese ungedämpften Resonatorschwingungen sind theoretisch unendlich schmal, zeigen aber in Wirklichkeit doch eine sehr geringe Linienbreite, die vor allem in mechanischen Instabilitäten des Laserresonators begründet ist. Die Linienbreite beträgt $10^{-6}-10^{-11}$ der Emissionsfrequenz (10^{-4} Natriumdampflampe). Da i.allg. mehrere Moden schwingen *(Mehrmodenbetrieb – Mehrmodenlaser)*, ist das Laserlicht nicht streng monochromatisch; das zeigt auch die spektrale Analyse. Je breiter das Verstärkungsprofil und je kleiner die Modenabstände ($c/2\,L\eta$) sind, desto mehr axiale Moden treten auf. Durch besondere Maßnahmen (Etalon im Resonator) kann erreicht werden, daß nur *ein* Mode schwingt *(Einmodenbetrieb – Einmodenlaser)*.

Außer den axialen Moden gibt es noch die *transversalen Moden*. Es sind die durch die Anzahl der Nullstellen auf der x- und y-Richtung (normal zur Laserachse) unterscheidbaren Schwingungsformen; sie werden wie in der Mikrowellentechnik als *TEM_{pq}-Moden* bezeichnet. TEM bedeutet *t*ransverse *e*lectro*m*agnetic (modes). Die Indizes p und q geben

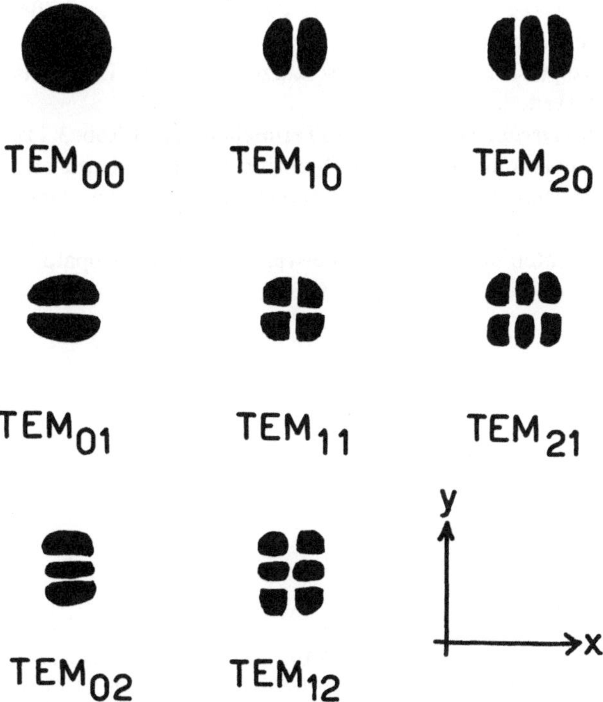

Abb. 3.9. Schirmbilder eines Laseroszillators bei verschiedenen transversalen elektromagnetischen Schwingungen (TEM = *T*ransverse *E*lectro*m*agnetic Modes). Der transversale Mode nullter Ordnung TEM_{00} wird als Grundmode (uniphase mode) bezeichnet

die Anzahl der Nullstellen in der x- und y-Richtung an. Der transversale Mode *ohne* Knoten wird als *TEM_{00}- oder Grundmode (uniphase mode)* bezeichnet. Er schwingt bei den üblicherweise verwendeten Resonatoren am leichtesten an und macht sich auf dem Schirm als Einzelfleck bemerkbar; der Strahlbündelquerschnitt zeigt eine Gauß-Verteilung der Intensität. Besitzt die Feldverteilung im Oszillator eine größere Divergenz als minimal erforderlich, so können *transversale Moden höherer Ordnung TEM_{pq}* auftreten, wobei mindestens *ein* Index *ungleich* Null ist. Die sie charakterisierenden Fleckkonfigurationen samt den Bezeichnungsweisen zeigt die Abb. 3.9. Sind solche Moden höherer Ordnung unerwünscht, so können sie durch eine Modenblende im Resonator unterdrückt werden.

3.4 Einige typische Laser

3.4.1 Rubinlaser

Die ursprünglichste und einfachste Ausführungsform zeigt die Abb. 3.10. Die Interferenzspiegel sind auf die eben abgeschliffenen Enden des Rubinstabes aufgedampft, der sich durch große optische Homogenität auszeichnen muß. Sooft die helixförmige Blitzlampe durch die Entladung einer starken Kondensatorbatterie zum Aufleuchten gebracht wird, tritt aus dem einen, zu 25% durchlässigen Spiegel ein roter, kohärenter Lichtstrahl aus. Die relativ große Transparenz ist zulässig, weil die Verstärkung bei Festkörperlasern größer ist als bei Gaslasern. Alle Laser, die wie der Rubinlaser das Licht in kurzen Stößen (Pulsen) emittieren, werden als *gepulste* oder *Impulslaser* bezeichnet. Da Leistung gleich Energie pro Zeit ist, können mit Impulslasern wegen der so kurzen Dauer der Lichtemission sehr hohe Leistungen erzielt werden.

Der Rubinlaser hat ein typisches *Dreiniveausystem.* Sein Termschema zeigt Abb. 3.11a. Das 3wertige Chromion (Cr^{+++}), in Aluminiumoxid Al_2O_3 eingebettet, besitzt zwei etwa 100 nm breite Absorptionsbänder. Diese verschlucken beim Aufblitzen der Xenonlampe den grünen und violetten Anteil ihres weißen Lichtes und das Chromion geht in den angeregten Zustand über. Der übrige Anteil des Pumplichtes erwärmt die ganze Apparatur.

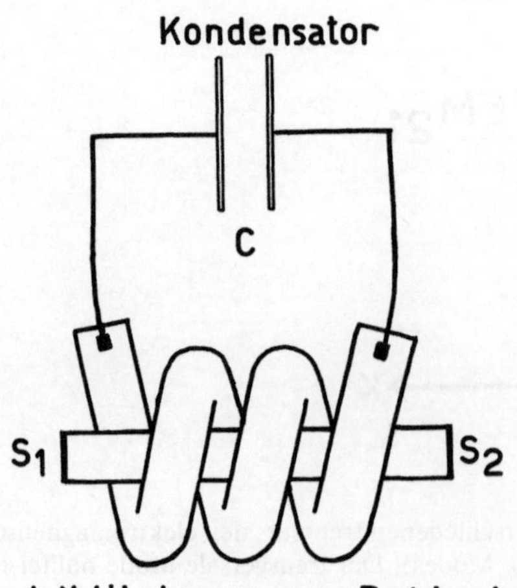

Abb. 3.10. Ein einfacher Rubinlaser. Der Kondensator (Kapazität C) entlädt sich über die Wendelblitzlampe. Bei ihrem Aufleuchten werden die Chromionen des Rubinstabes (Endflächen S_1 und S_2 versilbert) zur Lasertätigkeit angeregt. Wellenlänge 694,3 nm

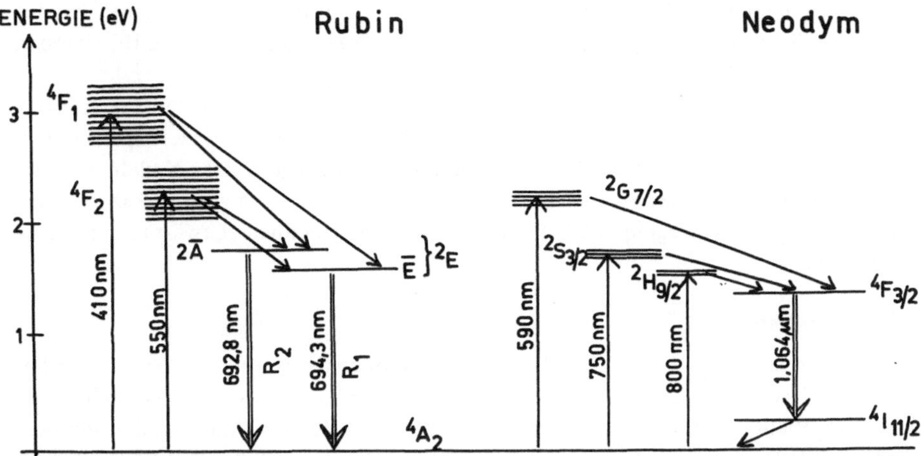

Abb. 3.11. Termschema zweier Festkörperlaser. *Links:* Rubinlaser (Dreiniveausystem), *rechts:* Neodymlaser (Vierniveausystem). Erklärung im Text

Daher muß für gute Kühlung gesorgt sein und auch da bleibt die Zahl der Lichtblitze pro Zeiteinheit beschränkt.

Von den Bändern $^4F_1$ und $^4F_2$ finden strahlungslose Übergänge zu den tieferen *metastabilen Niveaus* ($2\,\bar{A}$ und $\bar{E}$) statt; wegen ihrer langen Lebensdauer tritt Inversion ein. Von diesen metastabilen Niveaus erfolgt der eigentliche Laserübergang zum Grundniveau, wobei die roten Linien R_1 und R_2 als kohärente Strahlung ausgesandt werden. Weil das Niveau $\bar{E}$ (Lebensdauer 3 Millisekunden) stärker als $2\,\bar{A}$ besetzt ist, wird normalerweise nur die R_1-Linie mit $\lambda = 694{,}3$ nm zu beobachten sein.

Bei modernen *Festkörperlasern* ist zwecks maximaler Lichtausbeute der anregenden Blitzlampe durch allseitige Bestrahlung des Laserstabes dieser, wie Abb. 3.12 zeigt, in der Brennlinie eines elliptischen Zylinders (Gehäuse) angeordnet, in der anderen Brennlinie befindet sich die stabförmige Lampe.

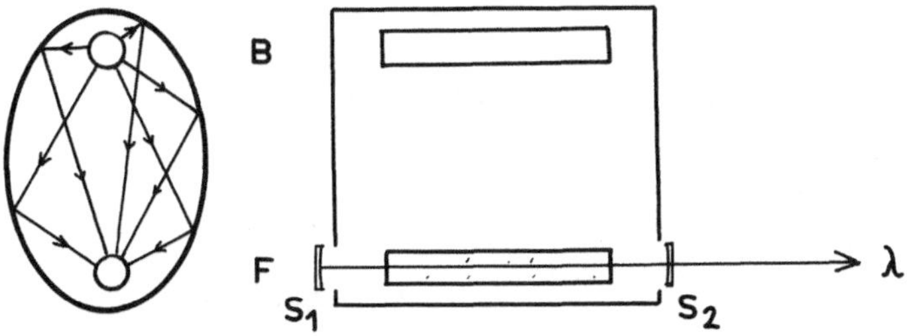

Abb. 3.12. Aufbau eines Festkörperlasers. Die Blitzlampe B und der Festkörperstab F sind in den Brennlinien eines elliptischen Gehäuses untergebracht. S_1 und S_2 Resonatorspiegel. Emittierte Wellenlänge λ beim Rubinstab (Cr^{+++} in Al_2O_3) 0,6943 µm, beim Neodym-YAG-Stab (Nd^{+++} in $Y_3Al_5O_{12}$) 1,064 µm

Auch gegeneinander verdrehte elliptische Zylinder, in deren gemeinsamer Brennlinie sich der Rubinstab befindet, werden angewandt. Es sind dann mehrere Blitzlampen vorhanden, die gleichzeitig aufleuchten.

Wird ein Festkörperlaser ohne besondere Maßnahmen im Resonator zur Emission angeregt, so erfolgt diese in Form einzelner kurzer Impulse (Dauer des Einzelimpulses etwa 1 μs). Im Zeitdiagramm sieht die Laseremission wie eine Folge spitzer Nadeln aus: die Einzelimpulse werden daher als *spikes* bezeichnet. Die Erscheinung wird als Einschwingvorgang erklärt; ihre Unregelmäßigkeit wird durch unterschiedliche Erwärmung des Rubins verursacht.

3.4.2 Neodymlaser

Der Aufbau ist in Abb. 3.12 skizziert. Die 3wertigen Ionen des Neodyms (Nd^{+++}) werden entweder in YAG (Yttrium-Aluminium-Granat, $Y_3Al_5O_{12}$) oder in *Glas* (verschiedene Sorten) eingebettet. *YAG* hat den Vorteil eines besseren Pumpwirkungsgrades und besserer Wärmeleitfähigkeit. YAG kann daher auch für den Dauerbetrieb mit einer Hochleistungsbogenlampe, z.B. Kryptonlampe, verwendet werden. Die *Gläser* wiederum können sehr homogen hergestellt und reicher mit Nd^{+++} dotiert werden.

Der Neodymlaser ist ein *Vierniveausystem*. Sein Termschema zeigt Abb. 3.11 b. Durch die Absorption des Pumplichtes in die drei schmalen Bänder ($^2G_{7/2}$, $^2S_{3/2}$, $^2H_{9/2}$) werden die Neodymionen angeregt. Nach strahlungslosen Übergängen in das obere Laserniveau $^4F_{3/2}$ erfolgt der Laserübergang mit der Wellenlänge 1,064 μm (nahes Infrarot) zu einem höheren Niveau als dem Grundniveau. Da das Niveau $^4I_{11/2}$ thermisch nicht besetzt ist, wird die Inversion rascher erreicht. Dadurch ist der Neodymlaser dem Rubinlaser *überlegen.*

Je nachdem, ob bei einem Festkörperlaser die Lichtquelle eine Blitzlampe oder ein Dauerstrahler ist, wird zwischen *Impuls-* und *Dauerbetrieb* (cw = *c*ontinuous *w*ave) unterschieden.

3.4.3 Helium-Neon-Laser

Dieser Laser war der erste, der ein *Gas* als Medium verwendete und im Dauerbetrieb arbeitete. Eine einfache Ausführung ist in Abb. 3.13 zu sehen. Das Entladungsrohr R ist durch Brewster-Fenster B_1 und B_2 abgeschlossen und mit einem Gemisch von Helium und Neon unter vermindertem Druck gefüllt.

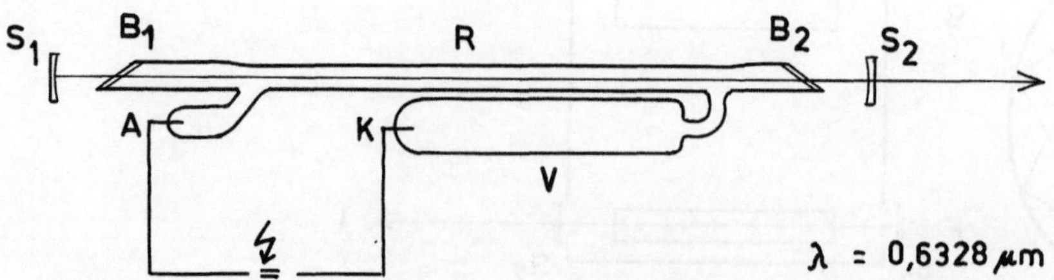

Abb. 3.13. Aufbau eines einfachen Helium-Neon-Lasers. Zwischen *Anode A* und *Kathode K* ist eine hohe Gleichspannung angelegt. Das Entladungsrohr R ist durch Brewster-Fenster B_1 und B_2 verschlossen. V ist ein Gasvorratsgefäß. Die Spiegel S_1 und S_2 sind außen angeordnet. Wellenlänge $\lambda = 632{,}8$ nm

Da Gase keine breiten Absorptionsbänder wie die Festkörper haben, können sie nicht optisch, sondern nur *elektrisch gepumpt* werden. Dem Neon, das die Laserstrahlung erzeugt, ist Helium als *Pumpgas* beigefügt. Seine Funktion und das Zustandekommen der Laseremission sei mit Abb. 3.14 erklärt; sie zeigt nicht maßstabgetreu das Termschema der beiden Edelgase. Die Anregung dieser erfolgt durch *Elektronenstoß*: Die bei der Gasentladung durch Stoßionisation (s. Kap. 2.3) freigewordenen Elektronen erhalten im elektrischen Feld zwischen den Elektroden hohe kinetische Energie und sind so imstande, die Edelgasatome anzuregen, sei es direkt oder indirekt. Die für das Zustandekommen der Laserstrahlung entscheidenden Niveaus 3s und 2s des Neons können wohl direkt durch Elektronenstoß angeregt werden, wirksamer aber ist die *indirekte* Anregung über das Puffergas Helium. Dazu müssen aber zwei Voraussetzungen gegeben sein:

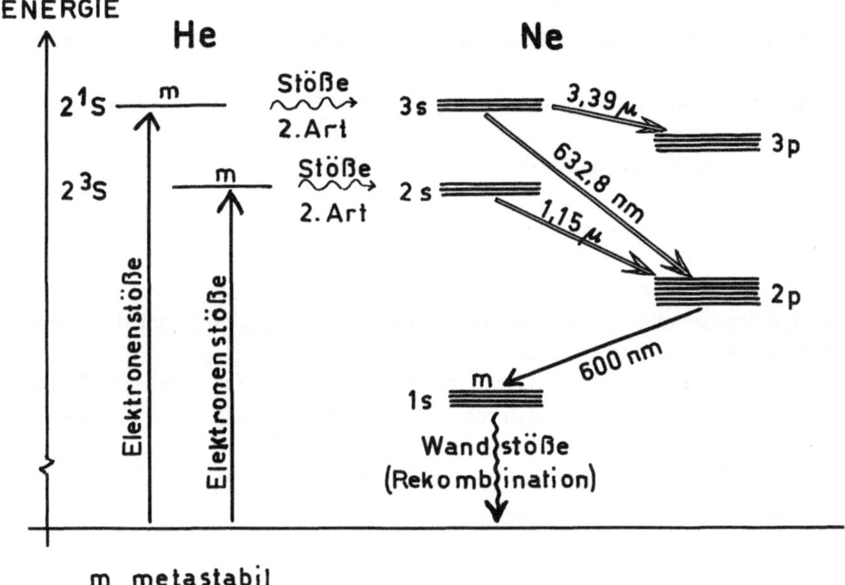

Abb. 3.14. Termschema des Helium-Neon-Lasers; m sind metastabile (langlebige) Niveaus. Die beiden Edelgase zeigen Energieresonanz

1) Die oberen Niveaus der beiden Edelgase müssen fast gleich sein, d.h. es muß „Energieresonanz" vorliegen. Das ist in der Tat der Fall, denn 2 ^{3}S He hat 19,82 eV, 2 s Ne hat 19,78 eV; 2 ^{1}S He hat 20,61 eV, 3 s Ne hat 20,66 eV.

2) Die angeregten Niveaus des Puffergases sollen metastabil sein. Auch das ist der Fall: Lebensdauer $\tau = 1/1000$ s. Wegen dieser relativ langen Zeit verweilt das durch Elektronenstoß angeregte Heliumatom in diesem Zustand. Dadurch erhöht sich bei einem Zusammenstoß mit einem im Grundzustand befindlichen Neonatom die Wahrscheinlichkeit, daß dieses durch Energieübertragung angeregt wird.

Im Entladungsrohr spielen sich nun die folgenden Vorgänge ab: Ein energiereiches Elektron (e_1) stößt mit einem Heliumatom im Grundzustand (He) zusammen und regt es an (He*); es verliert dabei kinetische Energie und fliegt mit verminderter Energie (e_2) weiter; symbolisch

$$He + e_1 \rightarrow He^* + e_2 . \quad (3.8)$$

Der Asteriskus bedeutet den angeregten Zustand des Heliumatoms. Dieses überträgt nun durch einen strahlungslosen Stoß 2. Art (s. Kap. 2.3) seine Energie auf das Neonatom, das dadurch vom Grundzustand in den angeregten Zustand versetzt wird:

$$Ne + He^* \rightarrow Ne^* + He . \quad (3.9)$$

Nachdem so in den Niveaus 3 s und 2 s des Neons eine Überbesetzung (Inversion) erreicht worden ist, können die Laserübergänge nach den Niveaus 3 p und 2 p stattfinden. Da diese Niveaus aufgespalten sind (2–5, 1–10), sind viele Übergänge möglich. Nur die *drei wichtigsten Strahlungen* des He-Ne-Lasers sollen mit ihren Wellenlängen angegeben werden:

1) λ = 1,15 μm (Infrarot), zuerst von Javan und Bennett beim ersten Gaslaser beobachtet;

2) λ = 632,8 nm (Rot), am häufigsten verwendet (Holographie, Präzisionsmessung, Pilotstrahl);

3) λ = 3,39 μm (Infrarot). Bei dieser Wellenlänge ist die Verstärkung so groß, daß die Spiegel wegbleiben können: „Superstrahlung" (s. Kap. 3.4.8).

Soll nur eine *einzige* Linie zum Schwingen kommen, so müssen Spiegel verwendet werden, die nur in einem schmalen Spektralbereich reflektieren; das gleiche würde auch ein Littrow-Prisma (s. Kap. 3.3.3) bewirken.

Wegen seiner kurzen Lebensdauer (10^{-8} s) wird das 2 p-Niveau rasch entleert. Das unterste Niveau 1 s ist metastabil und wird durch Rekombination (s. Kap. 2.3) bei Stößen an die Wand entleert. Weil der Weg der Atome dorthin nicht zu lang sein darf (geringe Wahrscheinlichkeit des Wandstoßes), hat der He-Ne-Laser ein recht enges Entladungsrohr. Der Laser arbeitet im Dauerbetrieb (c.w.).

3.4.4 Argonionenlaser

Hat ein Atom eines seiner Elektronen abgegeben, so wird eine positive Kernladung nicht kompensiert und ein einfach positiv geladenes *Ion* ist entstanden. Die *Edelgase* Argon und Krypton eignen sich im ionisierten Zustand besonders gut für die Lasertätigkeit. Das Edelgas wird also durch Elektronenstoß zunächst ionisiert und dann vom *Ionengrundzustand* zu höheren Energiezuständen angeregt. Abbildung 3.15 zeigt beim Argon nur die für die Lasertätigkeit interessanten Niveaus und die Wellenlängen der emittierten Strahlung; die Linien bei 514,5 nm (grün) und 488,0 nm (blau) sind die kräftigsten.

Für den Betrieb eines *Ionenlasers* eignet sich der *Niederdruckbogen*, der zwischen Anode und Kathode brennt. Weil die Ionisierung der Argonatome sehr hohe Stromdichten (einige 100 A/cm^2) erfordert, ergeben sich technische Probleme. Das Entladungsrohr muß aus sehr hitzebeständigem Material, wie Quarzglas oder besser Berylliumoxid (Be O), gebaut sein. Durch axiale Magnetfelder gelingt es, die Entladung einzuengen und damit die Belastung der Rohrwände ein wenig herabzusetzen. Wenn das Füllgas nicht strömt, kommt es zu einer Ansammlung der Ionen in der Nähe der Kathode. Der dadurch

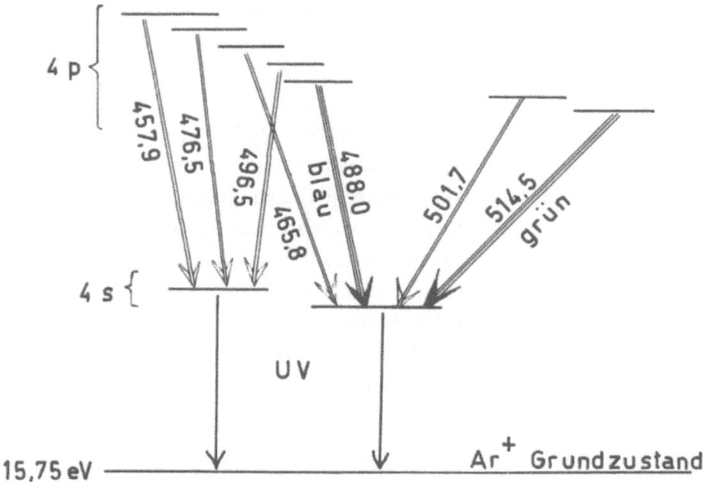

Abb. 3.15. Termschema des Argonionenlasers. Es sind die Wellenlängen der Laserübergänge angeschrieben. Der Übergang UV liegt im Vakuum-Ultraviolett

entstandene Druck muß durch eine Umwegleitung, die den Anoden- mit dem Kathodenbehälter verbindet, ausgeglichen werden. In der Laserapparatur sollen wegen der geforderten mechanischen Stabilität des Resonators keine großen Temperaturschwankungen auftreten. Die im Betrieb auftretende Wärme muß daher durch eine möglichst effiziente *Kühlung* abgeführt werden. Das Rohr ist daher mit einem Wassermantel umgeben, in dem das Kühlwasser am besten tangential einströmt (wegen der Wellenlängenselektion s. Kap. 3.3.3).

3.4.5 Kohlendioxidgaslaser

Der Kohlendioxidgaslaser ist ein *Molekülllaser*; er nutzt die Schwingungs- und Rotationszustände der CO_2-Moleküle aus. Am wirkungsvollsten ist ein Gasgemisch von Kohlendioxid (CO_2), Stickstoff (N_2) und Helium (He). Die *Herbeiführung der Inversion* kann grundsätzlich auf zwei verschiedenen Wegen erfolgen:

a) gasdynamische Expansion des Gasgemisches (thermodynamisches Pumpen);

b) durch eine elektrische Anregung in einem Gasentladungsrohr (Elektronenstoß, Stoßanregung). Dieses Verfahren soll noch näher beschrieben werden (s. S. 40).

Das Zustandekommen der Laserstrahlung: Dazu sei vorausgeschickt, daß Moleküle sowohl zu *Schwingungen* als auch zur *Rotation* fähig sind. Wegen ihrer Zusammensetzung aus einzelnen Teilen können diese um ihre Gleichgewichtslage schwingen; auch Rotation um Achsen verschiedener Lage ist möglich. Jedem dieser Schwingungs- und Rotationszustände entspricht eine ganz bestimmte Energie.

Beim Molekül des Kohlendioxids O–C–O sind drei Schwingungszustände von Bedeutung (s. Kap. 2.2):

a) symmetrische Schwingung (100);

b) asymmetrische Schwingung (001);

c) Biegeschwingung (010).

Wie das vereinfachte Termschema der Abb. 3.16 erkennen läßt, dient der Stickstoff als Pumpgas. Durch die elektrische Entladung in der Plasmaröhre werden zunächst die N_2-Moleküle durch Elektronenstoß angeregt. Diese Anregung hat die außerordentlich lange Lebensdauer von 0,1 s. Wegen der Energieresonanz (s. Kap. 2.3) können die N_2-Moleküle ihre Energie durch Stöße 2. Art strahlungslos auf die CO_2-Moleküle übertragen und sie in das metastabile ($\tau = 10^{-3}$ s) obere Laserniveau versetzen. Dieser höchste Energiezustand des CO_2-Moleküls ist durch seine asymmetrische Schwingungsform (001) bedingt. Geht diese in die symmetrische Form (100) über, so wird Energie frei: Wegen der geringen Energiedifferenz von nur 0,12 eV wird langwelliges Infrarot mit der Wellenlänge 10,6 Mikrometer ausgestrahlt. Diese Strahlung wird auch als *mittleres Infrarot* bezeichnet, sie liegt im elektromagnetischen Spektrum schon weit vom roten Ende seines sichtbaren Teiles entfernt. Das Helium als Puffergas hat die Aufgabe, sowohl die Bevölkerung des oberen Laserniveaus zu fördern, als auch für die Entleerung des unteren Laserniveaus zu sorgen.

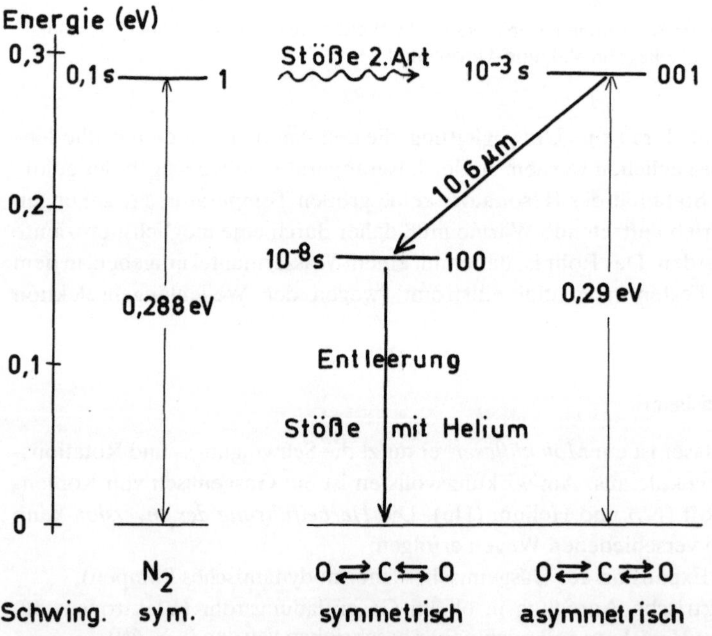

Abb. 3.16. Termschema des Kohlendioxidlasers. Oben ist die Funktionsweise, unten sind die Schwingungszustände des CO_2-Moleküls dargestellt

Den *Aufbau* eines CO_2-Lasers zeigt schematisch die Abb. 3.17. An den Enden des Plasmarohres P sind die Spiegel S_1 und S_2 angeordnet; durch den einen, mit ca. 15% Durchlässigkeit, tritt das Infrarotbündel nach außen. Soll seine Intensität gemessen werden, so wird ein Hilfsspiegel S *(shutter)* in den Strahlengang gebracht und das Bündel fällt auf den Leistungsmesser N (Anzeige in W). Das Lasergas tritt bei I ein und wird an den Stellen O_1 und O_2 abgesaugt *(flowing gas)*. Durch die zwischen der Anode A und den bei-

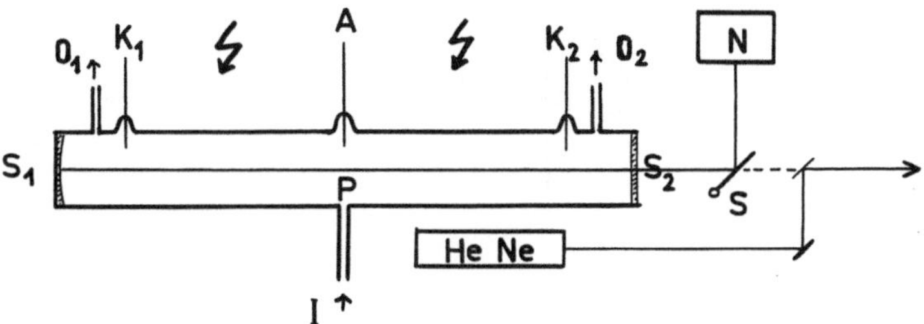

Abb. 3.17. Schema eines CO_2-Lasers. P Plasmarohr, I Gaseintritt, O_1, O_2 Gasaustritt (flowing gas system); A Anode, K_1, K_2 Katoden, S_1, S_2 Spiegel des Resonators. Da der Infrarotstrahl unsichtbar ist, wird von einem Helium-Neon-Laser (He-Ne) her ein Pilotstrahl eingespiegelt. Bei der gezeichneten Stellung des Spiegels S fällt die Infrarotstrahlung auf den Leistungsmesser N; nach Wegklappen von S ist der Strahlengang zum Laserskalpell frei

den Katoden K_1 und K_2 angelegte Hochspannung wird die Gasentladung bei einem Druck von ca. 30 mmHg aufrechterhalten. Die Plasmaröhre wird dauernd gekühlt. Die Fortleitung des Infrarotstrahles bei so großer Wellenlänge kann nur über Spiegel (in Gelenken) erfolgen. Die Herstellung eines flexiblen Lichtleiters zur Übertragung der hohen Leistung ist bei dieser Wellenlänge noch nicht gelungen. Abbildung 3.17 zeigt eine Leistungsmessung bei gleichzeitiger Zielmarkierung durch den roten Helium-Neon-Laserstrahl *(Pilotstrahl)*.

Ein CO_2-Laser kann sowohl als Impulslaser als auch im Dauerbetrieb (c. w) arbeiten. Sehr häufig wird auch eine *quasikontinuierliche Betriebsart* verwendet. In diesem Fall wird durch Gleichrichtung des Netzwechselstromes mit der Frequenz 50 Hz dieser in positive Halbwellen mit der doppelten Frequenz verwandelt. Während einer solchen Halbwelle von 1/100 s Dauer löst ihr über der Laserschwelle gelegener Anteil eine Laseremission aus. Weil auf diese Art der Laser in 1 s 100 solcher Strahlungspakete emittiert, erscheint die Emission praktisch kontinuierlich.

Beim CO_2-Laser kann der Rohrdurchmesser größer sein als beim He-Ne-Laser. Es werden sowohl CO_2-Laser gebaut, die nur im Grundmode (TEM_{00}) schwingen, als auch solche, bei denen viele transversale Moden (TEM_{pq}) gleichzeitig anschwingen; je nachdem werden *Mono- und Multimoden-Laser* unterschieden.

Der CO_2-Laser hat einen sehr hohen *Wirkungsgrad* und große Ausgangsleistungen. Etwa 20% der elektrisch zugeführten Energie werden in Form von Laserstrahlung abgegeben (Laser, die im Sichtbaren arbeiten, haben 0,1–1% Wirkungsgrad).

3.4.6 Halbleiterlaser

Substanzen, deren elektrische Leitfähigkeit zwischen der der Metalle und Isolatoren liegt, werden als *Halbleiter* bezeichnet; sie können sowohl Elemente (z.B. Germanium) als auch Verbindungen (z.B. Galliumarsenid) sein. Sie besitzen eine Kristallstruktur, d.h. die Bausteine, aus denen sich der Körper zusammensetzt, sind regelmäßig angeordnet. Abbildung 3.18 zeigt ein „Atomgitter": Die Atome sind so angeordnet, daß jedes im Mittelpunkt eines Tetraeders sitzt, an dessen Ecken sich vier andere Atome befinden. Der Zusammenhalt der Atome wird durch homöopolare (Atom-)Bindung bewirkt, d.h. durch

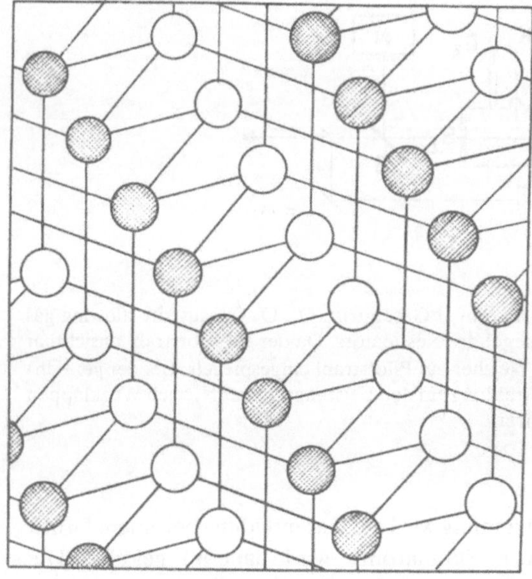

Abb. 3.18. Atomgitter. Entweder ist es aus gleichen Atomen aufgebaut (Diamant: nur C-Atome) oder aus denen zwei verschiedener Elemente (Galliumarsenid: Ga- und As-Atome)

gemeinsame Elektronenpaare. Das Gitter kann aus lauter gleichartigen Atomen aufgebaut sein oder aber auch abwechselnd aus Atomen der 3. und 5. Gruppe des Periodensystems, z.B. aus Gallium- und Arsenatomen, sog. *III-V-Verbindungen*.

Atome, die in einer Gitterstruktur angeordnet sind, haben keine scharfen Niveaus (wie bei den Gasen), sondern es gibt breite Bereiche erlaubter Energiewerte, die als *Bänder* bezeichnet werden (Abb. 3.19). Bei Halbleitern ist am absoluten Nullpunkt (− 273,16 °C) das Valenzband (VB) ganz mit Elektronen besetzt, während das Leitungsband (LB) leer ist. Infolge der bei höherer Temperatur vorhandenen Bewegungsenergie der Elektronen werden diese aus ihrer Bindung gelockert, zu einem geringen Prozentsatz ins Leitungsband gehoben und bewirken so eine geringe Leitfähigkeit („intrinsic" Leitfähigkeit) des Halbleiters.

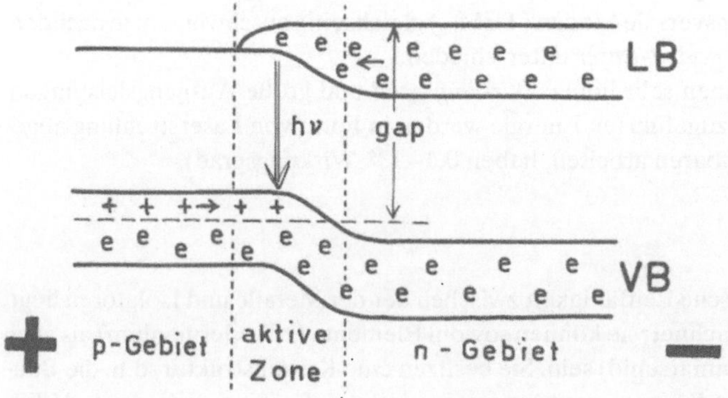

Abb. 3.19. Termschema eines Halbleiterlasers. Es ist ein Energieband-Orts-Diagramm. e sind Elektronen, + sind Löcher, LB Leitungsband, VB Valenzband. Im Übergangsgebiet rekombinieren die Elektronen-Loch-Paare unter Emission je eines Lichtquants (hν)

Eine Erhöhung der Leitfähigkeit, wie sie für einen Halbleiterlaser wichtig ist, wird durch *Dotierung*, d.h. durch den Einbau von Fremdatomen in das Kristallgitter erreicht. Die Dotierung erfolgt gezielt, sowohl was die Art der Atome als auch ihre Konzentration betrifft. Diese beträgt bei einer Dotierung von 0,1% etwa 10^{19} Atome pro cm^3. Die Art der Dotierung bestimmt den Spektralbereich des Halbleiterlasers.

Die Fremdatome, die die Regelmäßigkeit des Gitters stören und daher als *Störstellen* oder *Verunreinigungen* bezeichnet werden, haben eine wichtige Aufgabe. Zum besseren Verständnis des Folgenden sei die Anzahl der Außen- oder Valenzelektronen bei einigen Elementen vorausgeschickt:
3 Valenzelektronen bei Bor, Aluminium, Gallium, Indium, 5 Valenzelektronen bei Phosphor, Arsen, Antimon, Wismut.

Ist z.B. an einer Störstelle eines Germaniumgitters (Ge besitzt 4 Valenzelektronen) ein 5wertiges Element (z.B. Phosphor) eingebaut, so ist dort ein Elektron zu viel vorhanden. Material, in dem solche *n*egativen Überschußelektronen dominieren, heißt n-Material und die eingebauten Elektronenspender werden als *Donatoren* bezeichnet. Auch das Gegenteil kann eintreten: Befindet sich an der Störstelle ein 3wertiges Element (z.B. Bor), so fehlt dem Gitter ein Elektron. Es entsteht dort ein *p*ositiv geladenes *Loch*, das auch als *Defektelektron* bezeichnet wird. Es liegt p-Material vor; das eingebaute Fremdatom heißt *Akzeptor*, weil es ein Elektron empfangen hat. Sowohl die Überschußelektronen als auch die Löcher können im Gitter wandern; bewegte Ladung aber stellt einen elektrischen *Strom* dar.

Für Halbleiterlaser sind die III-V-Verbindungen, wie z.B. Galliumarsenid (GaAs), besonders geeignet. Die als Donatoren bzw. Akzeptoren fungierenden Elemente werden durch Diffusion eingebracht. Die Herstellung ist technisch nicht einfach und die Entwicklung geeigneter Verfahren erforderte großen Aufwand. Die den „Verunreinigungen" entsprechenden Energiezustände erscheinen im Termschema als schmälere Bänder: Das Verunreinigungsband der Donatoren liegt knapp unter dem Leitungsband, das der Akzeptoren knapp über dem Valenzband.

Im elektrischen Feld, also beim Anlegen einer Spannung, können *Halbleiterdioden*, das sind aus einem p- und einem n-leitenden Material zusammengesetzte Bauteile, an der pn-Grenzschichte *Licht* aussenden. Diese schon lange als *Elektrolumineszenz* bekannte Erscheinung beruht darauf, daß ein aus seiner Valenzbindung befreites Elektron sich mit einem Loch (Elektronenlücke im Gitter) vereint. Die bei dieser Rekombination freiwerdende Energie wird als Strahlung ausgesandt. Diese „Rekombinationsstrahlung" ist inkohärent. Soll sie aber *kohärent* sein, d.h. soll ein Laser betrieben werden, so muß im Material *Inversion* vorliegen und ein Resonator vorhanden sein. Durch eine entsprechend hohe Stromdichte im pn-Übergang (vorzugsweise von GaAs-Dioden) läßt sich eine zur Lasertätigkeit hinreichend hohe Inversion erreichen. Da bei diesem Vorgang an der Grenzschichte Elektronen vom Leitungsband des n-Materials in das praktisch leere Leitungsband im Bereich des pn-Übergangs „injiziert" werden, heißen die Halbleiterlaser auch *Injektions- oder Diodenlaser.*

In Abb. 3.20 ist schematisch der Aufbau eines *Galliumarsenid-Dioden-Lasers* zu sehen. Die Lasertätigkeit findet in der äußerst dünnen Übergangszone (1–2 μm) zwischen dem p- und n-Material statt; diese *p–n junction* ist die *aktive Zone.* Die Diode ist in Durchlaßrichtung geschaltet (p-Schicht liegt am Pluspol, die n-Schicht am Minuspol einer Spannungsquelle). Eine Verspiegelung der Endflächen F_1 und F_2 ist wegen der hohen Brechzahl (η = 3,6) des Galliumarsenids nicht eigens erforderlich. Wegen der großen

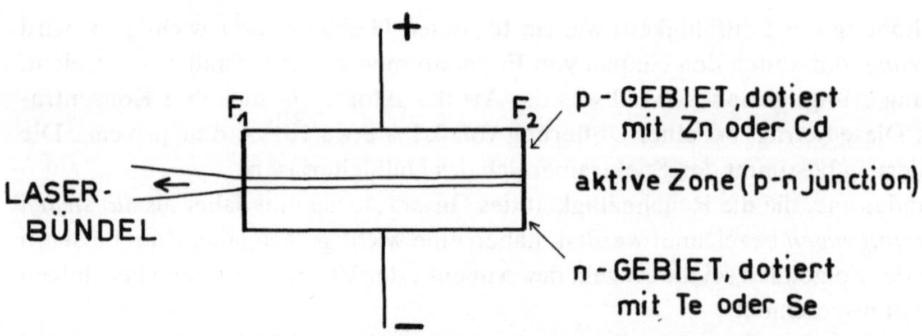

Abb. 3.20. Aufbau einer Galliumarsenid-Diode. Die Endflächen F_1 und F_2 brauchen wegen der hohen Brechzahl nicht verspiegelt zu sein

Verstärkung im Laser genügt die dadurch bewirkte Reflexion von etwa 30%, um einen optischen Resonator zu bilden, in dem die Moden anschwingen können. Das Pumpen erfolgt durch den elektrischen Strom *(Pumpstrom)*. Von einem bestimmten Schwellwert der Stromstärke an tritt die zunächst breite inkohärente Lichtemission zurück und es werden eine oder mehrere scharfe Emissionslinien in Form kohärenter Strahlung beobachtet.

Zur Erklärung dieser Erscheinung sei nochmals das *Termschema* eines Halbleiterlasers in Abb. 3.19 betrachtet; es ist ein *Energieband-Orts-Diagramm*: Vertikal sind die Energiebänder dargestellt, horizontal ihr Verlauf zwischen dem p- und n-Material. Durch den Stromfluß werden ständig Elektronen aus dem besetzten Leitungsband des n-Materials und Löcher aus dem Valenzband des p-Materials in das Übergangsgebiet gebracht, wo die Elektron-Loch-Paare unter Emission eines Lichtquants rekombinieren. Durch den Pumpstrom werden ständig neue Elektron-Loch-Paare erzeugt. Es wird also ständig das *obere Laserniveau* besetzt; gleichzeitig wird das „Folgeprodukt" der Rekombination, nämlich ein aufgefülltes Loch im Valenzband des Übergangsgebietes, entfernt, also das *untere Laserniveau* entleert. Der Pumpvorgang entspricht in seiner Wirkung somit dem in einem idealen 4-Niveaumaterial (im vorhin beschriebenen Sinn), obwohl nur *zwei* Energiebänder beteiligt sind. Bei hinreichend hoher Inversion, also Elektron-Loch-Paar-Dichte, schwingt der Laser über die parallelen Endflächen des Resonators an und es tritt kohärente Emission auf. Wegen der Kleinheit des Resonators werden sich nur wenige Moden ausbilden.

Die Wellenlänge des Galliumarsenidlasers liegt wegen des geringen Abstandes der Bänder voneinander (nur 1,4 eV) im nahen Infrarot und hängt noch von der Temperatur ab: Bei der des siedenden Stickstoffs (− 196 °C oder 77 °K) beträgt die Wellenlänge 0,84 μm, bei Zimmertemperatur aber 0,9 μm. Da der Spalt, aus dem das Licht austritt, sehr eng ist, treten Beugungseffekte auf, die eine Auffächerung des Laserstrahls bewirken. Die starken Ströme erwärmen die Diode und wirken sich ungünstig auf die Konstanz der Wellenlänge und Leistung aus (Problem der Wärmeabfuhr).

Die *Halbleiterlaser* nehmen unter den Lasern eine besondere Stellung ein, nicht nur weil bei ihnen elektrischer Strom unmittelbar in Strahlung verwandelt wird, sondern auch weil sie trotz ihrer geringen Größe einen hohen Wirkungsgrad haben. Die Technik hat auf dem Gebiet der Halbleiterlaser einen gewaltigen Fortschritt gemacht. Die Verwendung von Lasermaterialien, die drei Elemente enthalten *(ternäre Verbindungen)*, ermöglicht es, Strahlung vom Sichtbaren bis weit ins Infrarot zu erzeugen. Die optischen Verluste sind bei den sog. *DH-Lasern* (*d*ouble *h*eterostructure) herabgesetzt. Auf die übliche Diode wird z.B. Galliumaluminiumarsenid aufgedampft oder durch Diffusion eingebracht, so daß die Schichtfolge diese ist:

$$\text{n-Ga}_x\text{Al}_{1-x}\text{As}\,,\ \text{n-GaAs}\,,\ \text{p-GaAs}\,,\ \text{p-Ga}_x\text{Al}_{1-x}\text{As}\,.$$

Die notwendige Stromdichte wird dadurch vermindert und Dauerbetrieb ist möglich. Ein relativ neues Verfahren zur Herstellung von Laserdioden ist die *Epitaxie*, d.h. das Züchten von Schichten auf Einkristallen. Manche Halbleiterlaser sind *durchstimmbar (tunable)*, d.h. die emittierte Wellenlänge kann in einem bestimmten Wellenlängenbereich verändert werden; dazu dienen Temperaturänderungen, Magnetfelder oder von außen ausgeübter Druck.

Der Laserradarstock für Blinde, entwickelt von Benjamin und seinen Mitarbeitern (Biosonics Instruments), arbeitet mit drei Galliumarsenid-Diodenlasern. Die von diesen ausgesandten Strahlbündel werden nach der Reflexion an den Hindernissen einem Detektor zugeführt und lösen beim Benützer des Stabes akustische Signale aus. Dieses optische Triangulationssystem hat als erster Cranbery vorgeschlagen. Es werden 40 Impulse/s ausgesandt; Dauer eines Impulses 0,1 μs. Da die Leistung nur 7μW beträgt, besteht keine Gefahr für die Umgebung.

3.4.7 Farbstofflaser

Die Oszillatoren, bei denen die kohärente Strahlung durch fluoreszierende organische Farbstoffe erzeugt wird, werden als Farbstofflaser (dye lasers) bezeichnet; sie weisen eine große Mannigfaltigkeit auf. Mit ihnen sind konstruktiv verwandt die *Flüssigkeitslaser*, z.B. der anorganische mit Neodym in Selenoxychlorid ($SeOCl_2$:Nd), und die Chelatlaser. Chelate sind innere Komplexsalze, bei denen ein Metallion von organischen Liganden umgeben und gleichsam wie von einer „Krebsschere" (gr. χηλή) eingefangen ist. Das Zentralatom ist meist eine *seltene Erde*, z.B. Europium (in Benzoylaceton) oder Terbium. Die *seltenen Erden* sind durch hohe Fluoreszenzlebensdauer und relativ geringe Fluoreszenzbandbreite ausgezeichnet.

Farbstoffe im üblichen Sinn sind Substanzen, die in bestimmten Bereichen des sichtbaren Spektrums große Absorption zeigen und daher dem Auge farbig erscheinen. In der Laserphysik können auch farblose Verbindungen (meist solche, die eine *konjugierte* Doppelbindung $>C=C-C=C<$ enthalten) als „Farbstoffe" fungieren und zwar deshalb, weil sie zwar im unsichtbaren Ultraviolett absorbieren, jedoch im Sichtbaren reemittieren.

Nach anfänglichen technischen Schwierigkeiten haben sich heutzutage die Farbstoffe als sehr geeignete aktive Lasermedien erwiesen. Die Farbstofflaser bieten die folgenden *Vorteile*:

1) Sie überdecken wegen der Vielfalt der Farbstoffe und der Methoden ihrer Anregung einen weiten Bereich des Spektrums vom Ultraviolett bis zum nahen Infrarot. Es kann sowohl eine ganz bestimmte Wellenlänge *(Abstimmen)* als auch ein breites spektrales Band erzeugt werden (wie es z.B. die High-speed-Absorptionsspektroskopie benötigt).

2) Ein und derselbe Farbstofflaser kann durch geeignete Maßnahmen *innerhalb* eines großen Bereiches die Wellenlänge seiner Strahlung kontinuierlich ändern; er ist *durchstimmbar (tunable laser)*.

3) Der *gelöste* Zustand des Farbstoffes bringt allerlei Vorteile: a) Die Konzentration ist leicht kontrollier- und einstellbar; b) verschiedene Farbstoffe können rasch ausgewechselt werden; c) die Zirkulation der Flüssigkeit (flow system, Wärmeaustauscher) gibt gute Kühlung; d) die Wahl des geeigneten Lösungsmittels kann die emittierte Wellenlänge beeinflussen (z.B. Rhodamin 6 G emittiert in den folgenden Lösungsmitteln bei den angegebenen Wellenlängen am stärksten: Hexafluorisopropanol 570 nm, Trifluoräthanol 575 nm, Äthanol 590 nm, N,N-Dipropylacetamid 595 nm, Dimethylsulfoxid 600 nm).

Viele Farbstoffe könnten auch im *festen Zustand* als Einzelkristalle verwendet werden, doch haben sie so hohe Extinktionskoeffizienten, daß nur ihre Oberfläche gepumpt werden könnte. Besser ist es, einen Wirtskörper mit dem Farbstoff zu dotieren, z.B. kann ein solcher in einem flüssigen Monomer eines plastischen Materials gelöst und dann polymerisiert werden. Auch die Verteilung in einem Glas, in Gelatine oder Polyvinylalkohol sind Möglichkeiten. Eine befriedigende Lösung steht derzeit noch aus.

Ein Farbstoffmolekül ist aus sehr vielen Atomen aufgebaut; zur Veranschaulichung ist in Abb. 3.21 die Formel des *Rhodamin 6 G*, eines häufig verwendeten Laserfarbstoffes, zu sehen. Bei einem so kompliziert gebauten Molekül sind viele Zustände der Schwingung und Rotation zu erwarten. Die Arbeitsweise eines Farbstofflasers sei an Hand der Abb. 3.22 erläutert, die das *Termschema eines Farbstoffes* darstellt.

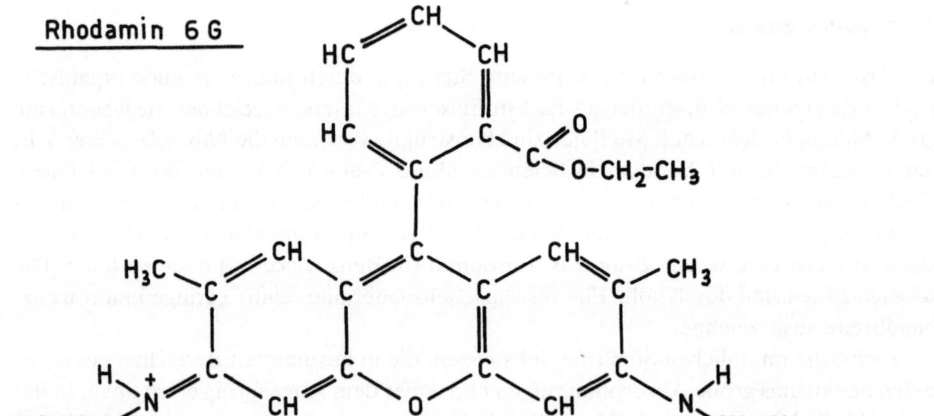

Abb. 3.21. Strukturformel des Rhodamin 6 G

S_0 ist der Grundzustand, S_1 und S_2 sind der 1. und 2. Zustand elektronischer Anregung des Moleküls. Jeder dieser *Singulett-Zustände* umfaßt eine bestimmte Anzahl von Energiezuständen. Die Energien, die bestimmten Schwingungszuständen entsprechen, sind durch starke horizontale Striche dargestellt; sie werden durch die Schwingungsquantenzahl v gekennzeichnet. In Wirklichkeit gibt es so viele Schwingungszustände, die so dicht beieinander liegen, daß sie ineinander übergehen und ein Kontinuum bilden; dieses ist durch die feinen Striche angedeutet. Das ist die Ursache für die breiten Absorptions- und Emissionsspektren, die bei den Farbstoffen beobachtet werden.

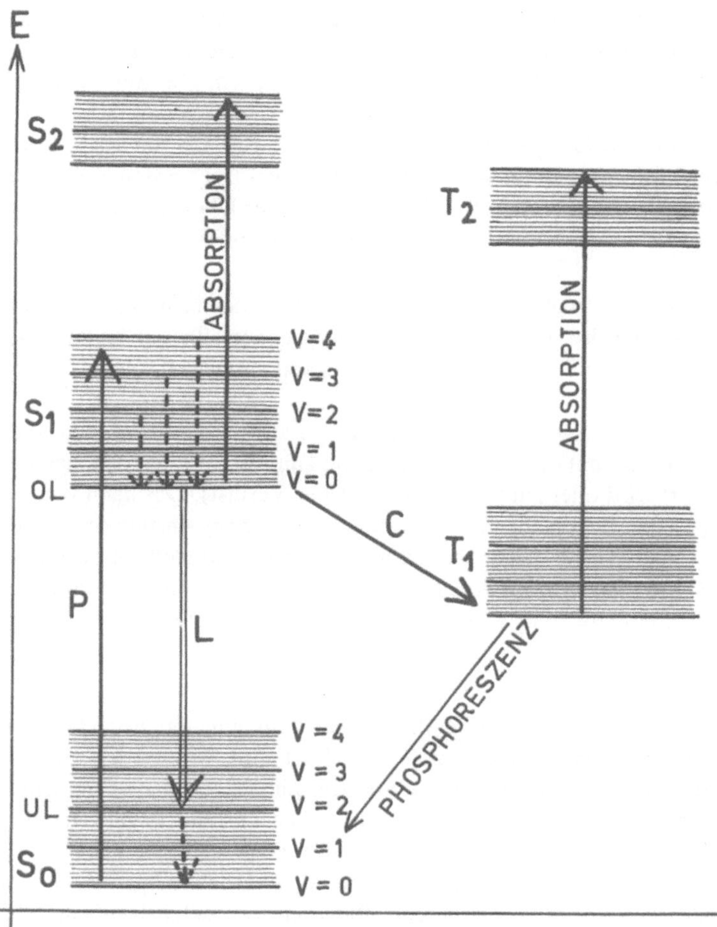

Abb. 3.22. Termschema eines Farbstofflasers. S_0 Grundzustand, S_1 und S_2 Singulettzustände, T_1 und T_2 Triplettzustände; v Schwingungsquantenzahl, OL oberes, UL unteres Laserniveau, P Pumpen (Energiezufuhr), L Laserübergänge, C intersystem crossing

Jedes der vielen Elektronen eines Farbstoffmoleküls hat eine Eigenrotation, deren Eigendrehimpuls als „Spin" bezeichnet wird. Die Spins eines Moleküls heben einander im Grundzustand auf, aber auch dann, wenn das Farbstoffmolekül in den angeregten Zustand gebracht wird. Alle diese Energiezustände, bei denen der Gesamtspin gleich Null ist, werden als *Singulettzustände* (S) bezeichnet. Weil aber die Moleküle des Farbstoffes in die des Lösungsmittels eingebettet sind, kommt es bei den gegenseitigen Zusammenstößen zur Umkehr des Spins. Die vielen Spins des Farbstoffmoleküls kompensieren sich dann nicht mehr, der Gesamtspin ist ungleich Null; das bedingt weitere Energiezustände, die *Triplettzustände* T_1 und T_2. Sie zeigen die gleiche komplizierte Struktur wie die Rotationsschwingungsbanden der Singulettzustände. Die Verweilzeit im angeregten Zustand $v = 0$ (S_1) ist bei den Farbstofflasern etwa 1 bis $5 \cdot 10^{-9}$ s (also wesentlich kürzer als bei den Festkörperlasern, wo sie 10^{-3} s beträgt).

Durch die Energiezufuhr, das *Pumpen P*, werden Farbstoffmoleküle von den Niveaus von S_0 nach einem der höheren Niveaus von S_1 gebracht, von wo aus sie sehr rasch (10^{-12} s) nach dem untersten Niveau v = O (S_1) ohne Strahlung übergehen. Die frei werdende Energie erwärmt das Lasermedium (Verlust). Ist das Pumpen ergiebig genug, so befinden sich hinreichend mehr Moleküle in v = O (S_1) als in den höheren Niveaus von S_0; die kritische Inversion ist erreicht und der Laser schwingt an. Die dabei frei werdende Energie wird als Laseremission L in einem breiten Band ausgesandt. Der Übergang ins unterste Niveau v = O (S_0) erfolgt wieder strahlungslos. Somit hat der Farbstofflaser ein Vierniveausystem.

Ein Farbstofflaser funktioniert aber nicht so einfach, wie aus den bisherigen Ausführungen vielleicht zu erwarten wäre. Wie das Termschema erkennen läßt, gibt es *Prozesse*, die sich *hemmend* auf das Zustandekommen der Lasertätigkeit auswirken, wie im folgenden aufgezählt wird:

1) Der *Triplett-Triplett-Übergang* T_1 nach T_2 liefert ein kräftiges Absorptionsband. Dieses überlappt sich teilweise mit der Laseremission und kann so stark werden, daß die Lasertätigkeit vermindert wird oder ganz aufhört (optischer Verlust). Das kann verhindert werden, wenn eine Pumplichtquelle mit sehr raschem zeitlichem Anstieg verwendet wird, z.B. die kurzen Impulse eines Giant-pulse-Lasers. In dieser kurzen Zeit erfolgen nämlich nur so wenige Übergänge von Singulett- in Triplettniveaus, daß diese T_1-Niveaus kaum besetzt werden und ein Übergang von dort nach T_2 nicht zustande kommen kann.

2) Der *Singulettübergang von* S_1 *nach* S_2 kann ebenfalls Absorptionsverluste erzeugen, die aber wegen der geringen Besetzungsdichte von S_1 nicht so ins Gewicht fallen.

3) Der strahlungslose Übergang der Farbstoffmoleküle vom Singulettzustand S_1 zum Triplettzustand T_1, der als *intersystem crossing C* bezeichnet wird, wirkt sich besonders ungünstig auf die Laseraktion aus, denn dieser Triplettzustand ist sehr langlebig. Unter ungünstigen Bedingungen können so viele Moleküle in diesen Zustand T_1 gelangen und dort „gefangen" sein, daß zu wenige für die Lasertätigkeit zur Verfügung stehen.

Um also eine *optimale Leistung* bei einem Farbstofflaser zu erhalten, muß das metastabile Niveau T_1 möglichst rasch entvölkert werden. Das kann grundsätzlich auf zweierlei Art geschehen:

1) durch *chemisches Quenchen.* Es gibt Substanzen, die als TSQA (*t*riplet *s*tate *q*uenching *a*dditive) bezeichnet werden. Der Farbstofflösung zugesetzt, übernehmen sie durch unelastische Stöße die Energie, die mit dem Triplettzustand verbunden ist. So bewirkt Sauerstoff in der alkoholischen Lösung eines Cumarin- oder Xanthenfarbstoffes eine Herabsetzung der Lebensdauer des T_1-Zustandes von 10^{-3} s (gaslos) auf 10^{-7} s. Als Beispiele von *TSQA* seien Cyclooctatetraen, N-Aminohomopiperidin, N,N-Dimethyldodecylamin-N-oxid *(Ammonyx-LO);* 1,3-Cyclooctadien und Cycloheptatrien angeführt;

2) durch *mechanisches Quenchen.* Wird die Strömungsgeschwindigkeit der Farbstofflösung erhöht, so kann sich wegen der kurzen Verweilzeit des Farbstoffes im aktiven Volumen des Lasers eine nur geringe Besetzung des Triplettniveaus (T_1) aufbauen. Sehr wirkungsvoll ist auch ein Strahl aus einer Düse *(jet stream).*

Die Abb. 3.23 a, b zeigt den *Aufbau* zweier verschiedener Farbstofflaser. Das *optische Pumpen* kann auf zweierlei Art erfolgen:

1) durch eine Blitzlampe (flash lamp): Zur Überwindung der „intersystem crossing" werden an sie besonders hohe Anforderungen (rasche Anstiegszeit, kurze Impulse) gestellt. Die Blitzlampe F und das enge Rohr R mit der Farbstofflösung sind in einem

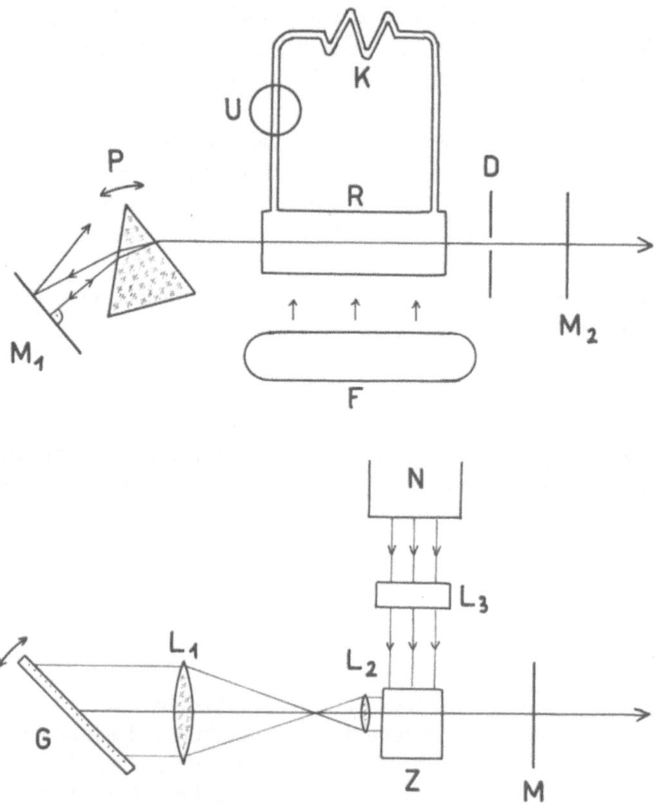

Abb. 3.23 a, b. Aufbau und Pumpvorgang bei zwei Farbstofflasern. **a** Durch eine Blitzlampe F; R Rohr mit Farbstofflösung, U Umlaufpumpe, K Kühlung, M_1 und M_2 optischer Resonator, P Selektionsprisma zum Durchstimmen, D Blende zum Einengen des Spektralbereiches. **b** Durch einen Stickstofflaser N; L_3 Zylinderlinse, L_1 und L_2 Linsen, Z Farbstoffzelle, G Gitter als selektierendes Element, M teilweise durchlässiger Spiegel (output)

elliptischen Gehäuse untergebracht. Umlaufpumpe U und Kühler K sorgen dafür, daß sich die zirkulierende Flüssigkeit nicht zu sehr erwärmt;

2) durch einen anderen Laser: In diesem Fall können die Laser entweder hintereinander angeordnet sein (longitudinale Pumpgeometrie) oder in einem Winkel zueinander wie es in der Zeichnung dargestellt ist (transversale Pumpgeometrie). Oft wird zum Pumpen ein Stickstofflaser verwendet, der bei $\lambda = 337$ nm emittiert, einer Wellenlänge, bei der viele Farbstoffe absorbieren. Die Strahlung des Pumplasers wird durch eine Zylinderlinse L_3 in die Farbstoffzelle Z fokussiert; daher ist das aktive Volumen, in dem sich die Inversion aufbauen kann, klein und auf den schmalen Fokalraum beschränkt.

Es wurde bereits darauf hingewiesen, daß ein Farbstofflaser ein breites spektrales Band emittiert. Das ist für manche Zwecke erwünscht, oft aber soll der Laser nur auf *einer* bestimmten Wellenlänge arbeiten; diese kann entweder dauernd festgehalten (spectral narrowing, Abstimmung) oder während des Experiments variiert werden (tunability, Durchstimmung). Die *Selektion der Wellenlänge* kann herbeigeführt werden durch:

1) Ein schwenkbares Prisma P (Abb. 3.23). Nur für einen sehr schmalen Wellenlängenbereich wird das Lichtbündel vom Spiegel M_1 in sich selbst reflektiert, kehrt in den Resonator zurück und wird verstärkt. Benachbarte Wellenlängenbereiche werden weggespiegelt und gehen verloren.

2) Ein schwenkbares Beugungsgitter (Echelette) G, das mit dem Spiegel M (Abb. 3.23) den optischen Resonator bildet. Um eine bessere Trennung benachbarter Wellenlängen zu erreichen (geringe Bandbreite), wird das Laserlichtbündel durch zwei Linsen L_1 und L_2 aufgeweitet; je mehr Gitterstriche vorhanden sind, desto bessere Auflösung wird erreicht.

3) Ein drehbares Lyot-Filter (birefrigent filter) im Resonator; damit können Bandbreiten von ca. 0,1 mm erzeugt werden.

4) Fabry-Perot-Etalons.

5) Änderung der Resonatorlänge.

Farbstofflaser können sowohl im Puls- als auch im kontinuierlichen Betrieb arbeiten; in diesem Fall, der bisher nur durch Pumpen mit Hilfe eines anderen CW-Laser (nicht durch eine Lampe) gelungen ist, muß besonders auf Vermeiden einer Anhäufung der Moleküle im Triplettzustand geachtet werden.

3.4.8 Stickstofflaser

Eine besondere Bedeutung kommt dem Stickstofflaser zu, weil er im Ultraviolett (λ = 337,1 nm) strahlt und relativ kurze Impulse aussenden kann, die im Nanosekundenbereich liegen; er ist sehr geeignet, Farbstofflaser zu pumpen. Es gibt verschiedene Ausführungsformen des N_2-Lasers. Je nachdem, ob die Anregung der Gasentladung in Richtung der Laserachse oder normal dazu erfolgt, wird zwischen longitudinaler und transversaler Anregung unterschieden. Ein TEA-Laser ist ein Laser, der transversal beim herrschenden Luftdruck angeregt wird (*t*ransversely *e*xcited *a*tmospheric pressure laser).

Beim Stickstofflaser können die Spiegel, also der optische Resonator, unter Umständen ganz weggelassen werden; es wird dann Superstrahlung emittiert. Mit dieser Betriebsart können auch andere Laser arbeiten, bei denen hochverstärkende Materialien verwendet werden, z.B. der Neodym-YAG-Laser.

Superstrahlung (superradiance) ist die Verstärkung der immer vorhandenen spontanen Emission (des „Rauschens“) durch die induzierte Emission, wenn in geeigneten Stoffen durch entsprechende Energiezufuhr eine hohe Inversion erreicht wird. Die in Achsenrichtung fliegenden Photonen können dann aus angeregten Atomen oder Molekülen weitere Photonen der gleichen Energie und Phasenlage auslösen. Superstrahlung ist dadurch charakterisiert, daß wegen der hohen Verstärkung im aktiven Medium bereits ein *einziger Durchgang* des Lichtes durch dieses genügt, um einen intensiven Ausgangsimpuls zu erhalten. Die austretende Strahlung weist einen hohen Grad von Kohärenz auf, der aber nicht so groß ist wie bei einem mit einem optischen Resonator ausgestatteten Laser. Ein nur mit Superstrahlung arbeitendes Gerät ist ein Laser im eigentlichen Sinne des Wortes: *l*ight *a*mplification by *s*timulated *e*mission of *r*adiation. Es wird auch als „nichtregenerativer Laseroszillator“ oder „Superstrahler“ bezeichnet.

Einfache TEA-N_2-Laser werden von Strohwald und Salzmann (1976), Veith und Schmidt (1978) sowie Aussenegg und Leitner (1980) beschrieben. Der Aufbau und die Wirkungsweise eines solchen Lasers sind in Abb. 3.24 beschrieben. Das Bild zeigt einen Schnitt normal zum Laserkanal. A und B sind zwei lange linealförmige Elektroden, deren

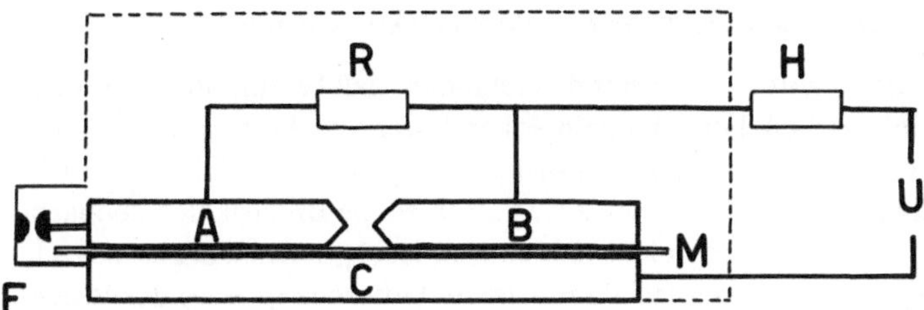

Abb. 3.24. Einfach gebauter TEA-N_2-Laser. TEA *T*ransversely *E*xcited *A*tmospheric Pressure Laser. A, B und C sind Elektroden, M eine Mylarfolie (Isolation, F Funkenstrecke, R Hochohmwiderstand (5–10 kΩ), H Ladewiderstand (1–200 MΩ), U angelegte Spannung (10 kV). Wellenlänge 337,1 nm (UV)

scharfe Kanten voneinander etwa 1 mm Abstand haben. Der so gebildete feine Laserkanal, entweder überall gleich breit oder zu einem Ende hin sich geringfügig erweiternd, wird von Stickstoff durchströmt. Das Elektrodenpaar A, B bildet mit einer dritten Elektrode C, einem geerdeten Blech, einen Kondensator, an dem die Gleichspannung U liegt (etwa 10 kV). A und B werden von C durch eine Mylarfolie M getrennt. R und H sind Hochohmwiderstände; R hat 5 bis 10 kΩ. H beträgt 1 bis 200 MΩ; als Ladewiderstand bestimmt er mit der Kapazität des Kondensators (A, B – C) die Pulsfolgefrequenz. Diese ist z.B. bei H = 2 MΩ gleich 100 Hz. Um optimale Laseraktion zu erreichen, muß nach Untersuchungen von Aussenegg (1979), persönliche Mitteilung) die Elektrode A innerhalb von 5 ns auf Erdpotential (C) gebracht werden. Dieses läßt sich nur durch eine Funkenstrecke F erreichen, die die Elektroden A und C überbrückt; es wird dann ein Stromanstieg von mehr als 1000 A/ns erzielt.

Zündet die Funkenstrecke F, so hat die Elektrode A kurzzeitig Erdpotential und es erfolgt die Gasentladung im Laserkanal; dadurch werden die N_2-Moleküle angeregt. Sowohl wegen der Länge des Entladungskanals (30–50 cm) als auch wegen der bei Atmosphärendruck gegebenen hohen Dichte des Gases wird *Superstrahlung* mit der Wellenlänge 337,1 nm in nennenswertem Betrag erzeugt.

3.5 Erhöhung der Laserleistung

Leistung ist der Quotient aus Energie und Zeit. Die Energie (Arbeit, Wärmemenge) wird in *Joule* (sprich „dschul"!) gemessen: 1 J ist gleich der Arbeit, die durch die Kraft von 1 N verrichtet wird, wenn sich der Angriffspunkt der Kraft um 1 m in der Richtung der Kraft verschiebt. Die Einheit der Leistung ist das *Watt*: 1 W ist jene Leistung, bei der die Energie von 1 J gleichmäßig während 1 s umgesetzt wird; 1 W = 1 J/s. Aus dem Begriff der Leistung ergibt sich, daß sie der Energie direkt proportional ist, aber auch, daß sie größer wird, wenn bei gleichbleibender Energie die Zeit sehr klein wird. Gelingt es also, die Zeit, in der ein Laser seine Energie abstrahlt, sehr zu verkürzen, so steigt seine Leistung.

Die *Leistungssteigerung* kann bei bestimmten Lasertypen durch Anwendung des Prinzips der *Güteschaltung (Q-switch)* oder der *Modenkopplung* mit gutem Erfolg angewandt werden. Zum Verständnis dieser Verfahren müssen vorher einige Erscheinungen beschrieben werden, die dabei ausschlaggebend sind.

3.5.1 Veränderungen der optischen Eigenschaften durch elektrische und Magnetfelder

Unter *elektrooptischem Effekt* wird der Umstand verstanden, daß bestimmte Festkörper und Flüssigkeiten im elektrischen Feld doppelbrechend werden. Das angelegte Feld macht das Medium optisch „anisotrop", d.h. die Fortpflanzungsgeschwindigkeit des Lichtes wird von der Richtung abhängig. Es werden zwei verschiedene Brechzahlen beobachtet, eine η_1 in Richtung des elektrischen Feldes und eine andere η_2 normal dazu, wie es in Abb. 3.25 (Schnitt 3) angedeutet ist. Je nachdem, *wie* die Differenz $\eta_1 - \eta_2$ der Brechzahlen der elektrischen Feldstärke proportional ist, werden unterschieden:

1) *quadratischer elektrooptischer* oder *Kerr-Effekt* bei Flüssigkeiten, aber auch bei Festkörpern und Gasen; er ist sehr groß bei Nitrobenzol und Nitrotoluol;

2) *linearer elektrooptischer* oder *Pockels-Effekt* bei Kristallen. Eine besondere Rolle spielen ADP = Ammoniumdihydrogenphosphat, $NH_4H_2PO_4$; KDP = Kaliumdihydrogenphosphat, KH_2PO_4; KD*P = Kaliumdideuterophosphat[1]; Kupfer(I)-chlorid, CuCl; HMTA = Hexamethylentetramin, $(CH_2)_6N_4$.

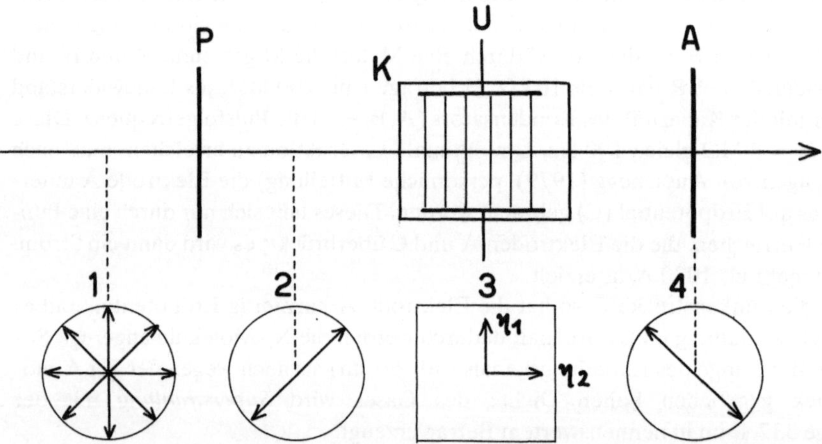

Abb. 3.25. Elektrooptischer Modulator. K Kerr-Zelle, P Polarisator, A Analysator, U angelegte elektrische Spannung. Die Schnitte 1–4 erfolgten normal zur Strahlrichtung und sind in die Zeichenebene hineingelegt. η_1 und η_2 Brechzahl in Richtung des elektrischen Feldes und normal dazu

In einem *doppelbrechenden* Medium läßt sich immer eine Ausbreitungsrichtung finden, in der sich das Licht je nach seiner Polarisationsrichtung unterschiedlich schnell ausbreitet. Davon wird bei der Kerr-Zelle Gebrauch gemacht. Breitet sich das Licht normal zum angelegten Feld aus, so ist seine Fortpflanzungsgeschwindigkeit verschieden, je nachdem, ob es parallel oder normal zum Feld polarisiert ist.

Die Abb. 3.25 zeigt die Wirkungsweise eines *elektrooptischen Modulators* mit einer Kerr-Zelle. Die Schnitte (1–4) normal zur Strahlrichtung sind in die Zeichenebene hin-

[1] Schwerer Wasserstoff (Deuterium) statt des gewöhnlichen Wasserstoffs (leichter Wasserstoff oder Protium)

eingelegt. Die Kerr-Zelle K ist zwischen 2 Polarisatoren angeordnet. Der *Polarisator* P sondert aus dem natürlichen Licht, bei dem der elektrische Vektor (Polarisationsvektor) alle möglichen Lagen normal zum Strahl aufweist (Schnitt 1), eine einzige Schwingungsebene heraus: Hinter P ist das Licht *linear polarisiert*, d.h. der Vektor schwingt nur in einer Ebene. P ist so eingestellt, daß die Schwingungsrichtung mit der Richtung des elektrischen Feldes einen Winkel von 45° einschließt (Schnitt 2). Der *Analysator* A ist „gekreuzt" (Schnitt 4) und läßt daher kein Licht durch. Beim Anlegen der Modulationsspannung U an die Kerr-Zelle wird die darin befindliche Flüssigkeit doppelbrechend: Infolge der verschiedenen Laufzeiten der parallel und normal zur Feldrichtung polarisierten Komponenten entsteht eine Phasenverschiebung und i.allg. wird elliptisch polarisiertes Licht die Kerr-Zelle verlassen; davon aber wird der Analysator A einen Teil durchlassen. So gelingt es durch Variieren der Spannung U an der Zelle die Intensität des aus A austretenden Lichtes zu modulieren. Ist die Phasenverschiebung der parallelen und normalen Lichtkomponente *genau* 180°, so entsteht nach der Kerr-Zelle wieder linear polarisiertes Licht, allerdings mit einer um 90° gedrehten Polarisationsrichtung. In diesem Fall kann das gesamte Licht den *gekreuzten* Analysator A ohne Verlust passieren.

Wird die *Kerr-Zelle im Laserresonator* vor dem einen Spiegel angeordnet, so genügt ein einziger Polarisator zur Modulation des reflektierten Lichtes. Bei richtiger Spannung trifft das durch die Kerr-Zelle beim Hin- und Hergehen um 90° gedrehte polarisierte Licht den Polarisator so, daß die Schwingungsebenen des hin- und zurückgehenden Strahls zueinander normal sind, wodurch der Lichtweg zwischen den zwei Resonatorspiegeln gesperrt ist; erst beim Abschalten der Spannung wird er wieder frei.

Der *magneto-optische* oder *Faraday-Effekt* ist die Drehung der Schwingungsebene des linear polarisierten Lichtes beim Durchqueren bestimmter durchsichtiger Substanzen (z.B. schweres Bleiglas) durch ein umgebendes Magnetfeld, dessen Kraftlinien in Richtung des Lichtbündels fallen. Der Effekt wird beim *Faraday-Rotator* angewandt, einem Spezialglasstab, der, ins Magnetfeld gebracht, die Polarisationsebene um 45° dreht. Da die Drehung in Ausbreitungsrichtung betrachtet immer in dieselbe Richtung erfolgt, wird Licht, das nach dem Rotator reflektiert wird und durch diesen zurückläuft, insgesamt um 90° gedreht und kann somit leicht von einem vor dem Rotator aufgestellten Polarisator eliminiert werden. Dieses Prinzip wird auch beim optischen *Richtungsisolator* angewandt, der das Licht nur in *einer* Richtung durchläßt (Anwendung bei Hochleistungslaserverstärkern).

3.5.2 Güteschaltung (Q-Switch)

Weil die Laserschwingung in dem Augenblick einsetzt, in dem die durch die induzierte Emission bewirkte Verstärkung die Verluste des Resonators überwiegt, kann stets nur eine bestimmte Besetzungsdichte erreicht werden, die durch die Ergiebigkeit des Pumpprozesses (Pumprate) bestimmt wird. Könnte diese so festgelegte Besetzungsinversion überschritten werden, so wäre mehr Energie im Lasermaterial; es wären dann viel mehr Atome im angeregten Zustand und zur stimulierten Emission befähigt.

Eine solche gesteigerte Überbesetzung wird erreicht, indem der Resonator zunächst am Anschwingen gehindert wird. Durch einen *optischen Schalter* (switch) wird zu Beginn des Pumpvorganges ein Lichtfluß im Resonator unterbunden und somit ein nennenswerter Inversionsabbau durch induzierte Emission verhindert. Auf diese Art wird auch mit einer relativ kleinen Pumprate nach einiger Zeit eine sehr hohe Inversion erreicht. Schließlich wird die Lichtblockade im Resonator *plötzlich* beseitigt. Gemessen an den nunmehr sehr kleinen Resonatorverlusten herrscht wegen der hohen Inversion eine hohe Verstärkung und es kommt innerhalb weniger Resonatorumläufe (10–20) zur Ausbildung eines sehr intensiven Lichtimpulses (giant pulse). Da bei diesem Verfahren durch einen optischen Schalter die Güte des Resonators verändert – „geschaltet“ – wird, wird es *Güteschaltung* (quality switching) genannt. Das Verfahren erhöht die Ausgangsleistung eines Lasers wesentlich und liefert regelmäßige, einheitliche und intensive Lichtimpulse.

Für das Verfahren sind besonders Laser geeignet, bei denen das obere Laserniveau eine relativ lange Lebensdauer (größer als 1 Mikrosekunde) besitzt, wie Rubin-, Neodym-YAG- und CO_2-Laser.

Die *Ausführung des Q-Switch* ist sehr verschieden (s. auch Glossar); es können drei Gruppen unterschieden werden:

1) *mechanische Schalter*, wegen der relativ langen Schaltzeit von etwa 1 Mikrosekunde auch als *langsame Schalter* bezeichnet, wie
- rotierender Spiegel (Drehspiegel),
- rotierendes 90°-Prisma;

2) *schnelle aktive Schalter* mit Schaltzeiten im Nanosekundenbereich, wie
- elektrooptische Schalter. Kerr- oder Pockel-Zelle mit einem Polarisator im optischen Resonator (Kap. 3.5.1);
- Ultraschallverschlüsse: Ein Ultrasonator erregt in einer vor dem Spiegel angeordneten Ultraschallzelle eine stehende Welle, die wie ein Beugungsgitter wirkt und die Güte des Resonators nach Bedarf reduziert;

3) *passive Schalter*. Im Resonator ist eine Absorptionszelle mit einem rasch ausbleichbarem Farbstoff (bleachable dye, saturable absorber) untergebracht. Wächst die Intensität des Laserlichtes stark an, so nimmt die Absorption ab und der Stoff wird transparent; dadurch nimmt die Güte des Resonators zu und die Lichtintensität wächst noch rascher an (Schalteffekt). Bekannt ist das Kryptocyanin, das in richtiger Konzentration in Aceton oder Methanol gelöst wird. Auch farbige Gläser finden Verwendung.

Die auf solche Weise erzeugten *Riesenimpulse* sind durch eine Dauer von 20 bis 50 Nanosekunden gekennzeichnet. So lassen sich bereits mit kleinen Lasern (Stablänge ca. 7 cm, Durchmesser ca. 7 mm) Leistungen im Bereich von etwa 1 MW erzielen.

3.5.3 Mode locking (Modenkopplung)

Mode locking, auch als Modenkopplung oder Modensynchronisation bezeichnet, ist ein Verfahren, bei Lasern Impulse im Picosekundenbereich zu erzeugen (1 ps = 10^{-12} s). Die Leistungsspitzen sind daher sehr hoch und liegen im Bereich von 1 Gigawatt und mehr.

Das *Prinzip der Methode* wird durch die folgenden Überlegungen nahegelegt: Bei einem gewöhnlichen *(nicht stabilisierten)* Laser können viele axiale Moden gleichzeitig schwingen; ihr Frequenzabstand c/2L (Hz) ist von der Wellenlänge unabhängig. Diese Moden können als unabhängig voneinander schwingende Sinuswellen aufgefaßt werden, deren Amplituden und Phasen keine Beziehung zueinander haben und der Willkür unterworfen sind. Gelingt es nun, diese Wellen zu *koppeln*, d.h. die Moden so zu überlagern, daß sie alle eine bestimmte Phasenlage zueinander haben, dann wird durch konstruktive und destruktive Interferenz (s. Kap. 4.2) ein im Resonator hin- und herlaufendes *Lichtpaket* entstehen, das um so intensiver und kürzer ist, je mehr Moden sich phasenrichtig überlagert haben. Dies führt zur Emission einer Folge von kurzen Lichtimpulsen im zeitlichen Abstand 2 L/c (s), denn jedesmal, wenn das Lichtpaket zum Auskoppelspiegel (am Ende des Resonators) kommt, wird ein Teil davon herausgelassen. 2 L/c ist die Zeit, die das Licht für einen Rundlauf (round trip) im Resonator benötigt. Diese Zeit ist gleich dem Kehrwert des Frequenzabstandes zweier benachbarter Moden. Die *richtige Phasenlage* der Moden kann erzwungen werden, wenn der Resonator an einer bestimmten Stelle blockiert ist und diese Sperre (lock) nur während des Passierens des Lichtpaketes aufgehoben wird.

Zur *Durchführung der Modenkopplung* (mode locking) können verschiedene Arten der *Modulation* verwendet werden:

1) *Aktive Modulation* durch eine im Resonator untergebrachte Modulationszelle. In einem Quarzblock wird durch einen *Transducer* eine stehende Ultraschallwelle der Frequenz c/2 L erzeugt. Sie wirkt als zeitlich periodisch wirksames Beugungsgitter, das den Resonator durch Abbeugen eines Teiles des Lichtes dämpft. Im Lauf einer Ultraschallperiode ist nur zu der kurzen Zeit, in der (im Bereich der Bäuche der stehenden Ultraschallwelle) die Amplitude durch Null geht, keine Gitterwirkung vorhanden; zu dieser Zeit ist also durch diesen *akusto-optischen* Modulator keine Resonatordämpfung gewährleistet.

2) *Passive Modulation* durch einen ausbleichbaren Absorber. Die Zeit, die der Farbstoff braucht, um nach seiner Sättigung zum ursprünglichen Zustand zurückzukehren, muß vergleichbar sein mit der Länge des Lichtpaketes.

Mode locking bedeutet einen der größten *Fortschritte* der Laserphysik, was die Kürze und Intensität der Impulse betrifft: es gelingt, für kurze Zeit (1–100 Pikosekunden) enorme Lichtintensitäten zu erzeugen. Durch mehrfache *Nachverstärkung* lassen sich sogar jene Intensitäten erreichen, die für eine Kernfusion nach der Methode des Trägheitseinschlusses erforderlich sind. Darunter wird die Kompression eines Materiekügelchens durch den Rückstoß des von der Oberfläche verdampfenden Materials verstanden.

4 Die Laserstrahlung

4.1 Einleitung

Die verschiedenen Typen von Lasern gestatten heutzutage, elektromagnetische Strahlung vom fernen Infrarot bis ins Ultraviolett zu erzeugen, manche nur für eine ganz bestimmte Wellenlänge, andere gestatten die freie Wahl der emittierten Wellenlänge in einem breiteren Bereich des Spektrums (sog. *durchstimmbare* Laser, tunable laser). Ohne auf die Vielfalt der Anwendung des Lasers hier eingehen zu können, läßt sich *Laserstrahlung* etwa wie folgt charakterisieren:

1) kohärent und unmittelbar interferenzfähig;
2) weitgehend monochromatisch;
3) meist stark gebündelt;
4) intensiv, besonders nach Fokussierung;
5) durch Wirkungen gekennzeichnet, die gewöhnliches Licht nicht hervorzubringen vermag;
6) macht physikalische Experimente möglich, die sonst nicht gelingen würden;
7) verschiedenartige biologische Wirkungen, deren Natur noch nicht ganz aufgeklärt ist.

Auf einiges davon soll im folgenden noch etwas näher eingegangen werden.

4.2 Kohärenz

Ein bekanntes Beispiel für eine Wellenbewegung sind die Oberflächenwellen des Wassers. Wird seine Oberfläche gestört, so erfaßt diese Störung auch die benachbarten Wasserteilchen und ein *Wellenzug* wandert dahin. Treffen in einem Gebiet zwei oder mehrere Wellen gleichzeitig ein, so überlagern sie sich: *Interferenz*. Welche Bewegung aus dieser Überlagerung resultiert, hängt von den Frequenzen (Wellenlängen) und Amplituden der einzelnen Wellen (Komponenten) ab sowie von ihrer Lage zueinander, der Phasendifferenz Δ; diese ist z.B. der Abstand des Wellenberges einer Welle von dem der anderen. Abbildung 4.1a–c zeigt die Interferenz zweier Wellenzüge gleicher Frequenz und Amplitude (Intensität) für verschiedene Phasendifferenzen Δ. Dabei sind zwei extreme Fälle möglich:

a) $\Delta = 0$ (Phasengleichheit). *Konstruktive Interferenz*, d.h. Verstärkung der Bewegung, weil Wellenberg auf Wellenberg fällt;

b) $\Delta = \pi$ (180°, $\lambda/2$): *destruktive Interferenz*, d.h. die Wellen löschen sich gegenseitig aus, weil sich Berg und Tal aufheben. Abbildung 4.1c zeigt noch einen dazwischen liegenden Fall. Besondere Bedeutung hat die Überlagerung zweier Sinusschwingungen gleicher Amplitude und nahe benachbarter Frequenzen; die resultierende Schwingung ist eine *Schwebung*. Durch Interferenz der in einem linear ausgedehnten Medium hin- und herlaufenden Welle bildet sich eine *stehende Welle* aus.

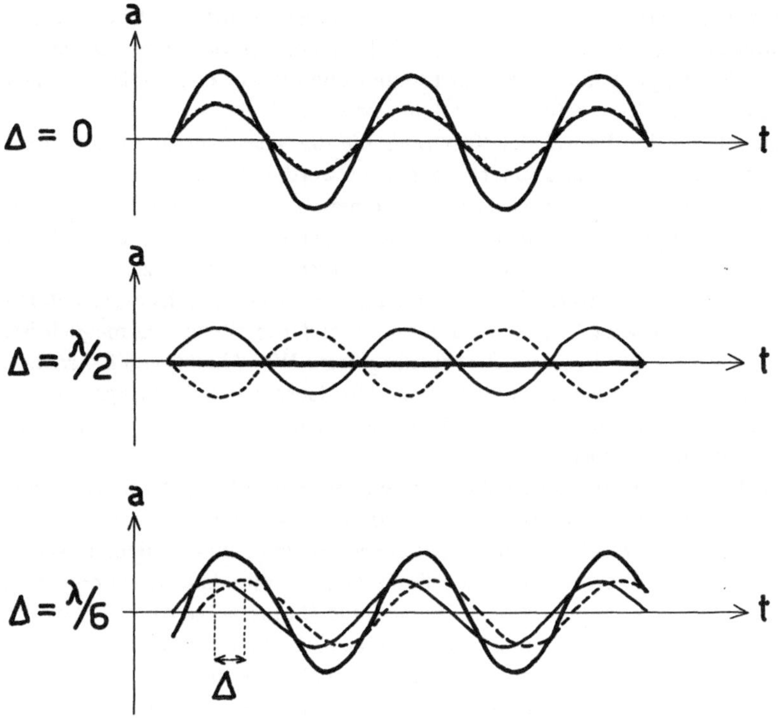

Abb. 4.1. Überlagerung zweier Wellen gleicher Frequenz und Amplitude für verschiedene Phasendifferenzen Δ. a Amplitude, t Zeit, λ Wellenlänge

Um dem Begriff *Kohärenz* näher zu kommen, sei zunächst darauf hingewiesen, daß Interferenz niemals mit zwei verschiedenen herkömmlichen Lichtquellen oder zwei verschiedenen Punkten derselben strahlenden Fläche erreicht werden kann. Vielmehr muß dasselbe Lichtbündel in zwei Anteile aufgespalten werden und auch da kann es sein, daß unter Umständen *keine* Interferenz mehr eintritt. Alle Lichtquellen außer den Lasern senden nämlich *inkohärentes Licht* aus: Es werden nur zeitlich begrenzte Wellenzüge – entsprechend der Emission von Lichtquanten – in verschiedene Richtungen und zu verschiedenen Zeiten, unabhängig voneinander, ausgesandt. Zwischen den Phasenlagen dieser Wellenzüge besteht keinerlei Zusammenhang. Im statistischen Mittel kommen alle Phasenlagen gleich häufig vor; konstruktive und destruktive Interferenz sind gleich häufig, so daß in Summe gar kein Interferenzeffekt beobachtet werden kann. Besteht jedoch in einem Wellenfeld eine *definierte Phasenlage* (ein Zusammenhang zwischen den Phasenlagen), so kann es sehr wohl zu Interferenzerscheinungen kommen. Dieser definierte „Zusammenhang" (lateinisch co-haerere = zusammenhängen) wird als Kohärenz bezeichnet.

Die Kohärenz der Laserstrahlung ist aus ihrer *Entstehung* zu erklären: Es werden eine (oder mehrere) Eigenschwingungen eines optischen Resonators angeregt. Eine einmal angeregte Eigenschwingung aber klingt nicht ab, solange die Resonatorverluste durch induzierte Emission kompensiert werden. Solche angeregte Eigenschwingungen vollführen keine (nennenswerten) Phasensprünge, insbesondere werden solche Phasensprünge nicht durch die energiezuführende induzierte Emission hervorgerufen. Die Strahlung, die von einer Schwingung mit definierter Frequenz und Phase ausgeht, ist natürlich ebenfalls in Frequenz und Phase definiert und daher kohärent.

Im folgenden soll auf den Begriff der Kohärenz, die die Voraussetzung jeder Interferenzerscheinung ist, noch ein wenig näher eingegangen werden. Dabei ist es vorteilhaft, das Licht als *Welle* aufzufassen. Geht das Atom von einem höheren in einen niedrigeren Energiezustand über, so sendet es einen kurzen Wellenzug *(Wellenpaket)* der Länge l aus; dafür braucht es eine sehr kurze Zeit τ, die als *Lebensdauer* (life time) bezeichnet wird. Dieser *Gauß-Wellenzug* eines einzigen Photons ist in Abb. 3.4 schematisch dargestellt. Da nur während dieser kurzen Zeit Interferenz mit einem anderen Wellenzug möglich ist, heißt τ auch *Kohärenzzeit*. Der in dieser Zeit zurückgelegte Weg l heißt *Kohärenzlänge*. Nur innerhalb dieser ist Interferenz möglich. Aus dem Geschwindigkeitsbegriff (Weg durch Zeit) folgt unmittelbar, daß die Kohärenzzeit gleich dem Quotienten aus Kohärenzlänge und Lichtgeschwindigkeit ist.

Je nachdem, ob eine konstante Phasenbeziehung (Phasendifferenz) durch einen längeren Zeitabschnitt zwischen zwei Punkten in der *Zeit* (jetzt – später) oder im *Raum* (hier – dort) besteht, wird zwischen *zeitlicher* und *räumlicher Kohärenz* unterschieden. Naturgemäß ist die Kohärenz um so größer, je länger dieser Zeitabschnitt dauert, während dem dies stattfindet. Eine genaue mathematische Behandlung (Fourier-Transformation) des Problems zeigt, daß zwischen der Kohärenzlänge l (Länge eines Wellenzuges ohne Phasensprung) und der Linienbreite δ eine indirekte Proportionalität besteht: $l \sim 1/\delta$. Große *zeitliche Kohärenz* bedeutet also kleine Linienbreite, bzw. hohe Monochromasie. Die *räumliche Kohärenz* bedeutet gleichphasige Wellenfronten („Wellen in Phase“). Daher ist eine monochromatische Planwelle vollständig kohärent in Zeit *und* Raum. Das ist bei einem axialen *Single-mode-Laser* erfüllt, der im TEM_{00} schwingt.

Bei einer üblichen Lichtquelle kann zur Not die zeitliche Kohärenz durch spektrale Filterung, die räumliche Kohärenz mit einer sehr kleinen Blendenöffnung (Loch) unter enormer Einbuße der Intensität erzeugt werden. Anders ist der Laser: Dieser liefert *intensives Licht*, das sowohl zeitlich als auch räumlich in einem hohen Grad kohärent ist.

Die zeitliche und örtliche Kohärenz können an zwei klassischen Versuchsanordnungen illustriert werden:

1) *Interferometer von Michelson* (1880). Wie die Abb. 4.2 zeigt, wird das von der Lichtquelle S ausgehende Lichtbündel durch den Strahlteiler T (eine schwach versilberte Glasplatte) in einen reflektierten (1) und einen durchgelassenen Anteil (2) gleicher Helligkeit aufgespalten (Amplitudenteilung). Nach Reflexion an den beiden Planspiegeln S_1 und S_2 vereinigen sich die beiden Anteile wieder auf dem Weg zur Beobachtungsstelle B. Dort wird nur dann Interferenz beobachtet werden können, wenn die beiden Wellenzüge fast gleichzeitig eintreffen, wenn also die beiden Spiegel gleich weit von T entfernt sind. Wird aber der Spiegel S_2 verschoben, so trifft der eine Wellenzug *zeitlich* verspätet ein, und von einer bestimmten Verschiebung d an ist die Verspätung so groß, daß keine Interferenz mehr zustande kommt. Die Länge des Wellenzuges, die Kohärenzlänge l, ist damit gemessen: $l = 2\,d$; aus l ergibt sich die Kohärenzzeit $\tau = l/c$.

Michelson konstruierte das Interferometer, um eine Bewegung der Erde gegenüber einem hypothetischen „Äther“ nachweisen zu können. Die Ergebnisse der Versuche aber waren negativ. Darüber hinaus hat die Anordnung große Bedeutung für die interferometrische Längenmessung erlangt: Eine Länge kann als Vielfaches der Wellenlänge des

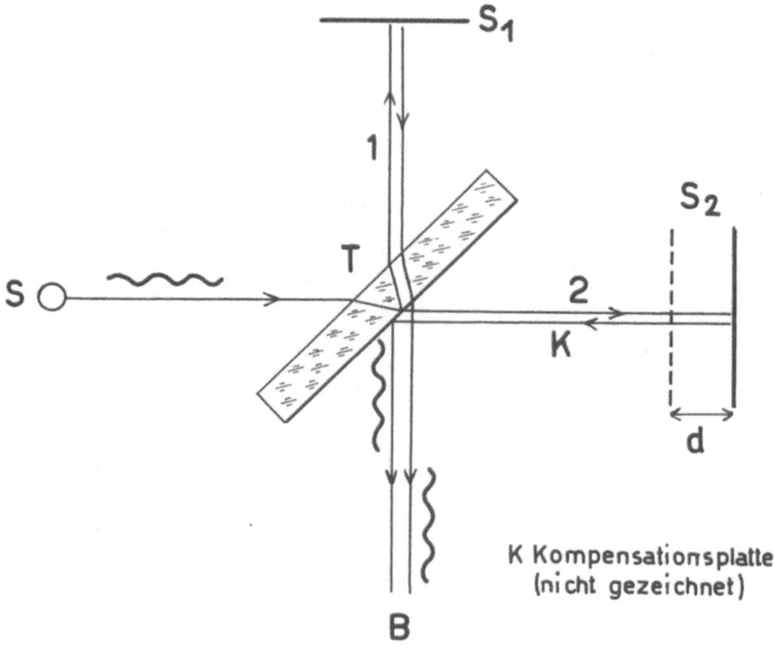

Abb. 4.2. Interferometer von Michelson (1880). Der Spiegel S_2 kann durch eine Mikrometerschraube um ein kleines Stück d verschoben werden. S Lichtquelle, T Strahlteiler, S_1 und S_2 Planspiegel, B Beobachter

verwendeten Lichtes ausgedrückt werden. Dabei erhöht ein Laser als Lichtquelle den Meßbereich um Zehnerpotenzen.

2) *Doppelspaltversuch von Young* (1807). Abbildung 4.3 zeigt seine Anordnung. Durch den Spalt S wird ein divergierendes Lichtbündel ausgeblendet, das auf die nahe beieinander liegenden Spalten S_1 und S_2 fällt. Diese teilen die ankommenden Wellenfronten *(Wellenfrontteilung)*. In einiger Entfernung hinter dem Doppelspalt wird Interferenz beobachtet.

Bei diesem Experiment von Young kommt der *Beugung* eine entscheidende Rolle zu. Würden die beiden Strahlen s_1 und s_2 den Gesetzen der geometrischen Optik (geradlinige Ausbreitung) gehorchen, so wäre das Zustandekommen der Interferenz nicht erklärlich. Nach dem Prinzip von Huygens (1690) aber wirken die beiden Spalten als Erregerzentren von Zylinderwellen. Die Strahlen werden, wie in Abb. 4.3 angedeutet, gebeugt und können miteinander interferieren. Unter der Voraussetzung, daß der Spalt S wie ein Punkt strahlt, sind die beim Doppelspalt ankommenden Wellen *räumlich* kohärent, mag auch die Lichtquelle (thermische Emission) Schwankungen in den Phasen aufweisen. Wegen der gleichen Laufzeiten erfolgen die Schwankungen bei S_1 und S_2 synchron. Ist aber – wie es tatsächlich der Fall ist – eine leuchtende Fläche vorhanden, so werden vor allem die Laufzeiten von den Randpunkten verschieden sein und von einem bestimmten Wegunterschied an liegt *keine* Kohärenz mehr vor. Strahlt statt einer punktförmigen Lichtquelle eine solche mit der ausgedehnten Fläche F mit der Wellenlänge λ in den Raumwinkel Ω hinaus, so ist die Bedingung für die räumliche Kohärenz $F \cdot \Omega \leqq \lambda^2$. Somit besteht bei einer

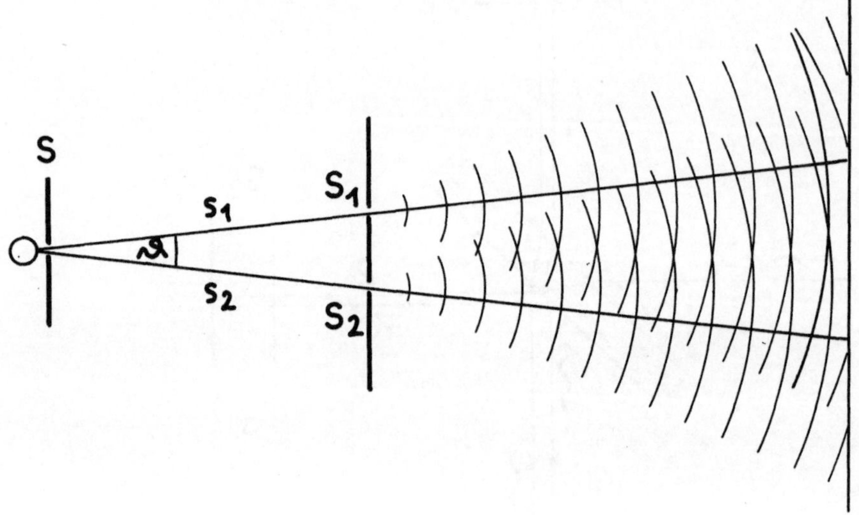

Abb. 4.3. Doppelspaltversuch von Young (1807). S, S_1 und S_2 feine Spalte, normal zur Zeichenebene

Fläche ($\geq \lambda^2$) nur innerhalb des Raumwinkels $\Omega = \lambda^2/F$ eine räumliche Kohärenz. Von einem bestimmten Spaltabstand $d = \overline{S_1 S_2}$ an ist daher keine Interferenz mehr zu beobachten. Auf diesem Weg kann die räumliche Kohärenz gemessen werden.

Die *Granulation (speckles)* ist eine Erscheinung, bei der Laserlicht beim Auftreffen auf eine streuende Fläche eine eigenartige *körnige* Struktur (speckle = Fleckchen, Tüpfel) zeigt. Bei einer rasch rotierenden Fläche oder einer kolloidalen Lösung verschwindet das Phänomen. Die Erscheinung beruht darauf, daß das Laserlicht wegen seiner hohen *Kohärenz* nach seiner Reflexion oder Streuung an rauhen Flächen auf dem Weg von dort zum Beobachter (Auge, Platte) mannigfach interferieren kann. Die von den einzelnen Streuzentren ausgehenden Lichtwellen haben eine zeitlich konstante Phasendifferenz, deren Betrag je nach der geometrischen Situation alle möglichen Werte annehmen kann. Durch die Interferenz der einzelnen Streuwellen entsteht dann die, bei unveränderter Beobachtungsgeometrie zeitlich konstante, statistische Verteilung von Hell–Dunkel-Stellen auf der streuenden Fläche. Es genügen die fast stets vorhandenen Rauhigkeiten, die Granulation zu beobachten. Das Speckle-Phänomen wird in der *Speckle-Photographie* zum Erfassen sehr kleiner Änderungen der Ausdehnung bei Belastungen oder Schwingungen praktisch angewandt.

4.3 Wechselwirkungen der Laserstrahlung mit Materie

4.3.1 Übersicht

Die bei der Wechselwirkung der Laserstrahlung mit Materie beobachtbaren charakteristischen Erscheinungen können in drei Gruppen gegliedert werden:

4.3.1.1 Nichtlineare Effekte

Das sind Erscheinungen, bei denen sich die dem elektromagnetischen Wechselfeld der Strahlung ausgesetzte Materie *nicht* mehr linear verhält: Im Ausdruck für die elektrische Polarisation treten neben dem linearen Glied auch quadratische und höhere Glieder der elektrischen Feldstärke auf, die diese Bezeichnung nahelegen. Diese Erscheinungen zeigen sich erst bei großen Leistungsdichten und den damit verbundenen hohen elektrischen Feldstärken, wie sie erst nach Entdeckung des Lasers (1960) experimentell zugänglich wurden. Somit hat der *Laser* eine *neue* Disziplin, die *nichtlineare Optik*, hervorgebracht, die sich als äußerst fruchtbar erwiesen hat. Zu den nichtlinearen Effekten zählen:

1) Oberwellen beim Durchgang des Laserlichtes durch bestimmte Kristalle *(nichtlineare Kristalle)*, insbesondere die Frequenzverdopplung oder „Zweite Harmonische"; so wird z.B. infrarote Strahlung beim Passieren des Kristalls in sichtbares Licht verwandelt.

2) Erzeugung der Differenz- oder Summenfrequenz aus den Frequenzen zweier verschiedener Laser, deren Strahlen in einem Kristall (z.B. Lithiumniobat, $LiNbO_3$) gemischt werden. Darauf beruht der parametrische Verstärker bzw. Oszillator.

3) Selbstfokussierung und Selbstführung des Laserstrahlbündels (self-focusing, self-trapping).

4) Induzierte Raman-Streuung durch die Wechselwirkung der Laserstrahlung mit Molekülen. Der induzierte Raman-Effekt weist gegenüber dem spontanen große *Vorteile* auf: Das gestreute Licht ist *kohärent*, intensiv und durch geringe Linienbreite ausgezeichnet. Mit Hilfe des induzierten Raman-Effektes läßt sich ein Laser betreiben.

5) Plötzliche Änderung des Transmissionsvermögens eines Stoffes (bleichbarer Absorber) unter dem Einfluß intensiver Laserstrahlung; passive optische Schalter (Kap. 3.5.2).

6) Bildung kurzlebiger laserinduzierter *Plasmen* (im Nanosekundenbereich) und Phänomen des Gasdurchschlags (gas breakdown) bei Bestrahlungsstärken $\geq 10^9$ W/cm^2 und großer Teilchendichte.

Die in 2) und 4) angeführten nichtlinearen Effekte sind für die Molekülspektroskopie im Infrarot von größter Bedeutung.

4.3.1.2 Thermische Effekte

Diese beruhen auf der Absorption der Laserstrahlung, verbunden mit Erwärmung des Materials bis zu seinem rapiden Verdampfen und der Entstehung von Druck (durch Rückstoß des verdampfenden Materials).

Auf folgenden Gebieten ist die Anwendung des Lasers von Vorteil:

1) als technisches Werkzeug der Industrie zur Materialbearbeitung, wie Bohren, Schneiden, Schweißen usw.;

2) als ärztliches Werkzeug in der Augenheilkunde (Anheften der Retina), Chirurgie (Schneiden, Koagulieren, Verkochen von Gewebe) und Endoskopie (Stillung gefährlicher Blutungen). Hierher gehört auch die Mikromanipulation an biologischem Material durch die Kombination des Lasers mit dem Mikroskop (Lasermikroskop).;

3) zur Erzeugung extrem hoher Temperaturen und enormen Druckes zur Auslösung von thermonuklearen Reaktionen (Fusionsprozesse). Von großer Bedeutung ist z.B. der

Aufbau von Helium aus den beiden Wasserstoffisotopen Deuterium (D) und Tritium (T) bei Laserbeschuß („Zündung“):

$$^{2}D + {}^{3}T = {}^{4}He + {}^{1}n + 17{,}6\ \mathrm{MeV}\,. \tag{4.1}$$

Hochenergielaser werden zum Betrieb von Laserkraftwerken geplant;

4) zu den thermischen Effekten gehört auch die Emission von Elektronen, Ionen und neutralen Molekülen aus Treffplatten (targets) bei Bestrahlungsstärken $\leq 10^8$ W/cm^2.

4.3.1.3 Biologische Effekte

Stimulierende oder destruktive Beeinflussung der Zellen und Lebensvorgänge beim Bestrahlen mit Laserlicht. Die Erforschung dieser Wirkungen umfaßt ein großes Gebiet: hier sollen nur einige interessante Beispiele angeführt werden.

Elektronenmikroskopische Untersuchungen zeigen, daß die Heilung von Hautgeschwüren vor allem in der kollagenen Phase durch wiederholte Bestrahlungen mit einem Helium-Neon-Laser (632,8 nm) günstig beeinflußt wird (Mester et al. 1974c).

Immunologische Effekte der Laserstrahlung wurden nachgewiesen (Mester et al. 1977; Moskalik et al. 1977).

Die Änderung von Chromosomen und Organellen (Mitochondrien, Chloroplasten) durch die Strahlung eines abstimmbaren Farbstofflasers wurde nachgewiesen (Berns 1972).

Photodestruktion: Die Strahlen eines Argonionenlasers können kanzeröse Tumoren zerstören, die vorher durch Injektion eines lichtempfindlichen Farbstoffs *photoaktiviert* wurden (Tomson 1976).

Der Helium-Neon-Laser eignet sich mit Erfolg zur Reiztherapie und zur Akupunktur.

Auch bei der Mikroanalyse lebender biologischer Objekte leistet der Laser gute Dienste.

4.3.2 Frequenzverdopplung

Die große Intensität der kohärenten Laserstrahlung führte zur Entdeckung bisher nicht beobachtbarer Eigenschaften des Lichtes. Dazu gehören die *Oberschwingungen* (Oberwellen), eine Erscheinung, die in der Akustik schon längst bekannt war. Durchsetzt das Licht bestimmte Kristalle, so tritt neben der Grundschwingung noch eine Schwingung mit der halben Wellenlänge bzw. der doppelten Frequenz auf. Auf Grund der großen lichtelektrischen Feldstärke (ca. 10^5 V/cm), die ihr 3-J-Rubinlaserimpuls besaß, gelang es Franken et al. (1961) erstmalig einen nennenswerten Teil des roten Lichtes ($\lambda = 694{,}3$ nm) mit Hilfe einer Quarzplatte, die es durchsetzte, in Ultraviolett ($\lambda = 347{,}2$ nm) zu verwandeln. Dieses Experiment bedeutete die Geburtsstunde der nichtlinearen Optik. Bald darauf zeigte Maker, daß die Intensität der durchgelassenen Oberwelle eine periodische Funktion des Einfallswinkels ist.

Heute werden zur Frequenzverwandlung verschiedene *nichtlineare Kristalle* verwendet. Diese sind dadurch gekennzeichnet, daß ihnen ein Symmetriezentrum fehlt. Meist zeigen sie auch den piezoelektrischen Effekt, d.h. beim Anwenden von Druck tritt elektrische Aufladung ein. Zur Frequenzverwandlung werden verwendet:

Kaliumdihydrogenphosphat (KDP, KH_2PO_4, Ammoniumdihydrogenphosphat (ADP, $NH_4H_2PO_4$); beide kristallisieren tetragonal.

Lithiumniobat ($LiNbO_3$); Lithiumjodat ($LiJO_3$); auch

Lithiumformiat (Monohydrat, $LiCHO_2 \cdot H_2O$).

Bariumnatriumniobat (Banana-Kristall, $Ba_2NaNb_5O_{15}$).

Ferner können noch verwendet werden: Cäsiumdihydrogenarsenat (CDA, CsH_2AsO_4), Rubidiumdihydrogenarsenat (RDA, RbH_2AsO_4) sowie kristallische Aminosäuren.

Wird Materie von Licht durchstrahlt, so kommt es zu einer Wechselwirkung zwischen diesem und den Atomen, die als *dielektrische Polarisation* bezeichnet wird: Im elektromagnetischen Feld der Lichtwelle werden die elastisch an den Kern gebundenen Valenzelektronen zum Mitschwingen im gleichen Rhythmus angeregt. Durch diese Ladungsverschiebung im Kristall entstehen *Dipole* – daher die Bezeichnung *Polarisation* –, welche Licht der gleichen Frequenz aussenden. Durch diese Wechselwirkung vermindert sich die Lichtgeschwindigkeit im Kristall und seine Brechzahl ist eine andere. Die hier beschriebene Polarisation darf nicht mit der des Lichtes (Polarisationsrichtung) verwechselt werden.

Im Falle des gewöhnlichen Lichtes beträgt die elektrische Feldstärke wegen seiner geringen Intensität nur einige Volt/cm, bei der Sonnenstrahlung 10 V/cm. Die entstandene Polarisation ist eine *lineare* Funktion der elektrischen Feldstärke. Bei der wesentlich größeren aber der intensiven Laserstrahlung ($\geq 10^5$ V/cm) ist das nicht mehr der Fall. Es werden die hier auftretenden elektrischen Kräfte vergleichbar mit denen, die den Zusammenhalt des Körpers bewirken. Diese können unter Umständen sogar so groß werden, daß eine Zerstörung des Materials eintritt. Als stark vereinfachter Ansatz für den *Zusammenhang* der Polarisation P mit der elektrischen Feldstärke E kann gelten:

$$P = \chi E + \chi' E^2 + \chi'' E^3 + \ldots ; \tag{4.2}$$

die vom Stoff abhängige Größe χ wird *Suszeptibilität* genannt. Wegen des Auftretens der Glieder höherer Ordnung werden die dadurch hervorgerufenen Effekte als „nichtlinear" bezeichnet.

Medien besonderer Art der Lichtausbreitung sind die *Kristalle*, vor allem solche, denen ein Symmetriezentrum fehlt. In diesem Falle ist mindestens χ' ungleich Null, d.h. es tritt ein quadratisches Glied auf. Bei nichtlinearer Polarisation liegt die Polarisationswelle dann nicht mehr symmetrisch zur Zeitachse, sondern sie ist asymmetrisch verformt (Abb. 4.4). In der Abbildung sind oben dargestellt: EF der Zeitverlauf der erregenden (als sinusförmig angenommenen) elektrischen Feldstärke der einfallenden Lichtwelle, PW der Zeitverlauf der von ihr im Stoff erzeugten Polarisationswelle.

Eine einfache mathematische Umformung zeigt nun, daß die Polarisationswelle PW *drei Komponenten* enthält: K_1, die Grundwelle mit derselben Frequenz ν wie das einfallende Licht; K_2, die erste Oberwelle (second harmonic) mit der doppelten Frequenz 2ν, und K_3, einen konstanten Anteil (der für die Verschiebung der Kurve verantwortlich ist). Sowohl der lineare Anteil K_1 als auch der nichtlineare Anteil K_2 erzeugen entlang ihrem Ausbreitungsweg Wellen elektrischer Feldstärke, also wiederum Licht.

Für die weiteren Betrachtungen ist die bekannte Tatsache entscheidend, daß die Brechzahl ein und desselben Stoffes von der Frequenz (Farbe) des Lichtes abhängt: Jenes mit der größeren Frequenz (z.B. Violett, λ klein!) wird stärker gebrochen. Diese Erschei-

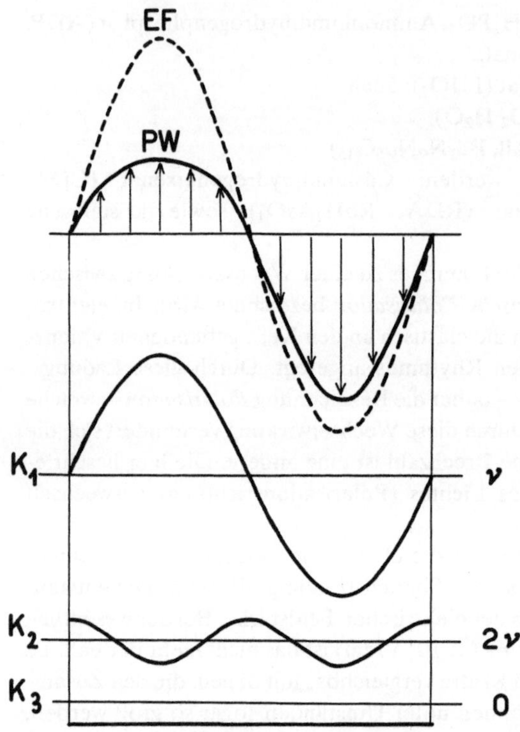

Abb. 4.4. Das einfallende Licht, die erregende elektrische Feldstärke EF, erzeugt im Kristall eine zur Zeitachse unsymmetrisch gelegene Polarisationswelle PW, die drei Komponenten enthält: K_1 Grundwelle mit derselben Frequenz ν wie das erregende Licht, K_2 erste Oberwelle (second harmonic) mit der doppelten Frequenz 2 ν und einen konstanten Teil K_3

nung wird als *Dispersion* (Zerlegung in Farben) bezeichnet und ist vom Prisma her bekannt. Die Ausbreitungsgeschwindigkeit ist in einem Medium gleich dem Quotienten aus der Vakuumlichtgeschwindigkeit und seiner Brechzahl (für eine bestimmte Frequenz). Das höherfrequente Licht pflanzt sich *langsamer* fort als das mit der kleineren Frequenz. Aus diesem Tatbestand ergibt sich für die Ausbreitung des Lichtes mit der höheren Frequenz (Oberwelle) im Kristall eine *mißliche Situation*: Es pflanzt sich langsamer fort, als die nichtlineare Polarisation (K_2) auftritt, durch die es erzeugt wird. K_2 wird ja durch die Grundwelle erzeugt und besitzt deren zeitliche und räumliche Verteilung. Während also die längs ihres Weges vom linearen Anteil (K_1) im Kristall erzeugten Lichtwellen der Frequenz ν untereinander *in Phase* sind, werden die vom nichtlinearen Anteil (K_2) erzeugten Lichtwellen der doppelten Frequenz dies nicht sein. Bereits nach kurzem Weg (1/100 mm) wird durch destruktive Interferenz die gegenseitige Vernichtung der sich ausbreitenden Lichtoberwelle und der nichtlinearen Polarisationswelle (K_2) erfolgen; dann aber wieder tritt durch konstruktive Interferenz Verstärkung ein. Diesen periodischen Wechsel in der Intensität der Oberwelle zeigte schon das Experiment von Maker.

Um aber doch zu erreichen, daß die Oberwelle mit ausgiebiger Intensität ausgestrahlt wird, kann die *Doppelbrechung* ausgenutzt werden. Sie ist bei allen Kristallen zu beobachten, deren innerer Aufbau nur geringe Symmetrie aufweist; die dielektrische Polarisation ist dann richtungsabhängig. Das Licht pflanzt sich daher je nach seiner Richtung mit verschiedenen Geschwindigkeiten fort. Außerdem hängt die Fortpflanzungsgeschwindigkeit von der Polarisationsrichtung des Lichtes (Lage seiner Schwingungsebene) ab. Solche

Kristalle zeigen daher je nach der *Lage* der *Schwingungsebene* des einfallenden Lichtes eine unterschiedliche Brechnung (Doppelbrechung). Stoffe, deren Eigenschaften oder deren Verhalten richtungsabhängig sind, heißen *anisotrop*.

Wie mit Hilfe der Doppelbrechung das oben angedeutete Interferenzproblem gelöst werden kann, zeigt Abb. 4.5. Hier ist schematisch die *Abhängigkeit der Brechzahlen vom Winkel* ϑ *zur optischen Achse* dargestellt; das ist *die* Richtung im Kristall, in der keine Doppelbrechung zu beobachten ist. Die Zeichnung zeigt einen einachsigen Kristall. Weil außer der Grundfrequenz ν noch die doppelte Frequenz $2\,\nu$ eine Rolle spielt, sind *vier Brechzahlen* von Wichtigkeit:

- $\eta_0(\nu)$ für die normal zur Zeichenebene polarisierte Grundwelle („ordentlicher Strahl"),
- $\eta_0(2\,\nu)$ für die normal zur Zeichenebene polarisierte Oberwelle,
- $\eta_a(\nu)$ für die parallel zur Zeichenebene polarisierte Grundwelle („außerordentlicher Strahl"),
- $\eta_a(2\,\nu)$ für die parallel zur Zeichenebene polarisierte Oberwelle.

Bei grünem Licht ($\lambda = 530$ nm) sind die Werte für einen KDP-Kristall:

$$\eta_0 = 1{,}513\ ,\quad \eta_a = 1{,}471\ (\vartheta = 90°)\ .$$

Für die normal zur Zeichenebene polarisierte Welle (ordentlicher Strahl) ist die Richtung des lichtelektrischen Feldes unabhängig von der Ausbreitungsrichtung in der Zeichenebene. Sie erfährt stets dieselbe Suszeptibilität; daher ist die Brechzahl konstant und erscheint als Kreisbogen. Anders ist es für das in der Zeichenebene schwingende Licht (außerordentlicher Strahl). Für dieses ist die Brechzahl von der Richtung abhängig und für

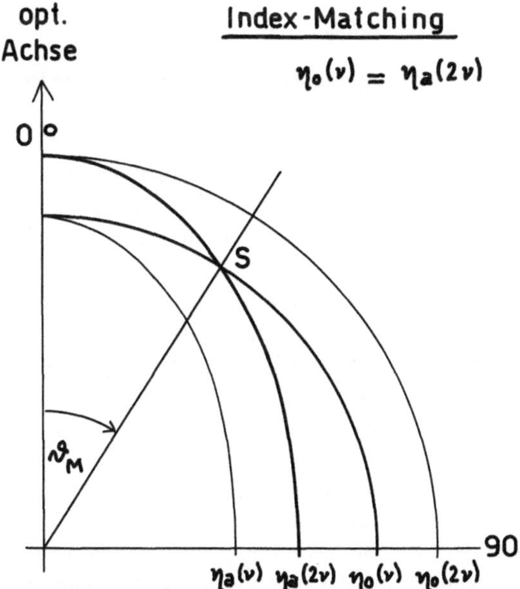

Abb. 4.5. Abhängigkeit der Brechzahlen η vom Winkel ϑ zur optischen Achse des Kristalls

η_a resultiert daher ein Ellipsenbogen. Wie schon gesagt, tritt in Richtung der optischen Achse keine Doppelbrechung ein; deshalb berühren sich die Kurven für den ordentlichen und außerordentlichen Strahl bei $\vartheta = 0°$. Wie zu sehen ist, gibt es einen Punkt S, bei dem die Brechzahl für die ordentliche Grundwelle *gleich* der Brechzahl für die außerordentliche Oberwelle ist. Es gilt dann

$$\eta_0(\nu) = \eta_a(2\,\nu)\,; \tag{4.3}$$

anders ausgedrückt: Es gibt einen besonderen Winkel ϑ_M, bei dem die Lichtgeschwindigkeit der normal zur Zeichenebene polarisierten Grundwelle mit der Lichtgeschwindigkeit der parallel zur Zeichenebene polarisierten Oberwelle zusammenfällt.

Wird das Lichtbündel, dessen Frequenz verdoppelt werden soll, unter dem Winkel ϑ_M durch den Kristall gesandt, so hat die von der nichtlinearen Polarisationswelle (Frequenz $2\,\nu$) erzeugte Oberwelle die gleiche Geschwindigkeit wie die erregende Grundwelle. *Alle* im Kristall erzeugten Oberwellenanteile überlagern sich daher *phasenrichtig*. Das Licht der doppelten Frequenz wird durch konstruktive Interferenz aller Teilwellen verstärkt. Nach Passieren einer bestimmten Schichtdicke verläßt ein intensives Lichtbündel der doppelten Frequenz den Kristall.

Die Erfüllung der Bedingung, daß zwischen zwei Wellen (Grund- und Oberwelle) an allen Orten des Mediums dieselbe Phasensituation besteht, wird als *Phase matching* bezeichnet. In unserem Fall wurde diese durch Gleichmachen der Brechzahlen für eine bestimmte Richtung im Kristall (s. Abb. 4.5, Punkt S) erreicht; diese Anpassung der Brechzahlen wird als *index matching* bezeichnet.

Die Frequenzverdopplung kann auch im *Photonenbild* betrachtet werden; dies heißt dann, daß zwei Photonen der Frequenz ν in *ein* Photon der Frequenz $2\,\nu$ umgewandelt worden sind. Die obige Bedingung ist dann ein Ausdruck des Impuls- und Energieerhaltungssatzes.

4.3.3 Begriffe aus der Physik der Strahlung und der Wärme

Zum Verständnis des Lasers als thermisches Werkzeug müssen zunächst noch einige Begriffe erläutert werden.

Eine der wichtigsten Energieformen ist die *Strahlung*. Die in der Zeiteinheit von einer Strahlungsquelle ausgesandte oder ein Raumgebiet durchsetzende Strahlungsenergie wird als *Strahlungsfluß oder Strahlungsleistung* Φ bezeichnet und in Watt (W) gemessen. Bei Impulslasern wird die *Strahlungsenergie* (Strahlungsmenge, Strahlungsarbeit) pro Impuls in Joule (J) angegeben.

Die folgenden Begriffe seien an Hand der Abb. 4.6 erläutert. Eine kleine Fläche F_s sendet Strahlung nach allen Richtungen aus; eine in Richtung ϑ angeordnete (gekrümmte) Fläche F_e empfängt die Strahlung. Liegt F_e parallel zu $F_s(\vartheta = 0°)$, so ist die Abstrahlung voll wirksam, bei $\vartheta = 90°$ aber ist sie unwirksam. Die Erfahrung zeigt, daß die von F_e empfangene Strahlungsleistung in etwa dem Kosinus des Winkels ϑ proportional ist (Gesetz von Lambert 1760).

Durch die Fläche F_e und ihre Entfernung R vom Strahler wird ein Raumwinkel Ω festgelegt (Kegel mit Spitze in F_s); dieser ist das Verhältnis der Kalottenfläche F_e zum Quadrat ihres Radius, also $\Omega = F_e/R^2$. Ein Raumwinkel wird in *Steradiant* gemessen; 1 sr ist der Raumwinkel, bei dem das Verhältnis des Flächeninhalts der zugehörigen Kugelfläche zum

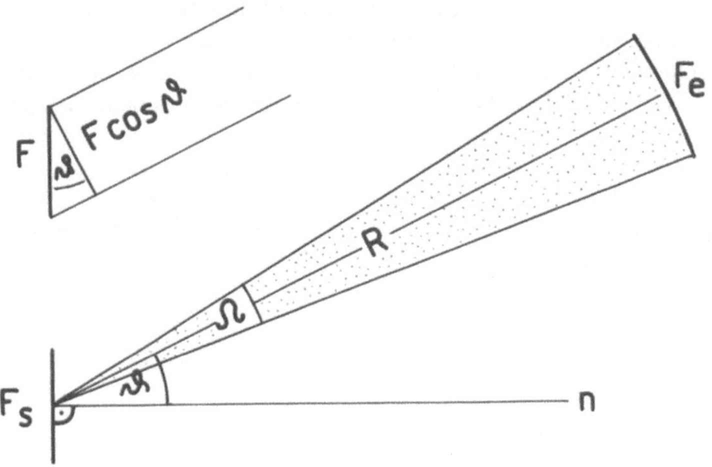

Abb. 4.6. Zur Definition der Strahlungsgrößen. F_s ebene ausstrahlende Fläche, F_e unter dem Winkel ϑ zur Flächennormalen n angeordnete empfangende gekrümmte Fläche; Ω Raumwinkel; R Abstand vom Strahler

Quadrat der Länge ihres Radius gleich 1 ist. 1 sr schneidet $1/4\,\pi = 7{,}96\%$ aus der Kugeloberfläche heraus.

Weitere Strahlungsgrößen sind:

1) auf den Strahler (Sender) bezogen

Strahlstärke I ist der Quotient aus dem Strahlungsfluß in eine bestimmte Richtung ϑ und dem durchstrahlten Raumwinkelelement $d\Omega$. I kennzeichnet die Stärke der Strahlung nur in dieser Richtung.

$$I = \frac{d\Phi}{d\Omega} \qquad (\mathrm{W/sr})\,. \tag{4.4}$$

Zur besseren Charakterisierung des Strahlers (unabhängig von der Größe von F_s) ist es vorteilhaft, die Strahlungsstärke auf die Projektion der (kleinen) Fläche $dF_s \cos\vartheta$ (scheinbare Größe) zu beziehen; die so definierte Größe heißt *Strahldichte L.*

$$L = \frac{dI}{dF_s \cos\vartheta} = \frac{d^2\Phi}{dF_s \cos\vartheta \cdot d\Omega} \qquad (\mathrm{W/(m^2 \cdot sr)})\,. \tag{4.5}$$

In der Laserphysik werden noch folgende Begriffe verwendet: Bei kontinuierlich arbeitenden Lasern: *Leistungsdichte* ist die Strahlungsleistung pro Strahlquerschnitt, gemessen in $\mathrm{W/cm^2}$. Bei Impulsbetrieb: *Energiedichte* ist die Impulsenergie pro Strahlquerschnitt in $\mathrm{J/cm^2}$. Impulsenergie ist gleich maximale Strahlungsleistung mal Halbwertsbreite des Impulses.

2) auf die bestrahlte Fläche (Empfänger) bezogen

Bestrahlungsstärke E ist der Quotient aus der einfallenden Strahlungsleistung und der bestrahlten Fläche, also $E = d\Phi/dF_e$ (W/cm^2). Dafür wird bei Impulsbetrieb die *Bestrahlung* in J/cm^2 gesetzt, also Impulsenergie pro Empfängerfläche.

Die wichtigste Energiequelle der Erde ist die *Sonne*. Ihre Strahlungsdichte, ca. 150 W/(sr·cm^2), und Bestrahlungsstärke 1,353 kW/m^2 (als „Solarkonstante" bekannt; Thekaekara 1976), können zwar von Lasern um viele Zehnerpotenzen übertroffen werden, doch nur für eine sehr kurze Zeit und auf einen kleinen Bereich beschränkt. Die Bestrahlungsstärke kann bei jeder Quelle durch Spiegel oder Linsen beachtlich erhöht werden. Schon lange bekannt sind die Sonnenöfen (Tschirnhaus 1686), in denen Metalle mit Sonnenenergie geschmolzen werden können.

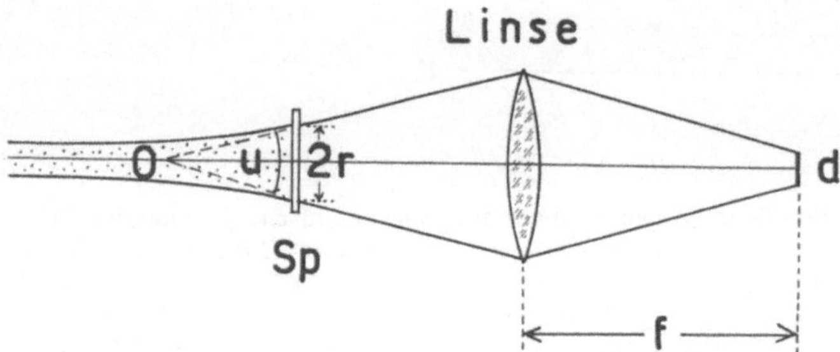

Abb. 4.7. Zur Fokussierung eines Laserstrahlbündels. Sp teilweise durchlässiger Spiegel eines Lasers, u Divergenz des Laserstrahlbündels, f Brennweite der Linse, d Durchmesser des Brennflecks (spot)

Bei der Verwendung des Lasers als thermisches Werkzeug wird das Strahlenbündel fast immer durch eine Linse fokussiert. Zur Erläuterung der mit der *Fokussierung* gegebenen Probleme dient die Abb. 4.7. Infolge der hohen räumlichen Kohärenz ist eine starke Bündelung des den Laser verlassenden Lichtes zu beobachten. Dennoch zeigt das Laserstrahlbündel infolge der unvermeidlichen Beugung eine geringe Auffächerung, die als *Divergenz* (beam divergence) bezeichnet wird; es sieht so aus, als ob die Randstrahlen von einem Punkt 0 ausgingen. Die Divergenz wird durch den Winkel u angegeben, der in Radiant gemessen wird. *1 rad* ist der ebene Winkel, bei dem das Verhältnis der Länge des zugehörigen Kreisbogens zur Länge seines Radius gleich 1 ist. Wegen der Kleinheit der Divergenz werden meist Milliradiant angegeben; 1 mrad = 1/1000 rad. Zum Grad und seinen Teilen bestehen die folgenden Beziehungen:

$$1^\circ = 0{,}0174533 \text{ rad} = 17{,}4533 \text{ mrad}\,,$$
$$1' = 0{,}000290888 \text{ rad} = 0{,}290888 \text{ mrad}\,,$$
$$1'' = 0{,}000004848 \text{ rad} = 0{,}004848 \text{ mrad}\,;$$

oder

$$1 \text{ mrad} = 3{,}44' \text{ (Bogenminuten)}\,.$$

Die Divergenz ist um so größer, je langwelliger die Strahlung des Lasers ist und je kleiner der Strahlbündeldurchmesser 2 r am Auskoppelspiegel Sp ist.

Ist u die Divergenz des Laserstrahlbündels (rad) und f die Brennweite der Linse (cm), so kann der Durchmesser des Brennflecks (spot) nach folgender Formel berechnet werden:

$$d = fu(\mathrm{cm})\,. \tag{4.6}$$

Weil der Brennfleck kreisförmig ist, beträgt seine Fläche

$$F = \frac{\pi}{4}\, d^2(\mathrm{cm}^2)\,. \tag{4.7}$$

Die Bestrahlungsstärke E, in der englischen Literatur als „power density" (Leistungsdichte) bezeichnet, ist per definitionem der Quotient aus der einfallenden Strahlungsleistung Φ und der empfangenden Fläche F_e. Daher gilt

$$E = \frac{\Phi}{F_e} = \frac{4\,\Phi}{\pi\, f^2\, u^2}\,(\mathrm{W/cm^2})\,. \tag{4.8}$$

Je mehr es also gelingt, durch ein optisches System den Brennfleck zu verkleinern, desto größer ist die Bestrahlungsstärke und damit die thermische Wirkung im Fokus.

Emittiert der Laser – was meist der Fall ist – ein Bündel, dessen Intensität eine *Gauß-Verteilung* aufweist, so hat auch die Bestrahlungsstärke eine solche, sie ist im Mittelpunkt des Brennflecks größer als am Rande.

Das *optische Verhalten einer Materieschicht*, die von Strahlung getroffen wird, ist durch die folgenden Phänomene charakterisiert:

1) *Reflexion*. Ein Teil wird von der Oberfläche zurückgeworfen.

2) *Extinktion* (Auslöschung). Ein Teil dringt ein und wird dabei geschwächt. Sie hat zwei Ursachen (Komponenten). Dies sind a) *Absorption* (im Stoff wird ein Teil verschluckt und in Wärme umgewandelt) und b) *Streuung* (ein anderer Teil wird durch die Materie aus seiner Fortpflanzungsrichtung abgelenkt und geht so verloren);

3) *Transmission*. Ein Teil wird durchgelassen.

Ist keine Streuung vorhanden, so verteilt sich (Abb. 4.8) der einfallende Strahlungsfluß Φ_0 auf $R\,\Phi_0$, den reflektierten, $A\,\Phi_0$, den absorbierten, und $T\,\Phi_0$, den durchgelassenen Anteil. Wegen des Energieerhaltungssatzes muß die Summe dieser 3 Anteile gleich Φ_0 sein. Daher gilt für die Summe dieser drei Koeffizienten (für eine bestimmte Wellenlänge und Temperatur)

$$R + A + T = 1\,; \tag{4.9}$$

dabei bedeuten

R *Reflexionsgrad, reflectance* (auch Reflexions- oder Rückstrahlungsvermögen, reflectivity);

A *Absorptionsgrad, absorptance* (Absorptionsvermögen);

T *Durchlaßgrad, transmittance* (auch Durchlässigkeit, Transmissionsgrad).

Seiner Natur nach kann jeder dieser Koeffizienten nur einen Wert zwischen 0 und 1 (0 und 100%) haben.

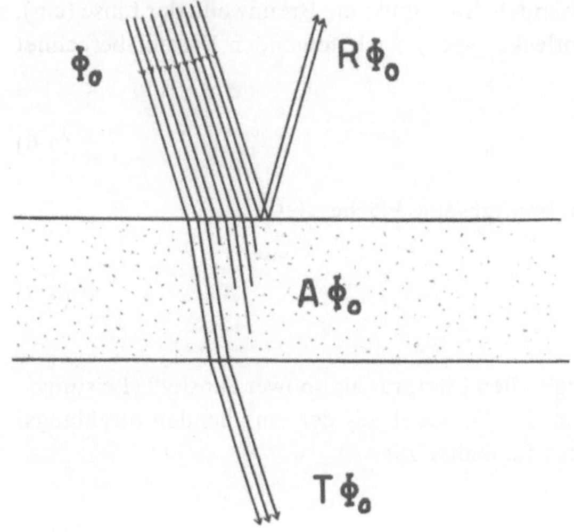

Abb. 4.8. Optisches Verhalten einer Materieschicht. Der einfallende Strahlfluß Φ verteilt sich auf drei Anteile: RΦ reflektierter, AΦ absorbierter und TΦ durchgelassener Anteil. R + A + T = 1

Diese für einen *Stoff kennzeichnenden Größen* sind vor allem eine Funktion der Wellenlänge der Strahlung, hängen aber auch von der Oberflächenbeschaffenheit und der Temperatur ab. Das ist vor allem bei der *Absorption* der Fall: diese erhöht sich mit steigender Temperatur.

Der *Reflexionsgrad* ist bei den *Metallen* besonders ausgeprägt (Metallglanz) und im Infraroten noch stärker als im Sichtbaren, R erreicht fast 1 (100%). Der *schwarze Körper* ist ein Hohlraum, der die einfallende Strahlung völlig absorbiert: A = 1. Optisches Material ist durch große *Durchlässigkeit* im verwendeten Wellenlängenbereich gekennzeichnet.

Im folgenden soll noch näher auf die *Schwächung der Strahlung beim Eindringen in Materie*, insbesondere die Absorption, eingegangen werden. Hier gelten die Gesetzmäßigkeiten, die Bouguer, Lambert und Beer untersucht haben. Nach Durchsetzen einer Materieschicht der Dicke d wird der anfängliche Strahlungsfluß (Strahlungsleistung) Φ_0 auf einen geringeren Wert Φ abgesunken sein; das erfolgt nach einem Exponentialgesetz

$$\Phi = \Phi_0 \, e^{-Kd} . \tag{4.10}$$

Der bei einer bestimmten Wellenlänge (λ) der Strahlung für einen Stoff kennzeichnende Koeffizient K wird in cm^{-1} angegeben und heißt (natürliche) *Extinktionskonstante*; er ist im allgemeinen aus zwei Komponenten, der *Absorption* und der *Streuung*, additiv zusammengesetzt, also

$$K = K_A + K_S . \tag{4.11}$$

Ist die Streuung wie in einem optisch homogenen Medium vernachlässigbar klein, so ist die Absorption die alleinige Ursache der Lichtschwächung; K heißt dann die *Absorptionskonstante* (in älterer Literatur auch Absorptionskoeffizient, engl. absorption coefficient).

Ist K die Absorptionskonstante, so gibt ihr Kehrwert 1/K = w die *mittlere Reichweite* (mittlere Weglänge, auch Eindringtiefe) der Strahlung an. Das ist jene Wegstrecke, gemessen in einer geeigneten Längeneinheit, nach deren Zurücklegung die eindringende Strahlung auf 1/e = 37% ihrer anfänglichen Leistung abgesunken ist. Je nachdem, ob $w > \lambda$ oder $w < \lambda$ ist, wird zwischen „schwacher" und „starker (metallischer)" Absorption unterschieden.

Die *Metalle*, gekennzeichnet durch ein hohes Reflexionsvermögen (s. Kap. 4.3.4), haben eine enorm große Absorptionskonstante von 10^5 bis $10^6\,cm^{-1}$; dementsprechend ist die Eindringtiefe äußerst gering und beträgt nur 0,12–0,02 Mikrometer.

Die Absorption des *Wassers* wurde von Bayly et al. (1963) und Bramson (1968) vor allem im Infraroten eingehend untersucht. In Abb. 4.9 hat der Autor die in den genannten Arbeiten publizierten Kurven zu einem einzigen Diagramm vereinigt. Es zeigt die Absorption des Wassers, ausgedrückt durch die Extinktionslänge L in mm als Funktion der Wellenlänge λ in μm; auf den Koordinatenachsen wurden logarithmische Skalen verwendet. Für das Blut liegen Untersuchungen von Welsch et al. (1977) vor. In einer Studie über die Schädigung des Auges durch Laserstrahlung finden Makous und Gould (1968), daß der Absorptionskoeffizient der Retina im ungünstigsten Fall bei $1000\,cm^{-1}$ liegt (für die maximale Absorption bei 500 nm).

Die Materialbearbeitung hat die *thermischen Eigenschaften* eines Stoffes zu berücksichtigen; dazu gehören:

1) *spezifische Wärme c* (spezifische Wärmekapazität) ist jene Wärmemenge, die der Masseneinheit eines Stoffes zugeführt werden muß, um seine Temperatur um 1 °C zu erhöhen. Einheit: J/(kg °C). Die spezifische Wärme hängt von der Temperatur und vom Druck ab. Bei den Gasen ist sie verschieden je nachdem, ob der Druck oder das Volumen konstant gehalten wird.

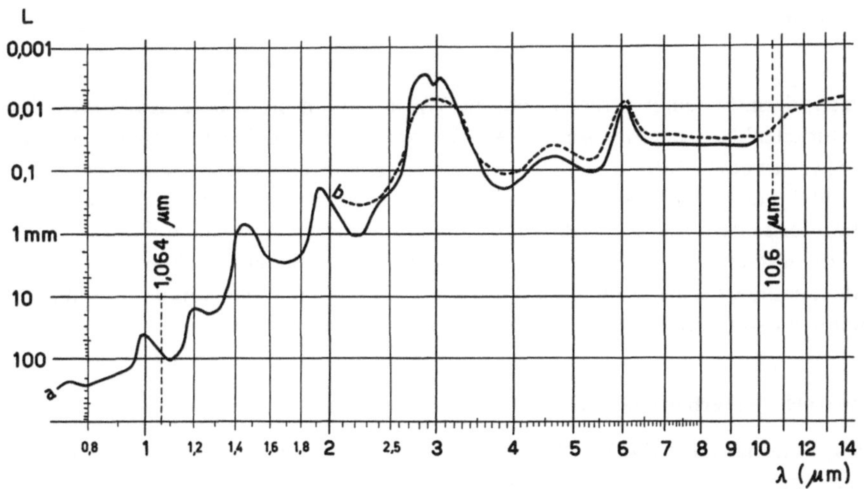

Abb. 4.9. Absorption des Wassers im Infrarot. Kurve a nach Bayly et al. (1963), Kurve b nach Bramson (1968). Das Diagramm zeigt die Extinktionslänge L als Funktion der Wellenlänge λ. Die Skalen sind logarithmisch geteilt. Es sind die Wellenlängen des Neodym-YAG- und des CO_2-Lasers eingezeichnet

2) *Schmelzwärme* ist die Wärmemenge, die imstande ist, die Masseneinheit eines Stoffes *ohne* Temperaturänderung vom festen in den flüssigen Zustand überzuführen. Einheit: J/kg. Die Temperatur, bei der dieser Übergang erfolgt, heißt *Schmelzpunkt.* Beide Größen zeigen eine geringe Druckabhängigkeit.

3) *Verdampfungswärme* ist die zur Verdampfung der Masseneinheit eines Stoffes bei gleichbleibender Temperatur erforderliche Wärmemenge. Einheit: J/kg. Sie hängt sowohl von der Temperatur als auch vom Druck ab. Die Temperatur, bei der sich der Übergang vom flüssigen zum dampfförmigen Zustand abspielt, heißt *Siede- oder Kochpunkt.*

4) *Wärmeleitzahl* λ (Wärmeleitvermögen, Wärmeleitfähigkeit). Zum Verständnis dieses Begriffs werde ein zylinderförmiger oder prismatischer Stab betrachtet; es herrsche zwischen zwei Stellen (Querschnittsfläche F) im Abstand l voneinander die Temperaturdifferenz ΔT. Der Quotient aus dieser Differenz und dem Abstand ist der Temperaturgradient (Temperaturgefälle). Die in der Zeiteinheit t durch den Querschnitt hindurchgehende Wärmemenge Q hängt dann von drei Faktoren ab: 1) der Querschnittsfläche F, 2) dem Temperaturgradienten $\Delta T/l$ und 3) dem Stoff. Die entsprechende Stoffeigenschaft heißt Wärmeleitzahl λ; es gilt

$$\frac{Q}{t} = \lambda F \frac{\Delta T}{l} . \tag{4.12}$$

Nach λ aufgelöst ergibt sich als Einheit der Wärmeleitzahl W/(m °C). Die Wärmeleitzahl gibt also an, welche Wärmemenge pro Sekunde durch die beiden Querschnitte im Abstand l voneinander fließt, wenn zwischen diesen eine Temperaturdifferenz von 1 °C herrscht. Oft wird dafür auch Kelvin verwendet: 1 °C = 1 K.

Im Falle, daß die Wärmeleitung *nicht stationär* ist (Wärmestau), ist die Wärmeleitzahl durch die *Temperaturleitzahl* (Temperaturleitfähigkeit)

$$\frac{\lambda}{c\rho} \quad \text{(Einheit: m}^2\text{/s)} \tag{4.13}$$

zu ersetzen; darin bedeuten c die spezifische Wärme und ρ die Dichte des Stoffes. Die Temperaturleitzahl gibt an, wie rasch sich ein Temperaturunterschied in einem Körper ausgleicht, bzw. sich ein zeitlich konstantes Temperaturgefälle einstellt.

Obwohl Metalle und Gase recht verschiedene Wärmeleitzahlen haben, sind ihre Temperaturleitzahlen fast gleich, d.h. der Temperaturausgleich in einem Gas findet fast genau so rasch statt wie in einem Metall. Tabelle 4.1 bringt die thermischen Größen einiger Stoffe. Häufig wird in älterer Literatur noch die Kalorie (cal) verwendet, was heutzutage nicht mehr statthaft ist; es gilt die Beziehung: 1 cal = 4,1868 J.

4.3.4 Bearbeitung technischen Materials

Bei *jedem* Material kann die Bearbeitung mit dem Laser durch die folgenden Punkte charakterisiert werden:

1) Durch die *Absorption* wird die Strahlungsenergie in Wärme umgeformt. Die thermischen Wirkungen reichen vom Erwärmen ohne Aggregatzustandsänderung bis zum explosionsartigen Verdampfen und zur Auslösung thermonuklearer Reaktionen. Wegen der scharfen Bündelung und der großen Bestrahlungsstärke, die beim Fokussieren

Tabelle 4.1. Thermische Größen einiger Stoffe. (Vogel, Chemiker-Kalender 1974)

Stoff	Spezifische Wärme J/(kg °C)	Schmelzpunkt °C	Schmelzwärme kJ/kg	Siedepunkt °C	Verdampfungswärme kJ/kg	Wärmeleitzahl W/(m °C)
Aluminium	895	659	403	2447	10536	210
Blei	130	327	25	1750	869	34
Eisen	453	1535	277	3070	6342	71
Gold	130	1063	64	2707	1647	310
Kupfer	386	1083	205	2595	4798	386
Silber	235	961	106	2180	2356	402
Wolfram	134	3380	191	5500	4350	164
Äthanol	2500	− 114	109	78	838	0,19
Wasser	4187	0	334	100	2262	0,60
Glyzerin	2400	20	201	290	852	0,28

erreicht wird, sind im hochintensiven lichtelektrischen Feld ($\geq 10^5$ V/cm) nichtlineare Prozesse zu erwarten; das Reflexions- und Absorptionsvermögen zeigt ein *abnormales* Verhalten.

2) Die einzelnen Vorgänge laufen *schnell* ab. Durch das Auftreffen der Laserstrahlung tritt eine enorme Aufheizung und eine explosionsartig ablaufende Verdampfung des Materials ein *(Primäreffekt)*; es bildet sich eine Dampf- oder Plasmawolke (plume) aus. In der Folge werden beobachtet; thermische Schädigung und Strukturveränderungen seitlich des Arbeitsgebietes, hydrodynamische Erosion (Abtragung) des Materials durch den ausströmenden Dampf, Erhitzung durch Streustrahlung, Ablagerung herausgeschleuderten und wieder erstarrten Materials, Einfluß von Überschall- und Druckwellen (sekundäre Effekte).

3) Für die Materialbearbeitung sind sowohl *Laser-* als auch *Materialparameter* von entscheidender Wichtigkeit: a) Energieabgabe des Lasers im Laufe der Zeit: Ausgangsleistung, Betriebsart; Dauer, Stärke, Verlauf und Folge der Impulse (Repetitionsfrequenz); b) mechanische, vor allem aber optische und thermische Eigenschaften des Materials.

4) Eine Anpassung der Laseremission an das zu bearbeitende Material sowie exakte Steuerung der Vorgänge sind für das Gelingen ausschlaggebend. Bei der Serienproduktion muß der Arbeitsprozeß genau reproduzierbar sein.

Ein besonders wichtiges Gebiet ist die *Bearbeitung der Metalle mit dem Laser*. Die dabei auftretenden Vorgänge sind vielfach und eingehend untersucht worden; freilich sind noch manche Details wegen ihrer Komplexität und schwierigen experimentellen Erfaßbarkeit noch nicht ganz geklärt.

Versuche von Basov et al. (1969) mit einem Neodymlaser (maximal 200 MW) zeigen, daß das *Reflexionsvermögen* (R) der Metalle (und auch anderer Stoffe wie Kohlenstoff, Ebonit, Teflon) abnimmt, wenn die Bestrahlungsstärke Werte über 10^8 W/cm^2 erreicht. Bei Werten über 10^{10} W/cm^2 ist R bereits unter 10% abgesunken. Bonch-Bruevich et al. (1968) haben das Verhalten des Reflexionsvermögens während eines einzelnen Impulses (Dauer etwa 1 ms) studiert (Abb. 4.10). Die Kurve I zeigt den Verlauf des Impulses, die Kurve R die des Reflexionsvermögens auf Grund der Experimente. Das Reflexionsvermögen sinkt nach dem Start des Impulses rapid ab, bleibt dann etwa 0,2 ms konstant (Haltepunkt), um dann fast genau in dem Augenblick sein Minimum zu erreichen, in dem

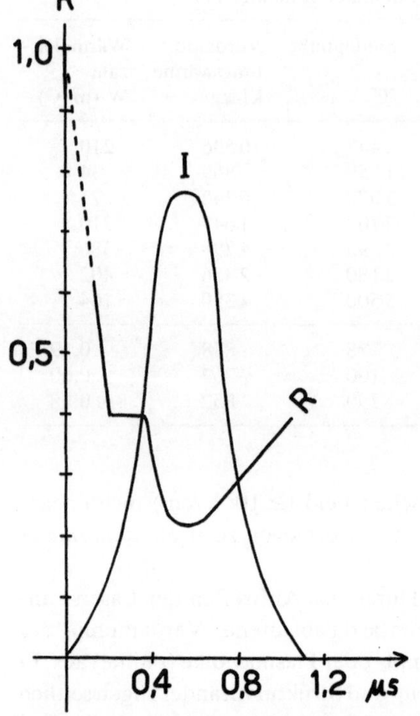

Abb. 4.10. Zeitlicher Verlauf des Reflexionsvermögens R eines Metalles und des Laserimpulses I. (Nach Bonch-Bruevich et al. 1968)

der Impuls seinen Maximalwert hat. Diese drei Abschnitte werden wie folgt erklärt: Während des raschen Absinkens des Reflexionsvermögens wird die Metalloberfläche aufgeheizt und zum Schmelzen gebracht. Während des Haltepunktes treibt die zugeführte Strahlungsenergie bei gleichbleibender Temperatur die Schmelzzone in die Tiefe; weil dadurch der thermische Widerstand des geschmolzenen Bereiches wächst, steigt die Temperatur neuerlich an, wodurch das Reflexionsvermögen auf seinen tiefsten Wert absinkt. Auf der Höhe des Impulses wird die Oberflächentemperatur des Metalls auf etwa 6000 °C geschätzt.

In dem Maß, in dem von einem bestimmten Schwellenwert an mit zunehmender Bestrahlungsstärke das Reflexionsvermögen abnimmt, steigt das Absorptionsvermögen und damit die Temperatur des Materials: zuerst langsam, dann sehr rapid bis zur Schmelz- und Verdampfungstemperatur. Es entsteht ein hochtemperiertes Plasma mit thermisch dissoziierter Materie. Nach Einwirkung der Laserstrahlung bleibt ein Krater oder ein Loch im Material zurück.

Besonders interessant ist die *Verdampfung* und *Plasmabildung*, die bei intensivem Laserbeschuß beobachtet wird. Zur Erfassung dieser sehr rasch ablaufenden Vorgänge wird mit Erfolg die Hochfrequenzkinematographie angewandt; mit der Zeitlupe können die Vorgänge genau erkannt werden. Besonderes Augenmerk wird auf die Wolke gelegt, die aus dem bestrahlten Material herauskommt; diese wird als „plume" (Feder) bezeichnet. Ready (1963) beschoß mit einem 30-MW-Riesenpulslaser einen Kohlenstoffblock; die Kamera gestattete Belichtungszeiten von 10 ns. Die „plume" erreichte 120 ns nach dem Start des Laserimpulses (Dauer 45 ns) ihre größte Helligkeit und verblaßte relativ langsam. Die Geschwindigkeit der Lichtfront betrug etwa 20 km/s. Der Vorgang kann als *thermische Explosion* gedeutet werden: Das Material unter der Oberfläche erreicht seine Verdampfungstemperatur, noch bevor das Material der Oberfläche seine latente Verdampfungswärme absorbiert hat; das führt zu einem gewaltigen Druck, der das Ausstoßen bewirkt. Diese „Explosionstheorie" vertritt auch Harris (1963), der mit einem Rubinlaser verschiedene Metalle beschoß und dessen Kamera 8000 Bilder pro Sekunde gestattete. Dem Ausbruch der Explosion geht eine thermionische Emission von Elektronen und positiven Ionen voraus. Darunter wird ein Prozeß verstanden, der durch hohe Temperaturen ausgelöst wird und den auch sonst viele andere Forscher studiert haben.

Anisimov et al. (1967) untersuchten die Wirkung der fokussierten Strahlung eines Neodymglaslasers (300 J) auf verschiedene Metalltargets; die Kamera machte pro Sekunde 100000 Aufnahmen. Die Kinetik der Lochbildung wurde untersucht. Aus dem Loch wird das Metall sowohl als Dampf als auch im flüssigen Zustand ausgestoßen. Die Verdampfung nimmt anfänglich einen großen Raumwinkel ein, um dann in einen feinen Strahl (jet) überzugehen, wenn das Loch tiefer wird. Die Ausstoßung flüssigen Metalls wird durch den Rückstoß des Dampfes auf das geschmolzene Metall in der Tiefe erklärt.

Durch photographische Höchstgeschwindigkeitsaufnahmen konnte Anisimov et al. (1967) drei Stadien bei der Zerstörung eines Metalls durch einen leistungsstarken Strahlungsstoß unterscheiden: 1) Aufheizung des Metalls; 2) Verdampfung des Metalls und Tieferdringen der Laserstrahlung; 3) Ist das Loch hinreichend tief und hat sich darin verdampftes Material hoher Dichte angesammelt, so bildet sich ein kräftiger Dampfstrahl (vapor jet) und flüssiges Metall wird von den Wänden ausgewaschen. Da der Druck im Inneren 100–1000 bar beträgt, erreicht der Dampfstrahl Überschallgeschwindigkeit und erodiert die Wände des Loches. Sein Durchmesser ist daher wesentlich größer als der des Brennflecks.

Das ausgeblasene Material (blow off material) wird durch die Laserstrahlung weiter aufgeheizt und schließlich auch *ionisiert*; es handelt sich also um eine dichte Wolke von geladenen Teilchen, ein *Plasma*. Das wurde sowohl durch interferometrische als auch spektroskopische Studien nachgewiesen. Neben einem Kontinuum im Wellenlängenbereich von 2 bis 600 nm werden Linien hochionisierter Elemente nachgewiesen. Da die kürzesten Wellenlängen bereits im Röntgenbereich liegen, kann die Emission auch durch Zähler nachgewiesen werden. Bei Bestrahlungsstärken von 10^{11} W/cm^2 (Neodymglaslaser) wurden Energien bis 2 keV beobachtet. Mit Picosekundenlasern können Plasmaenergien bis 30 keV erreicht werden.

Im folgenden sollen noch einige *technisch wichtige Bearbeitungsprozesse* umrissen werden:

1) Bohren. Mit dem Laser können feine Löcher mit Durchmessern unter 1 mm (minimal etwa 10 μm) in *jedwedes* Material gebohrt werden. Allerdings muß die zugeführte Strahlungsenergie sehr genau dosiert werden, sonst treten unliebsame sekundäre Effekte auf: unkontrollierte explosive Abtragung, Ablagerung erstarrten Materials, Zerstörung der Struktur durch Überschallwellen u.a.m. An die Laser (Neodym-YAG, CO_2) werden daher hohe Anforderungen gestellt; nur bei genauer *Kontrolle* der Impulse können *Präzisionsbohrungen* ausgeführt werden. Durch exakte Wiederholung der gleichmäßig ablaufenden Impulse im richtigen zeitlichen Abstand voneinander wird das Loch in die Tiefe vorangetrieben. Dabei kommt bei Metallen dem ersten Impuls, der das Reflexionsvermögen herabsetzt, eine besondere Bedeutung zu. Soll der Querschnitt nicht rund, sondern quadratisch sein, so müssen besondere optische Systeme (Fresnel-Zonenplatten) angewandt werden. Bei modernen Lasersystemen wird die richtige Koordinierung durch eine Steuerelektronik besorgt.

Werden seichte Löcher überlappend oder in kleinem Abstand voneinander gesetzt, so kann der Laser auch als *Schreibwerkzeug* dienen. Das ist bei manchen Materialien wie Keramik, Glas oder Silicium, die sonst nur schwer zu bearbeiten sind, von Vorteil. Durch genau dosiertes Wegdampfen kann die Masse eines Werkstücks oder Maschinenteils sehr exakt *zugerichtet* werden.

2) Schneiden. Durch Weiterbewegen des Strahlbündels über das Werkstück entsteht bei hinreichender Energie ein Schnitt. Das Schneiden kann sowohl *ohne* als auch *mit* Gasassistenz durchgeführt werden. Bei Metallen wird ein reaktives Gas (O_2) verwendet, bei brennbaren Stoffen ein träges Gas (N_2, Edelgas). Es werden sowohl Impulslaser als auch solche mit Dauerbetrieb verwendet.

3) Schweißen. Vereinigung zweier Teile, deren Vereinigungsstellen durch Laserbestrahlung zum Schmelzen gebracht wurden. Gerade hier ist die Energie sorgfältig zuzuführen, damit kein Verdampfen an der Verbindungsstelle eintritt. Eine Verminderung der Bestrahlungsstärke bewirkt eine geringere Schmelztiefe; mit hohen Leistungen sind Tiefschweißeffekte möglich.

4) Mikromanipulation. Wegen der ausgezeichneten Fokussierbarkeit der Laserstrahlung kann ihre Wirkung auf kleinste Gebiete beschränkt werden; die Einstellung und das Beobachten können durch ein Mikroskop unterstützt werden (Kap. 5.1). So findet der Laser sowohl im technischen als auch im biologisch-medizinischen Bereich vielfache Anwendung, z.B. in der Elektronik zur Mikroschweißung von Bauteilen, in der Biologie zur Mikroirradiation einzelner Zellen.

4.3.5 Wirkungen auf biologisches Material

4.3.5.1 Übersicht

Die Wirkungen der Laserstrahlung im optischen Bereich (Infrarot, sichtbares Licht, Ultraviolett) nehmen ein *breites Spektrum* ein, das vom Reiz bis zur völligen Zerstörung des Gewebes reicht. Es können etwa die folgenden *Stufen* (Grade der Schädigung) unterschieden werden:

1) Auslösung von biologischen Reaktionen ohne merkbare Erwärmung.
2) Lokale Gewebserwärmung ohne Schädigung seiner Lebensfähigkeit.
3) Beeinträchtigung der Enzymtätigkeit.
4) Wasserentzug und Schrumpfung von Gewebe.
5) Irreversible Koagulation von Proteinen beim Überschreiten einer bestimmten Temperatur.
6) Bildung von Schorf und dünnen Kohlenstoffschichten, Karbonisierung.
7) Verdampfen (Vaporisierung) von Gewebe, Verkochung.

Unter Umständen können diese Erscheinungen noch mit Stoß-, Druck- und Schallwellen (Ultraschall), mit Ionisationsprozessen und verschiedenen nichtlinearen Effekten verbunden sein; Schallwellen können chemische Veränderungen bewirken *(sonochemistry)*.

Eine durch Erwärmung verursachte biologische Schädigung ist sowohl der Temperatur als auch der Expositionsdauer direkt proportional.

4.3.5.2 Auslösung von biologischen Reaktionen

Darüber sind von Biologen und Medizinern viele und eingehende Untersuchungen angestellt worden, deren auch nur auszugsweise Wiedergabe den Rahmen der vorliegenden Arbeit weit überschreiten würde; es sollen nur einige Hinweise gegeben werden.

Wie jedes Licht kann auch die vorwiegend monochromatische Laserstrahlung photochemische Reaktionen auslösen; in wieweit dabei die strenge Kohärenz von Bedeutung ist, müßte noch eingehend untersucht werden.

Eine wichtige Rolle spielt die *Photoaktivierung* durch organische Farbstoffe, wobei deren selektive Absorption entscheidend ist. Es seien nur einige Beispiele angeführt. Newmark und Barnes finden, daß die Aminosäure Tryptophan bei Gegenwart von Methylenblau durch die Strahlung eines Helium-Neon-Lasers photooxidiert wird (Wolbarsht 1971). Eine Mischung des Enzyms α-Chymotrypsin mit Methylengrün wurde den Strahlen roten Laserlichtes (He-Ne, λ = 632,8 nm; Rubin, λ = 694,3 nm) ausgesetzt; nachher erwies es sich an den von der Strahlung durchsetzten Stellen als unlöslich und inaktiv. Tomson (1976) zerstörte karzinomatöse Tumoren, in denen Acridinorange angereichert war, durch Bestrahlung mit Argonlaserlicht; dieser Effekt wird als *phototoxischer Effekt* bezeichnet. Acridinorange, das bei λ = 492 nm eine Absorptionsspitze aufweist, kann eben im Wellenlängenbereich des Argonlasers (λ = 454,5–514,5 nm) gut absorbieren! Bei Photoaktivierung von Tumoren und nachfolgender Zerstörung durch Laserbestrahlung tritt keine Veränderung des umliegenden gesunden Gebietes ein.

Die Beeinflußbarkeit der Wundheilung durch Laserbestrahlung (He-Ne, Argon) haben Mester et al. (s. Kap. 9) nach verschiedenen Methoden untersucht.

Der Helium-Neon-Laser wird auch zur Akupunktur verwendet, darüber berichten u.a. Caspers (1977), Bischko (1979) und Krötlinger (1979). Weissmann (1979) dagegen kritisiert die Laserakupunktur.

4.3.5.3 Übersicht über medizinische Anwendungen von thermischen Wirkungen

Der Arzt wendet die thermischen Wirkungen der Laserstrahlung vor allem beim Koagulieren, Schneiden und Vaporisieren an. Darunter wird folgendes verstanden:

Koagulieren ist die Denaturierung von Eiweißstoffen bei entsprechender Temperaturerhöhung, herbeigeführt durch die Wärme, die bei der Absorption von Laserstrahlung entsteht; da diese Licht (φῶς) ist, wird dieser Vorgang auch als *Photokoagulation* bezeichnet. Denaturierung wird bei Temperaturen über + 56 °C beobachtet; so koaguliert z.B. Eieralbumin bei + 61 °C, Hämoglobin bei + 63 °C innerhalb einiger Sekunden. Die Koagulation kann sowohl zur Zerstörung krankhaften Gewebes (Nekrose) als auch zum Verschließen von Gefäßen und damit zur Blutstillung (Hämostase) dienen.

Schneiden ist das Durchtrennen von Gewebe durch sein rapides Verbrennen im fokussierten Laserstrahlbündel, das darüber bewegt wird. Dabei bildet sich zu beiden Seiten des Schnittgrabens eine Nekrosezone aus, die die Blutgefäße versiegelt. Daher ist der Laserschnitt durch minimalen Blutverlust ausgezeichnet. Ein weiterer Vorteil des Laserskalpells ist das berührungs- und drucklose Arbeiten; daher stammen die Bezeichnungen „immaterielles Messer“ und „Schneiden mit Licht“. Die postoperativen Schmerzen sind i. allg. geringer als bei den üblichen Schneideverfahren.

Vaporisieren ist die völlige Umwandlung von Gewebeteilen in Rauch und Dampf, die durch die starke Absorption von Laserstrahlung bewirkt wird. So kann krankhaftes

Gewebe berührungslos zerstört werden, wobei das unmittelbar benachbarte, gesunde Gewebe unversehrt erhalten bleibt. Dieses Verfahren des „Wegkochens" wird gerne in der Neurochirurgie angewandt.

Die Photokoagulation mit dem Laser wurde erstmalig (1961) in der *Augenheilkunde* durchgeführt; die Verwendung eines gepulsten Rubinlasers statt der bis dahin üblichen Xenonbogenlampe drückte die Belichtungszeit der Retina von 0,5–1,5 s und mehr auf 0,2–1 Millisekunden herab. 1968 führte L'Esperance den Argonionenlaser in die Ophthalmologie ein; dieser und der Kryptonlaser werden auch heute noch verwendet.

Die Anwendung des Lasers in den *anderen* Zweigen der Medizin wird wegen der Vielfalt der Probleme im folgenden in zwei gesonderten Abschnitten behandelt werden. Im ersten Abschnitt (Kap. 4.3.5.4) ist das Hauptgewicht auf die Endoskopie und Urologie gelegt, im zweiten (Kap. 4.3.5.5) auf das weite Anwendungsfeld in der Chirurgie. Der Einsatz des Lasers im Körperinneren durch Endoskop oder Zystoskop hindurch setzt flexible Leiter für die Strahlung voraus, mit der entweder Blutungen gestillt oder Tumoren nekrotisiert werden. Der Chirurg braucht den Laser vor allem zum Schneiden, aber auch zum Koagulieren und Vaporisieren. Vorerst noch einige grundsätzliche Betrachtungen!

Um die *Eignung* eines Lasers für einen bestimmten Zweck (Schneiden – Koagulieren) in den genannten Disziplinen festzustellen, ist zunächst seine Leistung und die von ihm emittierte Wellenlänge zu beachten, und dann wie stark bei dieser Wellenlänge das Gewebe die auftreffende Strahlung *absorbiert* und welcher Anteil von ihr im Gewebe *gestreut* wird; dabei können sich auch selektive Effekte bemerkbar machen. Neben diesen primären Effekten (Absorption und Streuung) können auch noch sekundäre Effekte auftreten, wie die Diffusion der Wärme (Wärmeleitung) und der Wärmetransport durch strömendes Blut *(Kühlwirkung)*.

Die Schwächung (Extinktion) der Laserstrahlung im Gewebe beim Zustandekommen der thermischen Wirkungen wird durch die Absorptions- und Streuungskonstante erfaßt; beide Größen sind wegen der inhomogenen Struktur des Gewebes experimentell nur schwer zugänglich. Ist K(cm^{-1}) die Absorptionskonstante bei einer bestimmten Wellenlänge, so ist 1/K(cm) die mittlere Weglänge, die oft auch als Eindringtiefe bezeichnet wird. Dies ist die Dicke jener Schicht, nach deren Durchsetzung der Strahlungsfluß (Intensität) auf 1/e, d.h. auf 37%[1] seines ursprünglichen Wertes, geschwächt worden ist (s. Glossar: extinction). Ist nun K groß, d.h. liegt starke Absorption vor, so dringt die Strahlung nur wenig ein und wird bereits in einer sehr dünnen Schicht größtenteils in Wärme verwandelt; die Temperatur steigt so rasch an, daß das Gewebe sehr schnell verdampft. Diese Erscheinung wird als *Oberflächeneffekt* bezeichnet. Überwiegt hingegen die Streuung, so wird sich die Strahlung beim Eindringen ins Gewebe auf größere Volumina verteilen: *Volumeneffekt*. Es ist so leicht einzusehen, daß im ersten Fall der Laser gut zum Schneiden, im anderen vor allem zum Koagulieren geeignet sein wird.

Zur Illustration seien in Tabelle 4.2 die Absorptionskonstante K und die mittlere Weglänge 1/K für die Wellenlänge λ der drei am häufigsten medizinisch angewandten Laser nach den Messungen von Nath und Fidler (1972) an der Leber, und von Kiefhaber (1978) an der Magenschleimhaut des Hundes mitgeteilt.

Die Tabelle 4.2 zeigt bei der Wellenlänge 10,6 μm den größten Absorptionswert. Dieser kann jedoch von anderen Gewebsarten noch weitaus übertroffen werden, und zwar

[1] In der englischsprachigen Literatur (Goldman und Rockwell 1971; Fidler et al. 1976) wird unter Eindringtiefe (penetration depth) die Dicke jener Schicht verstanden, in der 98% absorbiert werden

Tabelle 4.2. Absorptionskonstante und mittlere Weglänge für Leber und Magen bei verschiedenen Wellenlängen

Laser	λ	K		1/K	
		Leber	Magen	Leber	Magen
Argon	0,5 μm	50	28 cm^{-1}	0,2	0,36 mm
Neodym	1,06	12,5	5,7	0,8	1,75
CO_2	10,6	200	–	0,05	–

deshalb, weil für die Absorption bei 10,6 μm hauptsächlich das *Wasser*[2] verantwortlich ist. Dieses hat nach Wolfe (1965) bei 10,6 μm eine Absorptionskonstante von 950 cm^{-1}. Da der *CO_2-Laser* bei dieser Wellenlänge arbeitet, so dominiert auf jeden Fall die Absorption, und die Streuung kann ganz vernachlässigt werden; er ist also zum *Schneiden* von Gewebe aller Art ausgezeichnet geeignet.

Die Tabelle 4.2 und Abb. 4.9 zeigen ferner einen recht kleinen Absorptionswert bei der Wellenlänge des Neodymlasers. Radiometrische Messungen von Rother et al. (1978) am Hundemagen ergaben bei 1,06 μm einen Extinktionskoeffizienten von 11 cm^{-1} und einen Absorptionskoeffizienten von nur 0,4 cm^{-1} (beim durchbluteten Magen ein wenig mehr); also überwiegt bei der Wellenlänge dieses Lasers die Streuung und damit der Volumeneffekt. Der *Neodymlaser* ist daher vor allem zum *Koagulieren* geeignet und bei höheren Leistungen (> 90 W) auch zum Schneiden vor allem parenchymatöser Organe (Leber, Pankreas, Milz, Niere).

Beim Argonionenlaser ist die *selektive* Absorption seiner Strahlung durch Blut, gut durchblutete Organe und durch Pigmente noch ausgeprägter als beim Neodymlaser.

4.3.5.4 Anwendung in Endoskopie und Urologie

An einen Laser, der für diese Anwendungsgebiete geeignet sein soll, werden die folgenden Anforderungen gestellt:

1) Die Energie zum Koagulieren oder Vaporisieren muß hinreichend groß sein.

2) Die Laserstrahlung soll durch *flexible* Leiter in das Körperinnere möglichst verlustfrei übertragen werden können.

3) Der Laser soll leicht zu handhaben und kommerziell zugänglich sein.

Alle drei Punkte treffen sowohl beim Argon- als auch beim Neodymlaser zu; mit diesen Typen wurden 1975 die ersten Eingriffe am menschlichen Gastrointestinaltrakt von Frühmorgen bzw. Kiefhaber durchgeführt (s. Kap. 1.3). Der CO_2-Laser scheidet wegen Punkt 2 aus; bisher ist es nämlich noch nicht gelungen, seine Strahlung anders als über Spiegel in den Gelenken eines Rohrsystems weiterzuleiten.

Der *Argonionenlaser* emittiert mehrere Spektrallinien: 528,7, 514,5 (grün), 501,7, 496,5, *488,0* (blau), 476,5, 472,7, 465,8, 457,9, 454,5, 437,1 nm; die beiden intensivsten Linien sind 514,5 und 488,0. Bei medizinischen Geräten beträgt die maximale Ausgangsleistung ca. 20 W. Die Bedeutung des Argonionenlasers liegt darin, daß seine Strahlung von *Blut* und stark durchblutetem Gewebe selektiv absorbiert wird. Das Oxyhämoglobin

[2] Gewebe enthalten zwischen 44 und 92% Wasser

weist am kurzwelligen Ende des Spektrums starke Absorption auf, mit Spitzen bei $\lambda = 577$ und 541 nm und einem Maximum bei $\lambda = 414$ nm. Daher erscheint der Argonionenlaser zur Blutstillung besonders geeignet.

Der *Neodym-YAG-Laser* strahlt im nahen Infrarot bei 1,064 μm. Die mittlere Ausgangsleistung eines medizinischen Lasers beträgt ohne Lichtleiter ca. 100 W. Durch Güteschaltung können kurzzeitig weitaus größere Leistungen erzielt werden. Wegen der starken Streuung im Gewebe, die nach vor- und rückwärts erfolgt, ist der Neodymlaser für eine *tiefgreifende* Koagulation der geeignetste; auch durch ausgetretenes Blut hindurch können die geöffneten Gefäßstümpfe noch erfaßt und verschlossen werden. Wie sich Strahlung und Temperatur beim Arbeiten mit dem Neodym-YAG-Laser im Gewebe verteilen, wurde von Halldorsson et al. (1979) experimentell und theoretisch untersucht; die Gefahr einer Perforation läßt sich vermeiden.

Der Einsatz des Lasers in der Endoskopie und Urologie wurde erst möglich, als es gelang, für die Laserstrahlung geeignete flexible *Transmissionssysteme*, sog. *Lichtleiter* oder kurz *Fasern* zu entwickeln. Ein besonderes Verdienst kommt Nath zu; er schuf 1971 die bikonische Quarzfaser, die es ermöglichte, auch große Leistungen zu übertragen (s. Kap. 1.3).

Die Fortpflanzung der Strahlung im Lichtleiter beruht auf der *Totalreflexion*; das ist die Erscheinung, daß der vom optisch dichteren Medium her an die Grenzfläche kommende Strahl von einem bestimmten Einfallswinkel α_T an, die Grenzfläche nicht mehr durchdringt, sondern an ihr wie an einem Spiegel reflektiert wird. Ist n_1 die Brechzahl des optisch dichteren Mediums und n_2 die des optisch dünneren Mediums, so gilt für den *Grenzwinkel der Totalreflexion* α_T die Beziehung $\sin \alpha_T = n_2/n_1$. Die an dem einen Ende unter einem entsprechenden Konvergenzwinkel eingespeiste Strahlung wird *in* der Faser als dem dichteren Medium vielfach reflektiert und kann erst am anderen Ende wieder austreten.

Bei der Realisierung eines Laserlichtleiters ergeben sich die folgenden *Probleme*:

1) Ankopplung an den Laser.

2) Belastbarkeit beim Übertragen großer Leistungen; Verluste sollen gering gehalten werden, um eine Aufheizung der Faser zu verhindern.

3) Flexibilität und mechanische Robustheit.

4) Die Divergenz des austretenden Strahlbündels darf nicht zu groß sein, es muß auch bei größerem Arbeitsabstand noch eine hinreichende Bestrahlungsstärke erzielt werden können.

5) Schutz des Faserendes vor Verunreinigungen durch Blut und Sekret; Sauberhaltung des Abschlußfensters oder -prismas durch Spülung mit Wasser oder Gas.

6) Die Möglichkeit, den Strahl in der Körperhöhle zu dirigieren; Bewegung des Faserendes durch einen Albarran-Hebel (Hofstetter und Frank 1979a).

Um den Querschnitt eines Zystoskops klein halten zu können, versucht Wurster (1977), den Endoskopkanal sowohl zum Beobachten als auch zur Fortleitung der eingespiegelten Laserstrahlung zu verwenden.

Den *Aufbau von Lichtleitern* zeigt Abb. 4.11. Beim obersten ist angedeutet, wie das von links einfallende Strahlenbündel durch eine Optik (Linse) konvergent gemacht und in den Lichtleiter eingespeist wird; rechts ist der Strahlaustrittskegel zu sehen. Bei den Lichtleitern können drei *Typen* unterschieden werden:

1) *Kern-Mantel-Lichtleiter*. Der zylinderförmige *Kern* ist von einem *Mantel* umgeben, der auch gleichzeitig als Schutz dient. Die Brechzahl des Mantelmaterials ist kleiner als die

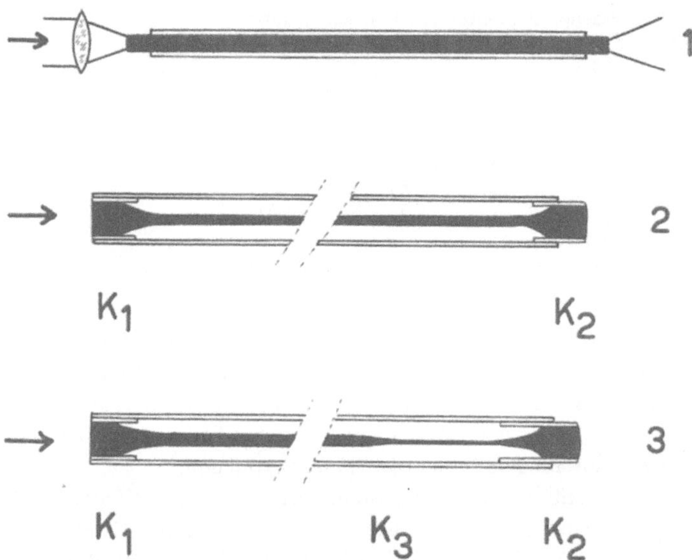

Abb. 4.11. Verschiedene Typen von Lichtleitern. K_1, K_2, K_3 Konen (Erweiterungen). 1 Kern-Mantel-Lichtleiter, 2 bikonische Faser von Nath, 3 trikonische Faser von Nath, Pfeile deuten die Richtung der Strahlungen

des Kernmaterials. Eine ummantelte Glasfaser verwendeten als erste Dwyer et al. (1975a, b). Als Mantelmaterial wird heutzutage oft Teflon verwendet.

Verschiedene Kunststofflichtleiter haben Reidenbach et al. (1975) auf ihre Eignung zur endoskopischen Lichtkoagulation untersucht. Der Kern kann z.B. aus Polystyrol (PS) sein, der Mantel aus Polymethylmethacrylat (PMMA) [PS/PMMA-Faser]. Flüssigkeitsplastiklichtleiter sind Plastikschläuche, die mit einer das Licht fortleitenden Flüssigkeit (Elektrolyt, Polymer) gefüllt sind. Die Querschnitte der beschriebenen Lichtleiter liegen zwischen 0,5 und 1,5 mm.

2) *Bikonische Faser von Nath.* Ein (bis ca. 3 m) langer Quarzfaden mit nur 0,3 mm Durchmesser befindet sich im Inneren eines Teflonschlauches, der mit Glyzerin gefüllt ist. Damit die Ein- und Austrittsfläche durch die Laserstrahlung nicht zu sehr beansprucht wird, hat sie einen Querschnitt von 1,5 mm; wegen der beiden konischen Erweiterungen K_1 und K_2 in der Nähe der Enden wird die Faser als „bikonisch" bezeichnet.

3) *Trikonische Faser von Nath.* Um die Flexibilität des Endteiles in der Endoskopspitze noch mehr zu erhöhen, verjüngt sich die Faser nach einem dritten Konus K_3 auf 0,15 mm; der Durchmesser der Ein- und Austrittsfläche beträgt wieder 1,5 mm.

Bei der *Beurteilung von Lichtleitern* ist dreierlei zu beachten:

1) Durchlaßgrad (Transmission) im Spektralbereich des Lasers (%).

2) Maximal übertragbare Leistung (W) bei Dauer- oder Spitzenbelastung.

3) Austrittsdivergenz (Divergenzwinkel); darunter sei in dieser Arbeit der volle Öffnungswinkel (°) des austretenden Strahlenkegels verstanden.

Kiefhaber et al. (1976) haben verschiedene Lichtleiter in dieser Hinsicht miteinander verglichen (Tabelle 4.3).

Tabelle 4.3. Ein Vergleich verschiedener Lichtleiter. A bikonische Quarzfaser (Nath); B Flüssigkeitsplastiklichtleiter; C Ummantelte Glasfaser (Dwyer); D Kunststoffaser PS/PMMA

Lichtleiter		A	B	C	D
Durchlaßgrad	Ar	90	75	60	35%
	Nd-YAG	90	90	72	–
Maximale Dauerleistung		50	20	30	10 W
Divergenzwinkel		1,2	52	8	56°

Nach Kiefhaber (1978) überträgt die trikonische Quarzfaser von Nath auf 3 m Länge 90% Laserstrahlung im Spektralbereich von 0,25 bis 2,5 μm und ist eine gute Stunde lang mit mindestens 160 W belastbar. Die Austrittsdivergenz für Argonlaserstrahlung beträgt 1,5°, für Neodymlaserstrahlung 4,2°. Auch für diesen ungünstigeren Fall läßt sich bei 4 cm Arbeitsabstand noch ein Strahldurchmesser von etwa 3,5 mm erreichen.

Ein Gerät, das sich bei der Stillung gastrointestinaler Blutungen (Kiefhaber et al. 1978) bewährt hat, ist das von Moritz (1978) entwickelte *Laserendoskop*. Es entstand durch Umbau eines käuflichen zweikanaligen Endoskops (Olympus TGF–2D): Während der größere Kanal zum Absaugen und Instrumentieren belassen blieb, wurde in den kleineren die trikonische Quarzfaser verlegt. Um ihr Ende gegen Verunreinigungen zu schützen, wurde der Kanal an der Endoskopspitze durch ein auswechselbares Fenster verschlossen und abgedichtet. Die Sauberhaltung dieses *Laserfensters* erfolgt durch dieselbe Spüleinrichtung, die auch die Optik und die beiden Beleuchtungsbündel reinigt. Um während des Eingriffes wahlweise mit einem Wasser- oder Gasstrahl auf die blutende Stelle in Blickrichtung zielen zu können, wurde ein dritter Kanal in die Achse des Endoskopes eingebaut. Zum Schutz des Auges wird das Okular mit einem Strahlfilter (KG–3, OD 7, SCHOTT, Mainz) versehen (Abb. 4.12). Es bedeuten:

B: Beleuchtungsbündel, O: Sichtoptik (zum Beobachten), F: Düse für Luftinsufflation und Wasserspülung, L: Laserfenster, S: Kanal für den Gas- und Spülstrahl (in Richtung des Laserstrahls), K: Absaug- und Instrumentierkanal.

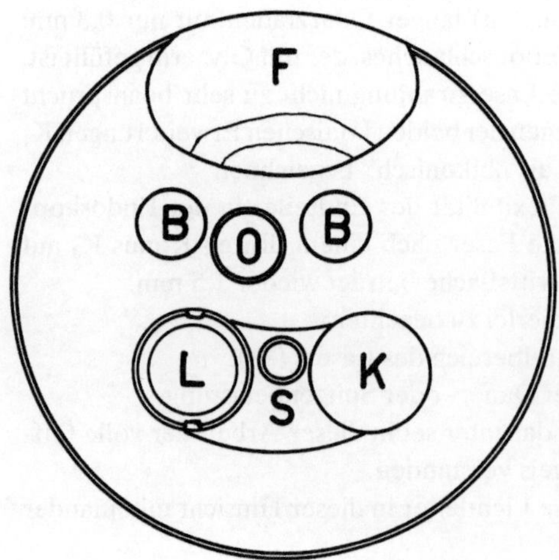

Abb. 4.12. Spitze des Laserendoskopes (Olympus TGF–2D). B,B Beleuchtungsbündel, O Sichtoptik, F Düse für Luftinsufflation und Wasserspülung, L Laserfenster, S Kanal für den Gas- und Spülstrahl, K Absaug- und Instrumentierkanal

Über ein neues *Urethrozystoskop* zur Behandlung von Blasentumoren mit der Strahlung eines Neodym-YAG-Lasers berichten Hofstetter und Frank (1979a, b). Während bei den bisher verwendeten Zystoskopen (s. auch Bericht von Staehler et al. 1977b) das Ende des Laserlichtleiters unbeweglich beim Abschlußfenster oder -prisma angeordnet war und daher nicht alle Teile des Blaseninneren erreicht werden konnten, ist beim neuen Instrument das Faserende aus dem Rohrende durch einen Albarran-Hebel ausschwenkbar; so können *alle* Bereiche der Blase, auch der Blasenauslaß und die Prostataloge, bestrahlt werden. Weil nur in der wassergefüllten Blase gearbeitet wird, entfallen Kühlung und Reinigung des Faserendes; es ist also kein Schutzfenster erforderlich. Durch Änderung des Abstandes der Zystoskopspitze von der Blasenwand kann deren Bestrahlung punkt- oder flächenförmig erfolgen. Die Sicherheit und Dosierung der Strahlung des Neodym-YAG-Lasers beim urologischen Einsatz haben Staehler et al. (1979) abgeschätzt.

Um beim Koagulieren die Laserparameter, wie z.B. Lasertyp, Leistung, Expositionszeit, Abstand der Impulse usw., zu optimieren, sind Untersuchungen der *Temperaturverteilung* beim Bestrahlen aufschlußreich. Solche Messungen sind mit einer Thermokamera von Gorisch et al. (1977, 1978) an isolierten Blutgefäßen des Kaninchenmesenteriums und von McCord et al. (1977) an Leber und Gehirn durchgeführt worden.

4.3.5.5 Der chirurgische Laserschnitt

Wie schon in Kap. 4.3.5.3 dargelegt, beruht der Laserschnitt *im Prinzip* darauf, daß die Laserstrahlung vom Gewebe absorbiert und in Wärme umgewandelt wird. An der Auftreffstelle und ihrer unmittelbaren Umgebung steigt dadurch die Temperatur des Gewebes auf einige hundert Grad Celsius an. Da die Aufheizung rasch erfolgt und die Wärmeleitfähigkeit des Gewebes (Wasser) gering ist, bleibt die Wärme *gut lokalisiert*, so daß das Gewebe im Nu „verdampft". Beiderseits des Schnitts wird das Gewebe thermisch geschädigt; es bildet sich eine Nekrosezone aus, über deren Breite noch berichtet werden wird.

Die *Temperaturverteilung* seitlich des schneidenden Laserstrahls (Neodym-YAG) haben Bödecker et al. (1976) mit Thermoelementen am Lebergewebe gemessen. Bei einer Laserleistung von 150 W und einer Schnittgeschwindigkeit von 2 mm/s zeigt es sich, daß die Breite der Inzision gut doppelt so groß ist wie der Brennfleckdurchmesser (1,2 mm). Grotelüschen und Buchholz (1978) erklären das durch einen Dampfmantel, der den Laserstrahl umgibt und Material abträgt. Am erwähnten Inzisionsrand, 1,5 mm von der Schnittmitte entfernt, wurden 210 °C gemessen, bei einem Abstand von 4 mm nur mehr 70°C. Vor dem schneidenden Laserstrahlbündel drängen sich die Isothermen dicht zusammen (Bödecker et al. 1976). Beim CO_2-Laser ist wegen der vernachlässigbar kleinen Streuung und der starken Absorption eine noch ausgeprägtere Lokalisation der Wärme und dadurch ein noch schärferer Schnitt zu erwarten.

Was das Gewebe beim Auftreffen der fokussierten Laserstrahlung erfährt, wird in der Laserliteratur meist als *Verdampfen* (evaporate) oder *vaporisieren* (vaporize) bezeichnet. Es handelt sich dabei um eine Menge an Vorgängen, vorwiegend chemischer Art, die gleichzeitig nebeneinander und – wie es für alle Wechselwirkungen von Laserstrahlung mit Materie charakteristisch ist – blitzschnell ablaufen. Durch die thermische Ausdehnung und das Sieden des Zellwassers bei 100 °C wird die Architektonik des Gewebes zerstört. Wenn die Temperatur einige 100°C erreicht, überwiegen die chemischen Reaktionen, wie Zersetzung der Eiweißstoffe, Verbrennungsprozesse, Ausscheidung von Kohlenstoff

(Karbonisation), Bildung gasförmiger Verbrennungsprodukte. Durch das Verkohlen des Gewebes steigt die Absorption. Verbrennende Kohlenstoffteilchen geben gleißendes Licht; bei Fettgewebe können gelegentlich kleine Flämmchen beobachtet werden.

Der beim Laserschnitt entstehende *Rauch* enthält Wasserdampf, gasförmige Substanzen, Schwebstoffe und gröbere Partikeln, darunter auch Blutanteile und Zellverbände. Deren Vorkommen läßt darauf schließen, daß es zu Mikroexplosionen und zum Abheben von Gewebsteilen kommt. Bei Operationen mit größerer Rauchentwicklung erscheint die *Absaugung des Rauches* aus drei Gründen angezeigt:

1) um eine Kontamination des Operationssaales zu vermeiden,
2) um eine klare Sicht auf das Operationsgebiet zu ermöglichen,
3) um den üblen, das Klima beeinträchtigenden Geruch auf ein Mindestmaß herabzusetzen.

Ein Absauggerät, das Kyrle und Fischer (1979) entwickelt haben, hat sich bewährt.

Der schneidende Laserstrahl erzeugt dort, wo er mit dem Gewebe in Wechselwirkung tritt, *Zonen thermischer Schädigung*. Verschiedene mikroskopische Untersuchungen zeigen, daß diese unabhängig vom verwendeten Lasertyp stets die gleiche Folge aufweisen (s. auch Plenk, Kap. 8):

1) Karbonisationszone
2) eigentliche Nekrosezone
3) Übergangszone
4) Hyperämie- und Ödemzone.

Trotz dieser immer gleichen Reihenfolge *variiert* die *Breite dieser Zonen*; das hat verschiedene Ursachen, die in zwei Gruppen eingeteilt werden können:

Eigenschaften des Gewebes

1) Optische: Absorption und Streuung (wellenlängenabhängig).

2) Thermische: Wärme- und Temperaturleitzahl, spezifische Wärme; Wärmetransport (Zirkulation).

3) Inhomogener Aufbau, d.h. die in 1) und 2) genannten Eigenschaften werden von Stelle zu Stelle verschieden sein.

Schnittparameter des Lasers

1) Lasertyp: Jeder Laser hat seine *Schnittcharakteristik*; CO_2 schneidet scharf, Neodym zeigt Volumeneffekt („stumpfer" Schnitt, hämostatische Wirkung).

2) Leistung: CO_2-Laser schneidet bereits bei wenigen Watt, der Neodym-YAG-Laser gibt nach Bödecker et al. (1976) erst ab 130 W brauchbare Schnitte.

3) Betriebsart: Von großem Einfluß auf die Breite der Nekrosezone ist es, ob der Laser dauernd strahlt (CW) oder in bestimmten Abständen kurze Impulse abgibt; auch deren Abstand ist von Einfluß. Grotelüschen et al. (1975) finden bei Versuchen mit einem gütegeschalteten YAG-Hochleistungslaser, daß mit wachsender Repetitionsfrequenz (0, 3300 und 10000 Hz) die Schnittwirkung zwar gleich bleibt, die Nekrosebreite aber signifikant schmäler wird; es treten kleinere Temperaturspitzen auf und das Gewebe hat Erholungszeiten, in denen die zugeführte Wärme sich verteilen kann.

4) Schnittgeschwindigkeit (Expositionszeit).

5) Durchmesser (Fläche) des Brennflecks.

Der Laserschnitt ist *ideal*, wenn die Nekrosezone gerade so breit wird, daß sie zur Blutstillung genügt.

Sollen scharfe Schnitte erzielt werden, so wird dafür der *CO_2-Laser* verwendet. Von welchen Größen hängt nun die *Tiefe des Schnittes* ab? Das läßt eine Formel erkennen, die Goldman und Rockwell jr. (1971) abgeleitet haben. Es bedeuten:

R	Reflexionsvermögen des Gewebes, bei der Wellenlänge des CO_2-Lasers äußerst gering (< 0,05),
P(W)	Leistung des Lasers,
T(s)	Expositions- oder Verweilzeit über dem Gewebe,
F(cm^2)	Fläche des Brennflecks,
ρ(g/cm^3)	Dichte des Gewebes,
L(J/g)	Verdampfungswärme (latente Wärme) des Gewebes,
c[J/(g °C)]	spezifische Wärme des Gewebes,
$\Delta\tau$(°C)	Temperaturdifferenz zwischen dem Verdampfungspunkt (100 °C) und der Körpertemperatur.

Für die Schnittiefe X ergibt sich schließlich

$$X = \frac{(1-R)\,PT}{F\rho(L + c\Delta\tau)}\ (\mathrm{cm})\,. \tag{4.14}$$

Der (Gl. 4.14) liegen vereinfachende Annahmen zugrunde (z.B. Gewebstemperatur erreicht maximal 100 °C); auch sind nicht alle Tatsachen berücksichtigt, die bei der Wechselwirkung von Laserstrahlung mit Materie beobachtet werden (z.B. die chemischen Prozesse beim Verbrennen des Gewebes). Dennoch gibt die Formel eine Orientierung über die entscheidenden Parameter.

Für die *Praxis* des Arbeitens mit dem CO_2-Laser kann abschließend festgehalten werden, daß die *Schnittiefe* von den folgenden Parametern abhängt:

1) Laserleistung (Watt),
2) Schnittgeschwindigkeit (Verweilzeit),
3) Größe des Brennflecks (Brennweite der Linse, fokales oder extrafokales Schneiden),
4) Art des Gewebes,
5) Spannen des Gewebes beim Schneiden.

Obwohl der CO_2-Laser ausgezeichnet schneidet, läßt sich mit ihm eine zufriedenstellende Blutstillung nicht immer erreichen, das vor allem bei parenchymatösen Organen, wie Leber, Milz, Pankreas und Niere. Für Eingriffe an solchen Organen eignen sich Laser mit ausgeprägtem Volumeneffekt, deren Strahlung tief ins Gewebe eindringen und eine ausgedehnte Erwärmung bewirken kann. Vier Infrarotlaser wurden von Karbe et al. (1976) in dieser Hinsicht miteinander verglichen (Tabelle 4.4).

Tabelle 4.4. Vergleich einiger Infrarotlaser

Laser	Nd-YAG	Ho-YAG	CO	CO_2
Wellenlänge	1,06	2,1	5,6	10,6 μm
Transmission bei 0,1 mm H_2O	90	50	2	0,1 %
Schnittiefe bei 1,5 mm/s und 25 W (Nd 40 W)	0,3	0,5	2,0	3,5 mm

Die Versuchstiere (Hunde und Kaninchen) wurden unter dem fokussierten Laserstrahlbündel vorbeibewegt; es wurden partielle Leberlappen- und Nierenpolresektionen durchgeführt. Es zeigte sich, daß der Schneideeffekt mit wachsender Wellenlänge zunahm, der hämostatische Effekt aber mit wachsender Transmission.

Anschließend seien die „Extreme", CO_2- und Neodym-YAG-Laser, miteinander verglichen. Einen wertvollen Beitrag dazu haben Buchholz et al. (1978) geliefert (Tabelle 4.5).

Tabelle 4.5. Gegenüberstellung von Kohlendioxid- und Neodymlaser

Laser	CO_2	Neodym-YAG
Wellenlänge	10,6 μm	1,06 μm
Absorption im Gewebe	Sehr groß	Gering
Streuung im Gewebe	Zu vernachlässigen	Beachtlich
Leistung zu gutem Schnitt	Ab einige Watt	Ab 100 Watt
Brennfleck(spot)-Durchmesser	0,12–0,4 mm	0,3–0,6 mm
Hitzequelle		
(Verteilung der Temperatur in Spot-Nähe	Konfiniert	Großräumig
Temperaturgradient im Gewebe	Steil	Flach
Nekrosezone: Breite	Gering	Groß
Nekrosezone: erzeugt durch	Wärmeleitung	Streuung
Fortleitung der Strahlung	Artikul. Arm (ermüdend)	Flexible Faser (bequemer)

Zum *chirurgischen Koagulieren* ist nicht unbedingt Laserstrahlung (kohärent, monochromatisch) erforderlich; Nath und Kreitmaier haben zu diesem Zweck einen *Infrarotkoagulator* gebaut. Die Strahlung einer Wolfram-Halogen-Lampe wird durch einen Spiegel mit Goldbelag fokussiert und durch einen kurzen, nicht flexiblen Lichtleiter einer Austrittsfläche zugeführt, die mit einem Kunststoffkäppchen aus Perfluoralcorey überdeckt ist. Dieses Käppchen verhindert ein Ankleben des Endes des Lichtleiters beim Koagulieren *(Antihafteffekt)*; das Käppchen ist auswechselbar. Ausgangsleistung ist beim Prototyp 70, beim Serienmodell 50 W. Das Gerät bietet viele Vorteile:

1) Handlichkeit (Pistolengriff) und geringer technischer Aufwand;
2) gute Dosierbarkeit und Tiefenwirkung;
3) direkter Andruck: Kompression der Gefäße, kein Wärmeentzug durch strömendes Blut, direkte Bestrahlung der Gefäßstümpfe.

Über die klinische Anwendung des IR-Koagulators liegen verschiedene Berichte vor. Neiger et al. (1977) schreiben über Hämorrhoidenverödung, Hofstetter et al. (1977) über Nierenparenchym, Guthy et al. (1979) über Leber und Milz und Kornmesser et al. (1978) über Tonsillektomie.

Ein Versuch, die Schärfe des Messers mit der blutstillenden Wirkung der Argonlaserstrahlung zu vereinen, ist die *Laserklinge* (laser blade), über die Auth et al. (1978) berichten. Eine aus durchsichtigem Material (Quarz, Saphir) hergestellte Klinge wird durch einen flexiblen Lichtleiter mit einem kräftigen Argonionenlaser verbunden; die aus der Klinge austretende blaugrüne Laserstrahlung wird vom Blut selektiv absorbiert. Ein noch zu lösendes Problem ist es, das Anhaften der Klinge ans Gewebe zu verhindern.

4.3.6 Vorsicht, Laser!

4.3.6.1 Gefahren

Die *Gefahren* beim Betrieb eines Lasers können in vier Gruppen eingeteilt werden:

1) *Biologische:* Schädigung von *Augen* und Haut. Dabei kann das Auge viel mehr Schaden erleiden. Es kann bereits durch einen Laser geringer Leistung irreparabel geschädigt werden.

2) *Chemische:* Beim Bestrahlen können chemische Reaktionen hervorgerufen, brennbare und feuergefährliche Stoffe entzündet, Explosionen ausgelöst werden und sich gesundheitsschädliche oder giftige Substanzen bilden.

3) *Mechanische:* Vom bearbeiteten Material können Teile weggeschleudert werden (Hochleistungslaser), Einrichtungen des Lasers können ex- oder implodieren.

4) *Elektrische:* Hochspannung, elektrische Versorgung und Bauteile des Lasers.

Was die *Schädigung von Augen und Haut* betrifft, sind drei Faktoren von Bedeutung:

1) Wellenlänge oder Wellenlängenbereich des Lasers.

2) Bestrahlungsstärke (W/cm^2) bei kontinuierlich strahlendem Laser bzw. Bestrahlung (J/cm^2) bei Impulslasern; also das, was das Gewebe empfängt.

3) Dauer der Einwirkung.

Dabei bedeutet *Bestrahlungsstärke* die auftreffende Strahlungsleistung pro bestrahlter Fläche; *Bestrahlung* ist die auftreffende Impulsenergie pro bestrahlter Fläche; *Impulsenergie* ist das Produkt aus der maximalen Strahlungsleistung und der Halbwertsbreite des Impulses.

Ursache der Schädigung ist vor allem die plötzliche Erwärmung des Gewebes, verbunden mit mechanischen und chemischen Effekten. Die rasche Ausdehnung zerstört die Struktur, die Eiweißstoffe denaturieren. Ultraviolettes Licht vor allem kann auch noch photochemische Wirkungen hervorrufen.

Was am Auge geschädigt wird, hängt vor allem von der Wellenlänge ab. *American National Standards for the Safe Use of Lasers* (Anst 1976) unterscheidet diesbezüglich drei Spektralbereiche:

1) *200–400 nm (Ultraviolett):* Starke Belichtung erzeugt Photophobie (Lichtscheu) und Erkrankungen der vorderen Augenteile (Entzündungen, Tränen u.a.). Solche Erscheinungen sind mehr photochemischer als thermischer Natur.

2) *0,4–1,4 μm (sichtbares Licht, nahes Infrarot):* Da der optische Apparat des Auges in diesem Bereich die einfallende Strahlung auf der Netzhaut (Retina) fokussiert, ist diese gefährdet. Wegen der hohen Kohärenz der Laserstrahlung übertrifft das Fokalbild an Kleinheit das aller anderen Lichtquellen; die Bestrahlungsstärke ist daher enorm hoch. Die geringste Schädigung, die entstehen kann, ist ein kleiner weißer ophthalmologisch sichtbarer Fleck auf der Retina, entstanden durch Koagulation. Auch der Glaskörper kann sich durch Absorption des langwelligen Anteiles der Strahlung erwärmen und Schaden leiden.

3) *1,4–1000 μm (Infrarot):* Wegen der starken Absorption des Wassers, vor allem bei der Wellenlänge des CO_2-Lasers (10,6 μm), sind die Hornhaut (Cornea) und die vordersten Augenteile der Schädigung voll ausgesetzt.

Die Schädigung hängt ferner auch davon ab, *wie die Laserstrahlung das Auge trifft*; dem Grad der Gefährdung nach können unterschieden werden:

1) direkter Blick in den Laser (intrabeam viewing);

2) von ebenen oder gekrümmten spiegelnden Flächen reflektiertes Licht, wobei Fokussierung möglich ist;
3) diffus reflektiertes Laserlicht.

Die *Schädigungen der Haut* umfassen alle vier Grade der Verbrennung von einer leichten Rötung der Haut bis zu ihrer Verkohlung. Der ultraviolette Spektralbereich von $\lambda = 200$ bis 400 nm kann überdies karzinogene Effekte hervorrufen; besonders gefährlich ist die Strahlung zwischen 250 und 320 nm.

4.3.6.2 Schutzmaßnahmen

Das gesamte Gebiet, in dem die Laserstrahlung Schäden jedweder Art, vor allem der Gesundheit, hervorrufen kann, ist der *Laserbereich*. Dieser muß vor allem während des Betriebes abgegrenzt und durch Laserwarnschilder oder Warnlampen gekennzeichnet sein. Das Lasergerät selbst soll eine dem Grad der Schädlichkeit seiner Strahlung angepaßte *Aufschrift* und das Symbol der plötzlich durchbrechenden Sonne (sunburst pattern) (s. S. 97) tragen (Beispiele: „CAUTION. Helium Neon Laser. Do not stare into beam" – „DANGER. Q-switched Ruby Laser. Restricted access").

In Industriebetrieben wird oft durch ein *Interlocksystem* ein Vollschutz erreicht: Auch die Nutzstrahlung wird durch eine allseitige und lückenlose Abschirmung vom Arbeiter ferngehalten, so daß sich beim Entfernen der Schutzvorrichtung der Laser automatisch ausschaltet. Bei manchen medizinischen Lasern wird beim Wechsel des Lichtleiters die Austrittsöffnung am Laserkopf verriegelt.

Wichtige Beiträge zur Verhütung von Unfällen im Laserbetrieb sind die verschiedenen *Sicherheitsvorschriften*. Die umfassendste ist die des American National Standards Institute in New York (1976). Im deutschen Sprachraum existieren die folgenden *Vorschriften*: „Laserstrahlen (VBG 93) vom 1. April 1973", Hauptverband der gewerblichen Berufsgenossenschaften, C. Heymann, Köln; „Laserschutzfilter und Laserschutzbrillen", Deutsche Normen, DIN 58215, 1974; Holzinger et al. (1978) „Schutz vor Laserstrahlen", Schriftenreihe Arbeitsschutz Nr. 14, Wirtschaftsverlag NW, Dortmund, 1978.

Die Laser werden je nach der relativen Gefährlichkeit (relative hazards) ihrer primären oder reflektierten Strahlung für Auge und Haut in *vier Klassen* (I–IV) eingeteilt, bei IV ist auch die diffuse Strahlung gefährlich.

Um Schädigungen des Auges zu vermeiden, werden *Laserschutzfilter* (protective screens) und *Laserschutzbrillen* (goggles) verwendet. Bei ihrer Herstellung spielt eine Größe eine Rolle, die in der englischsprachigen Literatur als *MPE* (maximum permissible exposure) bezeichnet wird. Dies ist die maximal zulässige Belichtung der Hornhaut durch Laserstrahlung, ohne daß ein Schaden entsteht. Belichtung ist das Produkt aus Bestrahlungsstärke und Zeit. Die DIN 58215 geben die Werte für die maximal zulässige Hornhautbestrahlungsstärke (W/cm^2) bei Dauerstrichlasern, bzw. Bestrahlung (J/cm^2) bei Impulslasern für verschiedene Arten von Lasern und Wellenlängen (Tabelle 4.6).

Eine der wichtigsten Maßnahmen im Laserbereich ist der Schutz der Augen, der am besten durch eine *Vollschutzbrille* gewährleistet ist. Diese besteht aus einem Tragkörper, der eng anliegt und ein seitliches Eindringen der Strahlung verhindert, und einem ausreichend bemessenen und geprüften Schutzfilter. Da Verwechslungen schwere Folgen haben können, soll die Brille folgende Kennzeichen tragen: 1) Laserart (D Dauerstrichlaser, I Impulslaser, RI Riesenimpulslaser); 2) Wellenlänge oder Wellenlängenbereich (nm); 3) Schutzstufe (L_1 bis L_{11}) bzw. optische Dichte (OD); 4) Kennbuchstabe des Herstellers.

Tabelle 4.6. Maximum permissible exposure. Bei der Aufstellung dieser Richtwerte ist der ungünstigste Fall (worst case condition) zugrundezulegen

Art des Lasers	Betriebs- bzw. Impulsdauer	Maximal zulässig	
		0,2–1,4 μm	10,6 μm
Dauerstrichlaser	über 0,1 s	$5 \cdot 10^{-6}$ W/cm²	0,1 W/cm²
Impulslaser	0,1 s–1 μs	$5 \cdot 10^{-7}$ J/cm²	0,01 J/cm²
Riesenimpulslaser	1 μs–1 ns	$5 \cdot 10^{-8}$ J/cm²	Unbekannt

Durch das *Schutzfilter* wird die Laserstrahlung soweit abgeschwächt, daß die Richtwerte der höchstens zulässigen Bestrahlung (Bestrahlungsstärke) keinesfalls überschritten werden (s. Tabelle 4.6). In DIN 58215 werden 11 Schutzstufen L_1 bis L_{11} verwendet. Die Schutzstufe L_n bedeutet, daß der maximale Transmissionsgrad bei der Wellenlänge des Lasers 10^{-n} ist. In den Durchführungsregeln und Erläuterungen vom April 1973 zur Unfallverhütungsvorschrift Laserstrahlen (VBG 93, S. 9f.) werden Regeln zur Berechnung der optischen Dichte (OD) angegeben; OD ist der dekadische Logarithmus des Filterschwächungsfaktors.

5 Laser und Mikroskop

5.1 Allgemeines

Sowohl bei der technischen als auch der biologisch-medizinischen Anwendung des Lasers bietet das Mikroskop verschiedene *Vorteile*:

1) gute Beobachtbarkeit des Objekts und der vom Laser ausgelösten Vorgänge;

2) sehr genaue Positionierung des Laserstrahls;

3) es können Wirkungen mit sehr kleinen Dimensionen gesetzt werden (Bearbeitung im Mikrobereich).

Außer mit dem Mikroskop läßt sich die Tätigkeit eines Lasers auch mit einer Fernseheinrichtung überwachen; oft verwendet der Techniker eine solche bei der Materialbearbeitung.

Die *Kombination des Lasers mit dem Mikroskop* kann auf zweierlei Art erfolgen:

1) Laser und Mikroskop bilden eine kompakte Einheit: Lasermikroskop, Mikrofabrikationssystem, Mikrolasersystem; usw. Bei solchen Geräten wird oft ein und derselbe Teil des optischen Systems sowohl vom Licht zum Beobachten oder Einstellen als auch von der Laserstrahlung durchsetzt.

2) Der Laser wird durch eine Zusatzeinrichtung an ein übliches (auch sonst verwendbares) Mikroskop angeschlossen: Mikroskopadapter.

In jedem Fall muß durch eine *Sicherheitseinrichtung* (safety interlock) dafür gesorgt sein, daß die Laserstrahlung keineswegs in das Auge des Beobachters gelangen kann (s. auch Kap. 4.3.6.2).

In der Technik werden an die *Optik* wegen der Hitze und wegen des weggeschleuderten Materials hohe Anforderungen gestellt. Oft wird eine Gasassistenz (Strom eines inerten Gases) zum Schutz der Linse verwendet.

5.2 Das Operationsmikroskop kombiniert mit dem Laser

Das *Operationsmikroskop (OPMI)* hat die Aufgabe, dem Arzt die Arbeit zu erleichtern oder überhaupt erst möglich zu machen. Es wird schon längere Zeit mit Erfolg in der Ophthalmologie, Otorhinolaryngologie, Neurochirurgie und Gynäkologie angewandt. Wegen der Vielfalt der Anwendung auch im selben Sachgebiet wird das *Baukastenprinzip* angewandt: Die einzelnen Teile können leicht hinzugefügt oder ausgetauscht werden. Da Mitbeobachtung und Dokumentation wünschenswert sind, gibt es eine Anzahl von *Zusatzeinheiten*, wie z.B. Mitbeobachter- oder Mitarbeitertubus, Photoadapter für diverse Kleinbildkameras, Filmadapter zum Festhalten bewegter Vorgänge. Zusatzeinrichtungen für Television (schwarz-weiß, farbig) ermöglichen es, daß ein größeres Auditorium zugleich mitbeobachten kann. Manche dieser Einheiten werden auf einem *Teiler* montiert, andere aufgeklemmt. Die Operationslupe gibt eine grobe Übersicht. Beim Photo- bzw. Filmadapter hat sich die automatische Blendensteuerung bewährt; je nach der Intensität des vom Objekt rückgestrahlten Lichtes wird die Aperturblende (durch einen Motor) entsprechend eingestellt.

Die *Optik* eines OPMI muß so konstruiert sein, daß zwischen dem Arbeitsfeld (Operationsgebiet) und dem Objektiv ein möglichst großer Abstand besteht. Dieser soll auch beim Wechsel der Vergrößerung während des Operierens eingehalten werden können. So bleibt dem Operateur für seine Arbeit hinreichend Platz. Als Faustregel gilt, daß der Arbeitsabstand etwa gleich der Brennweite des verwendeten Objektivs ist.

Die *Beleuchtung* des Arbeitsfeldes kann entweder in Richtung der Mikroskopachse, *koaxial*, oder schräg dazu erfolgen; die Mono- oder Duo-*Schrägbeleuchtung* ist bei stark reflektierenden oder strukturarmen Flächen angezeigt. Als Lichtquelle kann eine Glüh- oder eine Halogenlampe verwendet werden; um die von ihr entwickelte Wärme vom Mikroskop fernzuhalten, wird sie gerne weit weg von diesem (am Stativ) angeordnet. Ihr intensives Licht wird durch eine flexible Faseroptik durch Totalreflexion ins Operationsgebiet geleitet. Diese als *Kaltlichtbeleuchtung* bezeichnete Anordnung bedeutet auch eine Platzersparnis, weil das Lampengehäuse in der Nähe des Mikroskops wegfällt. In der Augenheilkunde hat sich die Spaltlampe bestens bewährt.

Die Abb. 5.1 zeigt den grundsätzlichen *Aufbau eines Operationsmikroskops*. In der Abbildung sind an den Teiler T ein monokularer Mitbeobachtertubus M und eine Einrichtung zum Photographieren P angeschlossen. Unmittelbar vor dem Mikroskopobjektiv O befindet sich der Mikroskopadapter A, über den die Laserstrahlung ins Arbeitsgebiet gelangt. Das vom Objektiv O aufgefangene Licht wird zwecks binokularer Beobachtung in zwei Teilbündel aufgespalten, die den Galilei-Wechsler G (bzw. ein Zoom-System), den Teiler T und das „Kepler-Fernrohr" K durchsetzen.

Die *Vergrößerung* V eines OPMI hängt von verschiedenen Faktoren ab. Ist f_{Obj} die Brennweite des Objektivs, f_{Tub} die Tubusbrennweite, γ der Zwischenvergrößerungsfaktor des Vergrößerungswechslers (zum raschen Wechsel der Vergrößerung während der Operation) und V_{Ok} die Eigenvergrößerung des Okulars, so gilt

$$V = \frac{f_{Tub}}{f_{Obj}} \gamma V_{Ok} . \tag{5.1}$$

Bei den Zeiss-Mikroskopen beträgt f_{Tub} 125 oder 160 mm. Der manuell bedienbare Galilei-Wechsler hat 5 Stufen; den Gravuren 6, 10, 16, 25, 40 sind die γ-Werte 0,4, 0,63, 1, 1,6, 2,5 zugeordnet. Die Stellung 16 wird als „Durchgang" bezeichnet, es ist dann kein Linsenpaar im Lichtweg und $\gamma = 1$. Das Zoom-System ist manuell oder elektrisch im Bereich $0{,}5 \leq \gamma \leq 2{,}5$ stufenlos regelbar; es ist also ein Zoom-Vergrößerungswechsler 1:5.

Soll bei der Arbeit mit dem Operationsmikroskop der *Laser* eingesetzt werden, so sind besondere *Zusatzeinrichtungen* erforderlich, bei deren Beschreibung vor allem der CO_2-Laser berücksichtigt werden soll:

1) *Mikroskopadapter*. Er stellt die unmittelbare Verbindung des Lasers mit dem OPMI her. Das durch den artikulierten Arm – es kann auch der Laser unmittelbar an den Adapter angeschlossen sein – dem Adapterkasten zugeführte Parallelstrahlbündel wird beim Eintritt in diesen zunächst durch eine (austauschbare) Linse fokussiert und dann so einem kleinen schwenkbaren Spiegel S zugeführt; dieser reflektiert die von oben her, also normal zur Zeichenebene, einfallende Strahlung nach links in das Zielgebiet (s. Abb. 5.1).

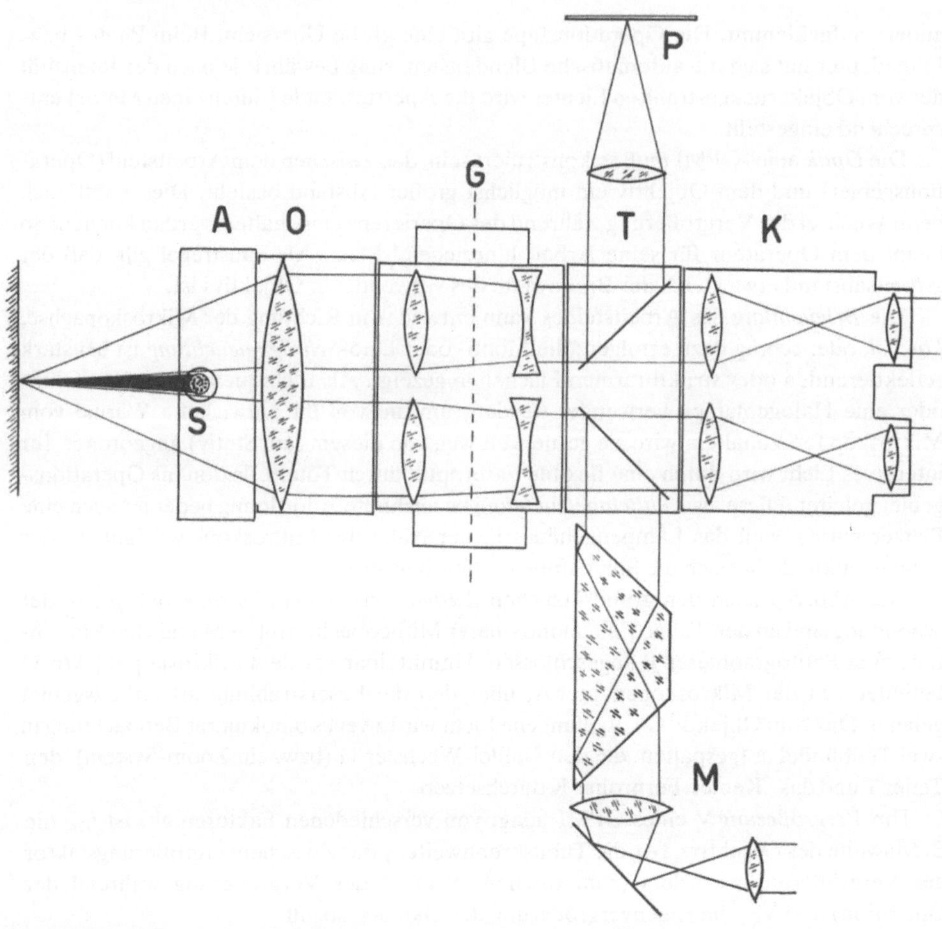

Abb. 5.1. Operationsmikroskop in Kombination mit dem Laser. O Mikroskopobjektiv, G Galilei-Wechsler, T Teiler, K „Kepler-Fernrohr", P Photoeinrichtung, M Mitbeobachtertubus, A Mikroskopadapter mit schwenkbarem Spiegel S

2) *Zielmarkierungslaser.* Da die Infrarotstrahlung unsichtbar ist, muß die Stelle, an der sie wirksam werden soll, durch sichtbare Strahlung erkenntlich gemacht werden. Dazu dient entweder das rote Licht eines leistungsschwachen He–Ne-Lasers oder das blaugrüne eines kleinen Argonionenlasers. Der von einer dieser Hilfslichtquellen ausgesandte *Pilotstrahl* (Referenzstrahl) durchläuft den gleichen Weg zum Ziel wie der *Arbeitsstrahl* des CO_2-Lasers.

3) *Steuereinrichtung für den Operateur.* Um beim Einblick in das OPMI die Richtung der Strahlung ein wenig ändern und auf das Ziel richten zu können, muß der Operateur einen Mikromanipulator oder Steuerknüppel (joystick) betätigen: dadurch wird manuell oder elektrisch der Umlenkspiegel S im Adapter dirigiert. Ist das Ziel mit dem deutlich sichtbaren Lichtpunkt eingestellt, so wird bei Betätigung des Fußschalters durch den Operateur die Infrarotstrahlung am Zielort wirksam: der Laser „feuert".

Sehr vorteilhaft ist es, *sämtliche* Elemente zur Bedienung des Lasers durch den Operateur auf einem steril abdeckbaren *Kontrollpult* (control unit, „Microslad") zu vereinen:

a) für die Leistung: Leistungseinstellung und -anzeige (Wattmeter), rasche Änderung der Leistung (high = volle Leistung, low = um 1/3 verminderte Leistung); Kurzzeitwähler (1/10, 1/20, 1/100 s); die Schalter *Time*, *Manual*, *Standby*, *Off*;

b) für die Steuerung der Richtung der Laserstrahlung: Steuerknüppel (joystick), Geschwindigkeitswahl beim Einstellen auf das Ziel (high, medium, low – schnell, mittel, langsam).

5.3 Besondere Anwendungsgebiete des Lasermikroskops

Im folgenden sollen zwei Geräte beschrieben werden, die mit einem *Lasermikrostrahl* arbeiten; das eine wird in der Zellforschung angewandt, das andere in der chemischen Mikroanalyse (biologische Mikrosonde).

5.3.1 Ein Mikrostrahlsystem für Zellforschung

Zur Erforschung der *Ultrastruktur* der Zelle haben Berns (1975) und seine Mitarbeiter an der Universität von Kalifornien (Irvine) USA ein Gerät entwickelt, das gestattet, einzelne Zellteile bei verschiedenen Wellenlängen streng monochromatisch zu bestrahlen. Die intrazellulären Reaktionen oder Schädigungen können dann durch Zeitraffungsmikroskopie, zytochemische Methoden (Färbung), Autoradiographie (^{3}T-Uridin) und Elektronenmikroskopie weiter verfolgt werden.

Zunächst wurde zur Bestrahlung ein gepulster Argonionenlaser (Wellenlängen 488 und 514 nm) verwendet, der mit dem Mikroskop und einer Speichereinrichtung verbunden war. Ein Impuls dauerte 50 μs und hatte eine Spitzenleistung von 34 W; je nach Mikroskopobjektiv wurde eine Brennfleckgröße von 2 bis 0,25 μm erreicht.

Ein anderes System kombinierte einen blitzlampengepumpten Farbstofflaser (Wellenlängen 450–640 nm) mit einem Zeiss-Phasenkontrast-Photomikroskop. Nachteilig wirkten sich Stabilitätsschwankungen zwischen den Schüssen aus.

Um den Spektralbereich *vom Sichtbaren bis ins Ultraviolett* zur Verfügung zu haben, wurde schließlich das folgende, sehr aufwendige *Laser-System* verwendet. Hauptstrahlungsquelle ist ein durch eine Kryptonlampe gepumpter Neodym-YAG-Laser, dessen Kristallstab auf – 40 °C gekühlt ist; in den Resonator sind noch eingebaut: a) ein drehbares Brewster-Winkel-Prismenpaar unmittelbar vor dem hochreflektierenden Spiegel, um auf verschiedene Wellenlängen abstimmen zu können; b) ein akustooptischer Güteschalter zur Erzeugung kurzer kräftiger Impulse; c) ein frequenzverdoppelnder Kristall (mit einem Trockenmittel) vor dem teildurchlässigen Resonatorspiegel. Die von diesem Laser erzeugte Strahlung verschiedener Wellenlängen (473, 526, 531, *532*, 537, 540, 556, 558, 562, *659*, 667, 669, 679 nm) wird entweder durch einen weiteren Frequenzverdoppler (ADP-Kristall in einem temperaturgesteuerten Kristallofen) in UV verwandelt oder pumpt einen organischen Farbstofflaser. Auch dessen Strahlung wurde durch ADP-Kristalle frequenzverdoppelt. Mit dem ganzen System konnte Laserstrahlung im Bereich von 265 bis 679 nm hergestellt werden. Die Leistungen lagen zwischen 3 W und 3 kW je nach der Wellenlänge und Art der Erzeugung, die Impulsdauern lagen zwischen 30 und 500 ns.

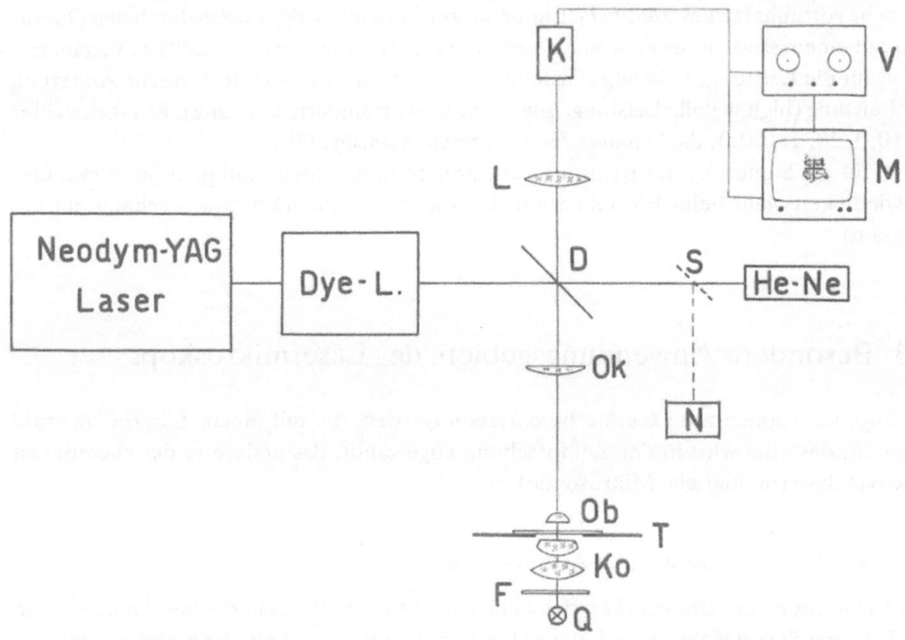

Abb. 5.2. Laser microbeam system. Ob Objektiv, Ok Okular, D Strahlteiler, L Korrekturlinse, K Fernsehkamera, V Videotape-Recorder, M Monitor, He-Ne Hilfslaser, S Zwischenspiegel, N Leistungsmesser, T Mikroskoptisch mit der Probekammer, Ko Kondensor, F Filter, Q Lichtquelle

Das gesamte *Laser-Microbeam-System* ist in Abb. 5.2 schematisch dargestellt: Links ist das oben beschriebene Lasersystem zum Beschuß der Probe angedeutet, der Helium-Neon-Laser (He-Ne) rechts dient zum Justieren. Der dichroitische Strahlteiler D spiegelt die Laserstrahlung in das Mikroskop ein; es bedeuten: Q Lichtquelle, F Filter, Ko Kondensor, T Objekttisch mit der Probe-Kammer, Ob Objektiv und Ok Okular des Mikroskops. Die Linse L dient zur Korrektur des Bildes. Beim Einschalten des Spiegels S wird der Leistungsmesser N betätigt. Die Beobachtung der durch die Laserbestrahlung ausgelösten mikroskopischen Vorgänge erfolgt über die Fernsehkamera K und den Monitor M. Gleichzeitig erfolgt Speicherung durch einen Videotape-Rekorder V mit Zeitraffungsvermögen; er ermöglicht ein Abgreifen vor, während und nach der Mikroirradiation.

Einen weiteren Bericht der Ergebnisse der Kern- und Zytoplasmaforschung mit dem beschriebenen Gerät geben Berns et al. (1977).

5.3.2 Das LAMMA-Gerät

Das LAMMA-Gerät, *La*ser *M*icroprobe *M*ass *A*nalyzer (Hillenkamp et al. 1975; Kaufmann et al. 1975), ist eine Kombination eines Lasermikroskops mit einem Flugzeitmassenspektrometer, ausgezeichnet durch höchste Empfindlichkeit (Elemente im ppm-Bereich) und Trennschärfe (Isotopennachweis). Es ermöglicht, in einem Probevolumen von nur 10^{-13} cm^3 eine chemische Analyse durchzuführen und diese so in einer mikroskopischen Struktur genau zu lokalisieren. Es können sowohl Kationen als auch Anionen nachgewiesen werden. Das Gerät hat neue Möglichkeiten für die *biomedizinische* Forschung eröffnet. Die Kinetik physiologisch wichtiger Kationen (Na^+, K^+, Mg^{++}, Ca^{++}), die Verteilung giftiger Metalle (Hg, Cd, Pb) und anderer Elemente (F, Cl, Fe, Mn) kann verfolgt werden. Die hohe Massenauflösung sei an zwei Elementen demonstriert: Das Flugzeitmassenspektrum zeigt die relativen Peak-Höhen der Isotope ^6Li und ^7Li im Verhältnis der natürlichen Häufigkeiten von 7,5 und 92,5%. In einer Probemasse von $3.9 \cdot 10^{-13}$ g bei einer Konzentration von 0,4 ppm (part per million) konnten noch $1.4 \cdot 10^{-19}$ g Lithium, d.h. 14000 Atome des Isotops ^6Li, nachgewiesen werden. Eine Probe mit 1000 ppm Blei zeigt die drei Isotopen ^{206}Pb, ^{207}Pb, ^{208}Pb deutlich getrennt.

Das *Prinzip der Methode*: Die in einem Lichtmikroskop eingestellte, interessierende Stelle wird durch Laserimpuls in ein *Mikroplasma* verwandelt, das in einem Flugzeitmassenspektrometer analysiert wird. Das Massenspektrum zeigt die Häufigkeit der Isotope.

Das LAMMA-Gerät sei an Hand der *schematischen Darstellung* in Abb. 5.3 noch näher erläutert. Es sind *zwei Laser* vorhanden:

1) *Ein gütegeschalteter Impulslaser*, z.B. der Rubinlaser R. Seine rote Strahlung (694 nm) wird durch den Frequenzdoppler D in Ultraviolett (347 nm) verwandelt und über den Strahlteiler B im Mikroskop durch das Objektiv O auf das zu untersuchende Objekt fokussiert; Impulsdauer 30 ns. Zum Bestrahlen kann auch ein Neodym-YAG-Laser mit Frequenzverdreifachung (353 nm) oder Vervierfachung (265 nm) oder ein Stickstofflaser (337 nm) verwendet werden; die Impulsdauern dieser Laser liegen bei einigen Nanosekunden.

2) *Ein Helium-Neon-Laser H* zum Justieren und Zielen. Sein Licht wird über den Spiegel S′ in den Strahlengang des Arbeitslasers R eingespiegelt.

Das *Mikroskop* dient zum Beobachten (Okular Ok), Photographieren (Kamera K) und mit Hilfe des He-Ne-Pilotstrahls zum Einstellen (Fokussieren) der zu analysierenden Stelle am Objekt. Zur Erhöhung der optischen Auflösung wird mit Ölimmersion I gearbeitet. Um eine Augenschädigung durch rückgestrahltes Ultraviolett zu verhindern, ist zwischen B und B′ ein UV-Schutzfilter eingebaut. Die Beobachtung kann im Auflicht (A) oder im Durchlicht, aber auch mit Phasen- und Interferenzkontrast erfolgen. Der Kondensor (nicht gezeichnet) unter dem Mikroskoptisch wird während des Beschusses weggezogen. Der Objekttisch des Mikroskops (Vakuum-Flansch) F kann beim Einstellen des Zieles durch Mikrometerschrauben in der X- und Y-Richtung verstellt werden.

Die *Probe*, ein 0,1–1,5 µm dünner Mikrotomschnitt, eine Testfolie oder ein Mikropartikelchen, wird nicht direkt auf das Quarzdeckglas Q gebracht, da beim Beschuß störende Ionenemission aus dem Quarz erfolgen würde. Vielmehr wird, wie in Abb. 5.3 angedeutet, die Probe mit einem Formvar-Film an ein Standardträgergitter (wie in der Elektronenmikroskopie üblich) angeheftet; so hat die Probe vom Quarzdeckglas etwa 18 µm Abstand. Diese Anordnung wird als *Sandwich-Arrangement* bezeichnet. Das Quarzdeckglas Q mit der Probe ist gleichzeitig das Vakuumfenster des Massenspektrometers.

Nach mikroskopischer Einstellung der zu analysierenden Stelle der Probe wird durch *Beschuß* mit dem Impulslaser ein Volumen von etwa 10^{-13} cm^3 in ein Mikroplasma umgewandelt. Bei einer Bestrahlungsstärke von etwa $2 \cdot 10^9$ W/cm^2 im Fokus konnten beim Laserbeschuß Flächen bis 0,2 µm^2 herab verdampft werden. Das Plasma enthält neben neutralen Teilchen die atomaren und molekularen *Ionen* der Probe. Da diese positiv oder negativ sein können, sind alle Elektroden des Spektrometers umkehrbar.

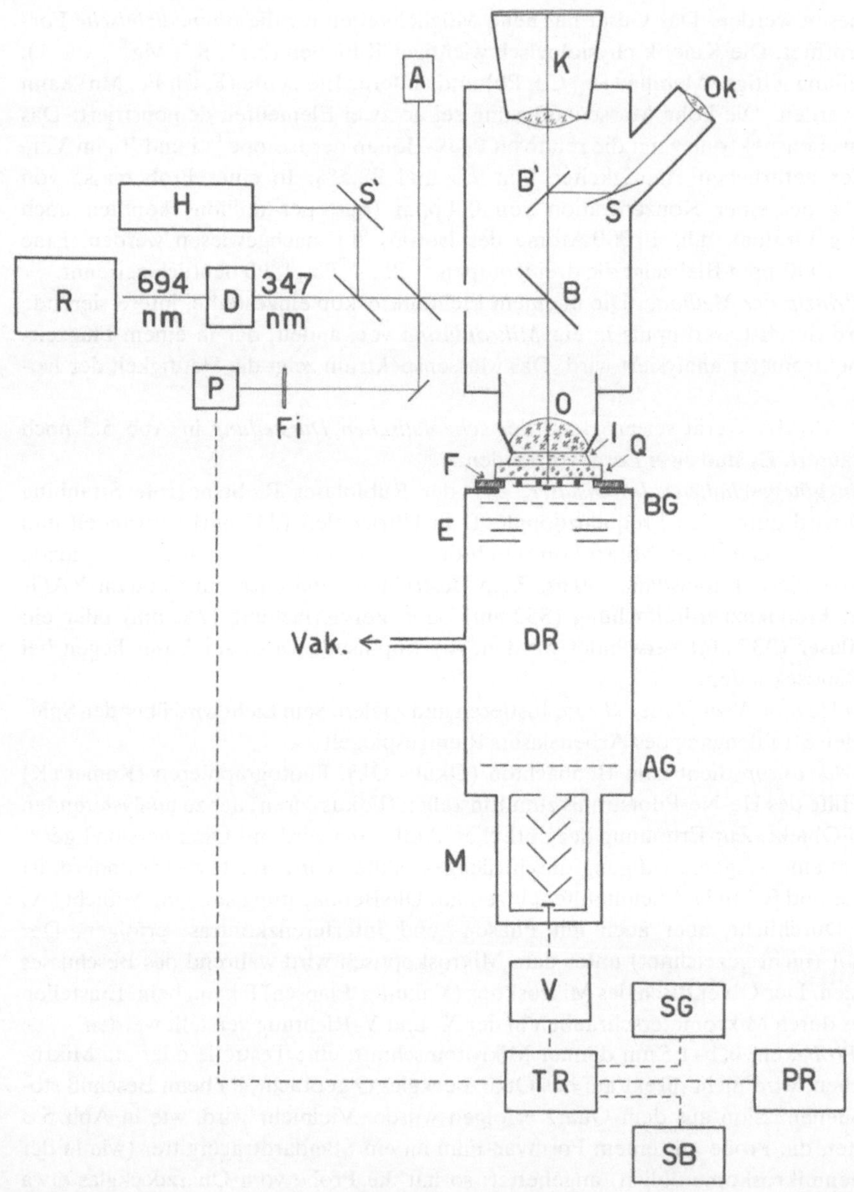

Abb. 5.3. Das LAMMA-Gerät. O Objektiv, Ok Okular, K Kamera, B,B′ Strahlteiler, S,S′ Spiegel, A Auflichtbeleuchtung, I Immersion, Q Quarzdeckglas (Vakuumfenster), F Flansch, R Rubinlaser mit Q-switch, D Frequenzverdoppler, H Helium-Neon-Laser (Pilotstrahl), P Photodiode, BG Beschleunigungsgitter, E Einzellinse, AG Austrittsgitter, DR feldfreie Driftröhre, M Sekundärelektronenvervielfacher, V Verstärker, TR Transientenrecorder, SG Sichtgerät, SB Schreiber, PR Prozeßrechner

Das *Flugzeitmassenspektrometer* ermöglicht den Elementennachweis mit großer Empfindlichkeit. Die bei einem Laserschuß gebildeten Ionen werden beschleunigt und durcheilen die feldfreie Driftröhre DR von 1,2 m Länge. Da sie unterschiedliche Massen haben, erlangen sie verschiedene Geschwindigkeiten und treffen je nach ihrer Masse zu verschiedenen Zeiten beim Austrittsgitter AG ein; die Flugzeit (Mikrosekunden) ist der Quadratwurzel der Masse direkt proportional. Der Nachweis geschieht durch den Sekundärelektronenvervielfacher M. Seine elektrischen Signale werden nach Verstärkung (V) in einem Transientenrekorder TR gespeichert und können dann weiterverarbeitet werden: Sichtgerät SG, Schreiber SB, Prozeßrechner PR. Da die Trennung nach der *Masse* erfolgt, zeigt das Spektrogramm die Häufigkeit der Isotope; jeder Laserschuß liefert also ein *komplettes* Massenspektrum.

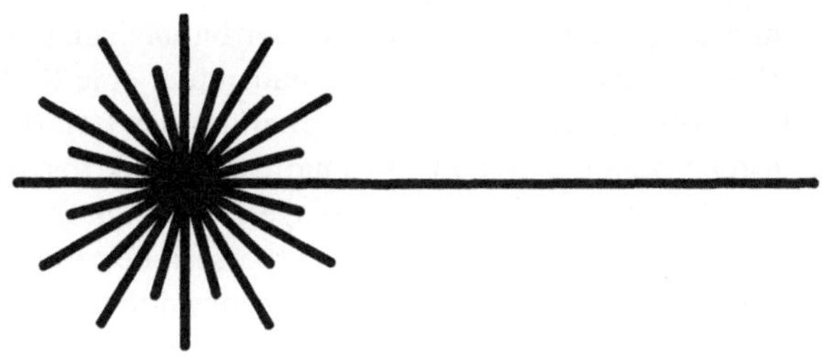

6 Laserspektroskopie in der medizinischen Grundlagenforschung

F. Aussenegg, M.E. Lippitsch

6.1 Einleitung

Spektroskopische Methoden wie Absorptionsphotometrie und Fluoreszenzspektroskopie haben seit langem Eingang in den klinischen Alltag gefunden. Dabei werden Laser als Lichtquellen eher selten eingesetzt. Anders ist es in der biomedizinischen Grundlagenforschung. Die speziellen Eigenschaften des Lasers haben hier eine Reihe neuer Untersuchungsmöglichkeiten eröffnet. Die gute Fokussierbarkeit des Laserlichtes ermöglicht die Beleuchtung kleinster Volumina, so daß z.B. Fluoreszenzspektroskopie an einzelnen Zellorganellen durchgeführt werden kann. Die strenge Einfarbigkeit (geringe spektrale Breite) und hohe Leistungsdichte des Laserlichtes verbessern bestehende spektroskopische Techniken, so daß sie auf biomedizinische Probleme anwendbar werden. Die Möglichkeit, sehr kurze Lichtimpulse zu erzeugen, eröffnet den Zugang zu den grundlegenden Vorgängen im biochemischen Geschehen. Einige dieser laserspektroskopischen Methoden sollen im folgenden vorgestellt werden.

6.2 Ultrakurzzeitspektroskopie

Während die Lebensvorgänge des Gesamtorganismus sich im Zeitbereich Sekunden bis Jahre abspielen, die Vorgänge in Muskeln und Nerven in Millisekunden (10^{-3} s) und die Veränderungen in Zellorganellen und Makromolekülen in Mikrosekunden (10^{-6} s), laufen die primären biochemischen Vorgänge, die sich an relativ kleinen Molekülen bzw. Molekülteilen abspielen, in Picosekunden (10^{-12} s) ab. Eine so unvorstellbar kurze Zeitspanne kann man sich am besten durch die Tatsache veranschaulichen, daß das Licht mit seiner Geschwindigkeit von 300 000 km/s in einer Picosekunde nur 0,3 mm weit kommt. Dieser Zeitbereich stellt die Untergrenze für alle elementaren physikalisch-chemischen Veränderungen an Molekülen (etwa einfache räumliche Strukturänderungen oder Umverteilung von Schwingungsenergie) dar, weil Stoff- und Energietransport auch über kleinste Wegstrecken, z.B. den Abstand zweier benachbarter Atome, eine endliche Zeitspanne benötigen. Somit ist die Picosekunde auch die Untergrenze für alle biologischen und medizinischen Vorgänge.

Bis vor wenigen Jahren war dieser Zeitbereich der Forschung unzugänglich: die bis dahin *allein* existierenden schnellsten (elektronischen) Methoden sind nämlich etwa um den Faktor 100 zu langsam. Erst die Erzeugung von Picosekundenlichtimpulsen durch modengekoppelte Laser ermöglichte das Vordringen in dieses Neuland. Die ersten Untersuchungen dieser Art wurden an Rhodopsin, dem Sehfarbstoff der Stäbchen in der Netzhaut des Auges, durchgeführt (Busch et al. 1972). Beim Sehvorgang absorbiert das Rhodopsinmolekül ein Photon und durchläuft daraufhin eine Anzahl schneller und langsamerer Schritte, die schließlich zur Erregung des Sehnervs führen. Wenigstens die ersten drei Schritte dieser Reaktionskette spielen sich im Picosekundenbereich ab. Zu ihrer Aufklärung wurde Rhodopsin durch einen ultrakurzen Laserimpuls erregt, und durch einen zweiten, etwas verzögerten Impuls das Absorptionsspektrum gemessen. Es zeigt sich, daß das Absorptionsmaximum, das im unerregten Rhodopsin bei $\lambda \sim 500$ nm liegt, sich innerhalb weniger Picosekunden nach der Erregung merklich verschiebt. Für Rhodopsin aus Rinderaugen wurde eine Verschiebung nach längeren Wellenlängen (~ 540 nm) in weniger als 6 ps beobachtet, während Tintenfischrhodopsin zuerst eine kurzwellige (~ 450 nm), und nach weiteren 50 ps eine langwellige Verschiebung (~ 530 nm) des Absorptionsmaximums zeigt (Kobayashi et al. 1978). Auf diese primären Prozesse folgen sodann mehrere Schritte im Pico- bis Mikrosekundenbereich. Aus der zeitlichen Veränderung der Absorptionsspektren konnten Informationen über die biochemische Natur dieser Reaktionsschritte gewonnen werden. Einzelheiten des Vorgangs sind noch umstritten, jedoch steht fest, daß wesentliche molekulare Veränderungen im Picosekundenbereich ablaufen.

Ultrakurze vorgänge wurden auf diese Art und Weise auch im Hämoglobin nachgewiesen (Shank et al. 1976). Nach Anregung mit einem ultrakurzen Laserimpuls zerfällt HbCO in etwa einer halben Picosekunde in CO und Hämoglobin. Aus dieser kurzen Zeit kann geschlossen werden, daß die Dissoziation nicht, wie bisher angenommen, mit größeren räumlichen Umlagerungen des Eisenatoms gegenüber dem benachbarten Histidinkomplex verbunden ist. Messungen am HbO_2 lassen dagegen darauf schließen, daß für diesen Komplex die für die Dissoziation benötigte Zeit viel länger ist.

Ein weiteres medizinisch relevantes Beispiel für ultrakurze Vorgänge bieten die Gallenfarbstoffe. Sie entstehen im menschlichen Körper durch Abbau von Hämoglobin. Bekannt ist in der klinischen Praxis vor allem das Bilirubin, das etwa für den Ikterus bei Hepatitis verantwortlich ist. Bei der Hepatitis von Neugeborenen hat sich eine Phototherapie mit Blaulichtbestrahlung als sehr wirksam erwiesen, ohne daß der Mechanismus bisher voll verstanden wird. Es war zu vermuten, daß die beteiligten photochemischen Primärvorgänge im Picosekundenbereich ablaufen. Wir konnten durch zeitaufgelöste Beobachtung der Fluoreszenzspektren nach Anregung mit einem Picosekundenimpuls nachweisen, daß dies bei verschiedenen Gallenfarbstoffen der Fall ist und daß sowohl Protonentransfer als auch Isomerisierungsvorgänge bei diesen Prozessen eine Rolle spielen (Lippitsch et al. 1980).

6.3 Laser-Raman-Spektroskopie

Wird monochromatisches Licht an einem Medium gestreut, so enthält das Streulicht Wellenlängen, die gegenüber dem ursprünglichen Licht spektral verschoben sind. Das Ausmaß der Verschiebung ist charakteristisch für bestimmte Molekülkonfigurationen, wodurch bestimmte Stoffe eindeutig identifiziert werden können. Diese Erscheinung wird nach ihrem Entdecker Raman-Effekt genannt. Sie wurde mit der Einführung des Lasers auch für biomedizinische Problemstellungen interessant, da die an sich sehr schwache Raman-Streuung wegen der hohen Laserintensität auch an Substanzen in stark verdünnten Lösungen registrierbar wird.

Mit Hilfe der Laser-Raman-Spektroskopie kann z.B. die Sekundärstruktur von Biomolekülen aufgeklärt werden. So zeigt sich etwa der Übergang von helikaler Struktur eines Eiweißmoleküls in die Faltblattstruktur oder in eine ungeordnete Konformation durch Verschiebung von Raman-Frequenzen der Amidgruppen (s. z.B. Frushour und Koenig 1975). Auch Strukturänderungen an Nukleinsäuren lassen sich auf analoge Art verfolgen. So zeigt sich etwa bei einem Polyuracilstrang bei der Helixbildung eine Aufspaltung der Schwingungsfrequenzen jener C–O-Gruppe, an die die Wasserstoffbrücke zur benachbarten Uracilbase koppelt (Schmid und Gramlich 1979).

Ein weiteres Beispiel für die Anwendung der Laser-Raman-Spektroskopie sind Stoffwechseluntersuchungen an Zellkulturen, die sonst üblicherweise auf biochemische Art durchgeführt werden (Aussenegg et al. 1979). Dabei wird die Identität von Stoffwechselprodukten in der Nährlösung an Hand des Raman-Spektrums bestimmt und die Konzentration aus der Intensität der Raman-Streuung ermittelt.

Die Untersuchungsmethode greift im Gegensatz zu chemischen Methoden nicht in den Stoffwechselvorgang ein und arbeitet außerdem wesentlich rascher. So wird es möglich, die gemessenen Werte zur Steuerung der Nährstoffzufuhr bzw. Produktabfuhr aus dem System zu verwenden und in Form eines Regelkreises ein offenes System zu verwirklichen, das den realen Verhältnissen im Organismus besser angenähert ist als übliche Experimente im geschlossenen System. Derartige Versuche wurden von uns an Krebszellen durchgeführt. Als charakteristisches Stoffwechselprodukt diente dabei das Lactat, das bekanntlich von vielen Krebszellen, im Gegensatz zu gesunden Zellen, im Glukosestoffwechsel auch in Gegenwart von Sauerstoff produziert wird. Durch die direkte spektroskopische Kontrolle der Lactatkonzentration war es möglich, die Lebensdauer von Krebszellen unter verschiedenen experimentellen Bedingungen zu messen.

Zeigt ein Molekül nahe der Frequenz des anregenden Lasers Absorption, so tritt Resonanz-Raman-Streuung auf, die sich durch erhöhte Intensität des Streulichtes auszeichnet. Dieser Effekt wird bei der sog. Resonanz-Raman-Label-Technik genutzt, bei der bestimmte Moleküle durch Chromophore in geeigneter Weise markiert werden, wodurch sich die Schwingungsfrequenzen des Chromophors und des Moleküls in charakteristischer Weise verändern. Diese Technik erlaubt u.a. die Untersuchung von Enzymaktivitäten. So wurden z.B. Enzymsubstratreaktionen (Carey und Schneider 1974, 1976) sowie Antigen-Antikörperreaktionen (Carey et al. 1973) untersucht. Medizinisch besonders interessant ist die Erfassung des Einflusses von Medikamenten auf Enzyme (Carey et al. 1972). Es wurde die Blockierung der Kohlensäureanhydratase, die das Gleichgewicht zwischen CO_2 und HCO_3^- im Organismus sicherstellt, durch Sulfonamide untersucht, wobei das Sulfonamid selber als Chromophor wirkt. Es zeigte sich, daß das Sulfonamid in der SO_2NH^--Form an das Enzym gebunden wird. Auch über die Struktur des aktiven Zentrums des Enzyms konnten Aussagen gemacht und so die hohe Affinität der Kohlensäureanhydratase zu Sulfonamiden geklärt werden.

Eine neue Methode zur Analyse biologischer Präparate stellt das *Laser-Raman-Mikroskop* dar. Die Probe wird dabei mit einem Laser monochromatisch beleuchtet. Die Beobachtung erfolgt durch ein Mikroskop, das mit einem Monochromator gekoppelt ist. Der Monochromator wird so eingestellt, daß das Licht des beleuchtenden Lasers unterdrückt und nur das um eine bestimmte Wellenlängendifferenz verschobene Raman-Streulicht beobachtet wird. Das resultierende Bild liefert somit nur die Verteilung desjenigen Stoffes der Probe, auf dessen Raman-Frequenz der Monochromator eingestellt ist.

Schließlich soll die Analyse des an bewegten Teilchen gestreuten Lichtes erwähnt werden. Sie erlaubt die berührungslose Messung sowohl der Geschwindigkeit von bewegten Medien (z.B. Strömungsgeschwindigkeit des Blutes) als auch der statistischen Geschwindigkeitsverteilung in Systemen von unregelmäßig bewegten Teilchen (z.B. Beweglichkeit von Bakterien oder Spermatozoen). Infolge des Dopplereffektes ist das Streulicht im Verhältnis der Teilchengeschwindigkeit zu Lichtgeschwindigkeit frequenzverschoben. Da die Teilchengeschwindigkeiten i. allg. sehr klein sind (10^{-14}–10^{-11} der Lichtgeschwindigkeit), treten nur geringfügige Verschiebungen von einigen Hertz bis einigen Kilohertz auf. Wegen der äußerst geringen spektralen Breite des Lasers sind jedoch so geringe Frequenzunterschiede noch meßbar. Allerdings ist dann eine spezielle Meßtechnik (Heterodynverfahren) notwendig (Ware 1977).

Die angeführten Beispiele sollen einen Eindruck von den bisherigen Anwendungen der Laserspektroskopie der medizinischen Grundlagenforschung vermitteln. Da dieses Gebiet in rascher Entwicklung begriffen ist, kann durch verbesserte Techniken und neue Verfahren eine zunehmende Bedeutung erwartet werden.

7 Bedeutung und Anwendung des Lasers im Bereich der Laboratoriumsdiagnostik und der experimentellen Physiologie

B. R. Binder

Der Laser wird im Bereich der medizinischen Laboratoriumsdiagnostik und der experimentellen Medizin überall dort eingesetzt, wo einzelne Eigenschaften des gewöhnlichen Lichtes nicht mehr ausreichen, die gesetzten Anforderungen zu erfüllen, bzw. überall dort, wo ein möglichst feines Instrument für Mikromanipulationen notwendig ist. So ist es verständlich, daß die hauptsächlichen Anwendungsbereiche des Lasers in der *Nephelometrie* und der *Fluorimetrie* einerseits und der *Zellchirurgie* andererseits zu suchen sind. Neben diesen Laseranwendungen könnten allerdings auch Lasereffekte auf bestimmte Zelltypen bestehen, wodurch ein direkter Einfluß des Lasers auf physiologische oder pathologische Prozesse gegeben wäre (s. Kap. 9).

7.1 Lasernephelometrie (Laser light scattering spectroscopy)

Die Wechselwirkung zwischen Antigenen und Antikörpern geht mit der Bildung von schlecht löslichen Komplexen einher, welche in der flüssigen Phase sedimentieren oder in einem Trägermedium präzipitieren können. Bei einer bestimmten konstanten Menge an Antikörpern ist die Menge des Antigens dem Ausmaß der Komplexbildung proportional. Durch Bestimmung des Präzipitates in einem Trägermedium (z.B. radiale Immunodiffusion) oder der sedimentierten Komplexe (z.B. Bestimmung mittels radioaktiv markierter Testantigene; RIA = *R*adio-*I*mmun-*A*ssay) können daher auch die Antigenmengen in einer biologischen Flüssigkeit bestimmt werden. Prinzipiell ist dies auch durch nephelometrische Messung der durch die Immunkomplexe verursachten *Trübung* mit Hilfe eines konventionellen Nephelometers möglich, wodurch im Vergleich zu den vorher erwähnten Verfahren ein Ergebnis schon innerhalb kurzer Zeit (weniger als zwei Stunden) verfügbar ist. Der lineare Meßbereich solcher Nephelometer ist allerdings für die meisten Antigene zu schmal (Killingsworth und Savory 1972); für andere Antigen-Antikörper-Systeme wiederum ist eine entsprechende Empfindlichkeit nicht immer gegeben. Durch Einsatz eines Helium-Neon-Lasers und Messung der Vorwärtslichtstreuung durch die Immunkomplexe besteht ein größerer Linearitätsbereich und meist auch eine höhere Empfindlichkeit zur quantitativ genauen Bestimmung von Antigenen (Deaton et al. 1976; Virella und Fudenberg 1977). Das dabei angewandte Verfahren beruht auf der Messung der Intensität des von der Probe nach vorne gestreuten Lichtes in einem Bereich von etwa 30° Öffnungswinkel; dabei wird das unabgelenkte Laserstrahlbündel nicht erfaßt. Die

Intensität des Streulichtes ist der Menge an Immunkomplexen in der Probe und damit der Antigenmenge proportional. Die Empfindlichkeit des Testes für humanes Chorion-Gonadotropin ist z.B. nahezu so groß wie diejenige eines RIA (Schulthess et al. 1976a). In einem anderen Testsystem konnte eine Menge von weniger als 10 Immunglobulin-A-Molekülen (IgA) bestimmt werden (Schulthess et al. 1976b). Die Vorteile der Bestimmung mit dem *Lasernephelometer* liegen in der kurzen Testdauer, der Nicht-Verwendung radioaktiver Chemikalien und dem Wegfall der Trennung von gebundenem und nichtgebundenem Antigen. Allerdings sind höhere Anforderungen an das verwendete Küvettenmaterial und die Partikelfreiheit der Reagenzien zu stellen als bei anderen Methoden.

7.2 Lasermikroskopie (Laser als Beleuchtungsquelle)

Die Lichtmikroskopie wird vielfach durch die ungenügende Intensität der *Lichtquelle* behindert; das macht sich insbesondere bei starken Vergrößerungen sowie beim Arbeiten mit monochromatischem und polarisiertem Licht bemerkbar. Diesen Übelstand scheint der *Laser* zu beseitigen: Er übertrifft durch seine außerordentlich hohe *Leistungsdichte* die konventionellen, beim Mikroskopieren verwendeten Beleuchtungsquellen. Dieser Vorteil wird aber durch die Kohärenz der Laserstrahlung wieder aufgehoben; diese bewirkt nämlich, daß Staub und Unvollkommenheiten der Optik unerwünschte Interferenzerscheinungen hervorrufen, die die Bildqualität herabsetzen würden. Soll daher Laserlicht zur Beleuchtung verwendet werden, so muß seine Kohärenz reduziert werden. Der dem Laserlicht eigentümliche, wohl definierte Zusammenhang zwischen den Phasenlagen der Wellenzüge muß möglichst wieder zerstört werden, so daß eine zufällige (random) Verteilung entsteht; diese Maßnahme wird als „Phasenrandomisierung" bezeichnet. Eine Beleuchtungsanordnung, die dieses Prinzip anwendet, ist von Hard et al. (1977) beschrieben und getestet worden. Als Beleuchtungsquelle dient ein kontinuierlich strahlender Argonionenlaser mit 5 W Ausgangsleistung; es wird die 514,5-nm-Linie verwendet. Zwischen dem Laser und dem Mikroskopspiegel befinden sich ein rotierender Keil, eine Relaislinse, ein Diffuser (Mattscheibe) und eine zweite Linse. Der optimale Keilwinkel beträgt 3–6° und richtet sich nach dem verwendeten Objektiv.

Ein weiterer Vorteil des Mikroskopierens mit Laserlicht ist die Tatsache, daß es von Haus aus weitgehend *monochromatisch* und *polarisiert* ist; daher fallen alle Einrichtungen, dies zu bewirken, weg; das bedeutet wiederum eine Verbesserung der Beleuchtungsverhältnisse. Mit phasenrandomisierter Laserbeleuchtung kann eine Vielfalt von optischen Systemen verwendet werden: Hellfeld, Phasenkontrast, Nomarski-Differential-Interferenz, Dunkelfeld, usw.

7.3 Laserfluoreszenz – Laserimmunfluoreszenz

Auf Grund der Tatsache, daß Laser sehr energiereiches, weitgehend monochromatisches Licht von konstanter Leistungsdichte liefern, bewirken sie eine hundert- bis tausendmal stärkere Emission von *Fluoreszenzlicht* durch Fluorochrome. Das sind Substanzen, die bei Anregung mit Licht einer bestimmten Wellenlänge Licht größerer Wellenlänge aussenden. Solche Fluorochrome sind z.B. Fluoresceinderivate, wie das Fluoresceinisothiocyanat (FITC) mit einem Absorptionsmaximum bei 495 nm und einem Emissionsmaximum bei 525 nm; sie können an spezifische Antikörper gekoppelt werden. Durch Einwirkung solcher FITC-markierter Antikörper auf Gewebeschnitt oder Zellen und Anregung mit einem Argonlaser können die jeweiligen Antigene lokalisiert und photometrisch quantifiziert werden. Hierbei ist allerdings die gegenüber normalem Licht bei Laseranregung raschere Ausbleichung, aber auch raschere Erholung des Fluorochromes zu beachten, ein Effekt, der aber auch bei Verwendung von gepulstem Laserlicht eine bessere photometrische Auswertung ermöglicht (Bergquist 1973; Enerbäck und Johansson 1973; Schauenstein et al. 1975).

7.4 Laserfluoreszenz – Fluoreszenzaktiviertes Zellsortieren

Manche Fluoreszenzfarbstoffe binden sich relativ stark und ausschließlich an die Desoxyribonukleinsäure (DNA) der Zellkerne auch lebender Zellen, wobei die Menge des gebundenen Fluorochroms der DNA-Menge proportional ist. Wenn solche markierten Zellen in verdünnter Lösung in einer Kapillare an einem Argonlaserstrahlbündel vorbeifließen, kann das von der einzelnen Zelle ausgesandte Fluoreszenzsignal elektronisch gemessen und die Zelle dem Signal entsprechend in eine bestimmte Fluoreszenzgruppe eingeordnet und sortiert werden (Arndt-Jovin und Jovin 1974; Bonner et al. 1972; Crissmann et al. 1975; Marx 1975; Stöhr und Goerttler 1974). Mit Hilfe dieses Verfahrens können z.B. Zellen mit vermehrtem chromosomalem Kernmaterial (etwa maligne Zellen) von anderen Zellen getrennt werden.

7.5 Lasermikrobestrahlung von einzelnen Zellen

Die besonderen Eigenschaften des Laserlichtes erlauben es, den Laser als *Mikroskalpell* für die Präparation von Gewebeproben für histochemische Untersuchungen zu verwenden. Hierbei ist ein Mikroskop mit einer Lasereinheit (gepulster N_2-Laser zum Schneiden, und He-Ne-Laser zur Zielmarkierung) kombiniert. Das Schneiden mit dem Lasermikrostrahl ist im Vergleich zur manuellen Präparation besser reproduzierbar, präziser und weniger zeitaufwendig (Millenkamp et al. 1971; Pataki et al. 1978). Da mit dem Laser (z.B. Argon- und Farbstofflaser oder YAG-Laser) Läsionen von nur 0,25 bis 1 μm Durchmesser gesetzt werden können, ist es sogar möglich, eine gezielte Zerstörung einzelner Chromosomen oder Chromosomenteile durchzuführen. Die so in ihrer genetischen Information veränderten Zellen können dann mittels verschiedener anderer Methoden untersucht oder weiter geklont werden (Berns 1974). Hierdurch können Informationen über Desoxyribonucleinsäure und Chromosomenstruktur und -organisation, die Lokalisation von Genen oder den Mitosemechanismus gewonnen werden. Durch Verdampfen von kleinsten Zellbezirken mittels Lasermikrobestrahlung mit nachfolgender Massenspektrometrie des hierbei entstandenen Plasmas kann auch die Verteilung verschiedener Ionen innerhalb der Zelle untersucht werden (s. S. 94).

8 Zur Mikroskopie des Laserschnitts in verschiedenen Geweben

H. Plenk jr.

Die Schneidewirkung von Laserstrahlen bei verschiedenen biologischen Geweben beruht auf einer Verkochung und Verdampfung durch enorme Temperaturerhöhung infolge der Absorption der zugeführten Strahlungsenergie. Besonders beim Argonlaser spielen wegen der selektiven Absorption die Eigenfarbe des Gewebes und seine Durchblutung eine zusätzliche Rolle. Unabhängig vom verwendeten Lasertyp werden mikroskopisch bei allen Geweben stets die gleichen Zonen mit unterschiedlicher Gewebeschädigung gefunden, die aber in ihrer Ausdehnung variieren.

An einem mikroskopischen Schnittpräparat von einer menschlichen Haut mit einem frischen CO_2-Laserschnitt sollen diese charakteristischen Zonen gezeigt werden (Abb. 8.1).

8.1 Karbonisationszone

Die Oberfläche des Einschnittes wird von einer Schicht verkohlter, völlig zerstörter Gewebereste bedeckt, in denen Blasen und Vakuolen zu erkennen sind. Diese sind Ausdruck der explosionsartigen Verdampfung (Vaporisation) des Gewebes, die durch den Substanzverlust zu der typischen Kraterform des Lasereinschnittes führt. Während bei allen übrigen Gewebearten diese Zone nur etwa 30 μm dick ist, kommt es bei Knochengewebe zu einem regelrechten Verbrennen der Matrix bei der Laserosteotomie, und die Karbonisationszone kann bis zu 300 μm dick sein (Horch et al. 1978). Wenn karbonisierte Gewebereste in der Wunde bleiben, führen sie zu allergischen und Fremdkörperreaktionen (Königsmann et al. 1977; Horch et al. 1978) und behindern die Wundheilung. Vor allem bei Knochengewebe erscheint demnach eine Entfernung dieser verkohlten Gewebereste von Vorteil.

8.2 Nekrosezone

Die hohe Temperatureinwirkung führt nicht nur zum Verdampfen und Verkohlen des Gewebes, sondern bis zu einer Entfernung von 300 μm vom Schnittrand auch zu einer Koagulationsnekrose. Diese betrifft vor allem die Zellen, während z.B. Kollagenfibrillen und andere interzelluläre Strukturen besser erhalten bleiben (Ben Bassat et al. 1976c). Erwartungsgemäß nehmen mit dem Temperaturgradienten auch die morphologisch faßbaren Schädigungen von Zellkern, Organellen und Zytoplasma ab, wie die elektronen-

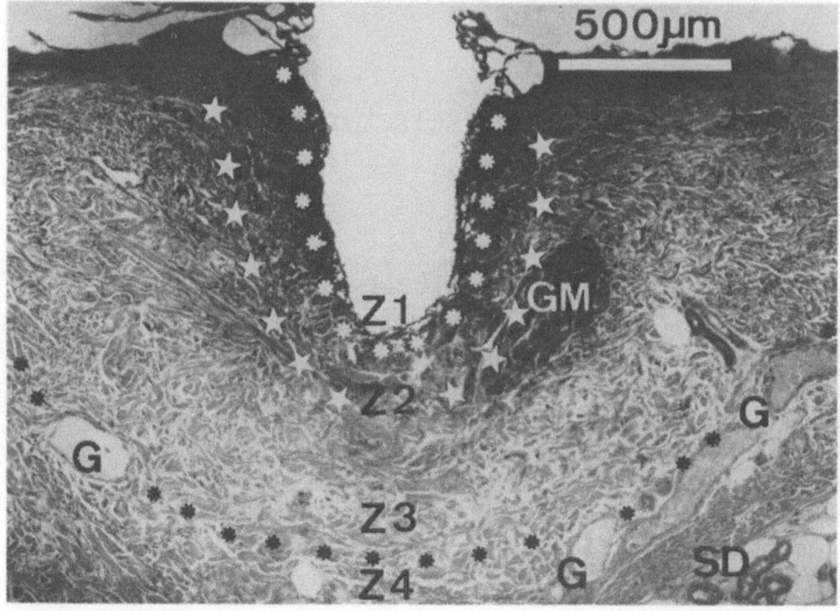

Abb. 8.1. Menschliche Haut vom Oberschenkel, unmittelbar nach CO_2-Laserinzision. Toluidinblau-Färbung. Der kraterförmige Einschnitt ist oberflächlich von verkohlten Geweberesten mit Vakuolen bedeckt (Z 1 Zone 1). Die angrenzende Schicht (Z 2 Zone 2) ist durch eine dunklere Färbung gekennzeichnet, die dann kontinuierlich abnimmt (Z 3 Zone 3). In der Umgebung (Z 4 Zone 4) finden sich weitgestellte Gefäße (G). Hautanhangsgebilde: Glatte Muskulatur (GM), Schweißdrüse (SD).

mikroskopischen Untersuchungen des Plattenepithels der Haut und Mundschleimhaut (Mihashi et al. 1976; Ben Bassat et al. 1976c), der Darmschleimhautzellen und glatten Muskelfasern (Kaduk und Frühmorgen 1975) oder der Skelettmuskulatur (Viehberger et al. 1979) gezeigt haben. Bei den letztgenannten Untersuchungsergebnissen erscheint bemerkenswert, daß Skelettmuskelfasern auch noch in der Tiefe des Schnittes, also weitab vom Fokus, geschädigt wurden, während das umgebende Bindegewebe intakt erschien. Der vorwiegend thermische Charakter dieser Schädigungen wird durch die enzymhistochemischen Befunde an laserinzidierten Skelettmuskelfasern bestätigt (Dittrich et al. 1975).

Ein wichtiger Befund für die Erklärung der stets beobachteten Versiegelung durchtrennter Blutgefäße stammt ebenfalls aus den Untersuchungen von Kaduk und Frühmorgen (1975) und Ben Bassat et al. (1976c), die in den äußeren Bereichen der Nekrosezone einen Verschluß der Kapillaren durch Anschwellen der geschädigten Endothelzellen beschrieben haben. Dittrich et al. (1975) sprechen sogar von einer sog. „Schweißgrenzmembran", die die Schnittränder abdichten soll, und meinen damit die Nekrosezone. Lymphgefäße dürften allerdings nicht so leicht zu versiegeln sein, wie die Untersuchungen von Ehrenberger und Innitzer (1978) zeigten, und dies dürfte eine tatsächliche Verhinderung der vor allem lymphogenen Tumorzellausbreitung *(spread)* durch die Laserinzision wohl in Frage stellen. In dieser Richtung sind auch eigene experimentelle Untersuchungsergebnisse zu deuten, die nach Einbringung eines Farbstoff-Tracers (Tuschepartikeln) in frische Skalpell- und Laserinzisionen keine Unterschiede in der Versiegelung der Wundränder ergaben (Plenk et al. 1979).

8.3 Übergangszone

Der Rand der vorgenannten Zone mit abnehmender Zellschädigung, aber noch deutlicher Veränderung der Farbeigenschaften im lichtmikroskopischen Bereich wird als Übergangszone beschrieben, die etwa 500 µm vom Schnittrand reicht. Wie eigene, vergleichende Wundheilungsstudien an der Rattenhaut zeigten (Plenk et al. 1979), kommt es 24 h nach Laserinzision am Rande dieser Übergangszone zur granulozytären Demarkation (Abb. 8.2a). Damit erweisen sich auch die geringeren Zellschädigungen der Übergangszone als offensichtlich irreversibel, und die nach 8 bis 10 Tagen erfolgende Abstoßung des nekrotischen Bereiches (Abb. 8.2b) führt demnach zu einer Defektbildung mit einer Granulationsgewebsauffüllung, die einer Per-secundam-Heilung gleichzusetzen ist. Während

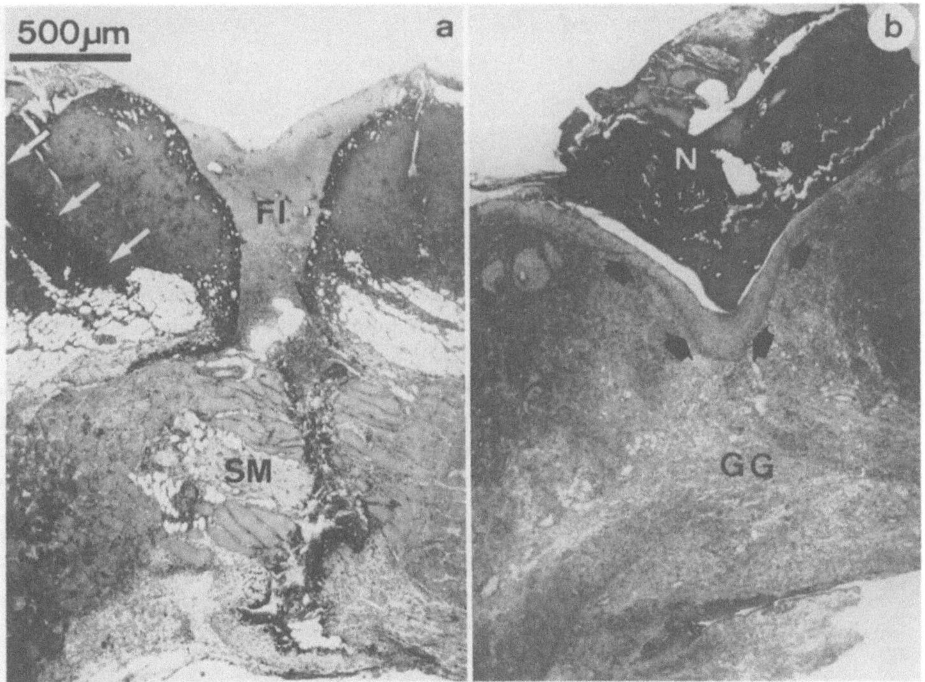

Abb. 8.2a, b. Rückenhaut der Ratte; Trichrom-Goldner-Färbung. **a** 24 h nach CO_2-Laserinzision ist der Schnittkrater mit Fibrin (FI) gefüllt, die karbonisierten Gewebereste *(schwarz)* sind entlang der Schnittränder bis unterhalb der Skelettmuskelschichte (SM) zu erkennen. Der dunkle Streifen links von der Nekrosezone *(Pfeile)* entspricht der granulozytären Demarkation; **b** 8 Tage nach CO_2-Laserinzision hat sich das Epithel der Epidermis unter dem abgestoßenen, nekrotischen Gewebepropf (N) bereits geschlossen *(Pfeile)*. Der Substanzdefekt ist nur in der Tiefe durch hellergefärbtes Granulationsgewebe (GG) aufgefüllt.

auch nach Elektrokoagulation eine vielleicht noch breitere Nekrosezone entsteht, die bis zur Abstoßung ebenfalls die Wundheilung verzögert (s. auch Lunkenheimer et al. 1978), findet man bei Schnitten mit dem herkömmlichen Skalpell nur evtl. eine oberflächliche (Druck-)Nekrose und eine Per-primam-Heilung schon nach 2 Tagen.

8.4 Hyperämie- und Ödemzone

Diese Zone ist gleich nach Laserinzision an den weitgestellten Gefäßen zu erkennen, aus denen zunächst Plasma ins Gewebe austritt (interstitielles Ödem), gefolgt von den auswandernden Granulozyten nach etwa 24 h. Besonders deutlich tritt diese Zone bei Laserinzisionen des Zentralnervensystems hervor (Beck et al. 1977; Ascher et al. 1978), und ist auch durch ein ausgeprägtes (intrazelluläres) Gliazellödem gekennzeichnet. Im Zuge der Wundheilung sollen auch diese Zellen degenerieren und in die Nekrosezone einbezogen und abgestoßen werden (Beck et al. 1977). Dies stimmt überein mit eigenen elektronenmikroskopischen Befunden an der Skelettmuskulatur, da auch bei diesen Zellen als geringste Schädigungsstufe nach Laserinzision ein intrazelluläres Ödem beobachtet wird (Viehberger et al. 1979), und die Demarkation des nekrotischen Bereiches dann etwa in dieser Zone erfolgt.

8.5 Schlußfolgerungen

1) Die Laserinzision bewirkt eine thermische Gewebeschädigung, die oberflächlich verkohlte Gewebereste hinterläßt. Diese können zu allergischen Reaktionen führen und die Wundheilung stören.

2) Abhängig von Lasertyp, Schneidevorgang und Gewebeart kommt es verschieden tiefgreifend zu einer Hitzekoagulation und einer irreversiblen Gewebeschädigung. Nach Demarkation und Abstoßung der nekrotischen Schnittränder erfolgt eine Defektheilung, die gegenüber einer Skalpellschnittwunde deutlich verzögert abläuft.

3) Die Blutstillung bei Laserinzision findet in der Koagulation der Schnittränder und einer Endothelverquellung der Blutgefäße in der Nekrosezone ihre Erklärung. Da Lymphgefäße *nicht* so leicht verschließbar erscheinen, dürfte eine tatsächliche Behinderung der vorwiegend lymphogenen Tumorverschleppung durch die Laserinzision *nicht* zu erzielen sein.

9 Über die stimulierende Wirkung der Laserstrahlung auf die Wundheilung

E. Mester

9.1 Einleitung

Bei unseren Forschungen hinsichtlich einer karzinogenen Wirkung wiederholt angewandter Rubinlaserbestrahlungen entdeckten wir, daß sich die biologischen Wirkungen wiederholt applizierter Impulse kumulieren und daß über einen bestimmten Wert hinaus eine hemmende Wirkung entsteht. Diese Erscheinung, die dem *biologischen Grundgesetz* von Arndt-Schulz (kleine Reize fördern – große hemmen – noch größere Reize lähmen), entspricht, konnten wir an 15 biologischen Systemen, u.a. an mechanisch bzw. elektroakustisch gesetzten Wunden von Mäusen beweisen.

Auf Grund dieser günstigen experimentellen Ergebnisse begannen wir im Jahr 1971, uns mit der Frage der *Laserbehandlung* von schwer oder überhaupt nicht heilenden Geschwüren und der Beeinflußbarkeit der Wundheilung beim Menschen zu befassen.

In der vorliegenden Arbeit möchten wir über *Erfahrungen* mit 155 geheilten klinischen Fällen und über Ergebnisse unserer neueren *experimentellen* Untersuchungen berichten, die auf den diesbezüglichen Wirkungsmechanismus des Lasers gerichtet waren (Mester et al. 1971, 1974a, b, c; Mester 1975, 1977).

9.2 Klinische Erfahrungen

9.2.1 Übersicht

In der Tabelle 9.1 sind die klinischen Fälle nach ätiologischen Gesichtspunkten in 14 Gruppen zusammengefaßt.

Die Behandlung erfolgte zweimal wöchentlich mit einer Bestrahlung von 4 J/cm^2; es wurde ein Helium-Neon-Laser mit 50 Milliwatt Ausgangsleistung, in den letzten 40 Fällen ein Argonlaser mit 100 Milliwatt verwendet. Die Behandlung dauerte durchschnittlich 10 bis 12 Wochen.

9.2.2 Zu einzelnen Fällen

Von den in Tabelle 9.1 zusammengefaßten Fällen möchten wir nur zwei besprechen:

Fall 1 (Gruppe 3 Röntgennekrose): Bei einem 71 jährigen Mann mit einer seit vier Jahren bestehenden Röntgennekrose entstand nach Entfernung einer malignen Hautgeschwulst mit dem Elektrokauter und nach einer Röntgenbestrahlung mit 5000 R Gesamt-

Tabelle 9.1. Übersicht der klinischen Fälle nach ätiologischen Gesichtspunkten

Gruppe		geheilt	verbessert	ohne Effekt
1	Mechanisch erzeugte Hautläsionen	9	1	–
2	Nach Verbrennung zurückgebliebene Hautgeschwüre	9	2	–
3	Radionekrose infolge Tumorbehandlung mit Röntgen- und Elektrokoagulation	10	5	1
4	Lipodystrophia diabetica	4	–	1
5	Trophische Störung der Wundheilung bei älteren Patienten	16	3	1
6	Seit längerer Zeit bestehende variköse Ulzera	25	3	–
7	Hartnäckiges Geschwür infolge rezidivierender Erysipele	3	2	–
8	Postthrombotische Ulzera	26	24	5
9	Dekubitalgeschwüre	14	1	–
10	Postoperative Störung der Wundheilung	21	1	2
11	Haut-Fettnekrose infolge Kumarinmedikation	4	–	–
12	Hautnekrose infolge Infektion	7	1	1
13	Allergische Vaskulitis	4	–	1
14	Ulcera vesicae urinariae (fiberoptische Transmission)	3	2	–
Summe		155	45	12

dosis ein tiefer Hautdefekt. Die Abb. 9.1 und 9.2 zeigen die Heilungsphasen; der Patient ist auch nach 5 Jahren beschwerdefrei. Die Abb. 9.3 ist die Aufnahme des Fersenbeins, die eine umschriebene Aufhellung erkennen läßt. Diese verschwand nach der Heilung (Abb. 9.4) als Zeichen dafür, daß das tiefe Geschwür durch Weichteile ausgefüllt und damit für die Röntgenstrahlen genauso durchgängig wurde, wie die benachbarten intakten Gewebe.

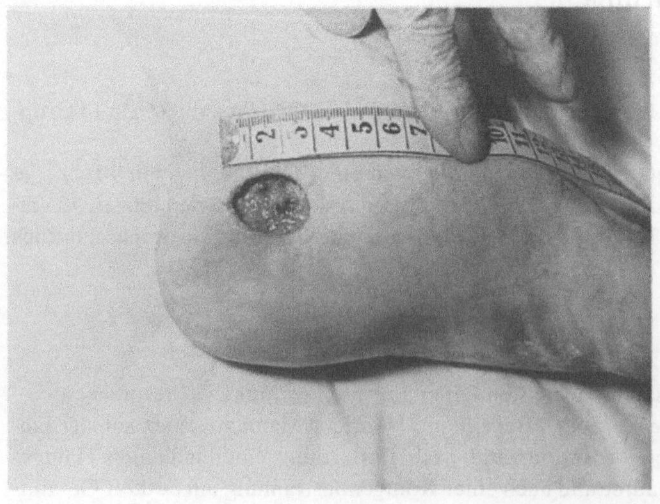

Abb. 9.1. Röntgennekrose vor der Behandlung

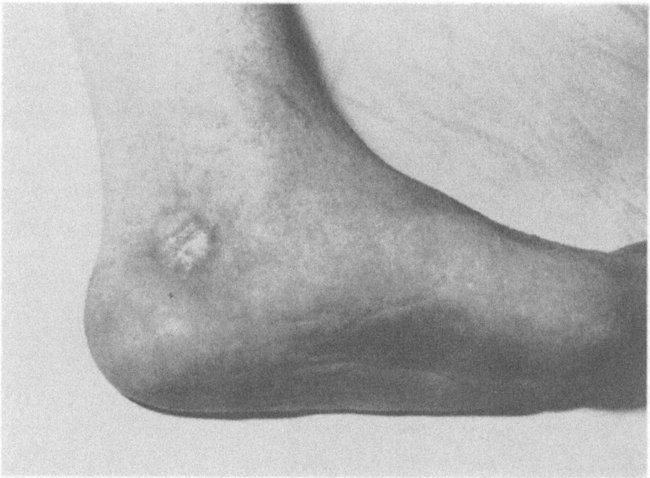

Abb. 9.2. Röntgennekrose nach der Behandlung mit Laserstrahlung

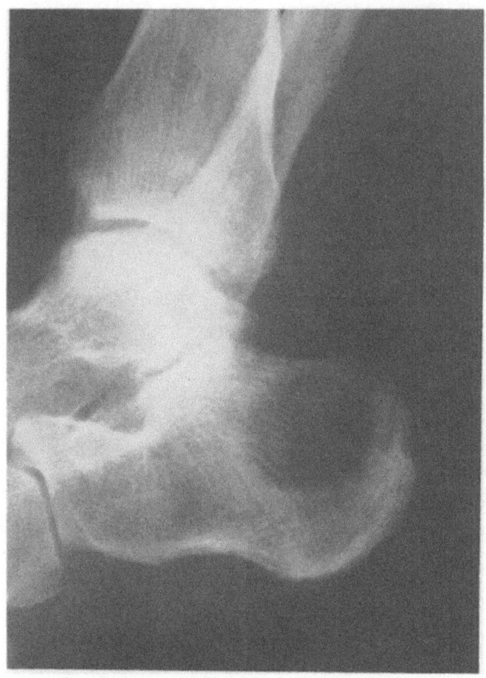

Abb. 9.3. Röntgenaufnahme des Fersenbeins vor der Behandlung

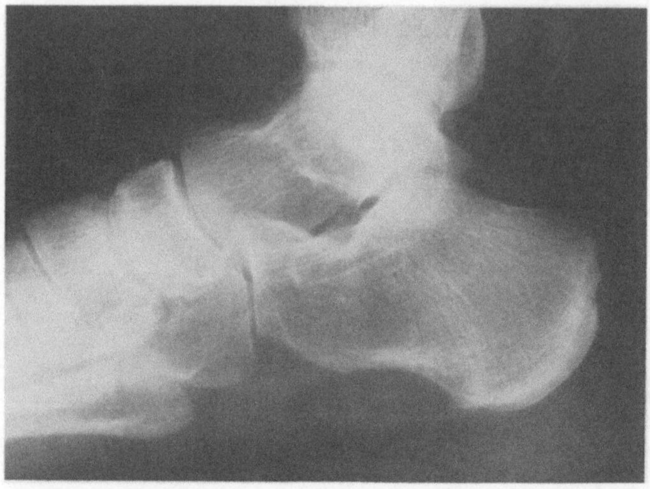

Abb. 9.4. Röntgenaufnahme des Fersenbeins nach der Laserbestrahlung

Fall 2 (Gruppe 12, Hautnekrose infolge Infektion): Seit zwei Jahren bestehendes Gesichtsgeschwür infolge Infektion bei einer 50jährigen Frau. Die Abb. 9.5–9.7 zeigen die Heilungsphasen.

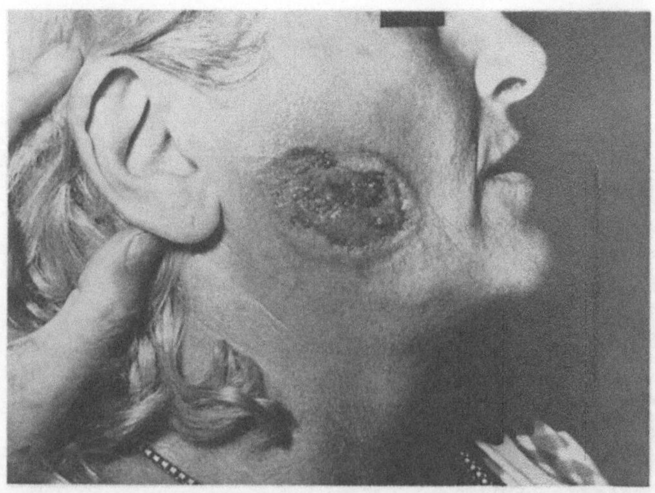

Abb. 9.5. Heilungsphase einer Hautnekrose infolge Infektion nach 3 Wochen

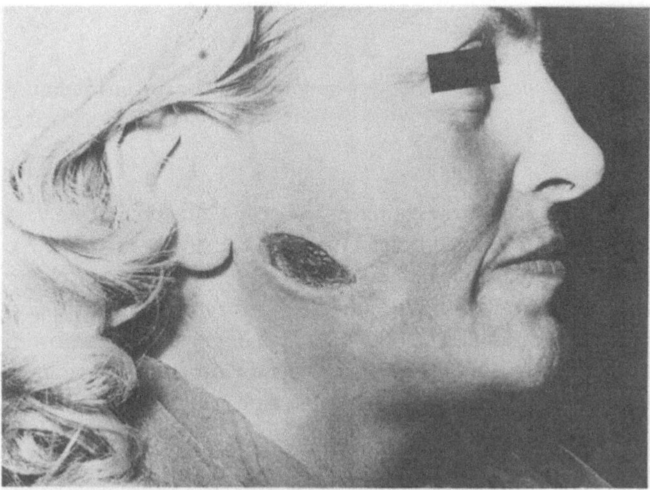

Abb. 9.6. Heilungsphase einer Hautnekrose infolge Infektion nach 6 Wochen

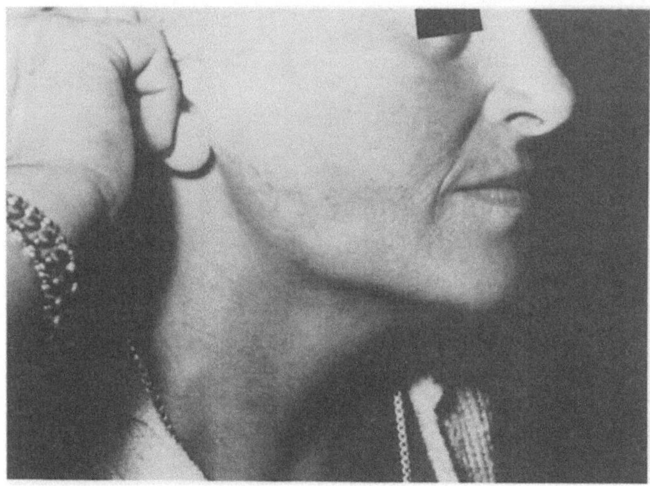

Abb. 9.7. Heilungsphase einer Hautnekrose infolge Infektion nach 2 Monaten

9.3 Experimentelle Untersuchungen

Die die Klärung des *Wirkungsmechanismus* anstrebenden neuen Versuche waren folgende:

9.3.1 Elektronenmikroskopie

Zuerst wurde der Heilungsprozeß durch elektronenmikroskopische Untersuchungen verfolgt. Vor der Bestrahlung sind in den Proben zahlreiche Fibroblasten sichtbar (Abb. 9.8). Nach der ersten Bestrahlung tritt eine Vermehrung kollagener Fasern und Verringerung der zellulären Substanz auf. Im intrazellulären Raum und intrazytoplasmatisch sind Vesikel mit elektrodensen Kernen zu erkennen (Abb. 9.9). Nach der zweiten und dritten Laserbestrahlung hat die Zahl der intrazellulären lysosomartigen Körperchen zugenommen, die Mitochondrien sind angeschwollen. Im Intrazellularraum haben sich Kollagensubstanz und Vesikel vermehrt (Abb. 9.10).

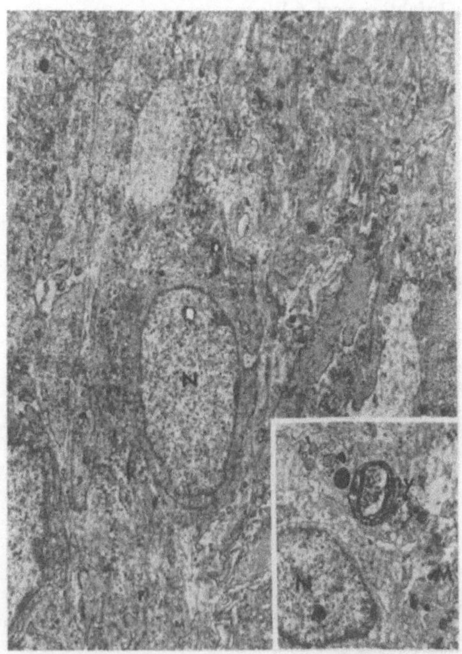

Abb. 9.8. Elektronenmikroskopische Aufnahme vor der Laserbestrahlung

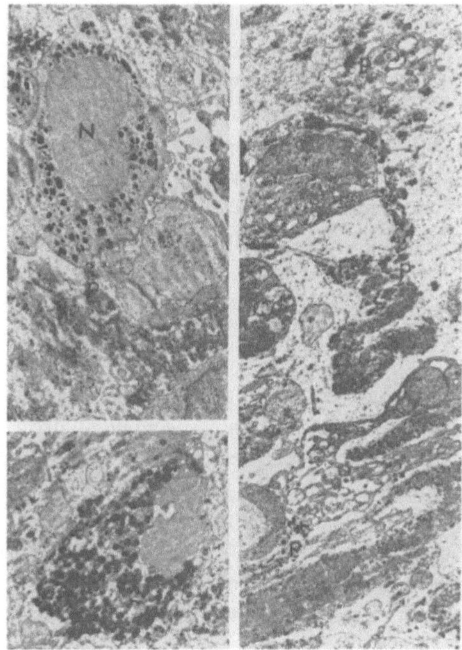

Abb. 9.9. Elektronenmikroskopische Aufnahme nach der 1. Laserbestrahlung

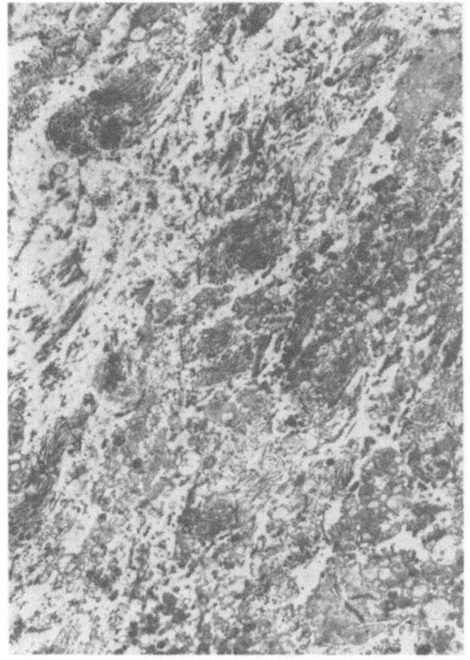

Abb. 9.10. Elektronenmikroskopische Aufnahme nach der 3. Laserbestrahlung; Vaskularisation von regenerierendem Gewebe

9.3.2 Markierung durch Isotope

An Hand der Radioaktivitätsmessung nach Inkorporation von radioaktiv markiertem 2-^{14}C-Glycin und ^{3}H-Prolin konnte festgestellt werden, daß der wahrscheinliche Angriffspunkt die Kollagensynthese ist, was durch unsere elektronenmikroskopischen Untersuchungen bestätigt werden konnte. Die strukturelle Grundlage der Wundheilung bildet demnach die aktivierte Kollagenerzeugung, wobei auch den Vesikeln mit dichtem Zentralkern eine Rolle im Prozeß der Wundheilung beigemessen werden muß. Wir nehmen an, daß die Vesikeln *bioaktive* Substanzen enthalten, die die Heilung auch im nicht bestrahlten Gebiet katalysieren.

9.3.3 Enzymhistochemische Untersuchungen

In der sich daran anschließenden Arbeit untersuchten wir in der Hautwunde von Ratten die Laserwirkung auf die *Aktivität* von histochemisch lokalisierbarer Succinyldehydrogenase, Lactatdehydrogenase, saurer Phosphatase und nichtspezifischer Esterase während der Frühphase der Wundheilung. Wir fanden, daß 8–48 h nach der Verletzung die Aktivität der Succinyldehydrogenase innerhalb der basalen Epithelzellen, sowie die Aktivität der Lactatdehydrogenase und die der nichtspezifischen Esterase der Fibroblasten in den wundrandnahen Gewebezonen im Vergleich zu den Kontrollen erhöht war. Demgemäß ist die Bereitschaft der Fibroblasten zur erhöhten Aktivität bereits 8 h nach

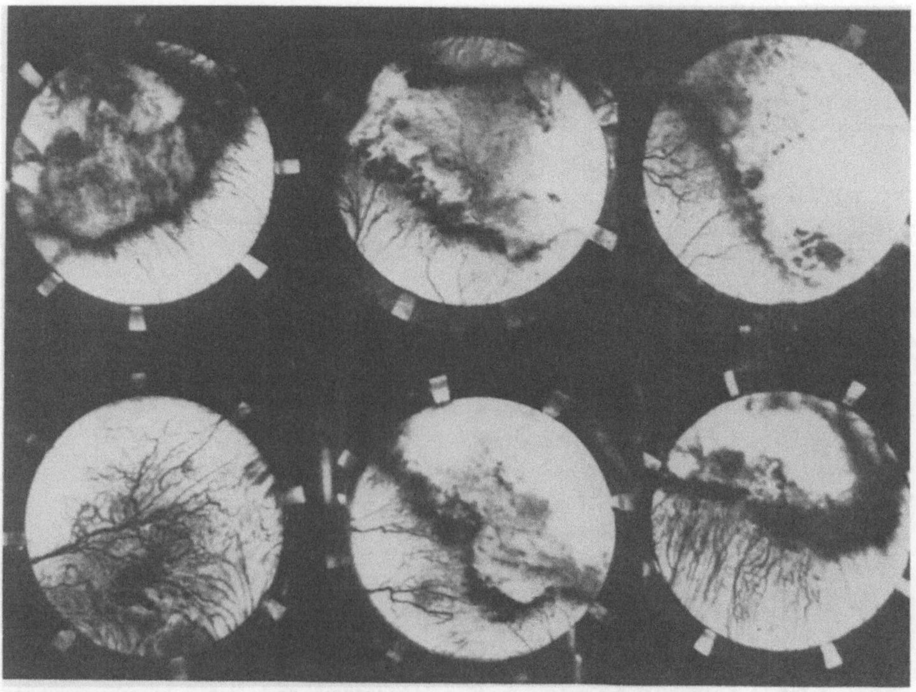

Abb. 9.11. Ergebnisse an 6 bestrahlten Kaninchen am 18. Tag nach der „Implantation“

der Verletzung mit enzymhistochemischen Methoden nachweisbar. Diese Aktivität wird durch die Laserbehandlung erhöht (Mester et al. 1974c).

9.3.4 Ear-chamber-Technik

Als eine weitere entscheidende Phase der Wundheilung wurden das Entstehen *neuer Blutgefäße* und die Beeinflussung dieses Vorganges untersucht. Nach unseren Ergebnissen wird die Ausbildung des Blutkreislaufes des regenerierenden Gewebes durch die Laserbestrahlung wesentlich erhöht. Mit Hilfe der „Ear-chamber-Technik“ von Sanders (1954) wird an Hand von Aufnahmen, die am 18. Tag nach der „Implantation“ angefertigt wurden, der Unterschied zwischen der Vaskularisation von 6 bestrahlten und 6 Kontrollkaninchen gezeigt (Abb. 9.11 und 9.12).

9.3.5 Prüfung der Zugfestigkeit

Die Laserwirkung auf die Zugfestigkeit geschnittener und mit Klammern vereinigter *Hautwunden* wurde in Rattenversuchen geprüft. Täglich wiederholte Bestrahlungen mit einem Helium-Neon-Laser (5 mW Leistung) ergaben eine wesentliche Steigerung der Zugfestigkeit.

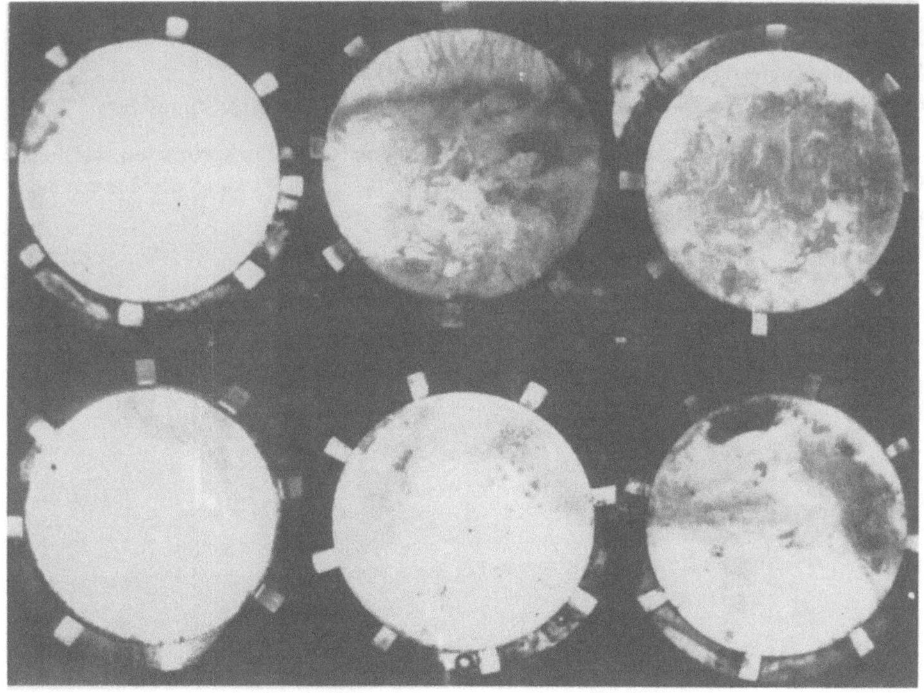

Abb. 9.12. Ergebnisse an den 6 Kontrolltieren zum gleichen Zeitpunkt

9.3.6 Biochemische Nachweise

Darüber hinaus untersuchten wir die Wirkung des *Rubinlasers* auf die makromolekulare Synthese humaner Fibroblastenkulturen. Es wurde gemessen, in welchem Grad die mit Laserbestrahlung vorbehandelten bzw. nichtbehandelten Zellen der Kulturen die spezifischen, radioaktiv markierten Vorstufen vom Eiweiß, der DNA- und RNA-Synthese inkorporieren.

Nach den Ergebnissen dieser Untersuchungen wird der Einbau von markiertem Uridin und Valin durch die Bestrahlung nur geringfügig erhöht. Andererseits ist die stimulierende Wirkung der Strahlung auf den Thymidineinbau wesentlich deutlicher. Da der Grund der Thymidininkorporation i. allg. als Information über die Zahl der Zellen in der S-Phase des Zellenzyklus zu werten ist, ist anzunehmen, daß durch die Laserbestrahlung die Anzahl der sich teilenden Zellen vermehrt wird.

9.4 Zusammenfassung

Es wird zunächst über Erfahrungen beim klinischen Einsatz des Lasers für die *Wundheilung* berichtet. Danach werden Ergebnisse neuerer Untersuchungen beschrieben, die sich auf die Klärung des *Mechanismus* der stimulierenden Wirkung der Laserstrahlung hinsichtlich der Wundheilung beziehen:

1) elektronenmikroskopische Serienuntersuchungen;
2) Messung der Radioaktivität kollagener Präkursoren;
3) enzymhistochemische Untersuchungen;
4) Neovaskularisation mittels der „Ear-chamber-Technik";
5) erhöhte Zugfestigkeit der Nahtwunden;
6) biochemischer Nachweis der RNA-, DNA- und Proteinsynthese-Stimulation.

In *allen* angeführten Systemen, d.h. in den wichtigen Regulationsprozessen, welche die Grundlage der Wundheilung bilden, war die *stimulierende Wirkung* des Lasers nachweisbar.

10 Die Anwendung der Laserstrahlen in der Ophthalmologie

H. Fanta

10.1 Historisches

Der Einsatz optischer Strahlen zur Behandlung verschiedener Veränderungen im Augenhintergrund ist seit den Versuchen von Meyer-Schwickerath (1949) bekannt, wobei zunächst Sonnenstrahlen für die *Photokoagulation* versucht wurden. Von 1951 bis 1956 wurde hierfür der Beck-Bogen, ein Kohlebogen hoher Intensität, verwendet (Meyer-Schwickerath 1959). Ein bedeutender Fortschritt war durch die Xenon-Hochdrucklampe von Zeiss möglich, da diese sich durch eine hohe Stabilität, durch ein geräusch- und geruchloses Arbeiten und durch eine hohe Leuchtdichte auszeichnete (Littmann 1957). Dadurch wurde auch eine sicherere therapeutisch-klinische Anwendung möglich. Dafür konnten nur Strahlen des sichtbaren Spektrums angewendet werden, da nur von diesen bekannt war, daß sie weder die Hornhaut noch die Linse schädigen.

Schon Meyer-Schwickerath (1954) erkannte, daß eine Lichtquelle für ophthalmologische Anwendung zwei Bedingungen zu erfüllen habe: 1) Eine hohe Bestrahlungsdichte im Bereich der Netz- und Aderhaut, damit die Koagulationstemepratur in kurzer Zeit erreicht wird; 2) einen Emissionsbereich, in dem die brechenden Medien des Auges möglichst wenig absorbieren. Beide Bedingungen gelten auch heute für die Lasergeräte. Maiman gelang es 1960, die Anwendung der Laserstrahlen zu realisieren. Über die erste Anwendung eines Rubinlasers in der Ophthalmologie berichten Koester et al. (1962). In der Augenabteilung der Krankenanstalt Rudolfstiftung (Wien) stand seit 1967 ein Rubinlaser zur Verfügung. Dadurch war die Möglichkeit gegeben, verschiedene therapeutische Verfahren durchzuführen und hierbei Erfahrungen zu sammeln.

10.2 Therapeutische Möglichkeiten

10.2.1 Rubinlaser

Die therapeutischen Möglichkeiten mit dem Rubinlaser waren *beschränkt*, da durch das Rotlicht Gefäßveränderungen im Augenhintergrund wegen der geringen Absorption des Hämoglobins bei dieser Wellenlänge nicht koaguliert werden können. Jedoch konnten verschiedene andere Erkrankungen, vor allem *degenerative* Veränderungen, mit Erfolg behandelt werden.

Die Anwendung des Rubinlasergerätes erfolgte mit Hilfe eines speziellen Augenspiegels, mit dem man den Augenhintergrund beobachten *und* gleichzeitig durch eine

Zieleinrichtung jenen Teil koagulieren konnte, den man mit dem Augenspiegel aufgesucht hatte. Durch die Verwendung des Augenspiegels war es leider nicht möglich, mit diesem Gerät periphere Netzhautveränderungen mit Erfolg zu behandeln, da nicht immer die Möglichkeit gegeben ist, mit einem Augenspiegel im aufrechten Bild bis weit in die Peripherie zu untersuchen. Dies ist von verschiedenen Faktoren abhängig, vor allem von der Größe der Pupille, die sich nicht so erweitern läßt, wie man dies für derartige Probleme benötigt. Trotzdem war schon das Rubinlasergerät ein wesentlicher therapeutischer Fortschritt, vor allem bei der Behandlung der *Retinitis centralis serosa* (Bruha 1972; Francois 1973).

10.2.2 Argonlaser

Von den Gaslasern kam vor allem der Argonionenlaser in Frage. Das erste Gerät dieser Art wurde 1967 im Standford Research Institute an Tieren erprobt (Zweng und Flocks, 1967; Little et al. 1970). Schon ein Jahr später stand es für die Anwendung beim Menschen zur Verfügung (L'Esperance 1968).

Mit dem Argonlasergerät konnten neben degenerativen Veränderungen im Bereich der Makula auch Gefäßveränderungen behandelt werden. Es erwies sich als Vorteil, die Anwendung von Laserstrahlen statt mit einem Augenspiegel mit einer *Spaltlampe* durchzuführen. Dadurch konnten neben dem zentralen Anteil des Augenhintergrundes auch weit in der Peripherie gelegene Veränderungen mit Hilfe des Dreispiegelglases koaguliert werden.

10.2.3 Kryptonlaser

Neben dem Argon- fand auch der Kryptonlaser in die Augenheilkunde Eingang. Gruppieren sich die Wellenlängen des Argonlasers im blauen und grünen Teil ($\lambda = 488{,}0$ und $\lambda = 514{,}5$ nm) des sichtbaren Spektrums, so ist die Strahlung des Kryptonlasers im Bereich des Rotlichtes ($\lambda = 647{,}1$ nm) zu finden. Die Erfahrungen mit Argon- und Kryptonlaser sind derzeit noch nicht ganz abgeschlossen, finden aber im klinischen Betrieb fast täglich ihre Anwendung. Mit dem Kryptonlaser ist die Gefahr einer Blutung als Komplikation geringer, da durch das Rotlicht die Gefäße weniger geschädigt werden.

10.2.4 Operationsmikroskop

Der nächste Schritt in der Entwicklung ist die Anwendung der Laserkoagulation durch ein Operationsmikroskop. Prototypen dieser Entwicklung wurden bereits gezeigt. Es würde zu weit führen, die verschiedenen Lasergeräte, die für die Augenheilkunde konstruiert wurden, hier anzuführen. Der Zweck aller Geräte ist jedoch, mit Hilfe der *Spaltlampe* beim *sitzenden* Patienten Veränderungen im Augenhintergrund zu koagulieren.

10.3 Klinische Erfahrungen

10.3.1 Therapie degenerativer und entzündlicher Veränderungen des Augenhintergrundes

Durch die kürzere Exposition, die höhere Intensität und durch die kleinere Fleckgröße kann mit Hilfe des *Lasers* nahe dem *makulären* Gebiet koaguliert werden. Aus diesem Grund können verschiedene Erkrankungen nahe der Makula erfolgreich behandelt werden. Im Vordergrund steht die *Retinitis centralis serosa*, deren Ursache durch einen Defekt in der Bruch-Membran gegeben ist. Dieser Defekt wird durch eine *Fluoreszenzangiographie* dargestellt. Nach genauer Bestimmung der Lage des Defektes wird dieser durch eine Laserkoagulation verschlossen. Oft genügen für die Vernarbung ein bis zwei Koagulationsherde.

Entzündliche Veränderungen im Bereich der Makula können erfolgreich behandelt werden, da durch die Koagulation eine Vernarbung erreicht wird. Stets ist jedoch *vor* einer solchen Behandlung eine Fluoreszenzangiographie erforderlich, damit die Art und Ausdehnung der Veränderung *exakt* bestimmt werden können. Auf die Technik der Behandlung einzelner Erkrankungen soll hier nicht näher eingegangen werden.

Die *Periphlebitis retinae*, die Entzündung der Gefäße im Augenhintergrund, vor allem im peripheren Gebiet, wurde seinerzeit schon erfolgreich mit Hilfe einer diathermischen Koagulation durch die Sklera hindurch behandelt (Fanta 1956). Diese Veränderungen können nunmehr *ohne Schädigung* der Sklera mit Hilfe der Lichtkoagulation und schließlich mit einer Laserkoagulation so behandelt werden, daß eine Progredienz des Leidens verhindert wird.

Nahe der Makula gelegene Veränderungen als Folge einer *Retinopathia diabetica* können ebenfalls durch zarte Laserkoagulate verödet werden, vor allem Aneurysmen und kleine Blutungen. Andere Veränderungen im Bereich der Makula, wie das *zystoide Makulaödem*, sei es bei Diabetes, bei Aphakie oder chronischer Uveitis, sind ebenfalls erfolgreich behandelt worden. Degenerative *senile* Veränderungen im Bereich der Makula sollen dann mit dem Laser koaguliert werden, wenn es sich um eine exsudative Form handelt. Diese exsudativen Formen vernarben durch Laserkoagulation und es folgt die sog. trokkene Form. Dadurch wird das durch die Exsudation verursachte Skotom wesentlich verkleinert, wodurch ein besseres Sehen erreicht werden kann.

Die Behandlung der diabetischen Retinopathie soll in einem frühen Stadium begonnen werden; zu dieser Zeit ist ein Erfolg gewährleistet, da die Progredienz des Leidens etwas aufgehalten werden kann. Es muß aber davor gewarnt werden, das Grundleiden deshalb nicht exakt und konsequent zu behandeln.

Außer den zentralen Veränderungen im Augenhintergrund können auch unter Anwendung des Dreispiegelglases *periphere* Veränderungen, wie anliegende Netzhautrisse und Degenerationsherde, koaguliert werden (Zweng et al. 1977; Little et al. 1970).

10.3.2 Tumoren

Man hat versucht, Tumoren im Augenhintergrund, in erster Linie *Melanome*, zunächst durch Photokoagulation zu zerstören. Gerade auf diesem Gebiet sind die Meinungen sehr divergierend und die Erfahrungen noch nicht so weit, daß eine Behandlung ohne Einschränkung empfohlen werden kann. Größere Geschwülste können durch strahlende

Energie nicht zerstört werden. Es liegen jedoch über Argonlaserkoagulationen Berichte vor, daß kleinere Tumoren mit Erfolg behandelt wurden (Apple et al. 1973; Zweng et al. 1977). Auf Grund eigener Erfahrung sollte man diese Therapieversuche unterlassen.

10.3.3 Therapie im Bereich des vorderen Augenabschnittes und der Bindehaut

In der Entwicklung hat sich ergeben, daß mit der Laserstrahlung nicht nur Veränderungen im Augenhintergrund behandelt werden können, sondern auch solche im vorderen Bulbusabschnitt. So hat man bei manchen Patienten, unter Anwendung des Dreispiegelglases, eine periphere *Iridektomie* durch eine Laserkoagulation erreicht. Ebenso kann bei einer stark hochgezogenen Pupille im aphakischen Auge, entsprechend dem Zentrum der Hornhaut eine Lücke in der Iris mit Hilfe einer Laserkoagulation eröffnet werden, wodurch der Patient wieder durch das Zentrum der Hornhaut sehen kann. Verschiedene kleine Geschwülste der Iris, wie Hämangiome und Zysten der Iris, sind erfolgreich verödet worden.

Veränderungen in der *Bindehaut*, wie Hämangiome oder andere kleine Geschwülste, wurden ebenfalls entsprechend den Angaben in der Literatur mit Erfolg behandelt (Zweng et al. 1977).

10.3.4 Komplikationen

Bei all diesen Vorgehen muß an mögliche Komplikationen gedacht werden, die dadurch auftreten, daß entweder bei der Lokalisation des Defektes nahe der Makula ein Fehler unterläuft und so das zentrale Sehen schließlich eine empfindliche Störung erfährt, oder aber daß durch eine zu geringe Koagulation eines Gefäßes eine ausgedehnte Blutung erfolgt. Bei der transpupillären Koagulation muß auf die Iris geachtet werden, weil bei falscher Einstellung des Strahlenganges eine Schädigung der Iris möglich ist und auch von uns manchmal beobachtet wurde. Eine gut erweiterte Pupille mit einer exakten Lokalisation des Strahlenbündels läßt diese Komplikation weitgehend verhindern. Bei der Anwendung der Koagulation im Augenhintergrund muß auch immer die Lage der Nervenfaserbündel berücksichtigt werden, da jede papillennahe Koagulation einen peripheren Gesichtsfeldausfall verursacht. Bei Koagulationen zwischen Makula und Papille ist die Lage exakt zu prüfen, damit nicht ein zentraler Gesichtsfeldausfall als Komplikation die Folge ist.

10.4 Zusammenfassung

Die Behandlung verschiedener Erkrankungen des Auges durch *Koagulation* mit *Laserstrahlung* ist nunmehr Allgemeingut geworden. Wahrscheinlich wird die Entwicklung in den kommenden Jahren das Anwendungsgebiet noch wesentlich erweitern.

11 Der Sharplan-CO_2-Chirurgielaser in der klinischen Chirurgie

I. Kaplan

11.1 Gerät

Der Sharplan-CO_2-Chirurgielaser (Abb. 11.1) besteht aus einem Dauerbetrieb-Einmoden-(TEM_{00})-50-W-Kohlendioxidlaser, der horizontal auf einer vertikalen Teleskopsäule montiert ist. Das Laserstrahlbündel wird mit Hilfe einer Linse fokussiert, die an einem sterilisierbaren Handstück montiert ist. An diesem ist ein austauschbares Endstück befestigt, das sowohl als Führung als auch als Wundhaken dient. Ein ausbalancierter ge-

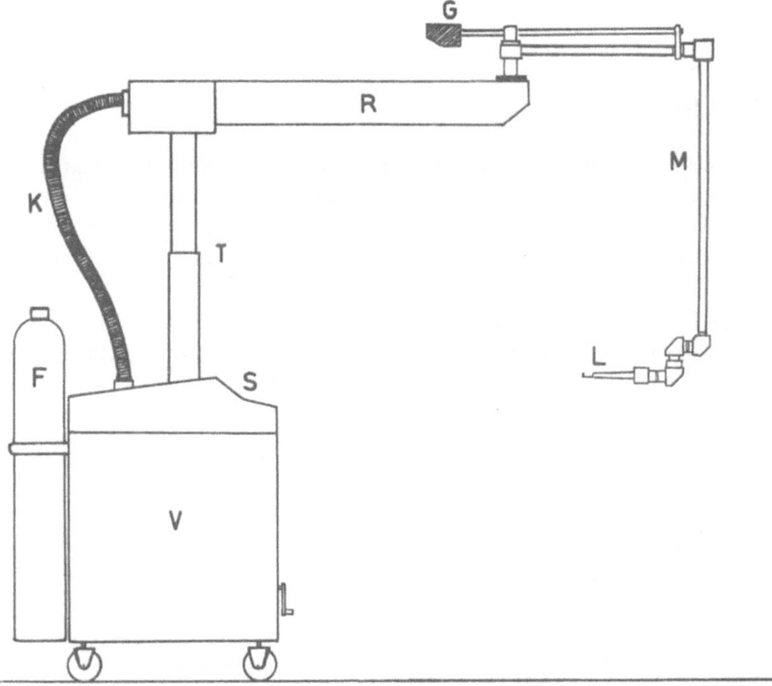

Abb. 11.1. Der CO_2-Chirurgielaser Sharplan 791. V Kabine zur Versorgung, S Schalttafel, F Gasflaschen, T Teleskopträger, K Kabelstrang, R optischer Resonator, M Manipulationsarm, G Gegengewicht, L Laserskalpell

gliederter Arm, der den Strahl von der optischen Bank (Laserkopf) zum Manipulator weiterleitet, wird während des chirurgischen Eingriffes mit einem sterilen Schlüpfer überzogen. Eine entfernt vom Gerät aufgestellte Kontrollkonsole, die mit einer sterilen durchsichtigen Plastikhaut überdeckt werden kann, ermöglicht es dem Chirurgen, selbständig das Gerät zu bedienen.

Das System ist völlig abgeschlossen und enthält eingebaute Sicherheitsvorrichtungen, wie Auslösemechanismen, Warnsysteme, Verriegelungen und Verschlüsse; es wird mit Hilfe eines gesicherten Fußschalters gesteuert.

Die spezifische Eigenschaft der CO_2-Laserstrahlung von 10,6 Mikrometer Wellenlänge, von Wasser absorbiert zu werden, und die Tatsache, daß biologisches Gewebe aus 75–90% Wasser besteht, bedingen, daß die Strahlung in ihrem Brennpunkt durch Gewebsverdampfung wirksam wird und das benachbarte Gewebe praktisch unbeeinflußt bleibt. So wird ein feiner, blutarmer Schnitt vollzogen, ohne eine primäre Heilung der entstandenen Wunde auszuschließen. Das ist der Grund dafür, daß die klinische Chirurgie ganz auf den CO_2-Laser beschränkt ist und es möglicherweise auch in Zukunft so bleiben wird.

Für diesen Zweck wurde der Sharplan-Chirurgielaser entwickelt, zusammen mit seinen verschiedenen Zusatzgeräten wie Mikroskop und Endoskop, mit oder ohne den Helium-Neon-Laser als Pilotlicht. Dieses Gerät ist nun in der klinischen Chirurgie in 22 Ländern auf jedem Gebiet der Chirurgie in Verwendung.

11.2 Indikationen

Obwohl es möglich wäre, mit diesem Gerät jede Operation durchzuführen, bringt seine Verwendung tatsächliche Vorteile, auf die im folgenden hingewiesen wird:

1) Alle Operationen, bei denen ein beachtlicher Blutverlust zu erwarten ist.

2) Operationen in sehr gefäßreichen Teilen des Körpers, z.B. Leber, Zunge, Schädel usw.

3) Exstirpationen sehr gefäßreicher Tumoren wie kavernöse Hämangiome.

4) Chirurgische Eingriffe bei Patienten, die zur Blutung neigen, wie z.B. Hämophilie, Thrombozytopenie, sowie bei heparinisierten oder mit Antikoagulantien behandelten Patienten.

5) Exstirpation maligner Tumoren. Da die Exstirpation mit dem Laser mit einer Versiegelung der Blut- und Lymphgefäße verbunden ist, dürfte die intraoperative Aussaat von malignen Zellen auf ein Minimum eingeschränkt sein, insbesonders dann, wenn eine Manipulation des Gewebes während der Operation vermieden wird. Zusätzlich ermöglicht die Hämostase dem Chirurgen, zwischen pathologischem und normalem Gewebe genauer zu unterscheiden, wodurch die Exstirpation exakter durchgeführt werden kann.

6) Chirurgie in infiziertem Gewebe. So wie die intraoperative Aussaat maligner Zellen reduziert werden kann, so kann auch die Aussaat von Bakterien während der Operation in infizierten Gebieten durch gleichzeitige Versiegelung der Gefäße und Sterilisation der Wunde vermindert werden. Glantz und Korn (1976) in Los Angeles z.B. haben gezeigt, daß dies in der Chirurgie von Dekubitusgeschwüren einen großen Vorteil bringt.

7) Chirurgie in Körperhöhlen wird durch zusätzliche Anwendung geeigneter Geräte wie Mikroskop und Endoskop wesentlich erleichtert.

8) In der Chirurgie von Organen, die gleichzeitig überwacht werden müssen, wie z.B. Gehirn oder Herz, kann der CO_2-Laser angewandt werden. Die Laserstrahlung beeinflußt nämlich nicht, wie z.B. der Elektrokauter, den Monitor. Auch bei Operationen an Schrittmacherpatienten kann der Laser verwendet werden, ohne durch eine Fehlstimulation des Schrittmachers einen Herzstillstand zu riskieren.

9) Spezifische Gewebe, wie Hornhaut oder Hirn- bzw. Rückenmarkshäute, können sehr exakt ohne Druckanwendung inzidiert werden.

12 Der CO_2-Laser in der Allgemeinchirurgie

K. Dinstl, H.J. Härb

12.1 Einleitung

Zum chirurgischen *Schneiden* ist der CO_2-Laser ausgezeichnet geeignet. Da seine infrarote Strahlung (Wellenlänge 10,6 Mikrometer, also etwa 1/100 mm) vom Gewebe (Wasser) stark absorbiert wird, entsteht beim Darüberbewegen des fokussierten Strahlenbündels (Laserskalpell) ein feiner Schnitt, dessen Tiefe von der Laserleistung, der Schnittgeschwindigkeit und der Art des Gewebes abhängt. Die Nekrosezone beiderseits des Schnittgrabens versiegelt kleine Blutgefäße.

12.2 Experimentelle Untersuchungen

12.2.1 Parenchymatöse Organe

12.2.1.1 Niere

Breitwieser et al. (1973) führten Nierenpolresektionen an Hundenieren durch. Dabei wurde die Verwendung des CO_2-Lasers mit einer Leistung von 170 W der Operation mit Skalpell und Naht gegenübergestellt. Ihre Ergebnisse sind folgende:
1) kein signifikanter Unterschied bezüglich des intraoperativen Blutverlustes;
2) kein signifikanter Unterschied im postoperativen Verlauf;
3) kein signifikanter Unterschied im Funktionsausfall bei Gegenüberstellung der Endergebnisse beider Methoden;
4) die morphologische Schädigungszone beträgt weniger als 2 mm bei beiden Methoden.

Es ergibt sich somit bei Verwendung des CO_2-Lasers *kein Vorteil* bei Nierenpolresektionen gegenüber der herkömmlichen Methode mit Skalpell und Naht.

12.2.1.2 Leber

Bezüglich der Verwendung des CO_2-Lasers bei *Leberoperationen* kamen Fidler et al. (1975) zu folgenden Resultaten:

1) Bei Verwendung des CO_2-Lasers waren postoperativ die Infektionsraten geringer.

2) Die Nekrosezone konnte kleiner gehalten werden.

3) Keine signifikante Verbesserung der Blutstillung durch die Verwendung des CO_2-Lasers.

Bei Tierversuchen (Katzen und Ratten) im eigenen Institut (Kyrle und Härb) konnte sehr wohl eine blutärmere Schnittführung bei der Leber- und Nierenteilresektion gefunden werden.

12.2.2 Tumorchirurgie

Als Vorteil der Verwendung des CO_2-Lasers in der *Tumorchirurgie* wird angeführt, daß durch *Verschweißung* der *Lymphgefäße* eine lymphogene Zellverschleppung intra operationem verhindert wird. Dieser Effekt wurde besonders von Kaplan und Ger (1973 a) postuliert und auf Grund experimenteller Untersuchungen von Frishmann et al. (1974), sowie Peled et al. (1976), vor allem auf die Tatsache zurückgeführt, daß es zu einer Versiegelung kleiner Gefäße kommt. Diese *Versiegelung* demonstrierte Pariente (1976) am Modell des Kaninchenohres. Am gleichen Modell konnten jedoch Ehrenberger und Innitzer (1978) zeigen, daß unabhängig von Bestrahlungsstärke und Schnittgeschwindigkeit bei Verwendung des Lasers wohl die Blut-, *nicht* aber die *Lymphgefäße* versiegelt werden. In weiterer Folge führten Plenk et al. (1979) experimentelle Untersuchungen an Albinoratten durch, die die Wundheilungsvorgänge nach Verwendung von CO_2-Laser, Skalpell und Elektrokauter näher durchleuchten sollten. Zur Überprüfung einer eventuellen Versiegelung der Wundränder bzw. abführender Gefäße oder Lymphgefäße wurde von den Autoren vor dem Vernähen des Schnittes sterile Tuschelösung in die Wunde eingebracht. Das Ergebnis zeigte, daß bereits 48 h nach der Operation Tuschepartikel in Makrophagen der regionalen Lymphknoten auch bei sorgfältiger Verschorfung des Wundkraters nachweisbar sind. Die Autoren schließen daraus, daß die Tumorzellverschleppung intra operationem durch die Verwendung des Lasers wahrscheinlich nicht beeinflußt werden kann. Allerdings wird bei dieser Schlußfolgerung die Zerstörung lebender Zellen im Bereich des Laserschnitts nicht berücksichtigt. Weitere Experimente sind notwendig, um die wenigsten zeitweise Verschweißung von Lymphgefäßen und den Abtransport lebender Zellen zu be- oder widerlegen.

12.2.3 Neodym-YAG-Laser

Der Neodym-YAG-Laser eignet sich zur Anwendung in der Chirurgie, da eine wesentlich bessere Koagulierfähigkeit als beim CO_2-Laser gegeben ist.
Jain und Gorisch (1979) sprechen auf Grund ihrer experimentellen Befunde vom „Schweißen" kleiner Blutgefäße. Meyer et al. (1977) wiesen die gute Koagulation bei Blutungen im oberen Gastrointestinaltrakt nach. Grotelüschen et al. (1976) fanden wesentliche *Vorteile* gegenüber dem CO_2-Laser bei *Leberresektionen* infolge guter Koagulation kleiner Blutgefäße. Kiefhaber et al. (1979) machten sich diese Eigenschaft des Neodym-YAG-Lasers für die *endoskopische Koagulation* von Blutungen im Magen, Ösophagus und Zwölffingerdarm zunutze.

12.3 Eigene klinische Erfahrungen

12.3.1 Krankengut

Vom Oktober 1975 bis 31. Dezember 1979 wurden an der I. Chirurgischen Abteilung der Krankenanstalt Rudolfstiftung mit dem CO_2-Laser (Sharplan-Laser) insgesamt 409

Eingriffe vorgenommen. Das Krankengut soll in den Tabellen 12.1–12.3 aufgeschlüsselt werden. In *Tabelle 12.1* ist die Übersicht der einzelnen Erkrankungen dargestellt. *Tabelle 12.2* zeigt gutartige Brustdrüsenerkrankungen. Es wurden insgesamt 134 Operationen mit dem Laser durchgeführt. Postoperative Komplikationen (Wundheilungsstörungen,Exitus) traten in keinem Fall auf.

Tabelle 12.1. Das mit CO_2-Laser operierte Krankengut

Art der Erkrankung	Operationen	Patienten	Durchschnittliches Alter	Todesfälle
Benigne Brustdrüsenerkrankungen	134	119	43	0
Maligne Brustdrüsenerkrankungen	153	143	65	1
Maligne Tumoren der Haut und Weichteile	29	26	65	2
Benigne Tumoren der Haut und Weichteile	14	13	39	0
Magen- und Darmerkrankungen	14	12	66	2
Lebererkrankungen	3	3	32	0
Sakraldermoide	16	16	25	0
Chronische Entzündungen, Ulzera, Fisteln	22	21	46	1
Maligne gynäkologische Erkrankungen	8	8	70	0
Benigne gynäkologische Erkrankungen	16	16	23	0
Summe	409	377	–	6

Tabelle 12.2. Gutartige Brustdrüsenerkrankungen

Mastopathien	86
Fibroadenome der Mamma	22
Lipomatosen, Zysten, Granulome	14
Gynäkomastien	12
Summe	134

Operationen bei *malignen* Erkrankungen (Tabelle 12.3) wurden 196mal, das sind rund die Hälfte aller Operationen, durchgeführt; davon in 153 Fällen Operationen wegen Mammakarzinoms (Tabelle 12.4), in 36 Fällen bei Haut-, Weichteil- und Vulvamalignomen.

Tabelle 12.3. Operationen wegen maligner Erkrankungen

Bösartige Brustdrüsenerkrankungen	153
Tumoren der Haut und Weichteile	29
Magen- und Darmerkrankungen	7
Gynäkologische Krankheiten	7
Summe	196

Tabelle 12.4. Mammakarzinome

TIS	3
$T_1 N_0 M_0$	40
$T_2 N_0 M_0$	31
$T_{3,4} N_0 M_0$	5
$T_{1,2,3,4} N_1 M_0$	33
Alle Stadien mit $N_2 M_0$	3
Alle Stadien mit M_1	12
Rezidive	20
Beiderseitig	6
Summe	153

12.3.2 Operationen wegen Mammakarzinom

Welche *Art* der Operation bei den Mammakarzinomen vorgenommen wurde, ist aus *Tabelle 12.5* zu erkennen.

Bei den Operationen wegen Mammakarzinoms verstarben an internistischen Komplikationen zwei Patienten, das entspricht einer Operationsletalität von etwa 1,3 %. In diesem Krankengut fiel das Fehlen an postoperativen Wundheilungsstörungen auf. 20mal wurde wegen eines *Rezidivs* bei 15 Patienten operiert (Tabelle 12.6). Von diesen wurden 4 Patienten primär auswärts operiert, 8 stammen aus dem eigenen Krankengut vor Einführung des Lasers, und bei 3 Fällen handelt es sich um Rezidive, die nach Operation mit Laser auftraten. Von diesen 3 Fällen kam es bei 2 Patientinnen nach einer Ab-

Tabelle 12.5. Mammakarzinomoperationen mit Laser

Operationsart	Anzahl
Radikaloperationen (Ablatio mammae)	77
Quadrantenresektion + axilläre Lymphknotenausräumung	8
Ablatio mammae simplex	29
Rezidiveingriffe	20
Übrige Eingriffe	19
Summe	153

Tabelle 12.6. Rezidive nach Mammakarzinom

	Patienten	Operationen
	15	20
Primär auswärts operiert	4	
Eigenes Krankengut (vor Laseroperation primär operiert)	8	
Nach Laseroperation	3[a]	

[a] 1 Ablatio nach 1 Jahr, echtes Lokalrezidiv
1 Ablatio simplex ohne Axilla, axilläres Rezidiv
1 Ablatio simplex + Axilla (nicht radikal), axilläres Rezidiv

latio mammae simplex ohne axilläre Lymphknotenausräumung zu einem axillären Lymphknotentumor. Bei einer Patientin trat ein echtes Lokalrezidiv im Bereich der Wunde auf.

Ein Zusammenhang zwischen Verwendung des Lasers und gezielter organerhaltender Mammachirurgie ist nicht erwiesen. In unserem Krankengut wurde bei 8 Patientinnen eine Quadrantenresektion durchgeführt, die Indikation wurde aber nach Tumorstadium und Lokalisation gestellt.

Wegen der Kürze der zurückliegenden Berichtszeit sind wir derzeit *nicht* in der Lage, ein endgültiges Urteil über den Wert der Anwendung des Lasers in der Mammachirurgie abzugeben, da noch keine Spätresultate vorliegen.

12.3.3 Operationen wegen Tumoren der Haut und Weichteile

Bei Operationen maligner und benigner Tumoren der Haut und Weichteile (Tabelle 12.7) ergab sich kein neuer Gesichtspunkt. Auch bei den 38 Operationen wegen chronischer Entzündungen, Ulzera und Fisteln, die aus *Tabelle 12.8* ersichtlich sind, fiel das Fehlen postoperativer Wundheilungsstörungen auf.

Tabelle 12.7. Tumoren der Haut und Weichteile

A) Maligne:	
1) Melanome	8
2) Basaliome	4
3) Andere	17
B) Benigne	14
Summe	43

Tabelle 12.8. Chronische Entzündungen, Ulzera, Fisteln

Sakraldermoide	16
Osteomyelitis	3
Unspezifische Rektal- und Analfisteln	4
Gangräne, Ulzera	2
Übrige Ulzera	13
Summe	38

12.3.4 Magen- und Darmchirurgie

Die Verwendung des CO_2-Sharplan-Lasers im Rahmen der Magen- und Darmchirurgie ergab keine neuen Gesichtspunkte und stellt somit keinen wesentlichen Fortschritt in der operativen Technik dar. Bei Durchführung des perinealen Aktes im Rahmen von abdominoperinealen Rektumoperationen zeigte sich, daß das Gerät in diesen Fällen eher schwierig zu handhaben und unhandlich ist.

12.3.5 Leberoperationen

Die Erfahrungen bei Leberoperationen stehen aus eingangs erwähnten Gründen hinter den Erwartungen zurück. Die Koagulation der Blutgefäße mit dem CO_2-Laser ist für die Operation an der Leber, infolge des Blutreichtums des Organs und der dadurch erhöhten „Feuchtigkeit", nicht ausreichend. Berichte über die Verwendung des *Neodym-YAG-Lasers* bei Leberoperationen sind ermutigender, da auch die Koagulierfähigkeit des Neodym-YAG-Lasers wesentlich besser ist. Hier scheinen aber auch andere Methoden, wie z.B. die Anwendung des *Infrarotkoagulators*, einfacher zu sein.

12.4 Zusammenfassung

Unsere Erfahrungen mit dem CO_2-Sharplan-Laser lassen sich demnach wie folgt zusammenfassen:

12.4.1 Vorteile

1) Als größter Vorteil ist die fehlende postoperative Infektion anzusehen. Auch bei Eingriffen, die im infizierten Gewebe durchgeführt werden (Operationen von Fisteln, Gangränen, infizierte Ulzera), erfolgte nach Entfernung des infizierten Gewebes mit dem Laser eine primäre Wundheilung. Dies wird von uns im zunehmenden Maße bei notwendigen *Amputationen* am Vorfuß infolge diabetischer Gangräne ausgenützt.

2) Verminderung von Parenchymblutungen, z.B. bei Ablatio mammae, sowie Fehlen von postoperativen Wundseromen.

3) Der Schnitt ist *ohne Druck* möglich.

4) Geringer postoperativer Wundschmerz.

12.4.2 Nachteile

1) Verlängerung der Operationszeit bei Verwendung des Lasers, da immer nur kleine Gewebsschichten durchtrennt werden. Die *Schnittiefe* beim Laserschnitt ist abhängig von:

a) Laserleistung (Watt);
b) Schnittgeschwindigkeit (Verweilzeit);
c) Größe des Brennfleckes (Linsenbrennweite, fokale oder extrafokale Anwendung);
d) Gewebe: Wassergehalt, angewandte Spannung.

Somit ist die Schnittwirkung auch bei voller Ausnützung der Ausgangsleistung des Gerätes um so schwächer, je wasserhaltiger das zu durchtrennende Gewebe ist (Energieverlust infolge Kochens der Gewebsflüssigkeit).

2) Spritzende Gefäße ab einem Durchmesser von 0,5 mm soll man ligieren.

3) Infolge der Nekrosezone heilen Hautschnitte langsamer als bei Schnitten mit dem Skalpell; die Nähte müssen länger belassen werden. Diesen Umstand kann man umgehen, indem man den Hautschnitt mit dem Skalpell durchführt.

4) Die Präparation in Nähe von zu schonenden großen Gebilden ist mit dem Laser *zu* gefährlich, da die Schnittiefe nicht immer kontrollierbar ist.

12.4.3 Rauchentwicklung

Der anfangs gesehene Nachteil einer beträchtlichen Rauchentwicklung mit Geruchsbelastung des Operationsteams konnte von unserem Physiker Dr. P.L. Fischer durch Entwicklung eines *Absauggerätes* aufgehoben werden (Abb. 12.1).

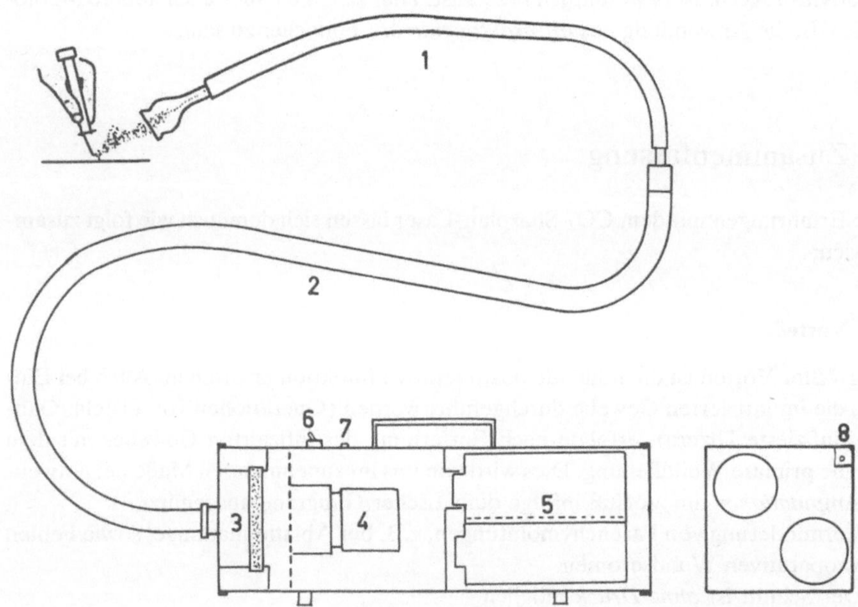

Abb. 12.1. Absauggerät für Laseroperationen. 1 steriler Gummischlauch mit Kyrle-Tulpe, 2 dicker Plastikschlauch, 3 Kunststoffilter, 4 Staubsaugermotor, 5 zwei Aktivkohlepatronen, 6 Schalter, 7 Sicherung, 8 Schutzschalter

13 Endoskopische Lasertherapie bei gastrointestinalen Blutungen

P. Kiefhaber

13.1 Einführung

Die akute gastrointestinale Blutung ist eine gefürchtete *Komplikation* verschiedener Erkrankungen des Gastrointestinaltraktes, von schweren Allgemeinerkrankungen und Traumen, aber auch der operativen und medikamentösen Therapie. Auf Grund klinischer Erfahrungen und pathophysiologischer Überlegungen ist bei der Behandlung gastrointestinal blutender Patienten *Eile* geboten (Finsterer 1944). Buchborn (1960) hat die Situation treffend mit der Maxime der Feuerwehr charakterisiert:

„Wer schnell hilft, hilft doppelt."

Dadurch werden massivere Blutverluste und das Auftreten irreparabler Organschäden im *hämorrhagischen Schock* vermieden.

Mit einer wirksamen endoskopischen Blutstillungsmethode werden neben dem Vorteil der unmittelbaren Erfolgskontrolle alle die Faktoren, die das Schockgeschehen negativ beeinflussen, ausgeschaltet oder zumindest erheblich vermindert:

1) Die für die Prognose des Patienten entscheidende *Dauer* des hämorrhagischen Schocks wird durch die unmittelbare Aufeinanderfolge von endoskopischer Diagnostik und endoskopischem Verschluß der Blutungsquelle so klein wie möglich gehalten.

2) Die Verminderung der Zahl der zur Aufrechterhaltung des Kreislaufes notwendigen *Blutkonserven* ist nicht nur aus Gründen der möglichen Infektion mit Hepatitisviren wünschenswert, sondern vor allem deshalb, weil sich die Organperfusion mit jeder gegebenen Blutkonserve verschlechtert.

3) Hinsichtlich der *Verbrauchskoagulopathie*, die bei massiven Blutungen schon nach einer halben bis zu einer Stunde meßbar ist, ist ein schneller Verschluß der Blutungsquelle vorteilhaft.

4) Durch den sicheren endoskopischen Verschluß der Blutungsquelle können *Notoperationen*, die mit einer hohen Letalität einhergehen, in größerem Umfang vermieden werden. Selbst kleinere Eingriffe gehen bekanntlich mit einem Operationstrauma einher, das die Schocksituation zusätzlich verschlechtert.

Von den möglichen endoskopischen Blutstillungsmethoden, wie der Injektions- oder der Sklerosierungstechnik, der Elektrokoagulation sowie der Hitze- und Gefriersonden, bevorzugen wir die Neodym-YAG-Laserkoagulation wegen ihrer universellen Anwendbarkeit bei gastrointestinalen Blutungen sowie den Vorzügen der berührungslosen Energieübertragung und ihrer ziemlich genauen Dosierbarkeit.

13.2 Instrumentarium

Für die endoskopische Blutstillung im Gastrointestinaltrakt mit Laserstrahlen mußten für endoskopische Zwecke geeignete flexible *Lasertransmissionssysteme* entwickelt werden. Zusätzlich war ein Umbau der vorwiegend für diagnostische Zwecke konzipierten *Endoskope* für die Bedürfnisse der Notfallendoskopie und der Lasertherapie notwendig.

Als Transmissionssystem verwendeten wir die von Nath entwickelte, flexible trikonische Quarzfaser, die in vielen kleinen Schritten verbessert und zweikanaligen Endoskopen angepaßt wurde (Moritz 1978; Nath et al. 1973a).

Ausführliche Darstellung der Lasertransmissionssysteme s. Kap. 4.3.5.4.

Die Vorteile dieses Laserlichtleiters für den Endoskopiker bestehen im Vergleich zu anderen Lasertransmissionssystemen, die zum Zwecke der Nachrichtenübertragung entwickelt wurden und einen gleichbleibenden Faserquerschnitt besitzen, darin, daß der aus dem Faserende austretende Laserstrahl einen sehr geringen *Divergenzwinkel* besitzt (für Neodym-YAG-Strahlung 4,2°, für Argon 1,5°). Damit kann der Arbeitsabstand zwischen dem Lichtleiterende und der Blutungsquelle innerhalb mehrerer Zentimeter variiert werden, ohne daß sich die Leistungsdichte im Strahlquerschnitt merklich ändert. Der geringe Strahldivergenzwinkel erlaubt es daher, den Lichtleiter fest im kleineren Kanal eines doppelkanaligen Endoskops zu fixieren und seine Spitze (s. Abb. 4.12) durch ein auswechselbares Quarzglasfenster vor Kontamination mit Schleim und Blut zu schützen. Dieses Laserfenster *L* wird durch die gleiche Spüleinrichtung *F* wie das der Sichtoptik *O* sauber gehalten.

Einfache Handhabung, exaktes Zielen und erfolgreiche Laserblutstillung sind durch die streng koordinierte Bewegung des Laserstrahles mit der Endoskopspitze und durch einen zusätzlichen dritten Kanal *S*, durch den ein gerader, herauskommender Wasserspülstrahl oder CO_2-Gasstrahl austreten kann, gewährleistet.

13.3 Laserkoagulation

13.3.1 Prinzip

Trifft der Laserstrahl auf die Blutungsquelle auf, so dringt er in Abhängigkeit seiner Wellenlänge verschieden tief in Blut und Gewebe ein.

Durch *Absorption* der Strahlung im strömenden Blut, in der Wand des Gefäßstumpfes sowie im umgebenden Gewebe entsteht Wärme. Je nach der Größe der Bestrahlungsstärke (W/cm^2) und Dauer der Strahlexposition (s) entstehen im bestrahlten Gewebe verschieden hohe Temperaturen. Bei Pulsen von 1/2 s Dauer wurden mit einem Neodym-YAG-Laser mit 80 W Ausgangsleistung aus dem Lichtleiterende an der Endoskopspitze Temperaturen von 160–200 °C auf der Oberfläche eines blutenden, experimentell erzeugten Ulkus mit der Infrarotkamera gemessen. Temperaturen dieser Höhe führen zu einer leimartigen Koagulationsschicht, welche den Blutungsdefekt zuverlässig abdichtet und zugleich als Leitschiene für die vom Rande her einsprossende Mukosa dient. So wird ein im Durchmesser 1 cm großer Defekt nach der Laserblutstillung nach 10 bis 15 Tagen von einschichtigem Epithel und nach vier Wochen von normal hoher Mukosa überkleidet.

13.3.2 Vorteile des Neodym-YAG-Lasers

Die Vorteile der Strahlung des Neodym-YAG-Lasers gegenüber der des Argonlasers, vor allem bei stärkeren arteriellen Blutungen, können in folgenden Punkten zusammengefaßt werden:

1) Etwa 4mal *größere Eindringtiefe* im *Blut*; daher werden über dem blutenden Gefäßstumpf liegende Blutschichten besser durchdrungen, weil die selektive Absorption durch das Hämoglobin nicht so groß ist wie beim Argonlaser.

2) Etwa 5mal *größere Eindringtiefe* in das *Gewebe* (Mukosa des Magens); daher Ausbildung tiefer reichender und soliderer Thromben. Dies bedeutet einen beachtlichen Vorteil vor allem bei Thrombozytenaggregationsstörungen und Koagulopathien.

3) Große *Ausgangsleistung* (80 W an der Endoskopspitze). Durch diese kann die Expositionszeit kurz (0,5–1 s) gehalten und der Wärmetransport durch das strömende Blut kompensiert werden. Dies ist vor allem beim Verschließen spritzender arterieller Blutungen dringend erforderlich. Die Laserschüsse müssen auch deshalb *kurz* gehalten werden, weil ihr Ziel, die Blutungsquelle, infolge Atmung, Herzpulsation und Peristaltik meist bewegt sind (Kiefhaber et al. 1977).

13.3.3 Sicherheit

Die Frage der Sicherheit der Laserstrahlung hinsichtlich der *Perforation* im Gastrointestinaltrakt wurde tierexperimentell sowohl für die akute Situation der Blutstillung als auch für die darauffolgenden Tage an Hand von Abheilstudien untersucht. Bei Patienten konnte eine ausreichende Sicherheit der Neodym-YAG-Laserstrahlung, selbst für die durch tiefere, akute Ulzera reduzierten Wandungen des Magen-Darm-Traktes nachgewiesen werden. Problematisch sind lediglich wiederholte Laserkoagulationen von akuten Ulzera in kurzen zeitlichen Intervallen von wenigen Tagen sowie tiefpenetrierende, kurz vor der Spontanperforation stehende Ulzera und Risse.

13.4 Klinische Erfahrungen

13.4.1 Übersicht

In den letzten Jahren hat die endoskopische Laserblutstillung im Gastrointestinaltrakt trotz mannigfacher technischer Anfangsschwierigkeiten Eingang in die Klinik gefunden.

Auf Grund einer *Telefonumfrage* bis September 1979 standen
254 Argonlaser-Blutstillungen bei 196 ausgewählten Patienten in 6 Zentren
1776 Neodym-YAG-Laser-Blutstillungen bei 1533 nicht selektierten Patienten in 32 Zentren gegenüber (Tabelle 13.1).

Die mitgeteilten Erfolgsquoten schwanken für beide Laserarten von 70–100%. Dwyer (1979, persönliche Mitteilung), der beide Laserarten einsetzte, hatte bei der Anwendung des Argonlasers und bei ausgewählten Patienten nur in 70% Erfolg, während er bei Anwendung des Neodym-YAG-Lasers und *nicht ausgewählten* Patienten in 87% die Blutungsquelle erfolgreich verschließen konnte.

Tabelle 13.1. Auf Grund einer Telefonumfrage ermittelte gastroenterologische Zentren, die endoskopische Blutstillungen mit dem Argonlaser bzw. mit dem Neodym-YAG-Laser vorgenommen haben

Argonlaser

		Blutungen	Patienten	%
Brunetaud	F-Lille	87	80	87
Waitman	USA-New York	50	20	94
Frühmorgen	D-Erlangen	43	41	83
Dwyer	USA-Los Angeles	34	21	70
Le Bodic	F-Nantes	18	14	82
Laurence	GB-London	12	10	70
Manegold	D-Mannheim	10	10	100
		254	196	

Neodym-YAG-Laser

		Blutungen	Patienten	%
Kiefhaber	D-München	587	459	94
Schönekäs	D-Nürnberg	334	298	93
Dwyer	USA-Los Angeles	106	71	87
Pösl/Sander	D-München	83	61	97
Rhode	D-Marburg	83	61	92
Ramirez	MEX-Mexiko		80	
Weinzierl	D-München	77	70	74
Ghezzi	I-Mailand	75	65	87
Vantrappen	B-Löwen	53	50	96
Wotzka/Kaes	D-München	48	35	81
Ultsch/Bader	D-München	37	27	88
Stauber	A-Steyr	30	28	80
Fiedler/Waldm.	D-Freiburg	30	25	80
Kreutzer	A-Wien	29	25	90
Richter	D-Mannheim	25	20	92
Escourrou	F-Toulouse	22	20	75
Immig	D-Köln	22	14	82
Knop/Hausamen	D-Dortmund	22	20	82
Marcon	CDN-Toronto	20	18	75
Ihre	S-Stockholm	15	15	93
Dixon	USA-Utah	15	12	100
Troidl	D-Kiel	12	10	85
Viets	D-Bremen	11	11	100
Beckley	GB-Plymouth	11	9	82
Classen/Wurbs	D-Frankfurt	10	10	100
Zimmermann	D-München	5	5	100
Soehendra	D-Hamburg	3	3	100
Stadelmann	D-Fürth	3	3	100
Tijtgat	NL-Amsterdam	3	3	75
Deyhle	CH-Zürich	3	3	100
Möckel	D-Köln	2	2	100
		1776	1533	

13.4.2 Eigenes Krankengut

13.4.2.1 Patientenüberblick

Bei *1412 Notfallendoskopien*, die wegen Bluterbrechens, Blut- oder Teerstühlen innerhalb der vorausgegangenen 24 h durchgeführt wurden, fanden sich zum Zeitpunkt der Endoskopie *noch 663 laufende Blutungen*. Dieser hohe Prozentsatz (49,1%) akut blutender Patienten beruhte auf der großen Zahl vorendoskopierter und zur Laserblutstillung überwiesener Patienten aus 30 Krankenhäusern der Umgebung.

Bei vielen Patienten lag auf Grund der Schwere der Grunderkrankung, ihres hohen Alters und des bereits eingetretenen schlechten Zustandes ein kaum vertretbares Operationsrisiko vor. Eine große Anzahl von Patienten kam mit dem 2. bis 5. Blutungsereignis innerhalb von wenigen Tagen. 48% der Patienten hatten das 60. Lebensjahr bereits überschritten. 72% kamen von chirurgischen oder internen Intensivstationen. Über die Hälfte der Patienten war im Schock (Schockindex von Allgöwer, Puls pro Minute/RR syst. über 1).

Bei 47% war die als Operationsindikation geltende Menge von 1500 ml Blut/12 h zur Aufrechterhaltung der Kreislauffunktion bereits überschritten worden.

Bei 37% war der Hämoglobinspiegel bereits unter 8 g % abgesunken, was auf eine länger bestehende Blutung hinwies.

Bei diesen sehr gefährdeten Patienten mußte natürlich parallel zu den endoskopischen Maßnahmen eine subtile Schockbehandlung und -überwachung durchgeführt werden. Ferner waren Maßnahmen zur Verhinderung von Aspirationen durch Intubationsnarkose sowie ein rascher Ausgleich der gestörten Hämostase angezeigt.

Ergebnisse: 618 (93%) von 663 Blutungsereignissen bei 511 unausgewählten Patienten konnten mit dem Neodym-YAG-Laser zum Stillstand gebracht werden. Bei 45 Blutungen gelang die endoskopische Blutstillung wegen Gerätedefekten, nichteinstellbarer Blutungsquellen oder stark verlängerter Blutungszeit nicht.

Unter den 618 (Abb. 13.1) mit dem Laser beherrschbaren Blutungen waren

- 125 Blutungen aus Ösophagus- und Magenvarizen,
- 71 Mallory-Weiss-Rißblutungen,
- 344 Ulkusblutungen im Ösophagus, Magen, Duodenum und Jejunum (B II Anastomosen); eingeschlossen sind 14 akute Blutungen aus Karzinomen des Magens und der Kardia,
- 72 Blutungen aus multiplen Erosionen mit Einschluß der Blutungsereignisse aus multiplen Ösler-Hämangiomen,
- 6 Blutungsereignisse, sowohl arterielle als auch venöse, im Rektum und Kolon.

13.4.2.2 Varizenblutungen

Akute Varizenblutungen im Ösophagus (Abb. 13.2) und Magen konnten in 91% zum Stillstand gebracht werden. Bei einem Drittel der Patienten traten jedoch Rezidivblutungen im Intervall von 2 bis 30 Tagen auf. Die blutenden Defekte waren jedoch neu. In keinem Fall konnte ein Aufbrechen eines einmal koagulierten Defektes gesehen werden. Oft waren Rezidivblutungen durch multiple Erosionen verursacht, die nach Gaben des Histaminliberators Neomycin trotz gleichzeitiger Therapie mit Cimetidine (Tagamet) beobachtet wurden.

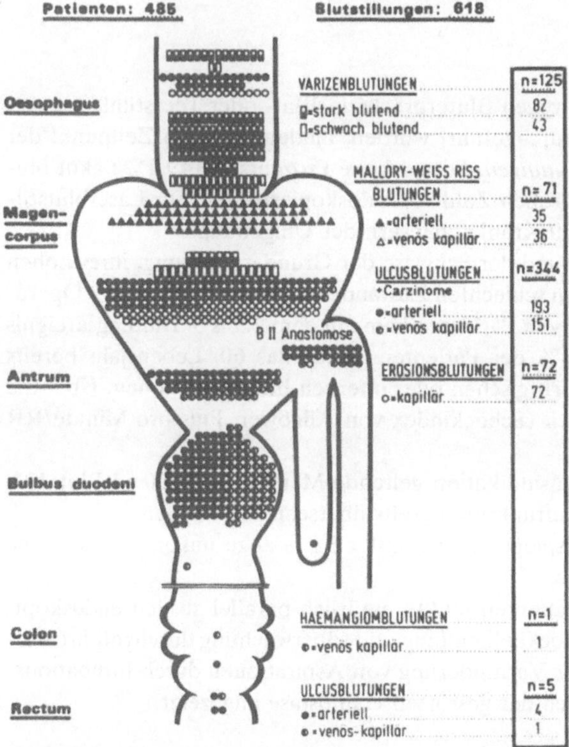

Abb. 13.1. Topische Übersicht der verschiedenen erfolgreich laserkoagulierten Blutungsquellen

Ebenso führten Medikationen mit Heparin in der sog. „low dose" mit 300–600 IE/h zu kapillären Randblutungen aus den Randbezirken der laserkoagulierten Defekte.

Um Rezidivblutungen aus Varizen zu vermeiden, sollten im blutungsfreien Intervall innerhalb des 2.–4. Tages druckentlastende Shuntoperationen oder zuverlässige Sklerosierungen durchgeführt werden.

Bei Blutungen aus isolierten Magenvarizen infolge einer Milzvenenthrombose ist die Splenektomie im blutungsfreien Intervall angezeigt.

Laserinduzierte Perforationen des Ösophagus und Magens während oder nach Laserblutstillung wurden nicht beobachtet.

▷

Abb. 13.2. Spritzende Varizenblutung in der Mitte des Ösophagus **a**, **b** vor und **c** nach Laserkoagulation

Abb. 13.3 a–d. Arteriell spritzende Streß-Ulkus-Blutung an der Spitze des Bulbus duodeni. **a** Akute Blutung, **b** unmittelbar nach der Laserkoagulation, **c** Abheilungsstadium nach 14 Tagen, **d** Abheilungsstadium nach 4 Wochen

Abb. 13.4 a–c. Spritzende arterielle Blutung aus einem Dieulafoy-Ulkus an der Magenkorpushinterwand, **a** akute Blutung, **b** Zustand nach Laserkoagulation, **c** fast vollständig abgeheilter Koagulationsdefekt

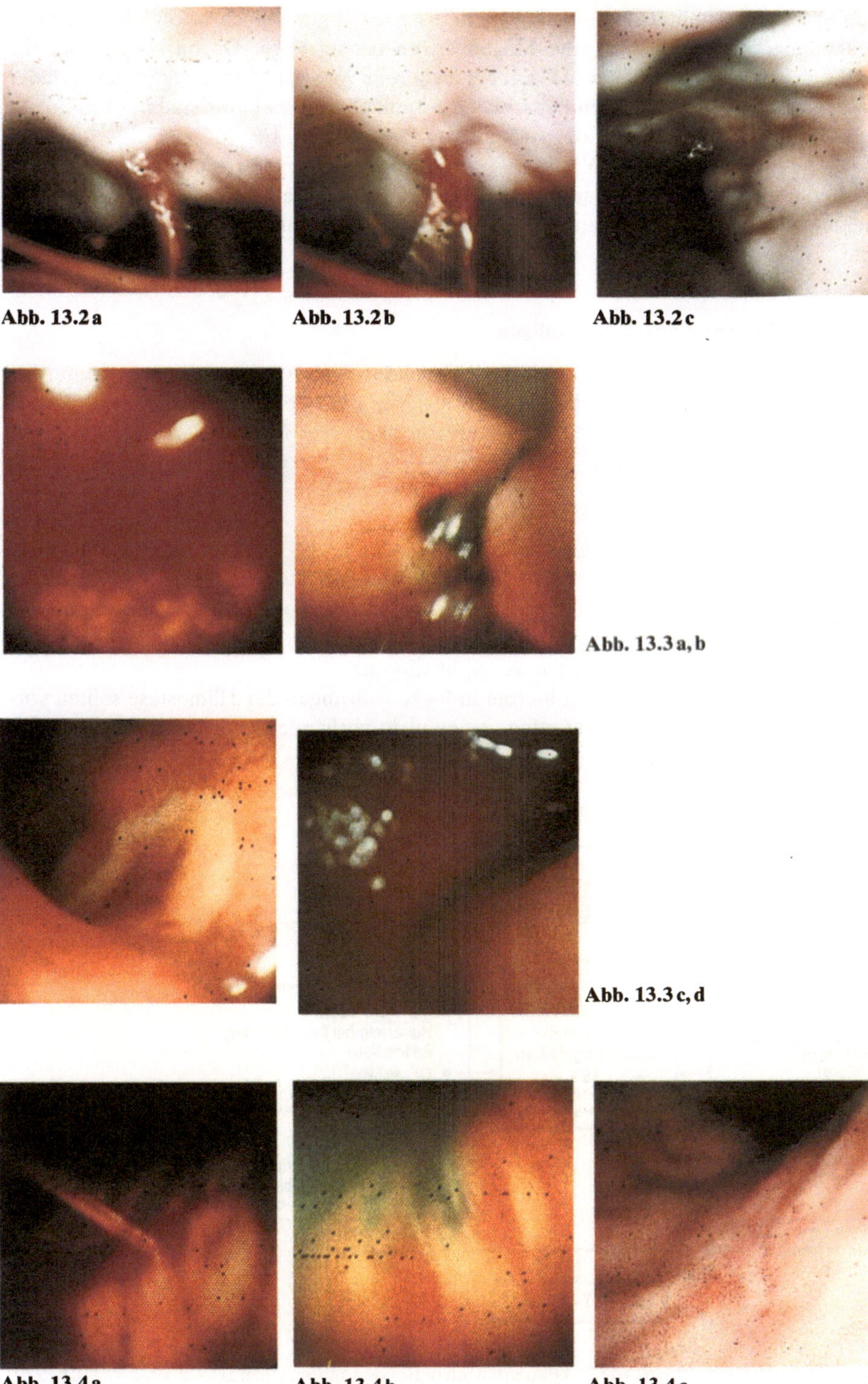

Abb. 13.2a

Abb. 13.2b

Abb. 13.2c

Abb. 13.3a, b

Abb. 13.3c, d

Abb. 13.4a

Abb. 13.4b

Abb. 13.4c

Die Gesamtletalität des unausgewählten Patientengutes nach erfolgreicher Laserblutstillung von Ösophagus- und Magenvarizen betrug 66%. Davon waren über die Hälfte der Patienten im Stadium C mit einem bereits vorbestehenden oder kurz nach der Laserkoagulation eintretenden hepatischen Koma. Die Letalität im Stadium Child A + B betrug 44%. Die Letalität der geshunteten Patienten lag bei 42%.

Der *Vorteil* der Neodym-YAG-Laser-Blutstillung bei der Varizenblutung liegt in der raschen und zuverlässigen Blutstillung (91%), die Notoperationen in hohem Maße vermeidet und Elektivoperationen oder Sklerosierungen im blutungsfreien Intervall ermöglicht.

13.4.2.3 Mallory-Weiss-Rißblutungen

Nach erfolgreicher Laserkoagulation von blutenden Mallory-Weiss-Rissen, die nur bei hochgradigen Störungen der Hämostase Schwierigkeiten bereitet, ist eine nachfolgende Operation nur bei sehr tiefen Defekten erforderlich.

13.4.2.4 Blutende akute Ulzera

Blutende akute Ulzera werden durch Streß (Abb. 13.3), Arzneimittel, Sondendruck oder arteriellen Druck wie beim Dieulafoy-Ulkus (Abb. 13.4) erzeugt; wegen der häufig zugrunde liegenden schweren Erkrankungen, wie intrazerebrale Blutungen, Herzinfarkten, Pneumonien, akute Niereninsuffizienzen, Sepsen oder Polytraumen, stellt die Blutung aus akuten Ulzera eine ernste Komplikation dar.

Die Laserblutstillung gelang hierbei in 94%. Störungen der Hämostase sollten vorher durch Gaben von Frischblut oder – wenn nicht vorhanden – mit fresh frozen Plasma ausgeglichen werden.

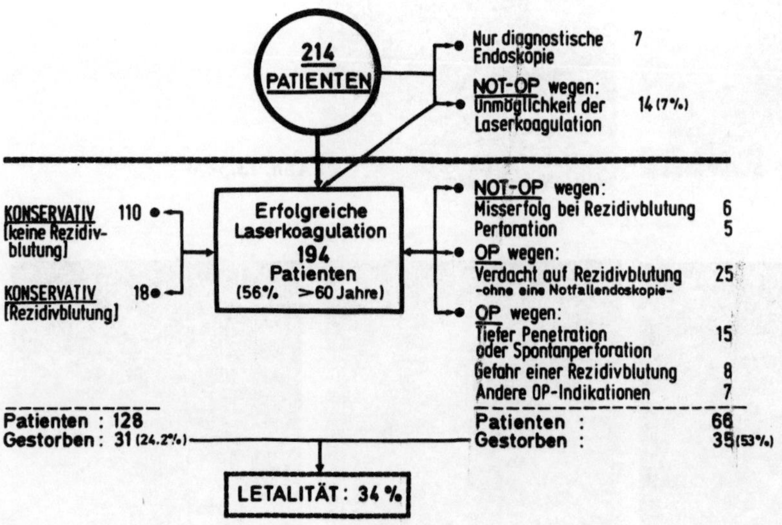

Abb. 13.5. Verlaufsschema von 214 Patienten mit blutenden akuten Ulzera (14.9.1975–31.12.1979)

Durch zusätzlich säurereduzierende Maßnahmen, durch orale Antacida sowie Tagamet plus Gastrozepingaben können Blutungsrezidive aus bereits laserkoagulierten Ulzera oder neuentstandenen Ulzera reduziert werden.

Technische Fehler, wie abgefallene Laserausgangsleistung sowie wiederholte notwendige Koagulationen desselben Defektes innerhalb weniger Tage, waren die Ursachen für 8 Perforationen, die insgesamt 1,2% ausmachten.

Im gleichen Zeitraum haben wir bei akuten Ulzera 11 Spontanperforationen erlebt, die nicht laserkoaguliert wurden.

Nach erfolgreicher Laserblutstillung blutender Ulzera ist die Behandlung vorwiegend konservativ (Herfarth und Kiefhaber 1978). Ausnahmen stellen tief penetrierende Defekte und riesige Ulzera mit einem dicken arteriellen Stumpf dar (s. Abb. 13.5).

Bei Rezidivblutungen sollte ein zweites Mal laserkoaguliert und dann – wenn notwendig – im blutungsfreien Intervall operiert werden.

Durch die erfolglose Laserkoagulation blutender akuter Ulzera sowie durch die aufgetretenen Perforationen wurde die operative Letalitätsrate nicht erhöht (Feifel et al. 1979).

Durch Einsatz der Laserkoagulation bei blutenden akuten Ulzera konnte im Vergleich zu einem Zeitraum, in dem der Laser nicht zur Verfügung stand, die Letalität von 58 auf 34% gesenkt werden. In diesen Zahlen sind auch alle Patienten enthalten, die an ihren, einer Therapie unzugänglichen Grunderkrankungen verstorben sind (Tabelle 13.2).

13.4.2.5 Blutende chronische Ulzera

Bei ausgeglichener Hämostase bereitet die Blutstillung bei blutenden chronischen Ulzera mit dem Neodym-YAG-Laser meist keine Schwierigkeiten.

Perforationen nach Laserkoagulation wurden nicht beobachtet. Rezidivblutungen traten nur bei nicht konsequent durchgeführter Säurereduktion auf.

Im Gegensatz zu den blutenden akuten Ulzera sollte nach erfolgreicher Laserkoagulation chronischer Ulzera die Elektivoperation im blutungsfreien Intervall angestrebt werden (Abb. 13.6). Durch Einsatz der Laserblutstillung bei blutenden chronischen Ulzera konnte die Letalität, die nach Vagotomieoperation vorher bei 15% und nach resezierten Operationen 25% betrug, auf 3,4% gesenkt werden (Tabelle 13.3). Der Tod der zwei verstorbenen Patienten der laserkoagulierten Gruppe ist in erster Linie auf die Fol-

Tabelle 13.2. Letalitätsraten von Patienten mit blutenden Ulzera der Chirurgischen Universitätsklinik München (1967 bis 4.10.1977) und der Medizinischen Universitätsklinik Innenstadt (1975 bis 31.12.1979)

	Operation			Koagulation (+ OP)		
	n	†	%	n	†	%
Streß	101	64	63	49	24	49
Arzneimittel	30	12	40	73	23	31,5
Sonstige	–	–	–	72	19	25
	131	76 =	58%	194	66 =	34%

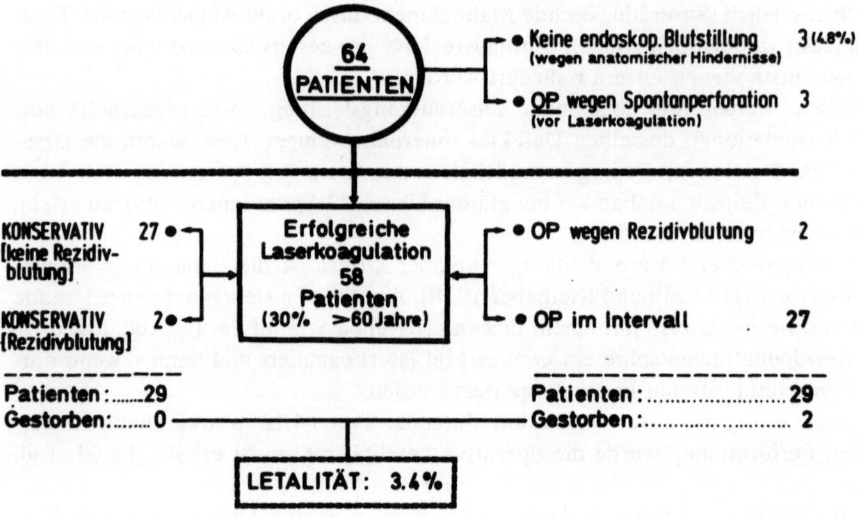

Abb. 13.6. Verlaufsschema von 64 Patienten mit blutenden chronischen Ulzera (14.9.1975–31.12.1979)

Tabelle 13.3. Letalitätsraten von Patienten mit blutenden chronischen Ulzera der Chirurgischen Universitätsklinik München (1967 bis 4.10.1977) und der Medizinischen Universitätsklinik Innenstadt (1975 bis 31.12.1979)

	Vagotomie			Resektion			Koagulation (+ OP)		
	n	†	%	n	†	%	n	†	%
Magen	13	4	31	47	6	13	18	1	5,5
Duodenum	65	8	12	40	12	30	32	1	3,1
Jejunum	–	–	–	15	8	53	8	0	–
	78	12 =	15%	102	26 =	25%	58	2 =	3,4%

gen des Schocks bei aufgepropfter Aspirationspneumonie zurückzuführen, wodurch die Notwendigkeit der Verhinderung von Aspirationen unterstrichen wird.

13.5 Zusammenfassung

Die *endoskopische Laserkoagulation* zur Blutstillung akuter gastrointestinaler Blutungen, die sofort nach der endoskopischen Diagnose und Lokalisation der Blutungsquelle einsetzbar ist, stellt wegen der hohen Erfolgsrate ein empfehlenswertes Verfahren für die Endoskopiker dar, die in der Auffindung von Blutungsquellen Erfahrung besitzen.

Auch mit der Möglichkeit der Laserkoagulation ist zur erfolgreichen Behandlung der gastrointestinalen Blutung weiterhin eine vertrauensvolle gute Kooperation und Koordination zwischen Internisten, Anästhesisten und Chirurgen notwendig.

13 Endoskopische Lasertherapie bei gastrointestinalen Blutungen

P. Kiefhaber

13.1 Einführung

Die akute gastrointestinale Blutung ist eine gefürchtete *Komplikation* verschiedener Erkrankungen des Gastrointestinaltraktes, von schweren Allgemeinerkrankungen und Traumen, aber auch der operativen und medikamentösen Therapie. Auf Grund klinischer Erfahrungen und pathophysiologischer Überlegungen ist bei der Behandlung gastrointestinal blutender Patienten *Eile* geboten (Finsterer 1944). Buchborn (1960) hat die Situation treffend mit der Maxime der Feuerwehr charakterisiert:

„Wer schnell hilft, hilft doppelt.“

Dadurch werden massivere Blutverluste und das Auftreten irreparabler Organschäden im *hämorrhagischen Schock* vermieden.

Mit einer wirksamen endoskopischen Blutstillungsmethode werden neben dem Vorteil der unmittelbaren Erfolgskontrolle alle die Faktoren, die das Schockgeschehen negativ beeinflussen, ausgeschaltet oder zumindest erheblich vermindert:

1) Die für die Prognose des Patienten entscheidende *Dauer* des hämorrhagischen Schocks wird durch die unmittelbare Aufeinanderfolge von endoskopischer Diagnostik und endoskopischem Verschluß der Blutungsquelle so klein wie möglich gehalten.

2) Die Verminderung der Zahl der zur Aufrechterhaltung des Kreislaufes notwendigen *Blutkonserven* ist nicht nur aus Gründen der möglichen Infektion mit Hepatitisviren wünschenswert, sondern vor allem deshalb, weil sich die Organperfusion mit jeder gegebenen Blutkonserve verschlechtert.

3) Hinsichtlich der *Verbrauchskoagulopathie*, die bei massiven Blutungen schon nach einer halben bis zu einer Stunde meßbar ist, ist ein schneller Verschluß der Blutungsquelle vorteilhaft.

4) Durch den sicheren endoskopischen Verschluß der Blutungsquelle können *Notoperationen*, die mit einer hohen Letalität einhergehen, in größerem Umfang vermieden werden. Selbst kleinere Eingriffe gehen bekanntlich mit einem Operationstrauma einher, das die Schocksituation zusätzlich verschlechtert.

Von den möglichen endoskopischen Blutstillungsmethoden, wie der Injektions- oder der Sklerosierungstechnik, der Elektrokoagulation sowie der Hitze- und Gefriersonden, bevorzugen wir die Neodym-YAG-Laserkoagulation wegen ihrer universellen Anwendbarkeit bei gastrointestinalen Blutungen sowie den Vorzügen der berührungslosen Energieübertragung und ihrer ziemlich genauen Dosierbarkeit.

Sicht störendes Führungsinstrument fernzuhalten. Die Erzeugerfirma des Sharplan 791 (Laser Industries Ltd. Co, Tel Aviv, Israel) griff diese Anregung auf und ergänzte das Gerät in der gewünschten Form. Ferner wurde, ebenfalls auf Empfehlung von Ascher, ein Adapter entwickelt, der gestattet, das CO_2-Strahlenbündel in das Operationsmikroskop einzuspiegeln und von einem Schaltpult aus zu dirigieren (Abb. 14.1). In Tierversuchen und histologischen Studien wurde die Einwirkung des CO_2-Laserstrahls im Fokus bei unterschiedlichen Leistungsauslässen und unterschiedlichen Einwirkungszeiten – also gepulst, wie auch CW und defokussiert – geprüft und zur Gewinnung therapeutischer Parameter herangezogen. Rasterelektronenoptische Studien erwiesen zwingend, daß der CO_2-Laser Nervengewebe unvergleichlich schonender trennt, als die sonst bei der Präparation üblichen Sauger und Spatel, ja sogar schonender als das Diathermiemesser (Ascher 1977).

Als diese Voraussetzungen geschaffen waren, wurde am 28. Juli 1976 an der Universitätsklinik für Neurochirurgie in Graz der erste Hirntumor mit dem CO_2-Laser entfernt. Es war dies ein Glioblastoma multiforme, welches zum Unterschied von den eingangs erwähnten Autoren aber nicht „koaguliert", sondern in scharfer Laserpräparation exstirpiert wurde. Die verbleibende Hirnwunde wurde sodann mit dem defokussierten Laserstrahlbündel ausgeglüht („vaporisiert"). Seither sind 276 weitere Laseroperationen am zentralen und peripheren Nervensystem (bis 30.9.1979) gefolgt (Tabelle 14.1). Die dabei gemachten Erfahrungen (Heppner 1978; Heppner und Ascher 1976, 1977a, b; Ascher und Heppner 1978) sind folgende:

1) Die Schnittwirkung des Lasers macht man sich vor allem bei der Präparation zäher Gewebspartien zunutze, also bei faserreichen Gliomen oder gliotischen Narben.

2) Die dabei erzielten Schnittflächen heilen fast ohne Narbe, was besonders bei der Resektion epileptogener Hirnpartien oder bei der Abtragung von Stumpfneuromen erwünscht ist.

3) Am Rückenmark und sogar am und im Hirnstamm kann mit dem gepulsten Laser in mikroskopischer Technik Fremdgewebe isoliert und entfernt werden, ohne die sehr heikle Nachbarschaft zu alterieren. Dies hat sich sogar bei Arbeiten im dritten Ventrikel erwiesen.

4) Fremdgewebsrasen, etwa die Reste eines ansonsten exstirpierten Ependymoms, in der Rautengrube, lassen sich Schicht um Schicht bis zur Erreichung des gesunden Gewebes vaporisieren und sukzessive absaugen, ohne die vegetative Regulation zu beeinträchtigen.

Tabelle 14.1. Chirurgie mit dem CO_2-Laser (28.7.1976–30.9.1979) an der Universitätsklinik für Neurochirurgie Graz

Hirntumoren	206
Epilepsie	5
Tumoren der Calvaria	8
Rückenmarkstumoren	14
Kommissurotomien	4
Wirbelsäule	5
Periphere Nerven	18
Verschiedene	16
	276

5) Intramedulläre Rückenmarkstumoren, insonderheit solche herabgesetzter Gewebsdichte, können in ähnlicher Technik hinwegkoaguliert werden, was mit keinem der konventionellen Mittel, auch nicht mit der bipolaren Pinzette, möglich ist.

6) Das Vaporisieren der nach Hirntumorexstirpation verbleibenden Höhlen bietet die Möglichkeit, mikrobielle Verunreinigungen mit Sicherheit, und mikroskopische neoplasmatische Restbestände mit Wahrscheinlichkeit zu beseitigen. Was diese Methode für die Glioblastomprophylaxe leistet, läßt sich z.Zt. noch nicht eindeutig beurteilen, doch zeichnen sich ermunternde Ergebnisse ab.

7) Der Laser am Nervensystem bringt für den Heilungsprozeß keine meßbaren Nachteile mit sich, im Gegenteil, Hirnödeme treten seltener auf.

8) Der Sharplan 791 erweist sich auch bei der Präparation am Schädeldach als vorteilhaft, wenn es gilt, blutende Vv. diploicae zu versiegeln oder das Wundbett eines Calvariatumors zu vaporisieren. Hingegen ist er beim Bilden eines osteoplastischen Deckels der Turbinenfräse oder auch der Gigli-Säge unterlegen, weil er zu langsam ist: Auch bei Verwendung eines „energy output" von 50 W braucht die Bildung des Knochendeckels 6–8mal so lang.

9) Skalpinzisionen mit dem Laser heilen besonders kosmetisch und sind deshalb in jenen seltenen Fällen zu bevorzugen, wo die Inzision über eine Haargrenze hinausreicht. Der Heilungsprozeß geht, offenbar wegen der reichen Vaskularisation der Kopfschwarte, rasch vor sich. Am Rücken ist dies anders. Würde zwecks Laminektomie der mediane Weichteilschnitt mit dem Laser geführt, müßten die Hautnähte 14 Tage belassen werden. Das Skalpell ist demnach vorzuziehen.

10) Für das Personal haben sich in Zusammenhang mit dem Laser keine Gefährdungen ergeben. Trifft der fokussierte Laserstrahl einmal versehentlich die Hand des Operateurs, so durchdringt er den Handschuh und verursacht eine punktförmige Brandblase, die jedoch äußerst rasch abheilt.

Zusammenfassend sprechen die bisher in der Neurochirurgie gemachten Erfahrungen dafür, daß der Laser keine der bisherigen Methoden ablöst oder überflüssig macht, dieselben jedoch – und zwar vor allem beim Arbeiten an Mittellinienstrukturen – in unerwartetem Ausmaß ergänzt und bereichert.

15 Der Kohlendioxidlaser in der Gynäkologie

H.F. Schellhas

Der CO_2-Laser wird in der Gynäkologie sowohl durch das optische System eines Operationsmikroskops (Kolposkop s.a. Abb. 15.1) zum Verdampfen von mikroskopischen Schleimhautveränderungen des weiblichen Genitaltrakts, als auch durch das Handstück eines vielgliedrigen chirurgischen Arms zum Verdampfen vereinzelter strahlenresistenter Tumoren oder für ablative Chirurgie angewandt (Abb. 15.2 u. 15.3). In der Mikrochirurgie wurden durch eine besondere Schweißtechnik Reanastomosen der Eileiter durchgeführt. In den folgenden Abschnitten werden die ersten Erfahrungen verschiedener Chirurgen mit dem Laser, wie sie in der Literatur bekannt sind, diskutiert.

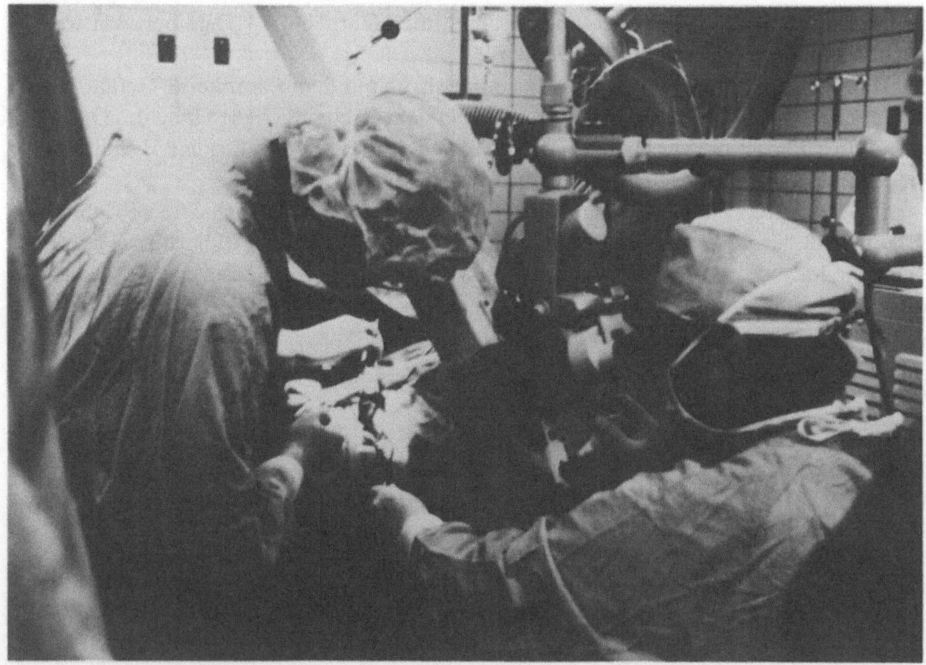

Abb. 15.1. CO_2-Laser verbunden mit dem Kolposkop. Bei dem Modell „COHERENT 400" ist das Lasergehäuse *(links oben)* direkt am Kolposkop befestigt. Die Brennweite von 400 mm gestattet eine gute Manipulation am Gewebe des weiblichen Genitaltrakts. Die rechte Hand des Chirurgen dirigiert den Laserstrahl mit einem Steuerknüppel. (Schellhas 1979 b)

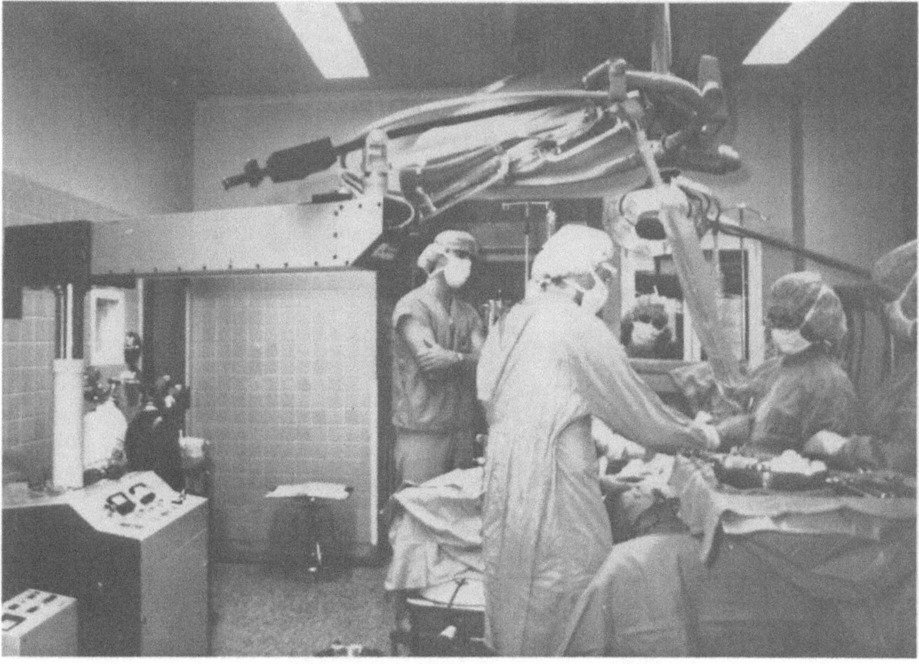

Abb. 15.2. Beckenchirurgie mit dem Sharplan-Laser. Für die Becken- und Abdominalchirurgie verwendet der Sharplan-Laser sowohl das Lasergehäuse *(oben links)* als auch den vielgliedrigen chirurgischen Manipulationsarm *(oben rechts)*, um die Entfernung zwischen der Laserkonsole und dem Operationsfeld zu überbrücken. Der chirurgische Arm muß davor bewahrt werden, gegen die Operationslampe zu stoßen, weil dadurch das feine Spiegelsystem Schaden leiden kann. (Schellhas 1979b)

15.1 Gewebsverdampfung durch das Kolposkop

Die ersten Versuche zur Entfernung intraepithelialer Neubildungen im Gebärmutterhals zeigten anfängliche Behandlungsmißerfolge von 16% (Bellina 1978; Bellina et al. 1978), 15,5% (Carter et al. 1978) und 10% (Stafl et al. 1977); sie konnten durch Bellina (1978;) und Bellina et al. (1978) beachtlich reduziert werden. Um die Resultate zu verbessern, sollte man die mikroskopischen Läsionen bis zu einer Tiefe von mindestens 4 mm und einer Breite von 1 cm über ihre Grenzen hinaus verdampfen (Abb. 15.4 a, b) (Bellina 1978; Bellina et al. 1978). Wahrscheinlich ist die Verdampfung der *ganzen* Umformungszone erforderlich (Abb. 15.5) (Carter et al. 1978). Für die Behandlung vaginaler intraepithelialer Neubildungen wurde eine Mißerfolgsrate von 10% angesetzt. Behandlungsmißerfolge im Genitaltrakt wurden durch abnormale Zytologie innerhalb der ersten 3 Monate der Behandlung diagnostiziert. Bei der Serie von Stafl waren Indikationen zur Verdampfung benigner vaginaler Adenomatose die Dyspareunie und signifikanter vaginaler Ausfluß, nicht aber das Vorhandensein von Adenomatose allein. Zervikale Erosionen wurden von Kaplan (1973 d) mit gutem Erfolg behandelt. Auch Läsionen des

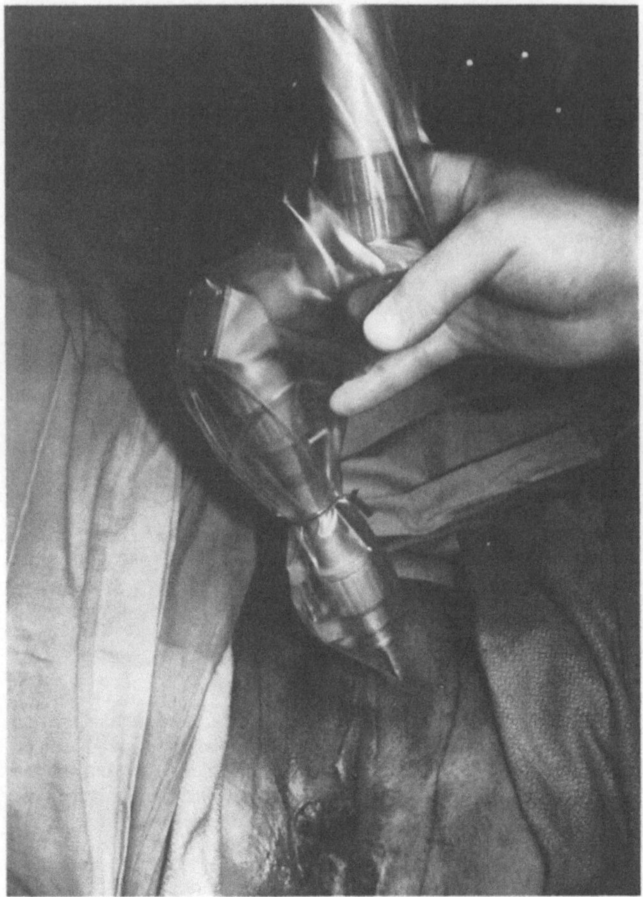

Abb. 15.3. Ablative Chirurgie mit dem Sharplan-Laser. Der Manipulator dieses Lasers gestattet exakte Bewegungen bei schneidender Chirurgie. Die Resektionsränder für eine radikale Vulvektomie sind angezeichnet. (Schellhas et al. 1975)

Vulvaepithels wurden behandelt, es liegen aber nur wenige Angaben darüber vor (Lobraico und Townsend 1979).

Die *Vorteile* der Laserchirurgie gegenüber der Kryochirurgie und Elektrokoagulation scheinen die Erhaltung der Transformationszone, die Abheilung des Defekts innerhalb von 3 Wochen und das Fehlen der Narbenbildung der Vaginalschleimhaut zu sein. Meist ist eine Anästhesie nicht erforderlich. Diagnostische Genauigkeit, um durch Zytologie mikroinvasive Karzinome auszuschließen, kolposkopisch durchgeführte Biopsien und exakte Nachuntersuchungen sind die Voraussetzungen für die Laserverdampfung von intraepithelialen Neubildungen.

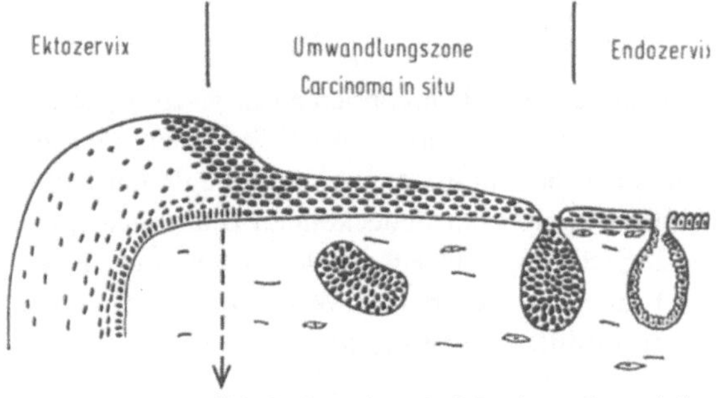

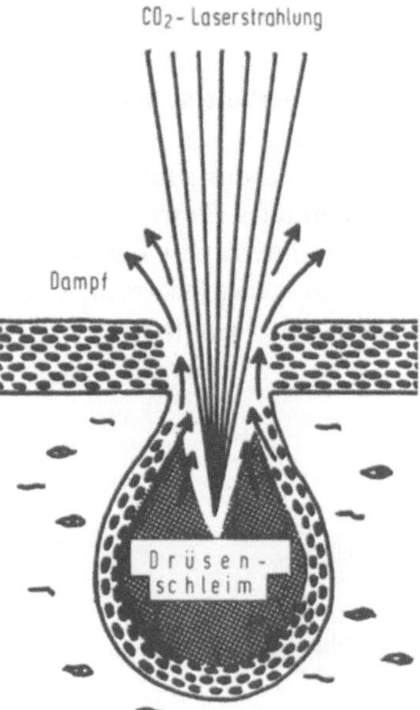

Abb. 15.4. **a** Cervix Uteri. Die thermische Zerstörung von intraepithelialen Neubildungen einschließlich der endozervikalen Drüsen erfordert eine Verdampfung bis zu einer Tiefe von 5 mm. Nach dem chirurgischen Eingriff sind Biopsien des Wundbettes und der Randbezirke erforderlich. **b** Endozervikale Drüse. Der Inhalt der Schleimdrüse absorbiert die CO_2-Laserstrahlung. Es ist dauerndes Lasern erforderlich, um die neoplastische Läsion zu zerstören (↑ = Dampf)

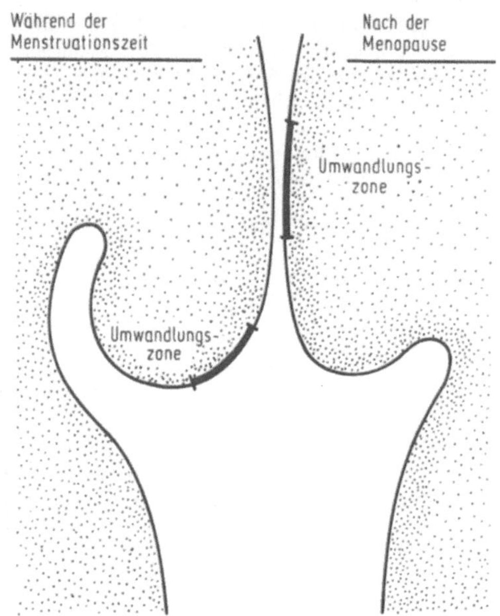

Abb. 15.5. Cervix Uteri. Während der Menstruationszeit kann die Transformationszone gewöhnlich am Ektozervix angezeichnet werden; sie kann durch kolposkopisch wohl gezielte Läsionen thermisch zerstört werden. In den Jahren nach der Menopause befindet sich die Transformationszone meist innerhalb des Endozervix und kann optisch nicht ermittelt werden. (Schellhas 1978)

15.2 Tumorreduktion

Nichtresezierbare strahlenresistente oder solitäre Rezidive können chirurgisch freigelegt und verdampft werden (Abb. 15.6). Bei blutenden Tumoren wird die Laserstrahlung häufig durch das Blut absorbiert, bevor noch die Tumorverdampfung beginnen kann. Durch initiales Einfrieren der Tumoroberfläche und der bedeckenden Blutschicht wird die Anwendung von Laserstrahlung ermöglicht. Die abwechselnde Anwendung dieser beiden entgegengesetzten thermischen Prinzipien (Kälte und Wärme) ist notwendig, denn die effektive therapeutische Temperaturdifferenz ist gering (Abb. 15.7).

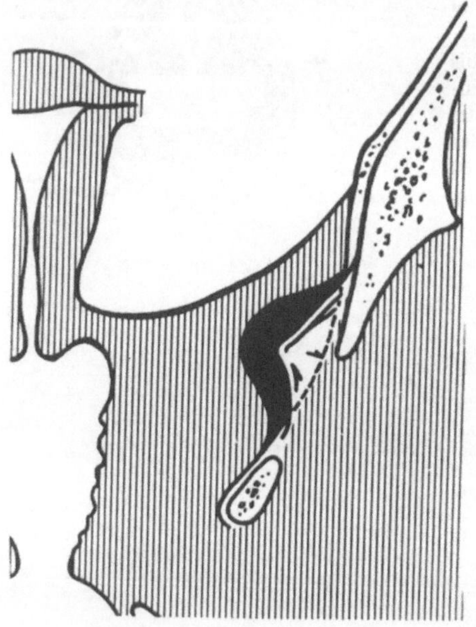

Abb. 15.6. Tumorreduktion. Ein isoliertes Tumorrezidiv *(schwarzes Feld)*, lokalisiert an der dorsalen Spina ischiadica, nach chirurgischem Eingriff und Strahlentherapie. Zur Zeit ist die Laserverdampfung das beste chirurgische Mittel, das dem Knochen anhaftende Tumorgewebe zu entfernen. (Schellhas 1978)

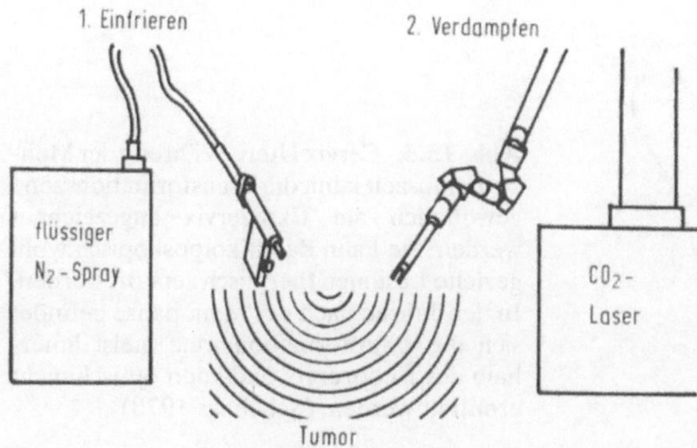

Abb. 15.7. Tumorreduktion. Bei gefäßreichen Tumoren ist eine abwechselnde Anwendung von Kryo- und Laserchirurgie zur Tumorreduktion gebräuchlich. (Schellhas 1979a)

15.3 Ablative Chirurgie

Riesenkondylome während der Schwangerschaft können mit minimalem Blutverlust reseziert werden; sie heilen prompt und ohne Narbenbildung (Schellhas et al. 1975). Zervixkonisationen wurden von Dorsey und Diggs (1979) durchgeführt. Radikale Vulvektomien und inguinale Lymphknotendissektionen wurden von Toaff (1979) bei verminderter Bildung von Seromen und Lymphödemen durchgeführt. Vom selben Autor wurden Myomentfernungen mit geringem Blutverlust und Beckenadhäsiolysen durchgeführt (Toaff 1972).

Der Vorteil von relativ blutarmer Chirurgie ist etwas beeinträchtigt durch eine längere Operationsdauer, die aber mit zunehmender technischer Erfahrung verbessert werden kann. Der Heilungsprozeß ist etwas verzögert, stellt aber kein Problem dar. Wundflächen vertragen Hauttransplantate nach Gewebsresektionen mit dem CO_2-Laser gut (Fidler et al. 1974).

15.4 Mikrochirurgie

Eine Gruppe aus Lübeck (Bundesrepublik Deutschland) zeigt in eleganten Tierexperimenten, daß mit dem CO_2-Laser durch eine spezielle Schweißtechnik eine Tubenreanastomose durchgeführt werden kann (Klink et al. 1978). Da nur zwei Nähte erforderlich sind – die eine auf der Mesenteriumseite, die andere auf der Gegenseite –, konnten Fremdkörperreaktionen vermieden werden. Die Operationszeit war eindrucksvoll kurz. Die Schwangerschaftsrate war gut.

Vorsichtige und kritische Anwendung der chirurgischen Lasertechnik in der Gynäkologie könnte konventionelle Methoden verbessern und das therapeutische Rüstzeug erweitern. Zur Zeit aber ist die Laserchirurgie noch im Versuchsstadium.

16 Der Laser in der Urologie

C.F. Rothauge

16.1 Einleitung

Die Nutzbarmachung der modernen Technologie für die Humanmedizin hat das therapeutische Repertoire der Urologie wesentlich bereichert. Tabelle 16.1 zeigt eine *Übersicht* über die Möglichkeiten der Laseranwendung in der Urologie.

Tabelle 16.1. Indikationen zur Laseranwendung in der Urologie (Kontraindikation: Moormann-Ring

Indikation	Laser	Therapie		Autoren		Anzahl
		Mono-	kombiniert	Tierexperiment	Klinik	
Eingriffe am Nierenparenchym	CO_2	+	–	Breitwieser et al. 1974	Barzilay et al. 1978, 1979	–
Zystoskopische Blasentumorbehandlung	Argon	+	+	Rothauge et al. 1977 a	Rothauge et al. 1977 a, b 1978 a; Rothauge 1978 b, c; Nöske et al. 1979	111
	Neodym-YAG	+	+	–	Staehler et al. 1977 a, b, Hofstetter et al. 1979 a, b, c	–
Urethroskopische Harnröhrenstrikturbehandlung	Neodym-YAG	+	–	–	Bülow und Bülow 1978	–
	Argon	–	+	–	Rothauge 1979 a, b	49
Urethroskopische Harnröhrentumorbehandlung	Argon	–	+	–	Rothauge	8
Urethroskopische Harnröhrenruptur	Argon	–	+	–	Rothauge	3

16.2 Eingriffe am Nierenparenchym

Anfang der 70er Jahre wurden von meinem Mitarbeiter Breitwieser et al. (1974) mit dem CO_2-Laser Polresektionen an Hundenieren durchgeführt. Im Vergleich mit konventionellen Methoden (Skalpell) zeigte sich, daß

1) eine vollständige Blutstillung durch den Laserschnitt nicht erreicht werden konnte;

2) prä- und postoperative Untersuchungen der PSP-Ausscheidung, der Inulinclearance, der PAH-Clearance, der Filtrationsfraktion, des durch Isotopennephrographie bestimmten PAH-Clearanceäquivalents im „slope" und der Serumspiegel von Kreatinin, Harnstoff, Natrium, Kalium und Chlorid keinerlei signifikante Unterschiede ergaben. Auch Shortland et al. (1979) fanden keine signifikanten Unterschiede nach Nierenteilresektionen mit dem CO_2-Laser gegenüber konventionell operierten Vergleichsgruppen;

3) der Serumkalziumspiegel bei den mit dem CO_2-Laser operierten Tieren gegenüber der konventionell operierten Vergleichsgruppe von 4,6 auf 5,4 mVal/l signifikant anstieg.

Es empfahl sich somit, den CO_2-Laser *nicht* als Routinemethode in die Nierenchirurgie einzuführen, da im Hinblick auf die Erhöhung des Serumkalziumspiegels bei Lasernierenpolresektionen wegen „Steinnestern" die Gefahr der Provokation eines Frührezidivs nicht ausgeschlossen werden kann.

16.3 Offene chirurgische Behandlung von Blasentumoren

Pariente und d'Ovidio (1978) haben den CO_2-Laser zur Exstirpation papillärer Blasentumoren aus der suprapubisch eröffneten Blase eingesetzt. Die Autoren sind der Auffassung, daß der berührungslose Laserschnitt sowohl die Entstehung von Abklatschmetastasen in der Blase als auch durch den Verschluß der Lymphgefäße eine lymphogene Aussaat der Tumoren durch die Operation verhindert.
Ob der Einsatz des Laserskalpells zu einer Verminderung der Rezidivquote und einer Verbesserung der Fünfjahresüberlebensrate führt, ist derzeit aber nicht erwiesen.

16.4 Peniskarzinom

Parsons et al. (1968) teilten erstmals die Behandlung eines Peniskarzinoms mit dem *Rubinlaser* mit. Es kam jedoch zu einem Rezidiv, so daß noch eine Teilamputation des Penis erforderlich wurde.

Eine Exzision aus dem Randgebiet des Tumors zeigte, daß eine bereits eingetretene Lymphangiosis carcinomatosa unbeeinflußt geblieben war, so daß doch noch eine Teilamputation des Penis mit Leistenlymphknotenausräumung und Bleomycinnachbehandlung notwendig wurde. Nach den bisherigen Erfahrungen kann dem Einsatz des Lasers beim Peniskarzinom nur die Rolle einer *adjuvanten* therapeutischen Maßnahme im Rahmen der konventionellen Therapie zugewiesen werden.

16.5 Zystoskopische Blasentumorbehandlung

Bei der endoskopischen Laserapplikation kam es vom Beginn der Einführung dieser Behandlungsmethode an zur Entwicklung von *zwei* konkurrierenden Verfahren, wobei Staehler et al. (1977b) und Bülow und Bülow (1978) dem Einsatz des *Neodym-YAG-Lasers, wir* dagegen dem *Argonlaser* den Vorzug gaben.

Die *Vorteile* des *Argonlasers* sind der bessere gewebsabtragende Effekt, das geringe postoperative Ödem und schließlich die minimale postoperative Fibrosierung. Darüber hinaus liegt die Wellenlänge der Strahlung des Argonlasers im Sichtbaren und somit entfällt der bei den Infrarotstrahlern erforderliche Pilotstrahl zur Kenntlichmachung des Strahlenganges, was eine wesentliche Vereinfachung des apparativen Aufwandes bedeutet. Die Applikation der Strahlungsenergie eines 23-W-Argonlasers in die Harnblase erfolgt über einen kunststoffummantelten Quarzfaserlichtleiter, der durch ein normales Operationszystoskop in die Blase eingeführt wird (Abb. 16.1).

Da bei Vorversuchen an weiblichen Hunden die Tumorbestrahlung eine von Blutungen durchsetzte Nekroseschicht mit maximal 1 cm Tiefe zeigten, ergab sich die *Indikation* zur zystoskopischen Laserbestrahlung nur bei Tumoren im Stadium $T_{1\text{-}2}\ N_0\ M_0$. In den meisten Fällen war eine Kombinationstherapie mit der transurethralen Elektroresektion notwendig, da die Infiltrationstiefe des Tumors in die Blasenwand nur nach vorausgegangener *TUR* mit nachfolgender Gewebsentnahme aus dem Grund der Resektionsfläche sicher feststellbar ist. Bei alleiniger Laserbestrahlung infiltrativ wachsender Blasentumoren ist dennoch im Einzelfall die vollständige Entfernung und Zerstörung im Gesunden nicht gewährleistet. Schließlich haften der alleinigen Laserkoagulation die Nachteile der langwierigen postoperativen Nekroseabstoßung wie bei der Kryotherapie an. Wir haben deshalb in den meisten Fällen eine Kombination mit der Elektrochirurgie vorgenommen, d.h., daß nach radikaler Resektion des Tumors als *flankierende* Maßnah-

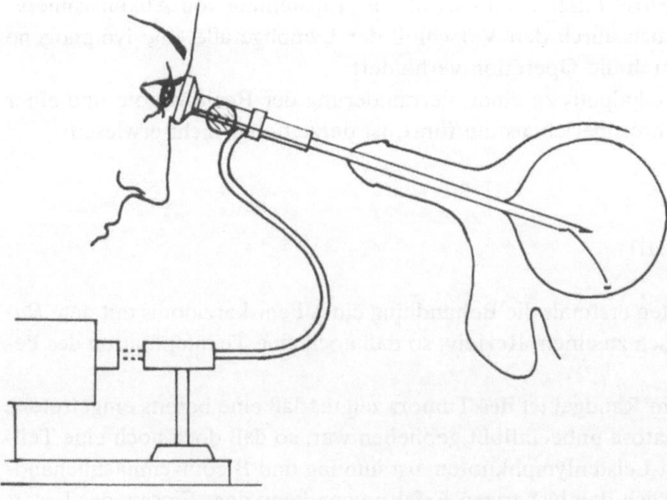

Abb. 16.1. Bestrahlung der Blase mit Argonlaser-Licht. Der mit Kunststoff ummantelte Quarzfaser-Lichtleiter wird durch ein normales Operationszystoskop eingeführt

me die Laserung des Tumorbettes und seiner Umgebung durchgeführt wurde. Dagegen scheint die alleinige Laserkoagulation der ausschließlich auf die Blasenschleimhaut beschränkten, besonders exophytisch in das Blasenlumen vorwachsenden bis maximal himbeergroßen Rezidivtumoren der elektrochirurgischen Entfernung überlegen zu sein. Man sieht nämlich, wie diese sich unter der Strahleneinwirkung von der Basis abheben und flockenartig in das Blasenlumen abschwimmen. In diesen Fällen bietet die Laserbehandlung gegenüber der Elektrochirurgie die folgenden *Vorteile*:

1) Fehlender Stromfluß durch das Gewebe und damit Vermeidung von unerwünschten Zuckungen.

2) Vermeidung von Leckströmen und somit Verringerung der Gefahr einer postoperativen Harnröhrenstrikturentstehung.

3) Die Schmerzlosigkeit des Eingriffes, so daß die Behandlung auch am nicht narkotisierten Patienten vorgenommen werden kann.

Wir haben bisher insgesamt 111 transurethrale Laserbestrahlungen durchgeführt und zwar meist in Kombination mit einer transurethralen Elektroresektion, selten als Lasermonotherapie. Ein lokales Rezidiv trat nur in einem einzigen Falle auf. Rezidive an anderen Stellen der Blasenwand lassen sich mit der Laserbestrahlung natürlich nicht verhindern, was mit der Neigung der Blasentumoren zur multizentrischen Entstehung zusammenhängt.

16.6 Harnröhrenstrikturen

Die wesentlichste Bereicherung der urologischen Therapie hat unseres Erachtens die urethroskopische Laserbehandlung von *Harnröhrenerkrankungen* gebracht. Bülow und Bülow (1978) hat als erster die Rekanalisierung von Harnröhrenstrikturen mit dem Neodym-YAG-Laser unter Zuhilfenahme eines komplizierten Instrumentariums in gasgefüllten Harnwegen erforscht und später auch klinisch angewandt, ohne das Verfahren zur klinischen Reife zu entwickeln.

Von mir wurde die Anwendung des 23-W-Argonlasers in der Harnröhre mit Hilfe irgendeines normalen Urethroskopes zur *klinischen Reife* entwickelt. Seit April 1978 wird dieses Verfahren in meiner Klinik routinemäßig angewandt. Abbildung 16.2 zeigt die urethroskopische Behandlung einer Harnröhrenstriktur. Unter Sicht des Auges wird die Striktur abgetragen, wobei die Abtragung des Gewebes durch *Evaporisation* erfolgt. Bei kurzstreckigen Strikturen gelingt es unter Einwirkung der Strahlung des Argonlasers meist in wenigen Sekunden, den inneren Strikturring einzuschmelzen und die Striktur mit dem Urethroskopschaft zu überwinden und in die Blase vorzudringen. Wir haben anfänglich den Fehler gemacht, nach Einlegen eines Silastikkatheters von der Stärke Charr 22 den Eingriff zu beenden. Es stellte sich jedoch heraus, daß es erforderlich war, beim Zurückziehen des Urethroskopes den gesamten Strikturbezirk bis auf die Wand des Corpus cavernosum urethrae zirkulär abzutragen, so daß zwischen dem Harnröhrenabschnitt proximal und distal der Striktur ein völlig stufenloser Übergang geschaffen wird, wie aus der in Abbildung 16.3 a, b dargestellten Infusionsurethrographie ersichtlich. Anschließend erhalten die Patienten einen Kortikoidstoß. Ein Silastikkatheter der Stärke 24 Charr bleibt 3 bis 4 Tage liegen. Wir haben bisher 49 Patienten mit einer Harnröhrenstriktur dieser Behandlung unterzogen.

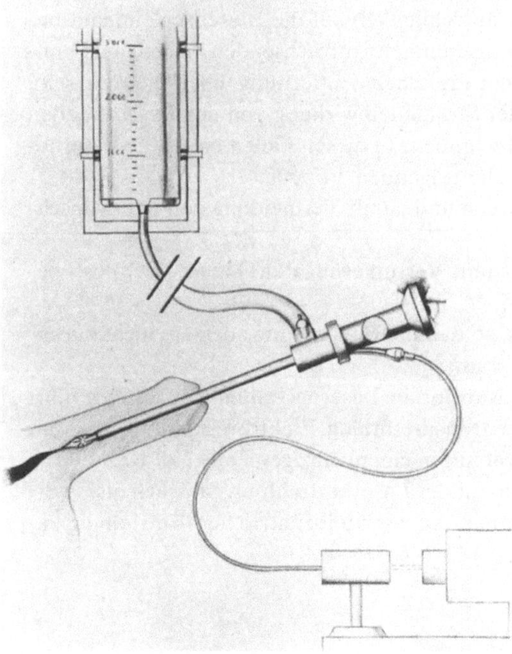

Abb. 16.2. Urethroskopische Behandlung einer Harnröhrenstriktur mit Argonlaser-Strahlung (schematisch)

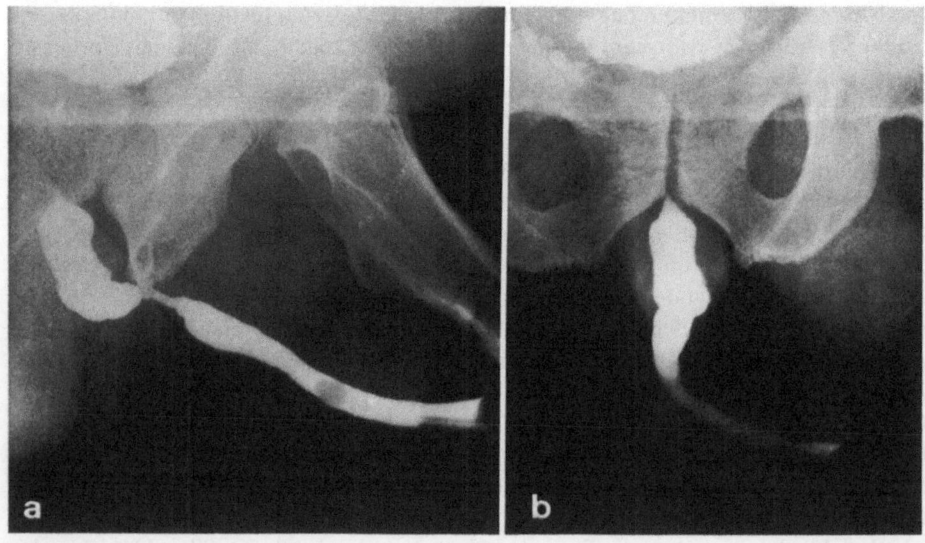

Abb. 16.3. a, b. Infusionsurethrographie einer Harnröhrenstriktur: **a** vor, **b** nach Behandlung mit dem Argonlaser

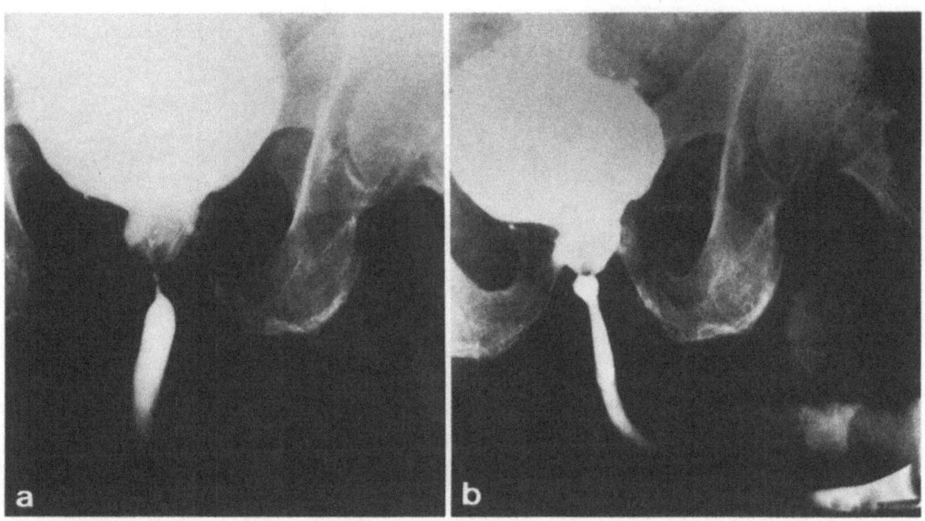

Abb. 16.4. a, b. Die Infusionsurethrographie zeigt: **a** Harnröhrenstriktur der Pars membranacea distal vom Colliculus seminalis nach Elektroresektion der Prostata, **b** Zustand nach Laserrekanalisation

Der Nachweis der Effizienz der neuen Behandlungsmethode beruht auf 3 Punkten:
1) der Infusionsurethrographie, (Abb. 16.4 a, b und 16.5 a, b),
2) den uroflowmetrischen Meßwerten und
3) auf dem pathologisch-anatomischen Befund eines Patienten, der 5 Monate nach dem Eingriff an einem Herzinfarkt verstarb (Abb. 16.6).

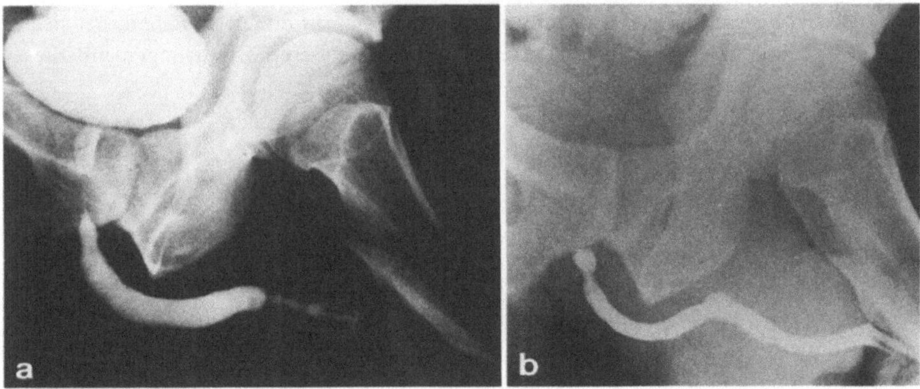

Abb. 16.5. a, b. Die Urethrographie zeigt: **a** ein vierfaches Rezidiv einer Harnröhrenstriktur der Pars pendulans, an einer anderen westdeutschen Klinik bereits mehrfach vorbehandelt, **b** Ergebnis der Laserrekanalisation in 2 Sitzungen. Die maximalen Flowraten konnten im Mittel von 5,7 auf 22,2 ml/s signifikant angehoben werden

Abb. 16.6. Rekanalisierte Harnröhre eines Patienten, der 5 Monate nach dem Lasereingriff an einem Herzinfarkt verstarb. Das Lumen der Harnröhre zeigt keine wesentliche Einengung mehr

Von insgesamt 49 Patienten trat in 8 Fällen eine Restrikturierung auf. Es handelte sich um Fälle aus der Pionierzeit der urethroskopischen Laserrekanalisierung, in denen der Strikturring nicht vollständig abgetragen wurde. Von diesen 8 Patienten sind inzwischen 6 durch eine erneute Laserevaporisation von ihren Leiden befreit. Nach über einjähriger Erfahrung mit der urethroskopischen Laserrekanalisierung der Harnröhrenstriktur glaube ich mit der Entwicklung dieser neuen Behandlungsmethode in der problematischen Therapie dieser Erkrankung einen Fortschritt erzielt zu haben, der sich in der Zukunft durch technische Verbesserungen und größeren Erfahrungen mit dieser Methode noch weiter ausbauen läßt.

16.7 Harnröhrentumoren

Einen weiteren Fortschritt hat die *urethroskopische Bestrahlung von Harnröhrentumoren* gebracht. Bei der Lokalisation der Tumore im Bereich des Orificium urethrae externum wird die Laserbestrahlung mit einer vorhergehenden Resektion kombiniert, und, da es sich meist um Plattenepithelkarzinome handelt, eine Bleomycinbehandlung angeschlossen.

Abbildung 16.7 a, b zeigt die Urethrographie eines solchen Harnröhrentumors. Es wurden bisher insgesamt 8 Harnröhrentumore behandelt, davon 2 gutartige Kondylome und 6 bösartige Tumore. Ein Rezidiv trat bisher nicht auf.

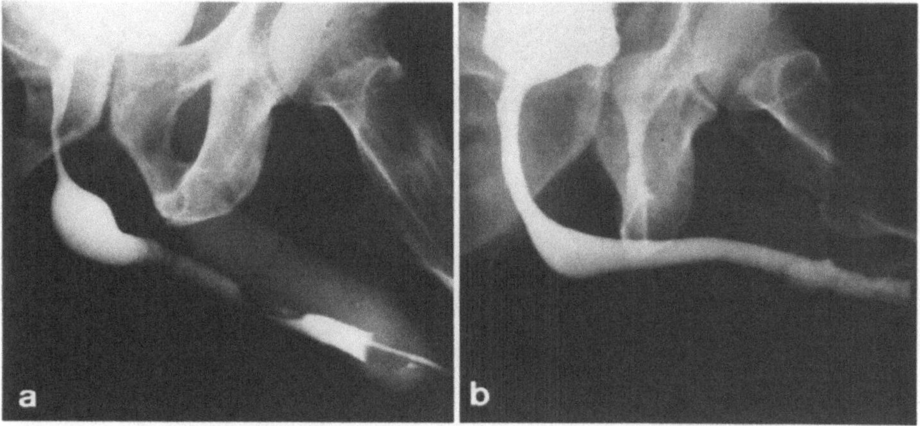

Abb. 16.7. a, b. Urethrographie eines Harnröhrentumors: **a** vor, **b** nach urethroskopischer Laserbestrahlung

16.8 Harnröhrenrupturen

Auch bei der Behandlung von Harnröhrenrupturen haben wir die urethroskopische Laserapplikation durchgeführt.

Vorgehen. Zunächst erfolgt die suprapubische Ableitung des Harns aus der Blase mit dem Cystofixbesteck. Erst nach Rückbildung der Schwellung im Bereich des Dammes und der Genitalorgane wird der suprapubische Zugang zur Blase soweit aufgedehnt, daß er für einen Bougie von der Stärke Charr 21 durchgängig ist. Dann wird ein gebogener Metallbougie durch die Blase in den proximalen Harnleiterstumpf eingeführt und durch einen Assistenten leicht hin und her bewegt, so daß der Operateur in die Lage versetzt wird, das zwischen den Harnröhrenstümpfen befindliche Interponat zu erkennen und durch die Laserbestrahlung zu verdampfen, bis die Spitze des Harnröhrenbougies in der gesamten Zirkumferenz sichtbar wird (Abb. 16.8). Ein anschließend in die Blase eingeführter Silastikkatheter von der Stärke 24 Charr wird für 3 Wochen belassen und dem Patienten ein Kortikoidstoß verabreicht. Die Abb. 16.9 und Abb. 16.10 zeigen Urethrographien von Harnröhrenabrissen. Wir haben bisher 3 Patienten mit Harnröhrenabriß einer solchen Behandlung unterzogen. Nach unseren Erfahrungen stellt allerdings der Moormann-Ring eine Kontraindikation zur urethroskopischen Laserapplikation dar. In diesen Fällen hat sich die Urethrotomia interna mit dem kalten Messer der urethroskopischen Laserrekanalisation als überlegen erwiesen.

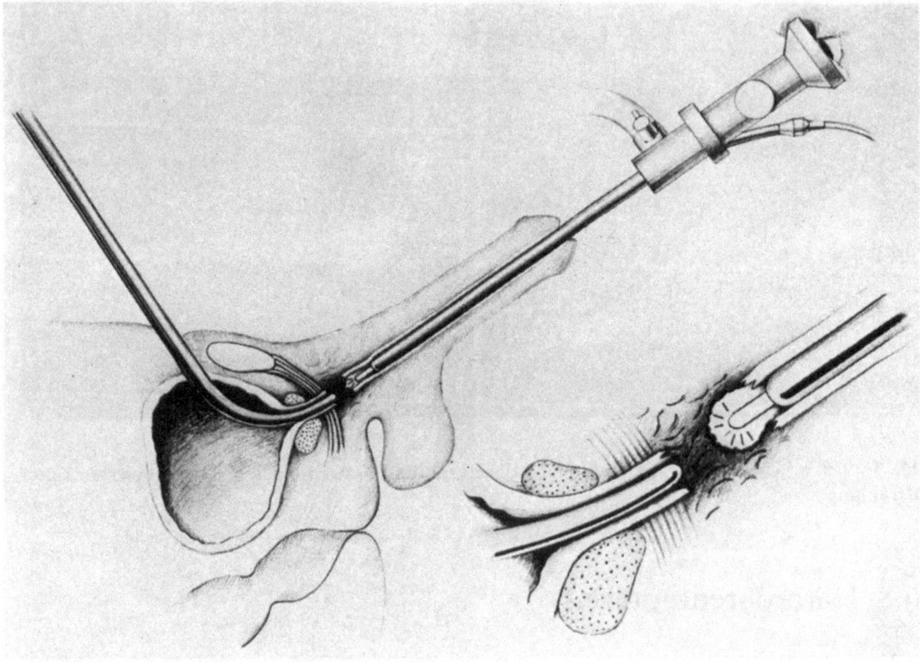

Abb. 16.8. Technik des Vorgehens bei Harnröhrenruptur

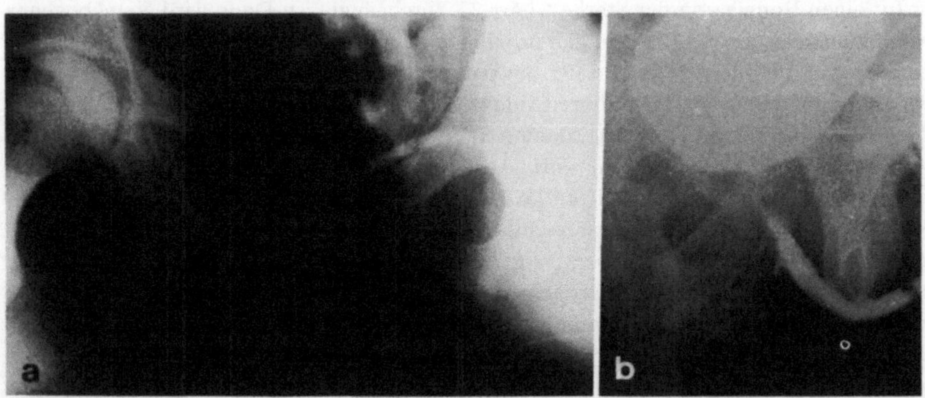

Abb. 16.9. a, b. Urethrographie: **a** totaler Harnröhrenabriß bei Symphysensprengung proximal vom M. sphincter externus. **b** Nach zweimaliger Laserrekanalisierung ist noch eine kleine zipfelförmige Aussackung der Harnröhre zu sehen

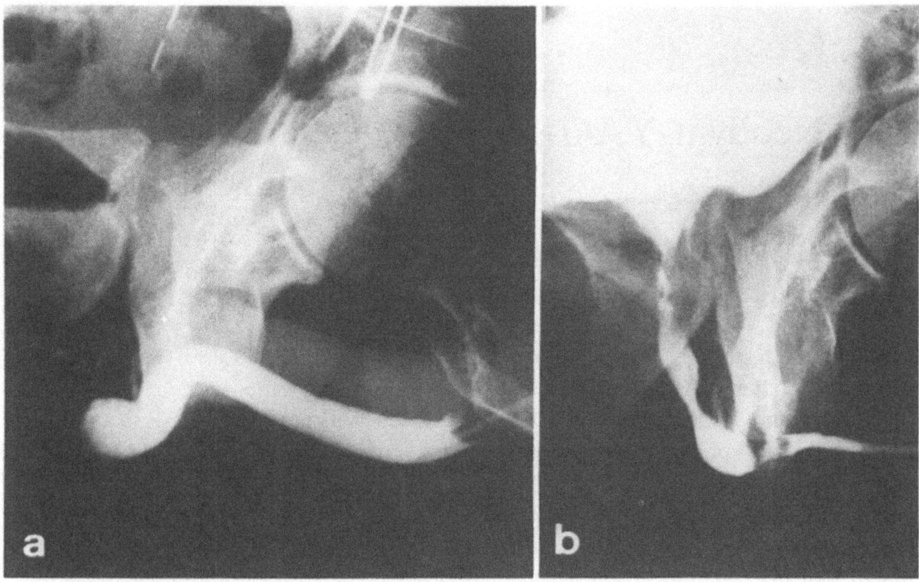

Abb. 16.10. a, b. Urethrographie: **a** totaler Harnröhrenabriß distal vom M. sphincter externus. **b** Zustand nach der Rekanalisierung mit dem Laser

16.9 Zusammenfassung

Zusammenfassend hat der Einsatz der modernen Lasertechnologie die therapeutischen Möglichkeiten in der Urologie bereichert. Die Anwendung der Laserbestrahlung im urologischen Fachgebiet sollte jedoch mit der notwendigen Kritik erfolgen, wobei die neuen therapeutischen Möglichkeiten in die konventionellen Therapieschemata sinnvoll eingebaut werden sollten.

17 Der Neodym-YAG-Laser in der Urologie

A. Hofstetter

17.1 Biophysikalische Grundlagen

Die Eigenheiten der drei am meisten in der Chirurgie angewandten Laser (Kohlendioxid-, Argon-, Neodym-YAG-Laser) und die Transmissionssysteme wurden bereits in den Kap. 4.3.5.3 und 4.3.5.4 dargelegt. Die thermischen Wirkungen der Laserstrahlung im Gewebe beruhen vor allem auf der Absorption und Streuung; beide sind von der Wellenlänge (λ) abhängig. Da wie Abb. 4.9 zeigt, die *Absorption* bei $\lambda = 10{,}6\,\mu m$ sehr groß ist, eignet sich der CO_2-Laser ausgezeichnet zum *Schneiden*. Bei der Wellenlänge des Neodym-YAG-Lasers ($\lambda = 1{,}064\,\mu m$) ist die Absorption wesentlich geringer, dafür aber macht sich die *Streuung* im Gewebe bemerkbar. Wegen der damit verbundenen großräumigen Erwärmung ist der Neodym-YAG-Laser zum *Koagulieren* hervorragend geeignet.

Wie Abb. 17.1 erkennen läßt, ist beim Neodym-YAG-Laser sowohl die Vorwärts- als auch die Rückwärtsstreuung deutlich ausgeprägt. Je nach Beschaffenheit des Blasengewebes werden in vitro 30–40% als Rückstreuung und bei einer Gewebedicke von 2 mm 20–30% als Vorwärtsstreuung gemessen. Die durch die Blase hindurchgehende

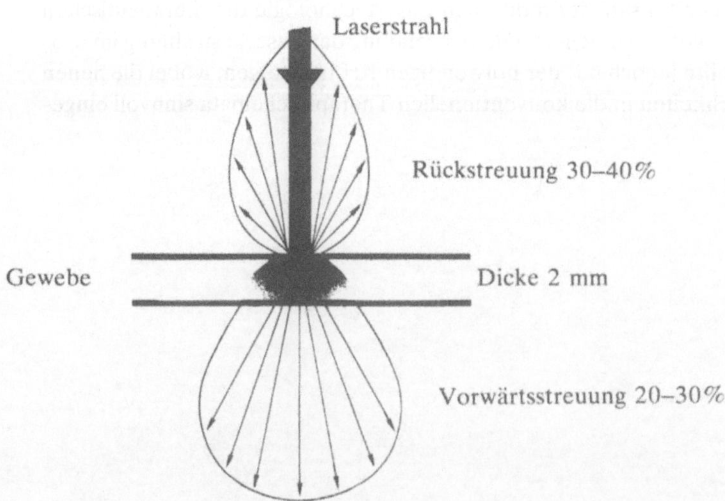

Abb. 17.1. Streuung nach vorwärts und rückwärts bei einem Neodym-YAG-Laserstrahl; die Dicke des Blasengewebes wird mit 2 mm angenommen (Halldorsson und Langerholc 1978)

Strahlung ist diffus, so daß nur geringere Temperaturerhöhungen an der Oberfläche der anliegenden Organe wie dem Darm zu erwarten sind. So wird unter der Neodym-YAG-Laserbestrahlung mit 40 W ein relativ großer Bereich des Blasenwandgewebes homogen zerstört, wobei sich die Umgebung des bestrahlten Areals nur langsam erwärmt. Abhängig von der Expositionszeit kann eine Nekrosetiefe von 2–4 mm erreicht werden, ohne daß an der Gewebsoberfläche eine Temperatur von mehr als 100 °C entsteht.

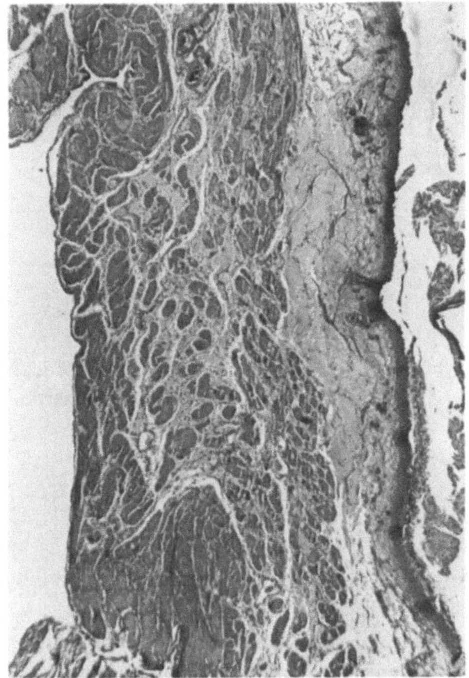

Abb. 17.2. Histologischer Schnitt von Kaninchen-Blasengewebe nach Nd-YAG-Laserbestrahlung (HE-Färbung)

Histologisch (s. Abb. 17.2) zeigt das Lichtmikroskop beim Neodym-YAG-Laser (35 W, 2 s) eine scharf begrenzte Koagulationsnekrose, die alle Blasenwandschichten erfaßt. In dem bestrahlten Bereich zeigt sich ein ausgeprägtes Ödem, besonders in dem Bereich nahe an der Oberfläche. Daneben sind punktförmige oder verklumpte Eiweißniederschläge zwischen den tiefer liegenden Schichten der glatten Muskulatur zu erkennen. Der gewebsabtragende Effekt ist minimal. Die Bedeutung des Neodym-YAG-Lasers für die Behandlung von Blasentumoren liegt also in seiner Eindringtiefe, was dazu führt, daß Tumorgewebe *total* zerstört wird, eingeschlossen etwaiger tiefer liegender Tumorzellnester. Zum Vergleich zeigt Abb. 17.3 die Wirkung von Argonlaserstrahlung (8 W, 2 s): Es finden sich nur gering ausgeprägte Koagulationsnekrosezonen mit Zerstörung des oberflächlichen Epithels, einer Verdickung des Bindegewebes, wobei die kollagenen Fasern teilweise zerstört sind, sowie ein mäßig ausgeprägtes interstitielles Ödem. Nur die Muskelstränge, die sehr nahe der Schleimhaut liegen, sind in die Nekrosezone miteinbezogen. Natürlich wird der gewebsabtragende Effekt bei Erhöhung der Strahlungsdosis größer, während die Nekrosezone weiterhin gering bleibt.

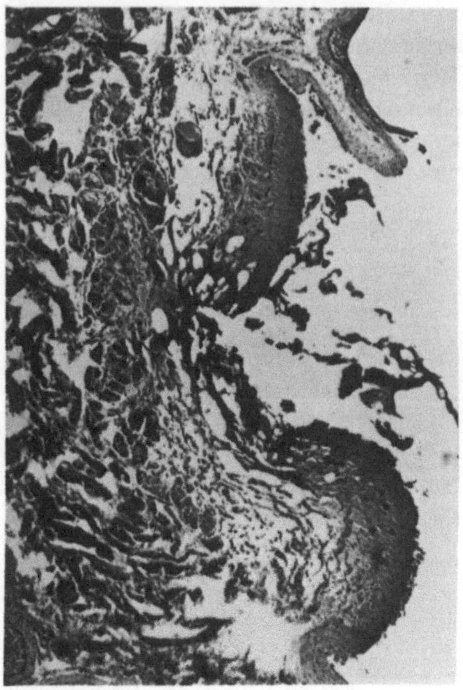

Abb. 17.3. Histologischer Schnitt von Kaninchen-Blasengewebe nach Argonlaserbestrahlung (HE-Färbung)

17.2 Bestrahlungsdosis

Der Neodym-YAG-Laser wird zur Zerstörung von Blasentumoren von uns seit dem 1. Juni 1976 eingesetzt (Hofstetter und Frank 1979b, Staehler et al. 1977a).

Die *berührungslose* Zerstörung des Karzinomgewebes ist ein wesentliches Unterscheidungsmerkmal dieses Verfahrens zu den herkömmlichen. Bei der Verwendung von Wasser als Blasenspülflüssigkeit und einer Laserleistung von 40 W beträgt die Eindringtiefe bis zu 4 mm. Verluste während der Bestrahlung entstehen vor allem durch Wärmeleitung und Absorption des gestreuten Lichtes von anliegendem Gewebe. Besonders gefährdet ist der der Blasenhinterwand anliegende Darm. Mit Hilfe von räumlichen und zeitlichen *Temperaturprofilen* an der Blasenwand-Serosa (Abb. 17.4, 17.5, 17.6) versuchten wir daher im Tierexperiment eine optimale Bestrahlungsdosis zu finden, die einerseits den Tumor radikal zerstört und andererseits das anliegende Gewebe möglichst schont. Hierbei zeigte es sich, daß das unmittelbar bestrahlte Areal der Blasenwand *nicht* mit den erhaltenen Nekrosearealen übereinstimmt, wobei diese durch Variation der Laserparameter (Leistung, Bestrahlungsdauer, Bestrahlungsabstand) sowie durch die Blasenwanddicke bis zweimal so groß sein können, als das unmittelbar bestrahlte Feld. Dies ist auf die *Mehrfachstreuung* des Neodym-YAG-Laserlichtes im Gewebe sowie auf die *Wärmeleitung* zurückzuführen (Halldorsson und Langerholc 1978).

Aus den Untersuchungen folgt: Bei Anwendung geringer Laserleistungen wird eine lange Bestrahlungszeit benötigt, wenn *Koagulation* erreicht werden soll. Darüber hinaus kommt bei dieser Art von Bestrahlung der Einfluß der Wärmeleitung noch zusätzlich zum Tragen.

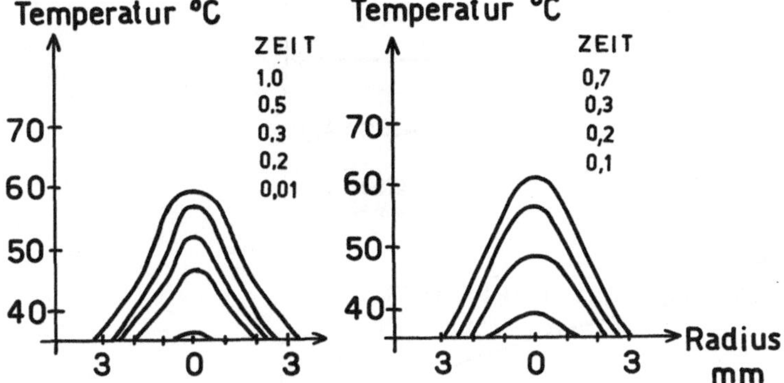

Abb. 17.4. Isochrone Darstellung der spatialen Temperaturverteilung auf der Blasenwand-Serosa bei 1facher (li) und 1,5facher (re) Leistungsdichte. Radius: Abstand von der Achse des Nd-YAG-Laserstrahlbündels. Zeit: Dauer des Impulses (Peusel et al. 1980)

Wie schon erwähnt ist die Temperaturverteilung im Gewebe nicht nur durch die Laserparameter bestimmt, sondern auch wesentlich durch die *Dicke* der Blasenwand (Pensel et al. 1980). Abbildung 17.6 zeigt die Temperatur in Abhängigkeit von der Blasenwandstärke. Wie zu erwarten, nimmt die Temperatur exponentiell in Abhängigkeit von der Laserleistung und der Wanddicke ab. Ein weiteres Phänomen ergibt sich aus diesen Untersuchungen: Bei einer Leistung von 45 W und einer Bestrahlungsdauer von 1 s bleibt die Temperaturerhöhung bei einer Blasenwanddicke zwischen 1,5 und 4 mm relativ konstant!

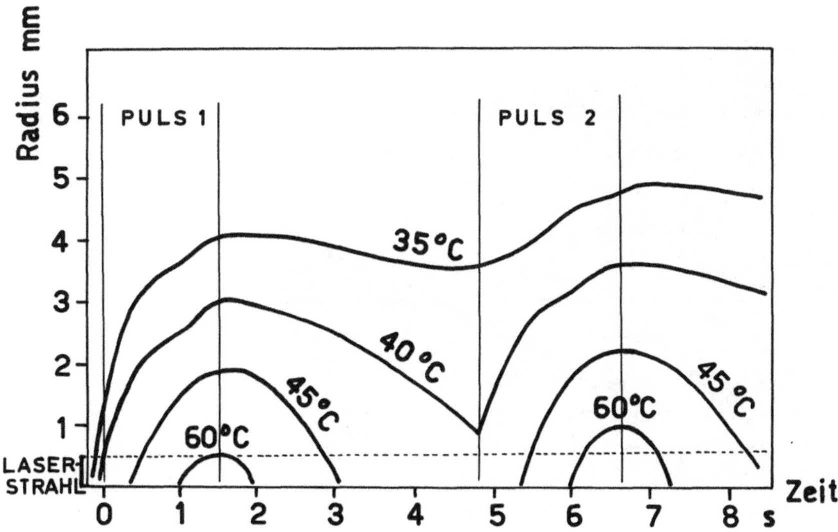

Abb. 17.5. Spatiale Verteilung der Isothermen auf der Serosa der Blase bei einer Leistungsdichte von 13,8 W/mm². Wandstärke 1 mm, Füllung mit NaCl-Lösung (Peusel et al. 1980)

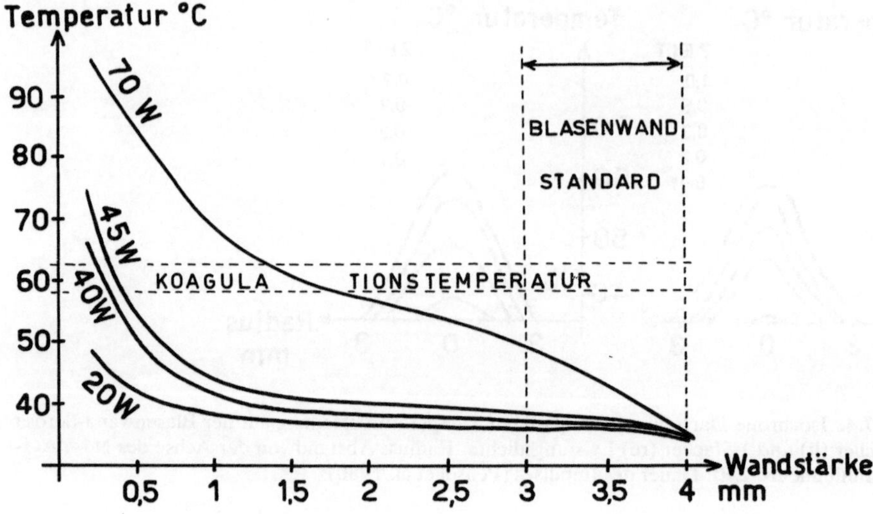

Abb. 17.6. Temperatur, die beim Bestrahlen der Blasenwand erreicht wird in Abhängigkeit von der Dicke dieser

Als *Ergebnis unserer experimentellen Untersuchungen und klinischen Kontrollen* gilt: Zur vollständigen, homogenen Nekrotisierung einer Blasenwand mit einer Dicke von 4–5 mm bei Verwendung von Wasser als Spülflüssigkeit und einem Bestrahlungsabstand von 1 mm ist eine Neodym-YAG-Laserleistung von 45 W bei einer Bestrahlungszeit von etwa 4–5 s erforderlich.

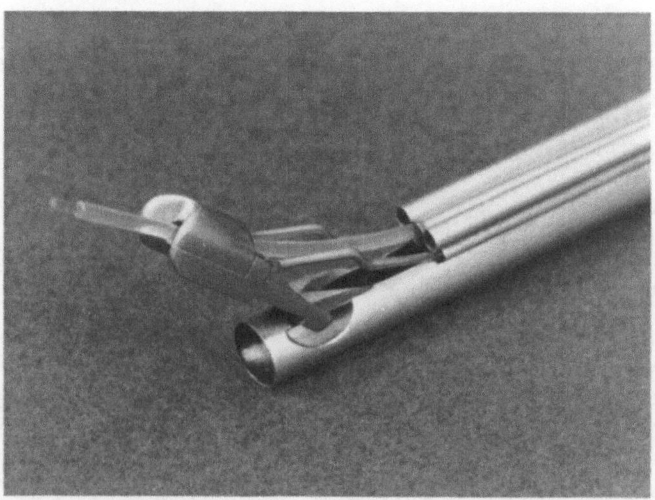

Abb. 17.7. 21 Charr-Laserurethrozystoskop mit Albarran-Einsatz; das Endstück des Lichtleiters kann mit einem Hebel dirigiert werden (Storz, Tuttlingen)

17.3 Laserinstrumente

Für die *endoskopische Laserapplikation* wurden spezielle Laserurethrozystoskope (Wolf, Storz) entwickelt. Seit drei Jahren steht uns eine hochflexible, teflonbeschichtete Quarzglasfaser von hoher mechanischer Stabilität zur Verfügung. Dadurch konnten wir auf die ursprünglichen starren Endoskope verzichten, da es nun möglich war, mit einem Albarran-System die flexible Quarzglasfaser an *jede* Stelle in der Blase zu dirigieren. Ein solches Laserendoskop ist in Abb. 17.7 im Detail zu sehen.

Für *äußere Anwendung* des Lasers wird ein durch einen Metall-Kunststoffschlauch geschützter Lichtleiter mit einem rohrförmigen Fokussierhandstück verwendet, dem durch einen Schlauch Kühl- oder Spülgas zugeführt werden kann.

17.4 Operatives Vorgehen

17.4.1 Endoskopische Laserapplikation

Der Patient wird wie bei jedem anderen transurethralen Eingriff in Steinschnittlage gebracht. Eine Allgemeinnarkose ist nicht erforderlich. Wir führen die endoskopischen Eingriffe gewöhnlich in adaptierter Sedierung unter Verwendung von Diazepam oder α-($\pm$) 5-Allyl-1-methyl-5-(1 methyl-2 pentinyl)-barbitursäure durch.

Zur Entfaltung der Harnblase während des Eingriffs verwenden wir sterile 0,9%ige Kochsalzlösung. Aber auch die Verwendung von sterilem Wasser ist möglich. Die *Wasserfüllung* hat den Zweck, daß durch Wegspülen etwaiger Blutungen während des Eingriffes eine lokale Laserabsorption verhindert wird und sich so die Koagulationswirkung des Neodym-YAG-Lasers in der Blasenwand voll entfalten kann. Die bei der Verwendung von Wasser als Spülflüssigkeit gegebenen Nachteile wie Absorption der Laserstrahlung in der Wasserschicht zwischen dem Transmissionssystemende und der Blasenwand bzw. der Tumorwand, sowie das sogenannte thermal-blooming, sind bei Verwendung der neuen Urethrozystoskope und Verringerung des Bestrahlungsabstandes zu vernachlässigen.

Der *wirksame Bestrahlungseffekt* ist an einer weißen Verfärbung des bestrahlten Tumorgewebes zu erkennen. Abbildung 17.8 zeigt einige Stadien bei der Behandlung eines Blasentumors:

Abb. 17.8a. Blasentumor in Größe der Daumenkuppe hinter dem linken Ostium *vor* der Bestrahlung;

Abb. 17.8b. derselbe Tumor *unmittelbar* nach der Bestrahlung;

Abb. 17.8c. Situs 4 Tage nach der Bestrahlung. Man sieht, daß der exophytische Teil des Tumors abgefallen ist. Im Bereich des Tumorgrundes sind einzelne muskuläre und kollagene Faserstränge zu erkennen, die – wie Biopsien aus diesem Bereich ergaben – völlig nekrotisch waren.

Abb. 17.8d. zarte Narbe mit einsprossenden Gefäßen nach Beendigung der Heilungsphase.

Der *operative Eingriff bei Blasentumoren* wird in zwei Sitzungen durchgeführt: In der ersten werden Tumoren bis Daumenkuppengröße mit dem Neodym-YAG-Laser bestrahlt. Tumoren mit einem größeren exophytischen Anteil werden dagegen mit der elektrischen Schlinge bis tief in die Blasenwand hinein ausreseziert. Eine Woche später

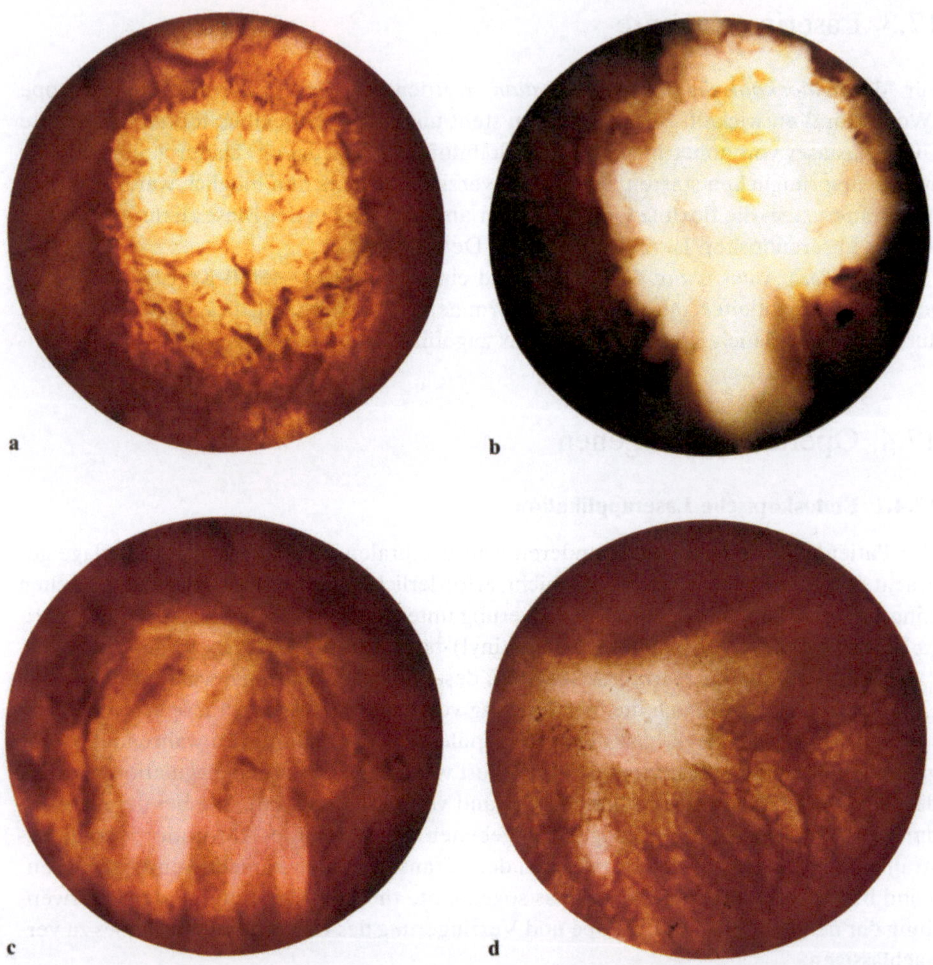

Abb. 17.8. a Daupenkuppengroßer Blasentumor (G_2) hinter linkem Ostium, **b** Zustand unmittelbar nach Nd-YAG-Laserbestrahlung, **c** 4 Tage nach Bestrahlung, **d** 6 Wochen nach Bestrahlung, Narbenbildung

erfolgt die zweite Sitzung, die darin besteht, daß der Tumorgrund noch einmal mit dem Neodym-YAG-Laser zeilenförmig nachbestrahlt wird.

Vor dem Eingriff werden aus dem Tumorboden bzw. den Tumorrändern und der unmittelbaren Tumorumgebung *Biopsien* entnommen. Dieses Vorgehen wird durch die sog. Quadrantenbiopsie ergänzt. Bei kleineren Tumoren, bei denen eine Biopsie einer primären Tumorentfernung gleichkäme, wird primär mit dem Neodym-YAG-Laser bestrahlt. Unmittelbar nach der Bestrahlung wird dann der Tumor mit der Biopsiezange abgehoben und kann histologisch noch eindeutig identifiziert und eingeordnet werden.

Weil unter der Neodym-YAG-Laserbestrahlung keine oder eine nur unbedeutende Blutung auftritt, kann man in der Regel auf einen transurethralen Katheter nach dem Eingriff verzichten. Das hat unter anderem Bedeutung bei der Vermeidung von nosokomialen Infektionen.

Der Patient sollte nach dem Eingriff 2–3 Tage beobachtet werden, vor allem wenn große Bereiche an der Blasenhinterwand bestrahlt wurden, um eine evtl. Blasen- oder Darmperforation rechtzeitig erkennen zu können. Bei einer Bestrahlungsdosis bis zu 45 W und unter Verwendung von Wasser als Spülflüssigkeit, konnten wir eine derartige Komplikation nach Bestrahlung von fast 800 Tumoren nicht beobachten.

Vorsichtshalber bestimmen wir nicht nur während der Laserbestrahlung die Energie, sondern wir messen auch die Wandstärke der Blase mit einer von uns entwickelten transurethral einführbaren Ultraschallsonde (Pensel et al. 1980).

17.4.2 Offene Laseranwendung

Sie erfolgt überall dort, wo das tumoröse Gewebe direkt durch den Laserstrahl erreicht werden kann. Die Verwendung eines Gasstromes erleichtert bei stärkeren Blutungen die Koagulationswirkung, da austretendes Blut vom Gas verdrängt wird. Davon abgesehen dient die Neodym-YAG-Laserbestrahlung nicht nur der Zerstörung von Tumoren, sondern auch der Blutstillung. Dies ist von besonderer Bedeutung z.B. bei Eingriffen an den *Corpora cavernosa* oder der *Glans penis*.

17.5 Klinische Ergebnisse

Im Zeitraum vom 1. Juni 1976 bis zum 31. Juli 1978 behandelten wir 42 Patienten mit 68 Blasentumoren (pTA/PT_{3a}, N_0, M_0) unter Verwendung *starrer* Laserendoskope. In 9 weiteren Fällen wurde der Tumor primär mit dem Elektroresektoskop entfernt und dann in einer zweiten Sitzung seine Basis mit dem Neodym-YAG-Laser bestrahlt. Wir beobachteten 21 Rezidive nach 2 Monaten. In 7 Fällen war dies sicher auf eine unzulängliche Primärbestrahlung zurückzuführen, während in den übrigen 14 Fällen die Rezidive sich nicht im Bestrahlungsbereich befanden.

In der Zeit vom August 1978 bis August 1979 bestrahlten wir mit dem Neodym-YAG-Laser 421 Tumoren bei 152 Patienten, wobei uns die *neuen* Laserinstrumente mit dem flexiblen Transmissionssystem zur Verfügung standen. Bei der ersten Kontrolluntersuchung, 2 Monate nach dem Eingriff, fanden wir nur in 9 Fällen ein lokales Rezidiv. 16mal war ein Tumorwachstum außerhalb des Bestrahlungsfeldes zu beobachten. Die Tabelle 17.1 gibt einen zusammenfassenden *Überblick* der Ergebnisse der endovesikalen

Tabelle 17.1. Ergebnisse der endovesikalen Behandlung von Blasentumoren mit dem Neodym-YAG-Laser

Zeitabschnitt und Technik	Anzahl der bestrahlten Tumoren ($pTA-pT_{3a}$, N_0, M_0)			Lokalrezidive 2 Monate nach der Bestrahlung				
				innerhalb des Bestrahlungsfeldes			außerhalb des Bestrahlungsfeldes	
		nur Bestrahlung	TUR u. Bestrahlung					
		(a)	(b)		(a)	(b)	(a)	(b)
Juni 1976 bis	G_0	47	2	G_0	3	0	7	1
Juli 1978	G_1	11	4	G_1	1	1	1	1
starre	G_2	7	3	G_2	1	0	2	1
Laserendoskope	G_3	3	0	G_3	1	0	1	0
		68	9		6	1	11	3
Aug. 1978 bis	G_0	143	57	G_0	2	1	5	3
Aug. 1979	G_1	64	61	G_1	2	1	1	2
Laserendoskope mit	G_2	18	64	G_2	0	2	1	2
Albarran-Einsatz	G_3	9	5	G_3	1	0	1	1
		234	187		5	4	8	8

Tabelle 17.2. Ergebnisse bei externer Anwendung des Neodym-YAG-Lasers

Diagnose	Zahl der Patienten	Lokalrezidive nach Erstapplikation
Urethrakarzinome	2	2
Urethralkarunkel	5	0
Condylomata acuminata penis	14	1
Peniskarzinome	9	1
Condylomata acuminata vulvae	2	0
Vulvakarzinome	2	2
Summe	34	6

Neodym-YAG-Laserapplikation bei Blasentumoren. Die Ergebnisse der *offenen* Laseranwendung bei Penis- und Harnröhrenkarzinomen, Vulvakarzinomen sowie Condylomata acuminata sind aus der Tabelle 17.2 zu entnehmen.

17.6 Kritische Bewertung der Neodym-YAG-Laseranwendungen

Bei der endoskopischen Anwendung können Tumoren bis zur Daumenkuppengröße berührungsfrei zerstört werden. Wenn der exophytische Anteil des Tumors jedoch größer ist, sollte eine konventionelle transurethrale Resektion primär durchgeführt werden. Die sog. 2. Sitzung, 8 Tage nach dem Ersteingriff, kann unseres Erachtens in jedem Falle durch die Neodym-YAG-Laserapplikation ersetzt werden, vor allem unter dem Aspekt der größeren Radikalität und der Vermeidung einer Blasenwandperforation.

Weitere *Vorteile* der Laseranwendung sind: Keine Blutung, keine Anästhesie, nur adaptierte Sedierung, und vor allem kurze Operationsdauer!

Die Hauptindikation für die Neodym-YAG-Laseranwendung ist das multiple, über die gesamte Blasenschleimhaut verteilte Wachstum kleinerer Tumoren, vor allem wenn sich diese an der Blasenhinterwand befinden.

Ein Hauptargument *gegen* die Laseranwendung sind die zur Zeit noch sehr hohen Kosten. Darüber hinaus fehlen bis heute Langzeitergebnisse. Daher wäre eine prospektive, randomisierte Studie angezeigt. Außerdem wäre zu prüfen, ob nicht Hochfrequenzströme dasselbe wie der Laser leisten können, was bedeuten würde, daß man hiermit ein wesentlich billigeres Operationsinstrument zur Verfügung hätte.

18 Die Anwendung des CO_2-Lasers in der Otorhinolaryngologie

K. Burian

18.1 Einleitung

Spezielle physikalische Eigenschaften des CO_2-Lasers legen seine Verwendung in der Otorhinolaryngologie nahe:

1) vollständige Absorption und Energiefreisetzung an den oberflächlichen Gewebsschichten; dies bedingt eine streng umschriebene Zerstörung der vom Laserstrahl getroffenen Gewebsbezirke bei gleichzeitiger Erhaltung des unmittelbar benachbarten gesunden Gewebes (Mihasi et al. 1976);

2) es besteht die Möglichkeit, den Laserstrahl in den Sehstrahl (Pilotstrahl) des Operationsmikroskopes einzublenden und mikrochirurgisch anzuwenden.

Auch in klinischer Hinsicht ergeben sich Vorteile (Andrews und Moss 1974, Frech et al. 1979). Neben nahezu blutfreiem Operieren fiel das Fehlen eines postoperativen Ödems auch bei größeren Eingriffen am Kehlkopf auf; dies erübrigt eine Tracheotomie.

Der in der Literatur häufig gefundene Hinweis, daß der CO_2-Laserstrahl auch Lymphgefäße versiegelt, konnte in experimentellen Untersuchungen an Kaninchen jedoch nicht bestätigt werden (Ehrenberger und Innitzer 1978; Schenk und Ehrenberger 1980; Schenk 1979), so daß vorerst dieser angebliche Vorteil in der Malignombehandlung in Frage gestellt werden muß.

18.2 Spezielle Probleme der Anästhesie bei Laseroperationen im Kehlkopf

Bei mikrochirurgischen Eingriffen im Kehlkopf ist die Intubationsnarkose unentbehrlich. Dabei ergeben sich bei der Laseranwendung *zwei* Probleme:

1) Der in die Trachea eingeführte Tubus behindert im Glottisbereich die *Sicht* und die Manövrierbarkeit des Laserstrahls; besonders bei ausgedehnten Prozessen muß der Tubus während der Operation verlagert werden.

2) Es besteht die *Gefahr*, daß sich der Tubus unter Einwirkung eines fehlgeleiteten Laserstrahles entzündet, was in dem sauerstoffreichen Atemgemisch zur Flammenbildung oder zur Freisetzung gesundheitsschädlicher Gase führen kann.

Eine Lösung dieser Probleme ergibt sich durch die Verwendung endotrachealer Metalltuben (Hirshman et al. 1980) oder durch Umhüllung der üblichen Tuben mit Alufolie (Kaeder und Hirshman 1979) oder durch die Verwendung von Injektoflextuben, die tief in die Trachea versenkt werden und dadurch vom Operationsfeld entfernt liegen. Die

Beatmung erfolgt durch einen dünnen Drain mittels Injektbeatmung mit Überdruck (Injectomat). Dadurch ergeben sich wesentlich bessere Sicht- und Präparationsbedingungen im Kehlkopf (Abb. 18.1a, b).

Eigene Erfahrungen haben gezeigt, daß mit dieser Narkosetechnik normale Blutgaswerte erreicht werden. Die während der Narkose gemessenen exspiratorischen CO_2-Maximalkonzentrationen lagen im Bereich 4,4 ± 0,6 Vol.-%. Beatmungsprobleme ergaben sich nicht, so lange eine genügende Muskelrelaxation gegeben war. (Zadrobilek et al. 1980; Strong et al. 1974; Norton et al. 1976).

18.3 Eingriffe im Kehlkopf

Alle bisher mikrochirurgisch-endolaryngeal vorgenommenen Eingriffe, wie etwa die Abtragung von Polypen, Knötchen, Reinke-Ödemen, Hämangiomen und eines Ventrikelprolapses, können im Prinzip auch mit dem Laserstrahl ausgeführt werden, wobei die schon erwähnten Vorteile dem Operateur *und* dem Patienten zugute kommen ; dennoch bringt der Laser für diese Indikation keinen wesentlichen Fortschritt. Neben den erwähnten Krankheitsbildern gibt es aber noch einige andere, bei denen der *Lasereinsatz* dem mikrochirurgischen Vorgehen *echt überlegen* ist und einen Fortschritt darstellt:

1) kindliche Larynxpapillome,
2) Hämangiome (endoskopische Entfernung),
3) Präkanzerosen,
4) Malignome des Kehlkopfs,
5) Larynxerweiternde Operationen,
6) Larynx- und Trachealstenosen.

18.3.1 Kindliche Larynxpapillome

Die mit dem CO_2-Laser weitgehend blutfreie Abtragung erlaubt eine äußerst *präzise* Präparation und Schonung des gesunden Gewebes. Es scheint, daß durch die Versiegelung der Blutgefäße eine Verschleppung und Überimpfung von Papillomzellen vermieden wird. Dies dürfte u.a. auch der Grund für die wesentlich längeren Remissionen, mitunter sogar Dauerheilungen nach Laserabtragung sein. Das völlige Fehlen des postoperativen Ödems nach Laseranwendung macht beim kleinen kindlichen Kehlkopf eine Tracheotomie vermeidbar. Auch die postoperative Narbenbildung ist geringer, wodurch die Stimmfunktion weniger beeinträchtigt wird als nach chirurgischer Abtragung. Obwohl korrespondierende Wundflächen nach chirurgischer Abtragung von Papillomen zu Adhäsionen führen können, haben die bisherigen Erfahrungen gezeigt, daß Adhäsionsbildungen zwischen korrespondierenden Laserwunden kaum oder nur in sehr geringem Maße auftreten.

18.3.2 Laserabtragung von Hämangiomen

Dabei wird die störende Blutung auf ein Minimum reduziert. Auch große Tumoren, die man chirurgisch nur von außen operieren würde, können *endoskopisch* entfernt werden. Dabei erweist es sich als vorteilhaft, zuerst die Gefäße mit geringen Laserintensitäten zu veröden und dann erst die Geschwulst zu entfernen.

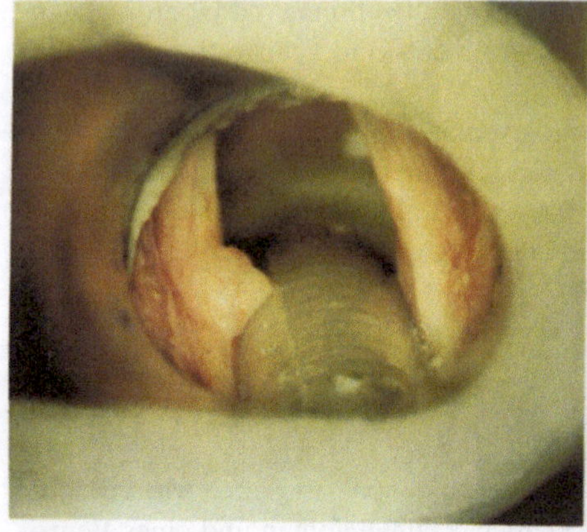

Abb. 18.1a

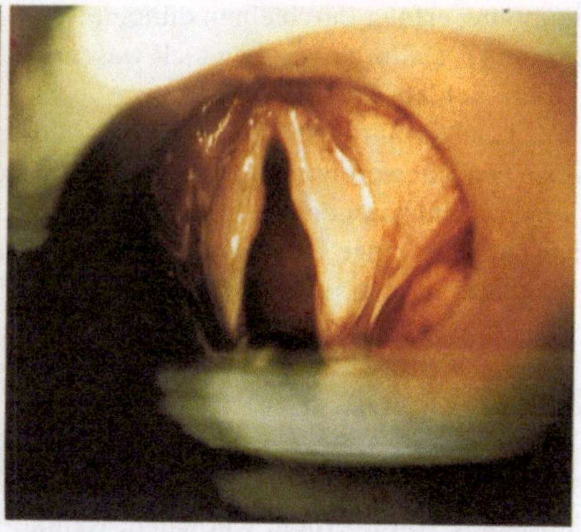

Abb. 18.1b

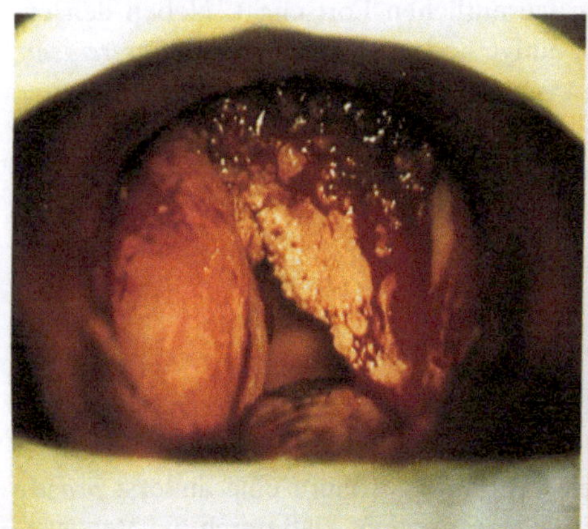

Abb. 18.2a

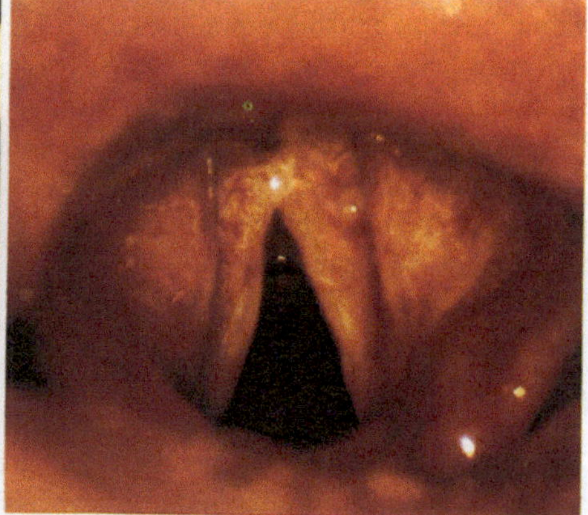

Abb. 18.2b

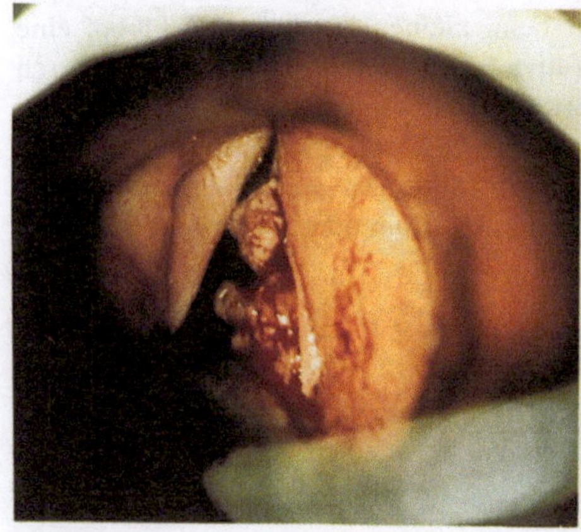

Abb. 18.3a

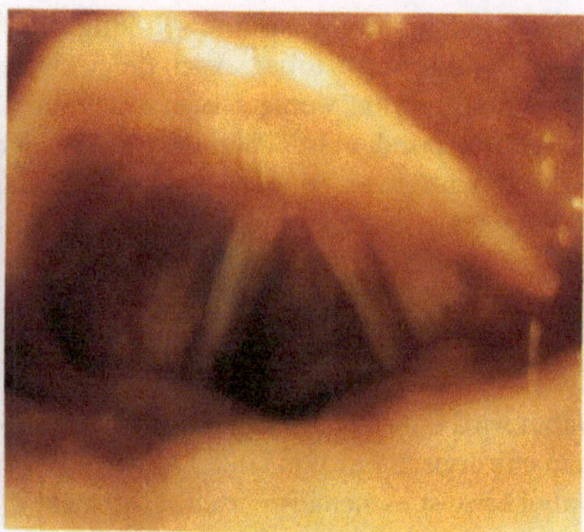

Abb. 18.3b

18.3.3 Präkanzerosen

Bei Epitheldysplasien, Leukoplakien und verschiedenen anderen Präkanzerosen kann mit dem CO_2-Laser die *Biopsie* mit der kurativen *Behandlung* kombiniert werden. Dabei bietet die Laserabtragung infolge fehlender Blutung besonders gute Sichtverhältnisse und erlaubt es, die pathologisch veränderten Gewebsanteile, wenn möglich, bis auf die normale Unterlage in einem Stück zu entfernen.

18.3.4 Malignome

Der CO_2-Laser ermöglicht Eingriffe, die von Teilresektionen des Stimmbandes bis zur Entfernung größerer Anteile des Kehlkopfinneren reichen. Es scheint möglich zu sein, auch größere Tumoren, sofern sie nicht das Perichondrium und den Knorpel erreicht haben, endoskopisch durch Teilresektion des Kehlkopfinneren zu entfernen (Jako 1979). Burian und Höfler (1979) haben über 20 Patienten mit Larynxkarzinomen im Stadium T_1-T_2 berichtet, bei denen die Laserabtragung als *einzige* Therapie Anwendung fand. Die Beobachtungszeit von längstens drei Jahren erlaubt jedoch keine endgültige Beurteilung hinsichtlich der Langzeitergebnisse. Vorerst wurde der Eindruck gewonnen, daß Malignome dieser Stadien radikal, für den Patienten sehr schonend und ohne Tracheotomie mit einem nur ein- bis zweitägigen Krankenhausaufenthalt entfernt werden können und die Frühergebnisse jenen der konventionellen Therapie zumindest nicht nachstehen. Zusätzlich zeigten sich nach Laserabtragung wesentlich bessere *funktionelle* Ergebnisse; bei fast allen Patienten bildete sich anstelle des resezierten Stimmbandes eine breite Ersatzstimmlippe (Abb. 18.2a, b u. 18.3a, b).

Die Indikationsgrenzen für die Laseranwendung bei Larynxkarzinomen sind heute noch nicht klar festgelegt. Während Jako eine großzügigere Einstellung hat, beschränken Burian und Höfler (1979) die Indikation auf Tumoren des Stimmbandes mit normaler Beweglichkeit. Ein Übergreifen der Geschwulst auf die vordere Kommissur und auf das andere Stimmband ist nicht unbedingt ein Ausschließungsgrund, jedoch hängt es vom Operationsbefund ab, ob an den Lasereingriff noch eine zusätzliche Therapie angeschlossen werden muß. Bei geringgradig subglottischer Ausdehnung kann die Laserresektion mit Hilfe einer Laryngofissur angewandt werden. Dadurch wird die Tumorausdehnung genauer übersehen, was die Biopsie von den Resektionsrändern erleichtert. Als Alternative zur Laserabtragung ergibt sich für Malignome der beschriebenen Ausdehnung nur die Laryngofissur mit chirurgischer Chordektomie oder die Strahlenbehandlung. Beide Verfahren benötigen eine drei- bis sechswöchige Behandlungsdauer; zusätzlich ist die chirurgische Stimmbandresektion meist mit einer passageren Tracheotomie verbunden. Wenn, wie Jako (1979; Strong 1975a, b) berichtet, auch wesentlich ausgedehntere Resektionen mit dem Laser möglich sind, so scheint es derzeit noch nicht ge-

Abb. 18.1. **a** Granulationspolyp *links*. Operativer Zugang durch Spiraltubus behindert; **b** Stimmbandknötchen beidseits. Freier Einblick bei Intubation mit Injectoflextubus

Abb. 18.2. **a** Maligne degeneriertes Papillom bei einem 84jährigen Patienten; **b** 15 Monate nach Abtragung. Kleine Synechie, Ersatzstimmlippe *rechts*; gute Stimmfunktion

Abb. 18.3. **a** Plattenepithelkarzinom des rechten Stimmbandes; **b** 10 Monate nach Abtragung. Ersatzfalte mit guter Stimmfunktion

rechtfertigt, sie als Routinetherapie bei entsprechend großen Tumoren anzuwenden. Erst Langzeiterfahrungen werden die endgültigen Indikationsgrenzen festlegen, doch stellt bereits heute der CO_2-Lasereinsatz bei Larynxmalignomen bestimmter Ausdehnung einen echten Fortschritt dar.

18.3.5 Larynxerweiternde Operationen

Bei beiderseitiger Stimmbandlähmung mit hochgradiger Atemnot standen bisher zwei therapeutische Möglichkeiten zur Verfügung: entweder eine Dauertracheotomie oder die Laterofixation eines der beiden gelähmten Stimmbänder. Die Nachteile der Tracheotomie wird man dem Patienten nur in speziellen Fällen zumuten. Die Laterofixation eines Stimmbandes ist mit einer passageren Tracheotomie verbunden. Die *Laserresektion* eines Stimmbandes, inkl. Arytaenoidektomie, ermöglicht eine ausreichende Glottiserweiterung ohne Tracheotomie.

18.3.6 Larynx- und Trachealstenosen

Die Abheilung von Laserwunden erfolgt mit einer geringeren Bindegewebsneubildung als jene von chirurgischen Wunden. Mit der Durchtrennung von Strikturen im Kehlkopf und im subglottischen Trachealbereich ist eine dauernde Erweiterung der Stenose mit einem relativ einfachen, kurzdauernden und den Patienten wenig belastenden Eingriff zu erzielen.

Die Anwendung des CO_2-Lasers im *Kleinkindkehlkopf*, etwa bei Hämangiomen, Lymphangiomen, Ödemen oder Granulationen nach Langzeitintubation, stellt einen echten *Fortschritt* in der Behandlung dieser Erkrankungen dar, der durch keine andere derzeit verfügbare Methode erzielt werden kann. Hauptgrund dafür ist das fehlende postoperative Ödem und damit die Vermeidung der für das Kleinkind mit besonders nachteiligen Folgen verbundenen Tracheotomie.

18.4 Anwendung in der Rhinologie

Im Bereich der *Nase* gibt es eine Reihe von Erkrankungen, bei denen anstelle der konventionellen Therapie der Laser vorteilhaft eingesetzt werden kann. So können Nasenpolypen, Hyperplasien oder Hypertrophien der *Muscheln* mit dem Laser abgedampft, blutige Gefäße versiegelt oder bei vasomotorischen Erkrankungen der Schleimhaut Kaustiken der Muscheln ohne wesentliche Blutung vorgenommen werden. Für letztere bewährt sich allerdings der *Neodym-YAG-* oder *Argon*laser besser, da seine Koagulationsleistung größer ist (Karduck und Richter 1976; Karduck et al. 1978; Lenz und Eichler 1976).

Eine echte therapeutische Bereicherung ergibt sich bei der Abtragung von *Choanalatresieplatten*. Sowohl die transpalatinale wie auch die endonasale Operation ist ein relativ großer Eingriff und besonders im frühesten Lebensalter mit einer hohen Rezidivquote belastet. Relativ einfach und blutfrei kann auf endonasalem Wege die Atresieplatte mikrochirurgisch mit dem CO_2-Laser abgetragen werden. Dabei dürfte die Neigung zum Verschluß der neugeschaffenen Choanalöffnung geringer sein als nach chirurgischer Abtragung; dennoch ist es zweckmäßig, die neu geschaffene Choane mittels eines Drains etwa zwei Wochen lang offen zu halten (Healy et al. 1978).

Derzeit liegen noch keine Literaturberichte über die alleinige Verwendung des Laserstrahles in der endonasalen *Tumorchirurgie* vor. Es ist jedoch vorstellbar, daß dessen zusätzliche Anwendung bei der chirurgischen Ausräumung, ähnlich wie die Elektrochirurgie, gewisse Vorteile im Hinblick auf die Radikalität bietet.

Hervorzuheben ist die CO_2-Laseranwendung bei der rhinochirurgischen Entfernung der normalen *Hypophyse* oder von *Hypophysenadenomen*. Der Vorteil liegt dabei in der Schrumpfungstendenz der normalen Drüse, bzw. des Adenomgewebes unter Lasereinwirkung. Dadurch ergibt sich bei geringerer Blutung eine günstige Voraussetzung für die exakte und möglichst radikale Entfernung der Drüse oder des Tumors.

18.5 Eingriffe in der Mundhöhle

Der CO_2-Laser ist auch eine wertvolle Ergänzung der konventionellen therapeutischen Möglichkeiten bei der Behandlung von *Präkanzerosen* und *Malignomen* in der Mundhöhle und Zunge; Stadium und Ausdehnung der Erkrankung werden naturgemäß den Behandlungsplan bestimmen. Bei umschriebenem Primärherd kann durch die Exzision des Tumors oder dessen Verdampfung mit dem Laser der Eingriff relativ klein gehalten werden; die geringe Schmerzhaftigkeit ist dabei für den Patienten von Vorteil. Die Radikalität des Eingriffes muß allerdings durch mehrfache Biopsien in der Laserwunde und deren Ränder sichergestellt werden. Eine anschließende Strahlenbehandlung ist auch bei noch nicht abgeheilter Laserwunde möglich (Healy et al. 1976; King 1972; Lillie und DeSanto 1973; Spiro und Strong 1973; Strong et al. 1979).

Die Verwendung des CO_2-Lasers zur *Tonsillektomie* erscheint nur in besonderen Fällen, wie etwa bei Patienten mit Hämophilie, angezeigt; dabei ist allerdings der Laser eine besonders wertvolle Hilfe, da in den meisten Fällen die begleitende, sehr kostspielige Substitutionstherapie nicht erforderlich ist (French 1974).

18.6 Anwendung in der Otologie

Die Möglichkeit der mikrochirurgischen Anwendung des Laserstrahls, die bindegewebsarme Abheilung von Laserwunden, die geringe Narbenbildung sowie die Vermeidung jeglichen mechanischen Traumas, würden dessen Verwendung in der Mikrochirurgie des Mittelohres nahelegen. Trotzdem finden sich in der Literatur vorerst nur tierexperimentelle Untersuchungen. In einer Arbeit von Sataloff (1967) wird über Stapedektomien mit dem *Argonlaser* und die Vorteile der atraumatischen Präparation bei der Entfernung der Fußplatte berichtet. Es wird angenommen, daß dadurch bessere funktionelle Ergebnisse beim Menschen zu erreichen sind.

18.7 Endoskopische Anwendung

Wegen der geradlinigen Ausbreitung der CO_2-Laserstrahlung kann diese beim *Bronchoskop* angewandt werden; Strong et al. (1974) haben mit einem solchen Larynxpapillome, die sich in der Trachea ausgebreitet haben, mit Erfolg abgetragen.

18.8 Zusammenfassung

Der CO_2-Laser eignet sich zur Behandlung verschiedener Erkrankungen im *HNO*-Bereich. Bei den oben genannten Indikationen stellt seine Anwendung einen echten *Fortschritt* gegenüber den konventionellen Behandlungsformen dar. Hinsichtlich der Malignombehandlung sind an Hand größerer Erfahrungen von Langzeitergebnissen die Indikationsgrenzen noch festzulegen.

19 Der CO_2-Laser in der Mund-, Kiefer- und Gesichtschirurgie

H. Platz

Als chirurgisches Schneidegerät ist von den heute zur Verfügung stehenden über 100 Laserarten der CO_2-Gaslaser am besten geeignet (Mullins et al. 1968). Aus der Mund-, Kiefer- und Gesichtschirurgie liegen dazu zahlreiche Berichte vor (Kaplan et al. 1973c; Strong et al. 1973; Vaughan et al. 1974; Kaplan et al. 1974; Kaplan und Aronoff 1975; Aronoff 1976; Ben Bassat et al. 1976b; Entin et al. 1976; Friedman 1976; Jako und Polanyi 1976; Mihashi et al. 1976; Pariente 1976; Slutzki et al. 1977; Platz et al. 1978; Fries und Platz 1979).

Die nachfolgend diskutierten eigenen Erfahrungen konnten seit Dezember 1976 mit dem CO_2-Lasergerät „Sharplan 791/He" der Laser-Industries Ltd. gesammelt werden.

19.1 Indikationen

Als Vorteile der Laserchirurgie werden nahezu übereinstimmend der stark reduzierte Blutverlust sowie die mögliche Verminderung bzw. Ausschaltung der intraoperativen Ausschwemmung maligner Tumorzellen durch thermische Koagulation von Gefäßen und Lymphspalten genannt. Daraus ergeben sich für uns als relative Indikationen zur Anwendung des Lasers:

1) die Chirurgie im Bereich stark durchbluteter Organe, wie z.B. der Zunge, und
2) die Chirurgie maligner Tumoren.

19.2 Krankengut

Bis zum gegenwärtigen Zeitpunkt wurden 20 Patienten mit dem Laser operiert. Es handelt sich um 2 Hämangiome, 2 Melanome, 9 Basaliome und 1 spinozelluläres Karzinom der Gesichts- und behaarten Kopfhaut, sowie um 6 Mundhöhlenkarzinome. Die relativ geringe Anzahl der operierten Patienten ist durch die lediglich versuchsweise und keineswegs routinemäßige Verwendung des Lasers bedingt.

19.3 Schutzmaßnahmen

Für das gesamte Operationsteam ist das Tragen einer Brille zum Schutz der Augen vor Reflexion des Laserstrahles an spiegelnden Instrumenten obligat.

19.4 Operationstechnik (Abb. 19.1)

Das Schneiden von Geweben erfolgt mit dem Fokus des Laserstrahles, der über ein optisches Gestänge zu einem bleistiftartigen geraden oder gewinkelten Handstück geleitet wird. Das Handstück läßt sich bei einiger Übung nahezu schwerelos in jede beliebige Richtung bewegen. Die Führung des Brennpunktes wird durch ein eingespiegeltes rotes Pilotlicht wesentlich erleichtert.

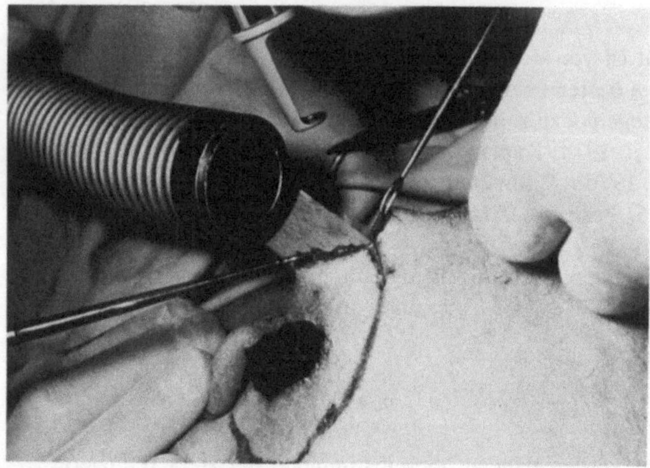

Abb. 19.1. Exstirpation eines Melanoms an der rechten Schläfe mit dem CO_2-Laser. Die Wundränder werden mit Wundhaken auseinandergezogen, der Holz-Spatel verhindert eine Verletzung der Schädel-Kalotte, der Plastikschlauch dient der Rauchabsaugung

Die erzielte Schnittiefe hängt von der Geschwindigkeit der Schnittführung und der zugeführten Energie ab. Sie beträgt bei einer Geschwindigkeit von ca. 3–4 mm/s und 20 W etwa 3 mm. Um mit dem Laserstrahl auf immer neue Gewebsschichten zu treffen, müssen die Wundränder vom Assistenten mit Haken auseinandergezogen werden. Auf diese Weise ist ein relativ zügiger Operationsablauf zu erreichen. Der durch die Gewebsverdampfung entstehende Rauch muß durch einen Schlauch abgesaugt werden.

Die geringe bis fehlende Blutung während des Schneidens ist insbesondere an stark durchbluteten Organen wie Zunge (Abb. 19.2a, b) und Skalp imponierend. Der maximale Durchmesser der mit dem CO_2-Laser durch thermische Koagulation zu verschließenden Gefäße wird mit 0,8 mm (Horch 1977), 1,2 mm (Schönberger 1977) und sogar 3 mm (Mullins et al. 1968) angegeben; nach den eigenen Erfahrungen liegt er jedoch unter 1 mm. Gefäße größeren Durchmessers müssen auf konventionelle Art mit Diathermie oder Ligatur versorgt werden. Der Versuch der Koagulation mit dem entfokussierten Laserstrahl oder dem Erhitzen der Gefäßklemme mit dem Laserstrahl bringt nur geringen Erfolg.

Strukturen, die vom Laserstrahl nicht beschädigt werden dürfen, wie Zähne beim Schneiden im Bereich der Zunge und die Schädelkalotte beim Schneiden im Bereich des

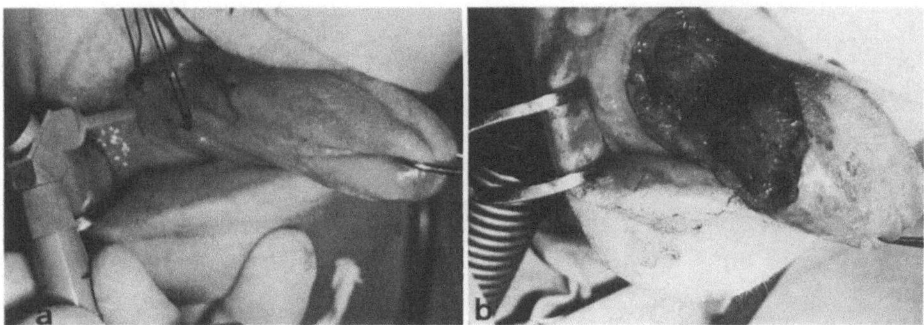

Abb. 19.2 a, b. Plattenepithelkarzinom am rechten Zungenrand. **a** Die Schnittführung ist mit Fäden markiert, das gewinkelte Handstück ermöglicht das Operieren im postcaninen und postmolaren Bezirk der Mundhöhle; **b** Operationsdefekt an der Zunge ohne wesentliche Blutung

Skalps, müssen mit feuchten Tüchern oder nassen Holzspateln geschützt werden. Exaktes anatomisches Präparieren in der Nähe lebenswichtiger Strukturen, wie es z.B. bei einer radikalen Neck dissection unerläßlich ist, ist mit dem Laserstrahl völlig unmöglich.

19.5 Wundheilung

Die thermische Schädigung durch den Laserstrahl verursacht einen histologisch erkennbaren nekrotischen Randsaum von 0,2–0,7 mm (Horch 1977), woraus eine auch klinisch deutliche Störung der Wundheilung resultiert (Ben Bassat et al. 1976a). Innerhalb der ersten postoperativen Tage kommt es zur Abstoßung des nekrotischen Randsaumes, die Wundheilung wird um ca. 3 Tage verzögert, die Entfernung der Nähte erfolgt erst am 10. oder 11. postoperativen Tag. Die Narben erscheinen im Vergleich zum Schnitt mit dem Skalpell deutlich breiter (Abb. 19.3a, b). Eine Anwendung des Lasers als Schneideinstrument in der plastischen Chirurgie des Gesichtes ist aus diesem Grund nicht empfehlenswert.

Darüber hinaus sind im eigenen Krankengut vermehrt bakterielle Wundinfektionen, offensichtlich begünstigt durch die Abstoßung des nekrotischen Randsaumes, aufgetreten.

19.6 Vor- und Nachteile

Als Vorteil des Lasers gegenüber dem Skalpell sind zu nennen:

1) die hervorragende Blutstillung und der damit verbundene geringe Blutverlust,
2) die mögliche, – unserer Meinung nach – jedoch unwahrscheinliche Hemmung der intraoperativen Ausschwemmung maligner Tumorzellen.

Andere Vorteile, wie hohe Asepsis (Horch 1977) und geringerer Wundschmerz durch thermische Koagulation der Nervenstümpfe konnten nicht beobachtet werden.

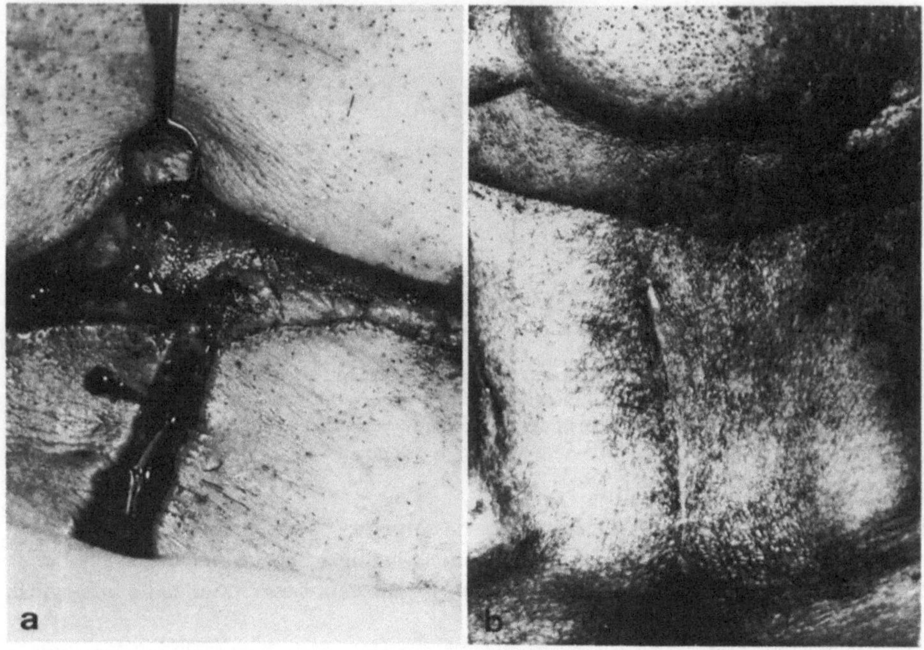

Abb. 19.3 a, b. Vergleich der Hautschnitte mit dem CO_2-Laser und dem Skalpell an der rechten Halsseite. **a** Keine Blutung im Bereich des Laserschnittes *oben rechts*, deutliche Blutung im Bereich des Skalpellschnittes *oben links* und *unten*; **b** leicht hypertrophe Narbenbildung im Bereich des Laserschnittes *oben rechts*, normale Narbenbildung im Bereich des Skalpellschnittes *oben links* und *unten*

Im Vergleich zur Elektrotomie ist noch die wesentlich schmälere, thermisch geschädigte Randzone und die damit verbundene bessere Wundheilung zu erwähnen.

Die Nachteile gegenüber dem Skalpell überwiegen zumindest zahlenmäßig:

1) ein anatomisches Präparieren ist nicht möglich,
2) die Operationsdauer wird deutlich verlängert,
3) die um ca. 3 Tage verzögerte Wundheilung mit breiteren Narbenbildungen und dem vermehrten Auftreten von bakteriellen Wundinfektionen,
4) der hohe Anschaffungspreis des Gerätes.

19.7 Zukunftsaussichten

Wegen der genannten Vor- und Nachteile des CO_2-Lasers ist seine Verwendung in der Mund-, Kiefer- und Gesichtschirurgie unter den eingangs erwähnten relativen Indikationen vertretbar.

Nicht empfehlenswert erscheint uns die Anwendung des Lasers als Schneideinstrument in der plastischen Chirurgie des Gesichtes, da in der Folge breitere Narben auftreten. Hier ergeben sich allerdings Möglichkeiten für die Entfernung kleiner Teleangiektasien der Gesichtshaut, die mit Laserimpulsen von 1/20 s und 20 W „weggeschossen" werden können (Kaplan und Peled 1975). Ein eigener Versuch verlief völlig zufriedenstellend.

Ein zukünftiges Anwendungsgebiet könnte in der kieferorthopädischen Chirurgie bei der Durchführung komplizierter Osteotomien liegen. Mit dem derzeit verfügbaren Gerät ist eine Osteotomie des Unterkiefers allerdings nicht möglich. Dazu sind eine Dampfstrahlspülung und ein Steuerungsmechanismus erforderlich (Horch 1977). Überhaupt wäre eine höhere Ausgangsleistung des CO_2-Lasers zur Durchführung von Osteotomien wünschenswert.

Andere Möglichkeiten eröffnet der Neodym-YAG-Laser, bei dem die thermische Koagulation im Vordergrund steht, während das Anlegen eines scharf begrenzten Schnittes nicht möglich ist. Dieses Gerät wurde bei Koagulopathien zum Verkochen des Blutes in der Alveole nach Zahnextraktionen verwendet (Ackermann und Rother 1976; Grasser und Ackermann 1977). Die kostenintensive Substitutionstherapie mit Blutgerinnungsfaktoren fällt dabei weg. Eigene Erfahrungen liegen allerdings nicht vor.

19.8 Zusammenfassung

Auf Grund von eigenen Erfahrungen und Berichten aus der Literatur muß beim heutigen Stand der technischen Entwicklung die Laserchirurgie noch als im klinischen Versuchsstadium befindlich bezeichnet werden. Noch sind die Lasergeräte sehr teuer, die Kosten – Nutzen-Rechnung ist äußerst negativ, die Vorteile sind – objektiv betrachtet – nicht so gravierend. Diese Situation könnte sich jedoch augenblicklich zugunsten der Laserchirurgie wenden, wenn in einer repräsentativen Untersuchungsserie der Nachweis der geringeren intraoperativen Ausschwemmung maligner Tumorzellen mit daraus resultierender verminderter Metastasierungs- und Rezidivrate erbracht werden kann.

20 Der Rubin- und Argonlaser bei der Behandlung von pigmentiertem Nävus und Hämangiom

T. Ohshiro

Nach viereinhalb Jahren klinischer Erfahrung kamen wir zum Schluß, daß beim farbigen Nävus und Hämangiom die normalen Hautzellen und das Gewebe einen großen Anteil anomal gefärbter Zellen und/oder Substanzen enthalten und die Konzentration dieser anomal gefärbten Zellen und Farbstoffe auf der Haut deutlich sichtbar ist. Ich möchte diese Art anomaler Hautveränderung als „nävogene Bildungen (chromatic macula)" bezeichnen. Mit anderen Worten: Es koexistieren im Fall der nävogenen Bildungen normale Hautzellen und farbige Zellen oder Farbstoffe nebeneinander. Im Fall des Hämangioms sind die farbigen Zellen die Erythrozyten; im Fall des Nävuszellen-Nävus (naevus naevocellularis) sind es Nävuszellen; im Fall des Spiderneävus besteht der anomal gefärbte Farbstoff aus Melaninkörnchen, und bei Tätowierungen aus Tätowierungspartikeln.

20.1 Rubinlaser

Im allgemeinen sind die oben erwähnten farbigen Zellen oder Farbstoffe *dunkler* als die normalen Hautzellen. Sie werden daher bei Laserbestrahlung mehr geschädigt als die normalen Zellen, da sie mehr von der Laserstrahlung absorbieren. Das *Prinzip* der Laserbehandlung ist folgendes: Im Fall gefärbter Zellen müssen wir darauf abzielen, die gefärbten Zellen so zu schädigen, daß sie absterben und somit eine Zellnekrose eintritt; Farbstoffe müssen wir in ein anderes Material umwandeln. In beiden Fällen werden die nekrotischen Zellen vom Körper absorbiert oder abgesondert und auf diese Weise wird die Entfärbung der nävogenen Bildungen erreicht. Dabei muß die Läsion, die den normalen Hautzellen zugefügt wird, sehr sorgfältig begrenzt werden; sie muß *unterhalb* der Überlebensschwelle dieser Zellen liegen.

All diese Erscheinungen sind durch die Strahlungswärme verursacht. Daher muß ein *Laser* mit kurzdauernden Impulsen verwendet werden, der sichtbares Licht oder nahes Infrarot ausstrahlt. Der CO_2-Laser arbeitet mit einer fernen Infrarotwellenlänge und ist ein Laser mit Dauerbetrieb (CW). Verwenden wir einen CO_2-Laser, so ist wegen der fernen Infrarotwellenlänge die Differenz zwischen dem, was die anomal gefärbten Zellen oder Farbstoffe, und dem, was die normalen Zellen absorbieren, sehr gering. Noch dazu arbeitet der CO_2-Laser im Dauerbetrieb und hat eine niedrige Ausgangsspitzenleistung; das ergibt einen geringen Wärmestrahlungseffekt.

Daher ist es schwierig, bei einer langen Bestrahlungsperiode eine Nekrose der anomal gefärbten Zellen zu erreichen oder die Farbstoffe wie oben dargestellt zu verändern, ohne infolge der Leitungswärme einen Schaden für die umgebenden normalen Zellen zu verursachen.

Bei der Behandlung der nävogenen Bildung ist daher histologisch und selektiv der Rubinlaser der beste und wirksamste Laser; danach folgt der Argonlaser, während der CO_2-Laser weniger geeignet ist.

Wenn wir die *Reaktion* des Körpers auf den Rubinlaser überprüfen, z.B. beim Hämangiom, so finden wir eine schwärzliche Farbveränderung der Blutgefäße an der Oberfläche der Haut. In diesem Fall absorbieren die Erythrozyten in den Blutgefäßen die Laserstrahlung und in den Blutgefäßen tritt Koagulation ein.

20.2 Argonlaser

Unser Argonlaser ist ein Continuous-wave-Laser; daher behandeln wir den Patienten weniger histologisch und selektiv im Vergleich mit dem Rubinlaser. Ziehen wir aber die *Körperreaktion auf den Argonlaser* in Betracht, so zeigen sich *zwei* wichtige Reaktionen. Bei der ersten, die wir als *Kurzzeit*reaktion bezeichnen, wenn das Hämangiom mit dem Laserstrahl behandelt wurde, wird die behandelte Fläche zuerst weiß und dann rot. Bei der zweiten oder *Langzeit*reaktion verblaßt diese Röte während einer Periode von 2 Monaten bis zu 1 Jahr.

Das *erste dieser Farbwechselphänomene* kann wie folgt erklärt werden: Wenn der Argonlaser mit seiner langen Bestrahlungsdauer verwendet wurde, so ist die Strahlungswärme in Wärmeleitung übergegangen. Wenn die so erzeugte Wärme die Blutgefäße erreicht, bewirkt sie deren Kontraktion. Diese Kontraktion der Blutgefäße mit nachfolgender Blässe der Haut wird auch bei Kontaktbrandwunden gefunden, z.B. bei einem elektrischen Eisen. Bei Vorliegen dieser Blässe sind die Blutgefäße kontrahiert und können das Blut zur Kühlung der behandelten Fläche nicht transportieren. Daher müssen wir zur Kühlung der Fläche ein Kaltluftgebläse verwenden. In dem Maß wie die Kaltluft die Wärme von der Fläche wegbringt, wird die Kontraktion aufgehoben und die Röte kehrt wieder. Das erklärt das zweite Phänomen. Diese beiden Phänomene dürften die Kurzzeitreaktion ausmachen.

Bei der *Langzeitreaktion*, dem stufenweisen Verschwinden der roten Farbe, können wir dies nicht so leicht und genau erklären, aber wir können eine Theorie aufstellen: Wenn das Hämangiom mit dem Laser behandelt wird, lösen wir eine photobiologische Reaktion aus. Wir verwenden hier „photobiologisch" als einen Oberbegriff für z.B. photochemische, photophysiologische, photobiochemische, photoenzymatische und photoimmunologische Reaktionen usw.

Als Ergebnis dieser *multi-photobiologischen* Reaktion treten eine Anzahl von Kettenreaktionen in den Blutgefäßen auf. Ohne funktionell beeinflußt zu werden, werden diese strukturell so verändert, daß sie im Durchmesser allmählich abnehmen; zugleich wird die Oberfläche kleiner. Das CO_2-Hämoglobin verursacht infolge der Stase in den abnormen Blutgefäßen des Hämangioms eine purpurne Farbe der Haut. Nach der Laserbehandlung jedoch nimmt der abnorm breite Durchmesser der Blutgefäße allmählich ab, wie oben erklärt wurde. Dies bewirkt eine Zunahme der Strömungsgeschwindigkeit des Blutes und einen schnellen Abtransport des CO_2-Hämoglobins und an seine Stelle tritt das normale Oxyhämoglobin. Dies bewirkt eine Normalisierung der Hautfarbe. Daneben wird ein Hämangiom durch eine anomal große Anzahl von Erythrozyten pro Ku-

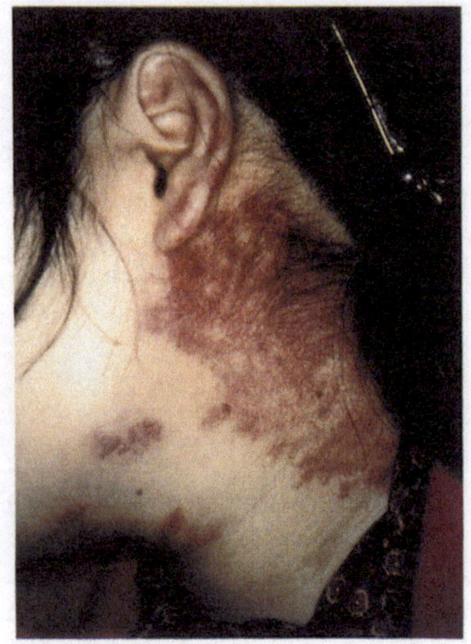

Abb. 20.1

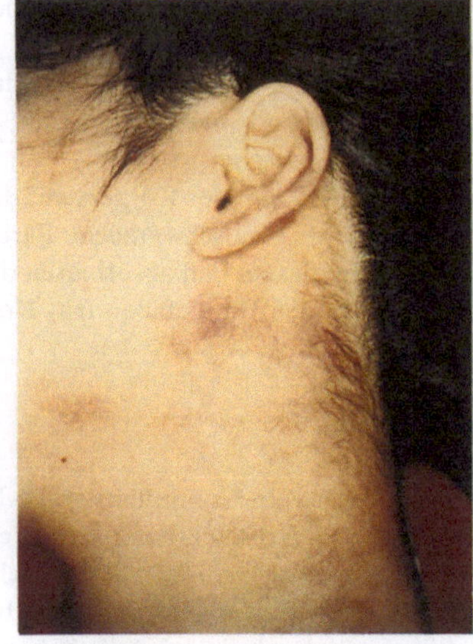

Abb. 20.2

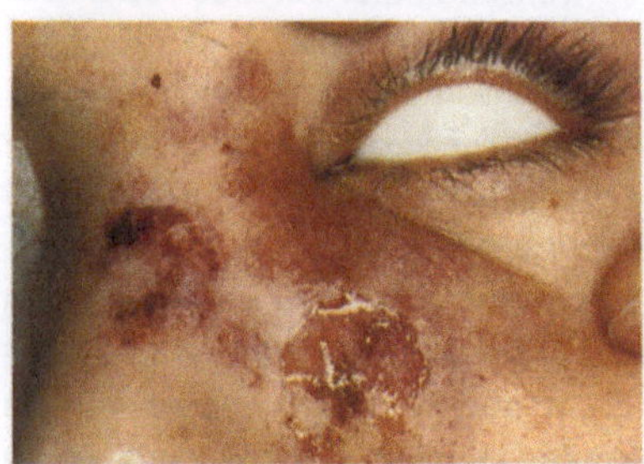

Abb. 20.3

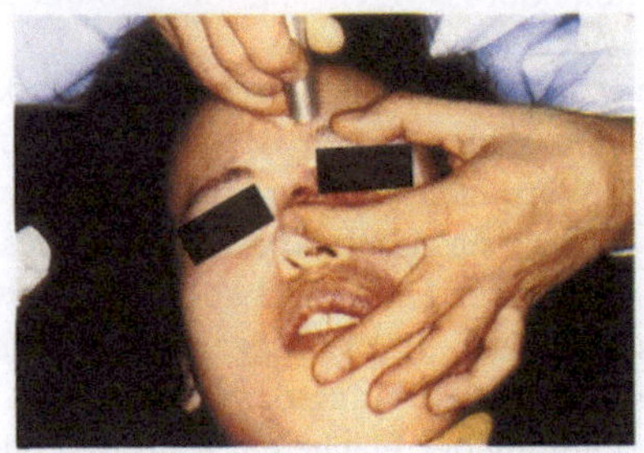

Abb. 20.4

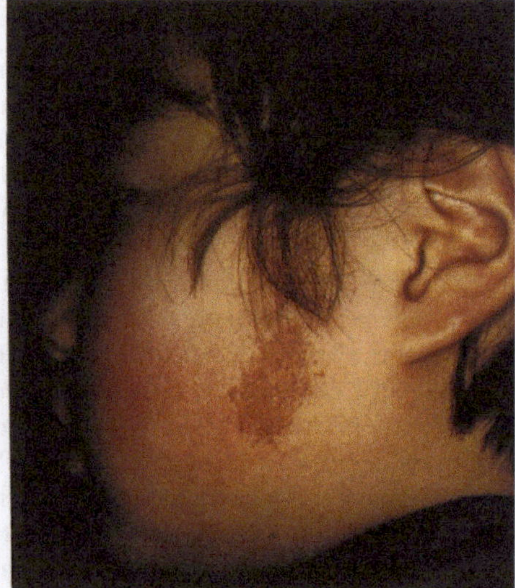

Abb. 20.5

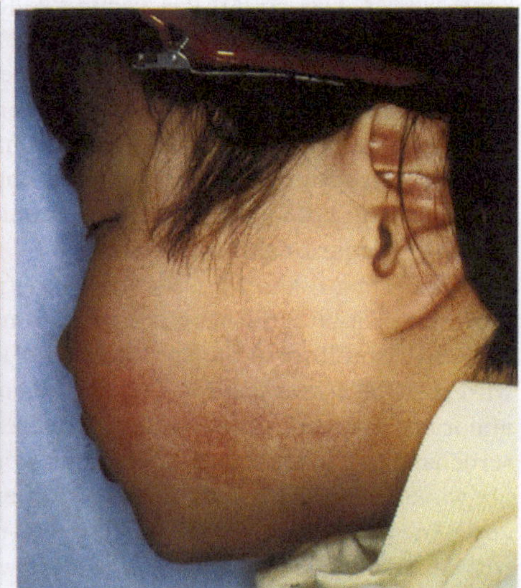

Abb. 20.6

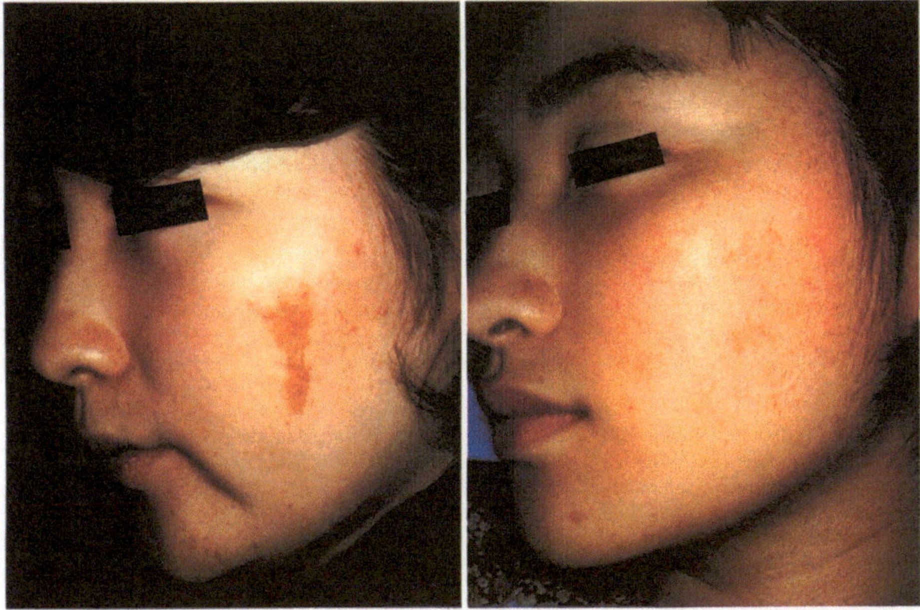

Abb. 20.7

Abb. 20.8

Abb. 20.9

Abb. 20.10

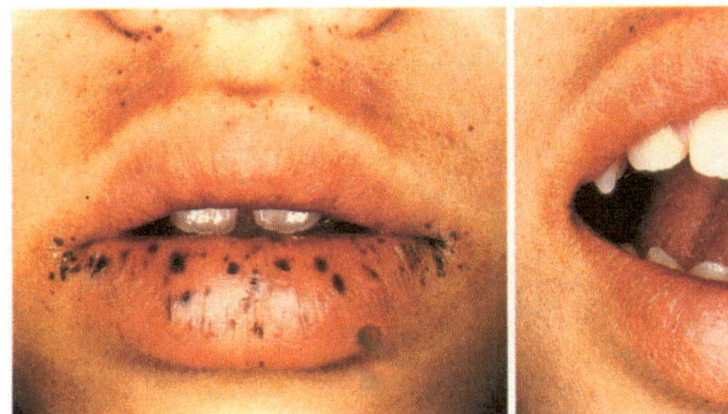

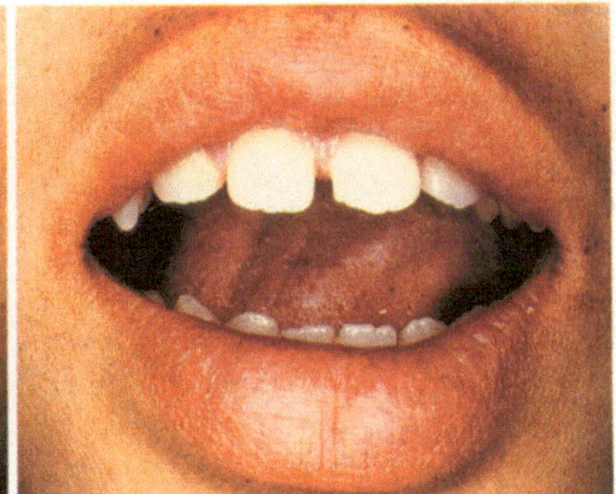

Abb. 20.1. Haemangioma simplex am rechten Nacken und Ohr. (Pat. w., 23 J.)

Abb. 20.2. Nach Rubinlaserbehandlung mit 35–45 J/cm^2. (Pat. wie Abb. 20.1)

Abb. 20.3. Haemangioma simplex am rechten Augenlid, Nase und Oberlippe; Verwendung einer Lichtschutzplatte für das Auge. (Pat. w., 30 J.)

Abb. 20.4. Behandlung mit dem Argonlaser; dieser eignet sich zur Therapie gekrümmter Hautflächen, der Hautränder der Augenlider und der Haut zwischen Haaren und Augenbrauen. (Pat. wie Abb. 20.3)

Abb. 20.5. Pigmentnävus auf der linken Wange. (Pat. w., 6 J.)

Abb. 20.6. Endergebnis 2 Monate nach Behandlung mit dem Rubinlaser. (Pat. wie Abb. 20.5)

Abb. 20.7. Naevus spilus auf der linken Wange. (Pat. w., 21 J.)

Abb. 20.8. Endergebnis 5 Monate nach der Behandlung mit dem Rubinlaser. (Pat. wie Abb. 20.7)

Abb. 20.9. Peutz-Jegher-Syndrom mit zahlreichen Flecken am Lippenrot. (Pat. w., 12 J.)

Abb. 20.10. Zwei Monate nach Rubin- und Argonlaserbehandlung. (Pat. wie Abb.20.9)

bikzentimeter des Hautgewebes verursacht. Durch die Laserbehandlung wird die Anzahl der Erythrozyten und somit auch die Farbe der Haut so lange reduziert, bis sie normal wird. So etwa könnte dieses Langzeitphänomen erklärt werden.

Die Tabellen 20.1 und 20.2 zeigen die Laserindikationen und die Unterschiede zwischen Rubin- und Argonlaser.

Einige Beispiele für die klinische Anwendung zeigen die Abb. 20.1 bis 20.10.

Tabelle 20.1. Indikationen für die Anwendung der beiden Laser

Rubinlaser	Argonlaser
Einfaches Hämangiom, Erdbeermal, Kapillarektasien, Rosazea;	Einfaches Hämangiom, Erdbeermal, Kapillarektasien, Rosazea;
Pigmentnävus, Naevus pigmentosus et pilosus, Spider-naevus, Naevus spilus tardivus, OTA-Nävus, Café-aut-lait-Flecken bei Morbus Recklinghausen; Pigmentveränderungen der Haut und Schleimhaut beim Peutz-Jegher-Syndrom; sekundäre Pigmentation; Hyperkeratosis seborrhoica; Naevus verrucosus pigmentosus; Chloasma; Epheliden (Sommersprossen); Tätowierungen (nur bei Kaukasiern)	Punktförmiger Pigmentnävus Maligner Lentigo

Tabelle 20.2. Unterschiede zwischen den beiden Lasern

	Rubinlaser	Argonlaser
Typ	Festkörperlaser	Gaslaser
Betriebsart	Gepulst	Kontinuierlich (c.w.)
Wellenlänge	694,3 nm	514,5, 488,0 nm
Energie, Ausgangsleistung	0–160 J	0–3 W
Bestrahlungszeit	0,001 s	0,05 s bis dauernd
Durchmesser der bestrahlten Fläche	5–32 mm	1–2 mm
Maximal bei einem Strahlenimpuls behandelte Fläche	8 cm^2	0,03 cm^2
Glasfiber	Nicht üblich	Verwendet
Repetitionsfrequenz	2/min	60–600/min
Effekt der Strahlungswärme	Groß	Klein
Effekt der Leitungswärme	Klein	Groß
Homogenität des Farbtones	Gut	Unzureichend
Anästhesie (lokal oder allgemein)	Selten	Gelegentlich
Handhabung	Kompliziert	Leicht
Eignung:		
Für heikle Stellen (z.B. Augennähe)	Nicht geeignet	Geeignet (gutes Zielen möglich)
Für Flächen unregelmäßiger Gestalt (konkav, konvex, gewinkelt)	Nicht geeignet	Geeignet
Selektiver Effekt	Groß (ultrakurze Impulse hoher Leistung möglich)	Klein (Wärmeleitung schädigt auch gesunde Zellen)
Eindringen des Strahles in die Haut	Seicht	Tief

21 Literatur

Das Verzeichnis ist alphabetisch geordnet; innerhalb der einzelnen Autoren erfolgt die Reihung chronologisch, wobei auf Mitautorennamen keine Rücksicht genommen wird. Vorerst einige häufig verwendete *Abkürzungen:*

ANST American National Standards Institute, New York. American National Standard for the Safe Use of Lasers (1976)

DIN Deutsche Industrie-Normen, DIN ... (Jahr), Titel; Beuth, Berlin, Köln. Stets ist das Blatt durch eine Nummer gekennzeichnet

GSF Gesellschaft für Strahlen- und Umweltforschung, Bereich Projektträgerschaften, Neuherberg. Proceedings of the Symposium Lasers in Medicine and Biology Neuherberg, June 22–25, 1977. GSF-Bericht BPT 5 (1977)

K1 Kaplan I (ed) (1976) Laser Surgery, Proceedings of the 1st International Symposium on Laser Surgery, Israel, 5–6 Nov., 1975, Jerusalem Academic Press, Jerusalem

K2 Kaplan I (ed) (1978) Laser Surgery II, Proceedings of the 2nd International Symposium on Laser Surgery, Dallas, Texas, 23–26 Oct. 1977, Jerusalem Academic Press, Jerusalem

K3 Kaplan I (ed), Ascher (assistant ed) (1979) Laser Surgery III, Proceedings of the 3rd International Congress for Laser Surgery, Graz, 24–26 Sept. 1979, OT-PAZ, P.O.B. 6048, Tel Aviv. Vol 1 and 2

ÖN Österreichisches Normungsinstitut. Größen und Einheiten in Physik und Technik, Ausgabe Okt. 1972. ON-Handbuch 1. Österr. Normungsinstitut, Wien

VBG Hauptverband der gewerblichen Berufsgenossenschaften, Sammlung der Einzel-Unfallverhütungsvorschriften der gewerblichen Berufsgenossenschaften.Laserstrahlen (VBG 93) April 1973. Zusätzlich Durchführungsregeln und Erläuterungen April 1973. Heymanns, Köln

Ackermann K, Rother N (1976) First experiences with wound treatment with Nd: YAG-laser for existent hemorrhagic diathesis. In: K1, p 236

Anbar M (1966) Chemical reactions induced by sound. New Scientist 26:365

Andrews AH, Moss HW (1974) Experience with the carbon dioxide laser in the larynx. Ann Otol Rhinol Laryngol 83:464

Anisimov SI, Bonch-Bruevich AM, El'Yashevich MA, Imas Ya A, Pavlenko NA, Romanov GS (1967) Effect of powerful light fluxes on metals. Soviet Physics – Technical Physics 11(7):945–952

Apple De, Goldberg MF, Wyhinny, G, Levi S (1973) Argon laser photocoagulation of choroidal malignant melanoma. Arch Ophthalmol 90:97

Arndt-Jovin D, Jovin Th (1974) Computer-controlled cell (particle) analyzer and separator. Use of light scattering. FEBS Letters 44:247–252

Aronoff BL (1976) The CO_2 sharplan surgical laser in head and neck surgery. In: K1, p 54

Ascher PW (1977) Der CO_2-Laser in der Neurochirurgie. Molden, Wien München Zürich Innsbruck

Ascher PW, Ingolitsch E, Walter G, Oberbauer RW (1978) Ultrastructural findings in CNS tissue with CO_2 laser. In: K2, p 81

Ascher PW, Heppner F (1978) CO_2 laser – a new surgical instrument. Seava Medica Neurochirurgica 7:97

Aussenegg FR, Lippitsch ME, Möller R, Paletta B (1979) Einsatz von Laser-Ramanspektroskopie zur Untersuchung von Stoffwechselvorgängen bei Zellen. Acta Phys Austr (Suppl) 20:197

Aussenegg F, Leitner A (1980) A short resonator dye laser pumped by a travelling wave N_2-laser. Optics Commun 32(1):121

Auth DC, Doty JI, Neal D, Heimbach D, Wentworth R, Colocousis J, Curreri PW (1978) The laser blade. A new laser scalpel. In: K2, p 27

Barzilay B, Perlberg S, Caine M (1978) The use of CO_2 laser beam for kidney surgery. Experimental and clinical experience preliminary report. In: K2, p 164

Barzilay B, Caine M (1979) The use of CO_2-laser beam in kidney parenchyma surgery. Experimental and clinical report. Bull Soc Internat Urol (in press)

Basov NG, Prokhorov AM (1954) Titel unbekannt! Zurn Eksp Teor Fiz 27:431

Basov NG, Prokhorov AM (1955) Possible methods for obtaining molecules for a molecular oscillator. Sov Phys JETP 1:184

Basov NG, Bul BN, Popov JN (1960) Quantum mechanical semiconductor generators and amplifiers of electromagnetic oscillations. Sov Phys JETP 10:416

Basov NG, Oraevskii AN (1963) Attainement of negative temperatures by heating and cooling of a system. Sov Phys JETP 17:1171

Basov NG, Krokhin ON (1964) Conditions for heating up of a plasma by the radiation from an optical generator. Sov Phys JETP 19:123

Basov NG, Boiko VA, Krokhin ON, Sklizkov GV (1967) Formation of a long spark in air by weakly focused laser radiation. Sov Phys Doklady 12(3):248

Basov NG, Kriukov PG, Zakharov SD, Senatsky YuV, Tchekalin SV (1968) 0-11-Experiments on the observation of neutron emission at the focus of high-power laser radiation on a lithium deuteride surface. IEEE Quant. Electronics 4(11):864

Basov NG, Boiko VA, Krokhin ON, Semenov OG, Sklizuov GV (1969) Reduction of reflection coefficient for intense laser radiation on solid surfaces. Sov Phys Techn Phys 13(1):1581

Basov NG, Danilychev VA, Popov YuM, Khodkevich DD (1970) Laser operating in the vacuum region of the spectrum by excitation of liquid xenon with an electron beam. Sov Phys JETP 12:329

Bayly JG, Kartha VB, Stevens WH (1963) The absorption spectra of liquid phase H_2O, HDO and D_2O from 0,7 μm to 10 μm. Infrared Physics 3:211–223

Beaulieu AJ (1970) Transversely excited atmospheric pressure CO_2 laser. Appl Phys Lett 16:504

Beck OJ, Wilske J, Schönberger JL, Gorisch W (1977) Gewebsveränderungen nach Laseranwendung am Kaninchenhirn. Ergebnisse mit CO_2- und Neodym-YAG-Laser. In: GSF, S 5–1

Beesley MJ (1976) Lasers and their applications. Taylor & Francis, London

Bellina JH, Voros JI, Kruppel BS (1978) Carbon dioxide laser micro-surgery in gynecology. In: K2, p 15

Bellina JH (1978) Carbon dioxide microsurgery in gynecology. Int Adv Surg Oncol 1:227–236

Ben Bassat M, Grassner S, Kaplan I, Kott I, Mattos S (1976a) The healing process in experimental bowel surgery: The surgical knife compared with the carbon-dioxide laser. In: K1, p 84

Ben Bassat M, Kaplan I, Shindel Y, Edlan A (1976b) The CO_2 laser in surgery of the tongue. In: K1, p 126

Ben Bassat M, Ben Bassat M, Kaplan I (1976c) A study of the ultrastructural features of the cut margin of skin and mucous membrane specimens excised by carbon dioxide laser. J Surg Res 21:77–84

Bergmann L – Schaefer C (1974) Gobrecht H (Hrsg) Lehrbuch d. Experimentalphysik, 6. Aufl, B III: Optik. de Gruyter, Berlin New York

Bergquist NR. (1973) The pulsed dye laser as a light source for the fluorescent antibody technique. Scand J Immunol 2:37–44

Berns MW (1972) Partial cell irradiation with a tunable organic dye laser. Nature 240:483

Berns MW (1974) Directed chromosome loss by laser microirradiation. Science 186:700–705

Berns MW, Kenneth R, Strahs RK, Peterson SP, Gilmer-Waymire K, Brenner S (1977) Laser microirradiation of cells. In: GSF, p 29–1

Berns MW (1975) Dissecting the cell with a laser microbeam. In: Joussot-Dubien J (eds) Lasers in physical chemistry and biophysics. Elsevier, Amsterdam, p 389

Bessis M, Gires F, Mayer, G, Nomarski G (1962) Irradiation des organites cellulaires à l'aide d'un laser à rubis. CR Acad Sci [D] Paris 225:1010

Bischko J (1979) Die Bedeutung der Laserakupunktur. Erfahrungsheilkunde 5:328–331

Bloembergen N (1956) Proposal for a new type solid state maser. Phys Rev 104:324

Bloom GM, Blank SL, Woodall JW (1974) Liquid phase epitaxy. J Crystal Growth 27:1

Bödecker V, Buchholz J, Drake KH, Grotelüschen B (1976) Influence of thermal effects on the width of necrotic zones during cutting and coagulating with laser beams. In: K1, p 101

Bonch-Bruevich AM, Imas YaA, Romanov GS, Libenson MN, Mal'Tsev LN (1968) Effect of a laser pulse on the reflecting power of a metal. Soviet Physics – Technical Physics 13(5):640–643

Bonner W, Hulett E, Sweet R, Herzenberg L (1972) Fluorescence activated cell sorting. Rev Sci Instrum 43:404–409

Boyer K (1973) Power from laser-initiated nuclear fusion. Astronautics & Aeronautics 11:44

Bramson M (1968) Infrared radiation. A handbook for applications. Plenum Press, New York

Brau CA, Ewing JJ (1975) 354-nm laser action on XeF. Appl Phys lett 27:435

Breitwieser P, Nöske Hd, Kraushaar J (1973) Funktionelle und morphologische Befunde nach CO_2-Laser-Nierenpolresektionen am Hund. Helv Chir Acta 40:511–514

Breitwieser P, Nöske HD, Kraushaar J, Herbrich H, Temme H, Doepp M, Steckmesser R (1974) Vergleichende Untersuchungen an der Hundeniere nach CO_2-Gaslaser und Skalpell-Teilresektion. Urol Int 29:351–368

Brewer RG (1972) Nonlinear spectroscopy. Science 178:247

Bridges WB (1964) Laser oscillation in singly ionized argon in the visible spectrum. Appl Phys Lett 4:129

Bruha H (1972) Zur Therapie der sog. Chorioiditis centralis mit dem Lasergerät. Klin Monatsbl Augenheilkd 160:340

Buchborn E (1960) Schock und Kollaps. In: Handbuch der Inneren Medizin, 4. Aufl. (Hrsg Bergmann G, Frey W, Schwiegk H), 9. Band (Herz und Kreislauf), 1. Teil, S 953–1184. Springer, Berlin Göttingen Heidelberg

Buchholz J, Haverkampf K, Meyer HJ, Grotelüschen B, Borchers L (1978) Scattering effects in laser surgery. In: K2, p 299

Bülow H, Bülow U (1978) Transurethrale Harnröhrenstrikturbehandlung mit Laser. Verh Dtsch Ges Urol (in press)

Burian K, Höfler H (1979) Zur mikrochirurgischen Therapie von Stimmbandkarzinomen mit dem CO_2-Laser. Laryngol Rhinol Otol (Stuttg) 158:551

Busch GE, Applebury ML, Lamola AA, Rentzepis PM (1972) Formation and decay of prelumirhodopsin at room temperature. Proc Natl Acad Sci USA 69 (10:2802–2806

Carey PR, Schneider H, Bernstein HJ (1972) Raman spectroscopic studies of ligand – protein interactions: The binding of methyl orange by bovine serum albumin. Biochem Biophys Res Comm 47:588

Carey PR, Froese A, Schneider A (1973) Resonance raman spectroscopic studies of 2,4-dinitrophenyl hapten antibody interactions. Biochemistry 12:2198

Carey PR, Schneider H (1974) Resonance raman spectra of chymotrypsin acyl enzymes. Biochem Biophys Res Commun 57:831

Carey PR Schneider H (1976) Evidence for structural change in the substrate preceding hydrolysis of a chymotrypsin acyl enzyme: Application of the resonance raman leveling technique to a dynamic biochemical system. J Mol Biol 102:679

Carroll JM (1964) Todesstrahlen? Die Geschichte des Lasers (The story of the laser, übersetzt von Simon K. Ullstein, Berlin Frankfurt/M Wien

Carter R, Krantz KE, Hara GD, Lin F, Masterson BJ, Smith SJ (1978) Treatment of surgical intraepithelial neoplasia with the carbon dioxide laser beam. Am J Obstet Gynecol 131:831–836

Caspers KH (1977) Laser-Reiztherapie. Physikalische Medizin und Rehabilitation 18(9):426–445

McClung FJ Hellwarth RW (1962) Giant optical pulsations from Ruby. J Appl Phys 33:828

Collins RJ, Nelson DF, Schawlow AL, Bond W, Garrett CGB, Kaiser W (1960) Coherence, narrowing, directionality and relaxation oscillations in the light emission from Ruby. Phys Rev Lett 5:303

Collins RJ, Kisliuk P (1962) Control of Population inversion in pulsed optical masers by feedback modulation. J Appl Phys 33:2009

McCord RC, Weinberg W, Gorisch W, Leheta F, Schönberger JL (1977) Thermal effects in laser irradiated biological tissues. In: GSF, p 9–1

Crissman H, Mullaney P, Steinkamp J (1975) Methods and application of flow systems for analysis and sorting of mammalian cells. Methods Cell Biol 9:179–246

Crocker A, Gebbie HA, Kimmitt MF, Mathias Les (1964) Stimulated emission in the far infrared. Nature 201:250–251

Cutler CC (1955) The regenerative pulse generator. Proc IRE 43:140

Deaton CD, Maxwell KW, Smith RS, Creveling RL (1976) Use of laser nephelometry in the measurement of serum proteins. Clin Chem 22:1465

Debye P, Sears FW (1932) On the scattering of light by supersonic waves. Proc Natl Acad Sci USA 18:409

Dilla van M, Trujillo T, Mullaney P, Coulter J (1968) Cell microfluorometry: A method for rapid fluorescence measurement. Science 163:1213–1214

Dittrich H, Drüen B, Schlake W (1975) Die Anwendung des Lasers in der Thorax-, Herz- und Gefäßchirurgie – The use of laser in thoracic-, cardiac- and vascular surgery. Thoraxchirurgie 23:505–510

Dittrich H, Lunkenheimer PP, Drüen B, Mey J (1978) Experimentelle Ergebnisse zur Laserchirurgie. 119. Tagung der Vereinigung Nordwestdeutscher Chirurgen, Lübeck, 2–4. Juni 1977. In: Zentralbl Chir 103:384

Dorsey JH, Diggs ES (1979) Microsurgical conization of the cervix by carbon dioxide laser. Obstet Gynecol 54:565–570

Dreyfus RW, Hodgson RT (1972) Electron-beam excitation of the nitrogen laser. Appl Phys Lett 20:195

Dreyfus RW, Hodgson RT (1973) Relativistic electron-beam pumped UV gas laser. J Vac Sci Technol 10:1033

Dronov AP, D'Yakov AS, Kudryatsev EM, Sobolev NN (1970) Gasdynamic CO_2 laser with escape of the shock-tube heated working mixture through a slit. JETP Lett 11:353

Duguay MA, Hansen JW (1969) An ultrafast light gate. Appl Phys Lett 15:192

Duguay MA, Mattick At (1971) Ultrahigh speed photography of picosecond light pulses and echoes. Appl Optics 10:2162

Dumanchin R, Rocca-serra J (1969) Augmentation de l'énergie et de la puissance fournie par unité de volume dans un laser à CO_2 en régime pulsé. CR Acad Sci [D] (Paris) 269:916–917 (Série B)

Dwyer MR, Haverback BJ, Bass M, Scherlow J (1975a) Laserinduced hemostasis in the canine stomach. JAMA 231:486

Dwyer MR, Yellin AE, Cherlow J, Bass m, Haverback BJ (1975b) Laser-induced hemostasis in the upper gastro intestinal-tract using a flexible fiberoptic. Gastroenterology 68:888

Ebert H (1976) Physikalisches Taschenbuch, 5. Aufl. Vieweg, Braunschweig

Eckhardt G, Hellwarth RW, McClung FJ, Schwarz SE, Weiner D, Woodbury EJ (1962) Stimulated raman scattering from organic liquids. Phys Rev Lett 9:455

Ehrenberger K, Innitzer J (1978) Die Wirkungen des CO_2-Lasers auf Hautlymphgefäße. Wien Klin Wochenschr 90:307–309

Einstein A (1905) Über einen die Erzeugung und Verwandlung des Lichtes betreffenden heuristischen Gesichtspunkt. In: Hermann A (Hrsg) Dokumente der Naturwissenschaft, Abtlg Physik, B 7. Rattenberg, Stuttgart, S 26. Auch: Ann Phys 17:132 (1905)

Einstein A (1917) Zur Quantentheorie der Strahlung. Physikal Z 18:121–128

Enerbäck L, Johansson KA (1973) Fluorescence fading quantitative fluorescencemicroscopy: a cytofluorometer for the automatic recording of fluorescence peaks of very short duration. J Histochem 5:351–362

Entin M, Daniel RK, Shibata H, Ley R (1976) The use of CO_2-surgical laser on facial reconstruction. In: K1, p 112

L'Esperance FA (1968) An ophthalmic argon laser photocoagulation system: Design, construction, and laboratory investigations. Trans Am Ophthalmol Soc 66:827

Faller JE, Wampler EJ (1970) The lunar laser reflector. Sci Am 222:38

Fanta H (1956) Die chirurgische Behandlung der rezidivierenden Glaskörperblutung. 60. Ber Zusammenkunft Dtsch Ophthalmol Ges 60:262

Feher G, Gordon JP, Buehler E, Gere EA, Thurmond CD (1958) Spontaneous emission of radiation from an electron spin system. Phys Rev 109:221

Feifel G, Letzel H, Heberer G (1979) Chirurgische Blutstillung im Zeitalter des Lasers. In: Demling L, Rösch W (Hrsg) Operative Endoskopie. Acron, Berlin

Felix MP, Ellis AT (1972) Stress-pulse propagation in solids: A closer look at dispersion. Appl Phys Lett 21:532

Fidler JP, Law E, Rockwell RJ, Mc Millan BG (1974) Carbon dioxide laser excision of acute burns with immediate autografting. J Surg Res 17:1–11

Fidler JP, Hoefer RW, Polanyi PE, Bredemeier HC, Siller VE, Altemeier WA (1975) Laser surgery in exsanguinated liver injury. Am Surg 181:74

Fidler JP, Law E, McMillan BG (1976) Comparison of carbon dioxide laser excision of burns with other thermal knives. In: Goldman L (ed) Third Conf on the Laser. Ann NY Acad Sci 267:254

Finsterer H (1944) Das akut blutende Magen- und Duodenalgeschwür. Ergeb Chir Orthop 35:174

Francois J (1973) Symposium on light coagulation. Junk, den Haag
Franken PA, Hill AE, Peters CW, Weinreich G (1961) Generation of optical harmonics. Phys Rev Lett 7:118
Frech CH, Lotteau J, Abitbo J (1979) Laser in otorhinolaryngology. Concours Med 101/16:2607
French RJ (1974) Tonsillectomy with a carbon dioxide laser: Alleviation of bleeding and pain. Presented to the National Medical Ass., New Orleans
Friedman EW (1976) The CO_2-laser in head and neck surgery. In: K1, p 63
Fries R, Platz H (1979) Erfahrungen mit dem CO_2-Laser in der Mund-, Kiefer- und Gesichtschirurgie. 19. Tagung Österr Ges Chir, Kongreßbericht Stift Kremsmünster, Mai 1978. Egermann, Wien
Frishman A, Gassner S, Kaplan I, Ger R (1974) Excision of subcutaneous fibrosarcoma in mice. Isr J Med Sci 10, 637–641
Frühmorgen P, Reidenbach HD, Bodem F, Kaduk B, Demling L (1974) Experimental examination on laser-endoscopy. Endoscopy 6:116–122
Frühmorgen P, Bodem F, Reidenbach HD, Kaduk B, Demling L, Brand H (1975) The first endoscopic laser coagulation in the human GI-tract. Endoscopy 7, 156–157
Frühmorgen P, Bodem F, Kaduk B (1975) Erste endoskopische Laser-Koagulation im Gastrointestinaltrakt des Menschen. Dtsch Med Wochenschr 100(33):1678
Frushour BG, Koenig JL (1975) Raman spectroscopy of proteins. In: Clark RJH, Hester RE (eds) Advances in infrared and raman spectroscopy. Vol 1. Heyden, London New York Rheine
Gabor D (1948) A new microscopic principle. Nature 161:777
Gabor D (1949) Microscopy by reconstructed wavefronts. Proc Roy Soc A 197:454
Geusic JE, Marcos HM, Uitert LG van (1964) Laser oscillations in Nd-doped yttrium aluminium, yttrium gallium and gadolinium garnets. Appl Phys Lett 4:182
Giori F, McKenzie LA, McKinney (1963) Laser-induced thermionic emission. Appl Phys Lett 3:25
Glantz G, Korn A (1976) The use of the CO_2 laser knife in the treatment of decubitus ulcers. In: K1, p 136
Glenn WH, Brienza MJ (1967) Time evolution of picosecond optical pulses. Appl Phys Lett 10:221
Goldman L, Blaney DJ, Kindel DJ jr, Richfield D, Franke EK (1963) Pathology of the effect of the laser beam on the skin. Nature 197:912–914
Goldman L, Rockwell RJ (1966) Laser action at the cellular level. JAMA 198:641
Goldman L, Rockwell RJ jr (1971) Lasers in Medicine. Gordon & Breach, New York London Paris
Goldman L, Nath G, Schindler G, Fidler J, Rockwell RJ jr (1973) High-power neodymium-YAG laser surgery. Acta Derm Venereol (Stockh) 53:45
Goldman L (1976) Third conference on the laser. Ann NY Acad Sci 267:1–481
Gonzalez R, Edlich R, Bredemeier HC, Polanyi TG, Goodale RL, Wangensteen OH (1970) Rapid control of massive hepatic hemorrhage by laser radiation. Surg Gynecol Obstet 131:198
Goodale RL, Okada A, Gonzales R, Borner JW, Edlich RF, Wangensteen OH (1970) Rapid endoscopic control of bleeding gastric erosions by laser radiation. Arch Surg 101:211
Göppert-Mayer M (1931) Über Elementarakte mit zwei Quantensprüngen. Ann Phys 9:273
Gordon JP, Zeiger HJ, Townes CH (1954) Molecular microwave oscillator and new hyperfine structure in the microwave spectrum of NH_3. Phys Rev 95:282
Gorisch W, Boergen KP, McCord RC, Weinberg W (1977) Temperature measurement of laser irradiated mesenterial blood vessels of the rabbit. In: GSF, p 8–1
Gorisch W, Boergen KP, McCord RC, Weinberg W, Hillenkamp F (1978) Temperature measurements of isolated mesenteric blood vessels of the rabbit during laser irradiation. In: K2, p 202
Grasser H, Ackermann K (1977) Anwendungsmöglichkeiten von Laserstrahlen in der zahnärztlichen Chirurgie. Dtsch Zahnärztl Z 32:512
Grotelüschen B, Bödecker V (1974) Untersuchungen zur Anwendungsmöglichkeit von Laserstrahlen als Schnittwerkzeug in der Chirurgie. Brun's Beitr Klin Chir 221:409–414
Grotelüschen B, Bödecker V, Sepolt G (1975) Zur experimentellen Anwendung eines gütegeschalteten YAG-Hochleistungslasers als chirurgisches Schnittwerkzeug. Langenbecks Arch Chir (Suppl Chir Forum) 1975: 173–175
Grotelüschen B, Reilmann M, Bödecker V, Buchholz J (1976) A high power Nd-YAG-laser (cw and Q-switch) as a cutting tool in experimental surgery. In: K1, p 167
Grotelüschen B, Buchholz J (1978) Untersuchungen zur Schnittcharakteristik beim Schneiden mit Laserstrahlen. 119. Tagung der Vereinigung Nordwestdeutscher Chirurgen, Lübeck, 2–4. Juni 1977. In: Zentralbl Chir 103:385

Grotrian W (1928) Graphische Darstellung der Spektren von Atomen und Ionen mit ein, zwei und drei Valenzelektronen, Bd 1 u 2. In: Born M, Franck J (Hrsg) Struktur der Materie in Einzeldarstellungen, Bd VII. Springer, Berlin

Gschneidner KA jr (1966) Rare earths. The fraternal fifteen, 2nd ed USA-EC, Division of Technical Information, Oak Ridge Tenn

McGuff PE, Deterling RA jr, Gottlieb LS, Fahimi HD, Bushnell D (1964) Surgical applications of laser. Ann Surg 160:765

Gullberg K, Hartmann B, Kock E, Tengroth B (1967) Carbon dioxide laser hazards to the eye. Nature 215:857

Günter H, Härb H, Korab W, Kyrle P (1979) Die Verwendung des Laserstrahls in der Allgemeinchirurgie. 19. Tagung Österr Ges Chir, Kongreßbericht Stift Kremsmünster, Mai 1978. Egermann, Wien

Guthy E, Kiefhaber P, Nath G, Kreitmair A (1979) Infrarot-Kontakt-Koagulation. Langenbecks Arch Chir 348:105

Hagen WF (1969) Diffraction-limited high-radiance Nd-glass laser system. J Appl Phys 40:511

Hall RN, Fenner GE, Kingsley JD, Soltys TJ, Carlson RO (1962) Coherent light emission from GaAs junctions. Phys Rev Lett 9:366

Hall RR, Beach AD, Baker E, Morison PCA (1971) Incision of tissue by carbon dioxide laser. Nature 232:131

Halldorsson T, Langerholc J (1978) Thermodynamic analysis of laser irradiation of biological tissue. Appl Optics 17:3948

Halldorsson T, Rother W, Langerholc J, Frank F (1979) Theoretical and experimental investigations. Prove Nd-YAG-laser treatment to be safe. Internat. Med. Laser Sympos. Detroit

Hard R, Zeh R, Allen RD (1977) Phase-randomized laser illumination for microscopy. J Cell Sci 23:335–343

Hargrove LE, Fork RL, Pollack AM (1964) Locking of He-Ne-laser modes induced by synchronous intracavity modulation. Appl Phys Lett 5:4

Harris TJ (1963) High-speed photographs of laser-induced heating. IBM Journal 10:342

Healy GB, Strong MS, Uchmakli A, Vaughan CW, Ditroia JF (1976) Carcinoma of the palatine arch. Am J Surg 132:498

Healy GB, McGill T, Jako GJ (1978) Management of choanal atresia with the carbon dioxide laser. Otol Rhinol Laryngol 87:658

Heard HG (1963) Ultra-violet gas laser at room temperature. Nature 200:667

Hellwarth RW (1961) Control of fluorescent pulsations. In: Adv. in Quant Electronics. Columbia Univ Press, New York, p 334–341

Heppner F, Ascher PW (1976) Über den Einsatz des Laserstrahls in der Neurochirurgie. Medizinalmarkt 12:424

Heppner F, Ascher PW (1977a) Erste Versuche mit dem Laserskalpell in der Behandlung neurochirurgischer Erkrankungen. Zbl Neurochir 38:77

Heppner F, Ascher PW (1977b) Operationen an Hirn und Rückenmark mit dem CO_2-Laser. Acta Chir Austr 9:32–34

Heppner F (1978) The laser scalpel on the nervous system. In: K2, p 79

Herfarth C, Kiefhaber P (1978) Blutendes Magen- und Duodenal-Ulcus: Operatives Vorgehen. Langenbecks Arch Chir 347:573

Hermann A (1972) Lexikon Geschichte der Physik A-Z. Aulis Vlg Deubner & Co KG, Köln

Hillenkamp F, Unsöld E, Kaufmann R, Nitsche R (1975) A high-sensitivity laser microprobe mass analyzer. Appl Phys 8:341

Hirshman CA, Leon D, Porch D, Everts E, Smith JD (1980) Improved metal endotracheal tube for laser surgery of the airway. Anesth Analg 59:789

Hodgson RT, Dreyfus RW (1972) Vacuum-UV laser action observed in H_2 Werner bands: 1161–1240 Å. Phys Rev Lett 28:536

Hodgson RT (1970) Vacuum-ultraviolet laser action observed in Lyman bands of molecular hydrogen. Phys Rev Lett 25:494

Hofstetter A, Staehler G, Mellin HE (1977) Blutstillung mit dem Infrarot-Kontakt-Koagulator am Nierenparenchym. In: GSF, p 11–1

Hofstetter A, Frank F (1979a) Ein neues Laser-Endoskop zur Bestrahlung von Blasentumoren. Fortschr Med 97:232

Hofstetter A, Frank F (1979b) Der Neodym-YAG-Laser in der Urologie. Wissenschaftlicher

Dienst Roche. Editiones Roche, Basel
Hofstetter A, Böwering R, Staehler G, Frank F, Keiditsch E (1979c) Endoscopic destroying of bladder tumors. In: K3, Vol 2, p 214
Holzinger G, Kroy W, Schreiber p, Sutter E (1978) Schutz vor Laserstrahlen. In: Schriftenreihe Arbeitsschutz, Nr. 14. Bundesanstalt für Arbeitsschutz und Unfallforschung, Dortmund
Honig RE, Woolston JR (1963) Laser-induced emission of electrons, ions, and neutral atoms from solid surfaces. Appl Phys Lett 2:138
Horch HH (1977) Laser Osteotomie. Habil-Schrift, Düsseldorf
Horch HH, McCord RC, Keiditsch E (1978) Histological and long term results following laser osteotomy. In: K2, p 319
Jain KK, Gorisch W (1979) Repair of smal blood vessels with the neodymium-YAG-laser: A preliminary report. Surgery 85:684–688
Jako GJ (1972) Laser surgery of the vocal cords. An experimental study with carbon dioxide lasers on dogs. Laryngoscope 82:2204–2216
Jako GJ, Polanyi TG (1976) Carbon dioxide laser surgery in otolaryngology. In: K1, p 149
Jako GJ (1979) Microsurgery of the larynx with carbon dioxide laser. Otolaryngology 3:1
Javan A (1959) Possibility of production of negative temperature in gas discharges. Phys Rev Lett 3:87
Javan A, Bennett WR jr, Herriott DR (1961) Population inversion and continuous optical maser oscillation in a gas discharge containing a He-Ne mixture. Phys Rev Lett 6:106
Johnson LF, Nassau K (1961) Infrared fluorescence and stimulated emission of Nd^{+3} in $CaWO_4$. Proc IRE 49:1704
Kaduk B, Frühmorgen (1975) Ultrastruktur endoskopisch durch Laser-Radiatio erzeugter Erosionen und Ulzera im Gastrointestinaltrakt von Hunden. Inn Med 2:345–350
Kaeder CS, Hirshman CA (1979) Acute airway obstruction: a complication of aluminium tape wrapping of tracheal tubes in laser surgery. Can Anaesth Soc J 26:138
Kafalas P, Masters JI, Murray EME (1964) Photosensitive liquid used as nondestructive passive Q-switch in a Ruby laser. J Appl Phys 35:2349
Kaiser W, Garrett CGB (1961) Two-photon excitation in CaF_2:Eu. Phys Rev Lett 7:229
Kapany NS, Peppers NA, Zweng HC, Flocks M (1963) Retinal photocoagulation by lasers. Nature 199:146
Kaplan I, Ger ChB and R (1973a) The carbon dioxide laser in clinical surgery. A preliminary report. Isr J Med Sci 9:79–83
Kaplan I, Ger R (1973b) Partial mastectomy and mammaplasty performed with a CO_2 surgical laser. J Plast Surg 26:363
Kaplan I, Ger R, Sharon U (1973c) The CO_2 laser in plastic surgery. Br J Plast Surg 26:359–362
Kaplan I, Goldman J, Ger R (1973d) The treatment of erosions of the uterine cervix by means of the CO_2 laser. Obstet Gynecol 41:795–796
Kaplan I, Gassner S, Shindel Y (1974) Carbon dioxide laser in head and neck surgery. Am J Surg 128:543
Kaplan I, Peled I (1975) The carbon dioxide laser in the treatment of superficial teleangiectases. Br J Plast Surg 28:214
Kaplan I, Aronoff BL (1975) The CO_2 surgical laser in surgery for cancer of the head and neck. Cancer of the head and neck. Proc Int Symp Montreaux, Switz. Excerpta Medica, Amsterdam, p 225
Kaplan I (1976) Laser surgery – Proceedings of the 1st International Symposium on Laser Surgery, Israel. Jerusalem Academic Press, Jerusalem (K1)
Kaplan I (1978) Laser surgery (II) – Proceedings of the 2nd International Symposium on Laser Surgery, Dallas, Texas. Jerusalem Academic Press, Jerusalem (K2)
Kaplan I (ed), Ascher PW (assistant ed) (1979) Laser Surgery III, Proceedings of the 3rd International Congress for Laser Surgery, Graz. OT-PAZ POB 6048, Tel-Aviv. Vol 1, 2 (K3)
Karbe E, Beck R, Englisch W, Königsmann G, Kramer H, Petersen WD (1976) Experimental surgery with neodymium, holmium, CO and CO_2 lasers. In: K1, p 174
Karduck A, Richter HG (1976) Laserchirurgie des Stimmbandes. Z Laryngol 55:151
Karduck A, Richter HG, Blank M (1978) Laserchirurgie des Stimmbandes. Z Laryngol 57:419
Kassel S (1963) Soviet laser research. Proc IEEE 51:216
Kaufmann R, Hillenkamp F, Nitsche R, Schürmann M, Unsöld E (1975) Biomedical application of laser microprobe analysis. J Microsc Biol Cell 22:389

Kiefhaber P, Nath G, Moritz K, Gorisch W, Kreitmair A, Schramm W (1976) Eigenschaften verschiedener Lasertransmissionssysteme und ihre Eignung für die endoskopische Blutstillung. Fortschr Gastroenterol Endoskop 7:144–150

Kiefhaber P, Nath G, Moritz K (1977) Endoscopical control of massive gastrointestinal hemorrhage by irradiation with a high-power neodymium-YAG-laser. Progr Surg 15:140

Kiefhaber P (1978) Habilitationsschrift, Universität München

Kiefhaber P, Moritz K, Teufel H, Schildberg FW, Feifel G (1978) Endoskopische Laserbehandlung gastrointestinaler Blutungen. Symposium Kassel 1978. Bibliomed Medizin Verlagsges, Kassel

Kiefhaber P, Moritz K, Nath G, Klemm J (1979) Notfallendoskopie bei gastrointestinalen Blutungen. Therapiewoche 29:4150

Killingsworth LM, Savory J (1972) Manual nephelometric methods for immunochemical determination of immunoglobulins IgG, IgA, IgM in human serums. Clin Chem 18:335

King GD (1972) Transoral resection for cancer of the oral cavity. Otolaryngol Clin N Am 5:321

Klink F, Grosspietzsch R, Klitzing von L, Endell W, Husstedt WD, Oberheuser F (1978) Animals in vivo studies and in vitro experiments with human tubes for end-to-end anastomatic operation by a CO_2 laser technique. Fertil Steril 30:100–102

Kobayashi T, Shichida Y, Yoshizawa T, Nagakura S (1978) First observation of the formation prozess of squid hypsorhodopsin by picosecond spectroscopy. In: Advances in Laser Chemistry, Springer Series in Chemical Physics, vol 3. Springer, Berlin Heidelberg New York

Koehler HA, Ferderber LJ, Redhead DL, Ebert PJ (1972) Stimulated VUV emission in high-pressure xenon excited by high-current relativistic electron beams. Appl Phys Lett 21:198

Koester CJ, Snitzer E, Campbell DJ, Rittler MC (1962) Experimental laser retina coagulator. J Opt Soc Am 52:607

Kogelnik H, Patel CKN (1962) Mode suppression and single frequency operation in gaseous optical masers. Proc IRE 50:2365

Königsmann G, Karbe E, Beck R (1977) Application of the CO laser and the Ho laser as a surgical instrument compared with other IR lasers and conventional instruments. In: GSF, p 38–1

Kopfermann H, Ladenburg R (1928) Experimenteller Nachweis der negativen Dispersion. Z Phys Chemie (Abt A) 139:375

Kornmesser HJ, Kressner A, Kreitmeier A, Nath G (1978) Ein neues Verfahren zur Blutstillung bei Tonsillektomie durch Infrarot-Kontaktkoagulation. Laryngol Rhinol Otol (Stuttg) 57(9):808–811

Korobkin VV, Mandel'Shtam SL, Pashinin PP, Prokhindeev AV, Prokhoron AM, Sukhodrev NK, Shchelev MY (1968) Investigation of the air „Spark" produced by focused laser radiation III. Soviet Physics JETP 26:79

Korobkin VV, Alcock AJ (1968) Self-focusing effects associated with laser-induced air breakdown. Phys Rev Lett 21:1433

Koslow AP, Moskalik KG (1976) Anwendungen der Laserstrahlung bei Behandlung von Hautgeschwülsten (Solving oncological problems with laser). Laser + Elektro-Optik 1: S 29–31

Krötlinger M (1979) Zur Anwendung des Lasers in der Akupunktur. Erfahrungsheilkunde 7:512–521

Kuehn DM, Monson DJ (1970) Experiments with a CO_2 gasdynamic laser. Appl Phys Lett 16:48

Lamb WE (1964) Theory of an optical maser. Phys Rev 134:6A, A 1429

Leheta F, Gorisch W (1976) Coagulation of blood vessels by means of argon ion and Nd: YAG laser radiation. In: K1, p 178

Leith EN, Upatnieks J (1963) Wavefront reconstruction with continuous-tone objects. J Opt Soc Am 53:1377

Lempicki A, Samelson H (1963) Optical maser action in europium benzoylacetonate. Phys Lett 4:133

Lengyel BA (1966) Evolution of masers and lasers. Am J Phys 34:903

Lenz H, Eichler J (1976) Biophysikalische Grundlage der Laserchirurgie und ihre bisherige Anwendung im HNO-Bereich. Z Laryngol 55:529

Levine N, Seifter E, Ger R, Stellar S, Levenson SN (1972) Use of carbon dioxide laser for the debridement of third degree burns. Abstract Fourth Annual Meeting, American Burn Association, April 7, San Francisco

Lichtman D, Ready JF (1963) Laser beam induced electron emission. Phys Rev Lett 10:342

Lillie JC, DeSanto LW (1973) Transoral surgery of early cordal carcinoma. Trans Acad Ophthalmol Otolaryngol 77:92

Lippitsch ME, Leitner A, Riegler M, Aussenegg F (1980) Picosecond studies on bile pigments. In: Hochstrasser R, Kaiser W, Shank CV (eds) Picosecond phenomena II. Springer, Berlin Heidelberg New York

Little HL, Zweng HC, Peabody RR (1970) Argon laser slit photocoagulator. Trans Am Acad Ophthalmol 74:85

Littmann H (1957) Der Zeiss Coagulator nach Meyer-Schwickerath mit Xenon Hochdrucklampe. 61. Ber. Dtsch. Ophthalm. Ges. S 311

Lobraico RV, Townsend ER (1979) CO_2 Laser surgery for vulvar lesions. Internat. Medical Laser Symposium, Detroit

Lunkenheimer PP, Drüen B, Sowislo W, Freytag G, Weritz D, Dittrich H (1978) Wound healing after scalpel-, laser- and thermocautery-surgery. In: K2, p 334

Maiman TH (1960) Stimulated optical radiation in ruby. Nature 187:493

Makhov G, Kikuchi C, Lambe J, Terhune RW (1959) Maser action in ruby. Phys Rev 109:1399

Makous WL, Gould JD (1968) Effects of laser on the human eye. IBM Journal 5:257

DeMaria AJ, Stetser DA, Heynau H (1966) Self mode – Locking of lasers with saturable absorbers. Appl Phys Lett 8:174

Marling JB, Gregg DW, Wood L (1970) Chemical quenching of the triplet state in flashlamp-excited liquid organic lasers. Appl Phys Lett 17:527–530

Marx J (1975) Lasers in biomedicine: Analyzing and sorting cells. Science 188:822–823

Maydan D, Chesler RB (1971) Q-switching and cavity dumping of Nd-YAl G lasers. J Appl Phys 42:1031

Mester E, Ludány G, Frenyó V, Sellyei M, Szende B (1971) Experimental and clinical observations with laser. Panminerva Med 13:538

Mester E, Korenyi-Both A, Spiry T, Scher A, Tisza S (1974a) Neuere Untersuchungen über die Wirkung der Laserstrahlen auf die Wundheilung. Z Exp Chir (Sonderdruck) 7:9–17

Mester E, Jászsagi-Nagy E, Hamar M (1974b) Der Einfluß von Laserstrahlung auf stimulierte menschliche Lymphozyten. Radiobiol Radiother 15:767

Mester E, Bacsy E, Korényi-Both A, Kovács I, Spiry T (1974c) Klinische, elektronenoptische und enzymhistochemische Untersuchungen über die Wirkung der Laserstrahlen auf die Wundheilung. Langenbecks Arch Chir (Suppl Chir Forum) 1974:261

Mester E (1975) Clinical results of wound-healing stimulation with laser and experimental studies of the action mechanism. Laser' 75 Opto-Electronics Conf Proceed. IPC Sci. and Technology Press, Guildford, Surrey

Mester E (1977) Neuere Untersuchungen über die Wirkung der Laserstrahlen auf die Wundheilung. Laser' 77 Opto-Electronics Conf. Proceed. Press Limited Guildford, Surrey

Mester E, Nagylucskay S, Tisza S, Mester A (1977) Wirkungen der direkten Laserbestrahlung auf menschliche immunkompetente Zellen. Laser + Elektro-Optik 1:40

Meyer HJ, Grotelüschen B, Haverkamp K, Buchholz J (1977) Grundlagenuntersuchungen zur Anwendung einer neuen Intensitätsverteilung zur Laserstrahlbehandlung im oberen Verdauungstrakt. Chir Forum Exp Klin 203–206

Meyerand RG jr, Haught AF (1963) Gas breakdown at optical frequencies. Phys Rev Lett 11:401

Meyer-Schwickerath G (1949) Bericht 55. Verslg. Dtsch. Ophthalm. Ges., Heidelberg, S 256

Meyer-Schwickerath G (1954) Lichtkoagulation. Eine Methode zur Behandlung und Verhütung der Netzhautablösung. V Graefes Arch Ophthalmol 156:2–34

Meyer-Schwickerath G (1959) Lichtkoagulation. In: Bücherei des Augenarztes, Heft 33. Enke, Stuttgart

Michon M, Ernest J, Auffret R (1966) Mode locking of a Q-spoiled Nd^{3+} doped glass laser by intracavity phase modulation. Phys Letters 23:457

Mihashi S, Jako GJ, Incze J, Strong MS, Vaughan CW (1976) Laser surgery in otolaryngology: Interaction of CO_2 laser and soft tissue. Ann NY Acad Sci, 267:263–293

Millenkamp F, Kaufmann R, Remy E (1971) Der Laser als Instrument der Zellforschung im Mikro- und Submikrobereich. Laser 4:40–42

Moeller G, Rigden JD (1965) High-power laser action in CO_2-He-mixtures. Appl Phys Lett 7:274

Moritz K (1978) Tierexperimentelle Untersuchungen und Entwicklung eines Endoskops zur Anwendung von Laserstrahlen bei der endoskopischen Blutstillung im Gastrointestinaltrakt. Inaugural-Diss., Ludwig-Maximilians-Univ., München

Moskalik KG, Koslow AP, Skatschkow AP, Laso WW (1977) Immunologischer Prozeß im Organismus nach Tumorbehandlung mit Laserstrahlen. Laser + Elektro-Optik 4:34

Mullins F, Jennings B, McClusky L (1968) Liver resection with a continuous wave carbon dioxide laser: Some experimental observations. Am Surg 34:717–722

Müssiggang H, Katsaros W (1970) Experimentelle Erfahrungen mit Neodymlaserlicht bei Operationen. Laser Angew Strahlentechn 4:60

Nath G (1972) Endlich das ideale Laser-Skalpell für die Medizin – aber auch zur Materialbearbeitung. Laser + Elektro-Optik Nr 1:49

Nath G, Fidler J (1972) High-power Nd-YAG laser surgery with a fiber-optic delivery system. 1st European Electro Optics Markets and Technology Conference, Geneva, p 471–473

Nath G, Gorisch W, Kiefhaber P (1973a) First laser endoscopy via a fiberoptic transmission system. Endoscopy 5:208–213

Nath G, Gorisch W, Kreitmair A, Kiefhaber P (1973b) Transmission of a powerful argon laser beam through a fiberoptic flexible gastroscope for operative gastroscopy. Endoscopy 5:213–215

Nathan MI, Dumke WP, Burns G, Dill FH jr, Lasher G (1962) Stimulated emission of radiation from GaAs p-n junctions. Appl Phys Lett 1:62

Neiger A, Moritz K, Kiefhaber P (1977) Hämorrhoidenverödungsbehandlung durch Infrarotkoagulation. Fortschr Gastroenterol Endoskop 9:102

Norton ML, Strong MS, Vaughan CW, Snow JC, Kripke BJ (1976) Endotracheal intubation and venturi (jet) ventilation for laser microsurgery of the larynx. Ann Oto Rhinol Laryngol 85:65

Nöske HD (1978) Die Laseranwendung in der Urologie unter besonderer Berücksichtigung des Harnblasenkarzinoms. Z Urol Nephrol 5:351–356

Nöske HD, Rothauge CF, Kraushaar J, Wentzel H (1979) Results in the treatment of bladder tumors and urethral strictures with the argon laser. In: K3, Vol 2, p 219

Nuckolls J, Wood L, Thiessen A, Zimmerman G (1972) Laser compression of matter to superhigh densities: Thermonuclear (CTR) application. Nature 239:139

Ohshiro T (1977) Japanische Erfolge in der Dermatologie mit Laser. Laser + Elektro-Optik 3:34

Panzer S (1969) Das Lasermikroskop. Laser Angew Strahlentechn 1:23

Pariente R (1976) The sharplan 791 laser in the treatment of skin tumors. In: K1, p 31

Pariente R, d'Ovidio M (1978) First experiences in the use of CO_2 laser in urological surgery. In: K2, p 169

Parsons RL, Campbell JL, Thomley MW (1968) Carcinoma penis treated by the ruby laser. J Urol 100:38–39

Pataki A, Meier-Ruge W, Wiedehold KH, Remy E (1978) The laser micro beam as a tool for tissue sampling in biochemistry. Laser + Elektro-Optik 1:14–16

Patel CKN (1964) Continuous-wave laser action on vibrational-rotational transitions of CO_2. Phys Rev 136:5A, A 1187

Patel CKN, Tien PK, McFee JH (1965) Cw high-power CO_2-N_2-He-laser. Appl Phys Lett 7:290

Peled I, Shohat B, Gassner S, Kaplan I (1976) Excision of epithelial tumors: CO_2 laser versus conventional methods. Cancer Letter 2:41–46

Pensel J, Rothenberger K, Hofstetter A, Frank F (1980) A-Bild-Sonographie zur Messung der Harnblasenwandstärke. Fortschr Med 28:1066

Peppers NA (1965) A laser microscope. Appl Optics 4:555–558

Planck M (1900) Zur Theorie des Gesetzes der Energieverteilung im Normalspektrum. Verh Dtsch Phys Ges 2:237

Platz H, Fries R, Roscic Z (1978) Zur Anwendung von Laserstrahlen in der Mund-, Kiefer- und Gesichtschirurgie. Dtsch Z Mund-Kiefer-Gesichtschir 2:72

Plenk H, Kyrle P, Fischer R (1979) Bringt der Laserschnitt Vorteile? Morphologische und experimentelle Untersuchungen. Wien Klin Wochenschr (in press)

Polanyi TG, Bredemeier HC, Davis TW jr (1970) A CO_2 laser for surgical research. Med Biol Eng Comput 8:541–548

Porto SPS, Wood DL (1962a) Ruby optical maser as a Raman source. J Opt Soc Am 52:251

Porto SPS, Wood DL (1962b) Ruby optical maser as a Raman source. Appl Opt (Suppl) 1:139

Purcell EM, Pound RV (1951) A nuclear spin system at negative temperature. Phys Rev 81:279

Quist TM, Rediker RH, Keyes RJ, Krag WE, Lax B, McWhorter AL, Zeigler HJ (1962) Semiconductor maser of GaAs. Appl Phys Lett 1:91

Rabinowitz P, Jacobs S, Gould G (1962) Continuous optically pumped Cs-laser. Appl Optics 1:513

Raizer YP (1965) Heating of gas by a powerful pulse. Soviet Physics JETP 21:1009

Ramsden SA, Savic P (1964) A radiative detonation model for the development of a laser-induced spark in air. Nature 203:1218

Ready JF (1963) Development of plume of material vaporized by giant pulse laser. Appl Phys Lett 3:11

Ready JF (1971) Effects of high-power laser radiation. Academic Press, New York London

Reidenbach HD, Bodem F, Frühmorgen P, Brand H, Demling L (1975) The plastic lightguide in endoscopic laser photocoagulation. Endoscopy 7:196–201

Rieske E, Kreutzberg GW (1978) Neurite regeneration after cell surgery with laser microbeam irradiation. Brain Res 148:478

Rigden JD, Gordon EI (1962) The granularity of scattered optical maser light. Proc IRE 50:2367–2368

Rokni M, Yatsiv S (1967) Resonance Raman effect in free atoms of potassium. Phys Lett A24:277

Röss D (1966) Laser, Lichtverstärker und Oszillatoren, Akadem. Verlagsges., Frankfurt/M

Rothauge CF, Kraushaar J, Nöske HD (1977a) Transurethrale Laserstrahlanwendung in Tierexperiment und Klinik. Urologenkongreß Innsbruck (28. Tagung der Deutschen Gesellschaft für Urologie) 1976, S 517. Springer, Berlin Heidelberg New York

Rothauge CF, Nöske HD, Kraushaar J (1977b) Einjährige Erfahrungen mit der transurethralen Lasertherapie des Harnblasentumors. Münch Med Wochenschr 119:593

Rothauge CF, Kraushaar J, Nöske HD (1978a) Transurethrale Lasertherapie bei Blasentumoren. 29. Tagung der Deutschen Gesellschaft für Urologie 1977 in Stuttgart, S 108–110. Springer, Berlin Heidelberg New York

Rothauge CF (1978b) Transurethrale Behandlung von Blasentumoren mit Laser. Helv Chir Acta 45:233–236

Rothauge CF (1978c) Der Stellenwert der transurethralen Laserbestrahlung in der Behandlung des Blasenkarzinoms. Onkologie 1:212–215

Rothauge CF (1979a) The urethroscopic laserrekanalisation of the urethral stricture. Bull Soc Int Urol (in press)

Rothauge CF (1979b) Die urethroskopische Behandlung der Harnröhrenstriktur mit dem Argon-Laser. Urologe A, Heft 6 (in press)

Rother WW, Halldorson T, Langerholc J, Schaffler K (1978) Present status of the Nd : YAG-laser in endoscopy and surgery. In: K2, p 211

Saks NM, Roth CA (1963) Ruby laser as a microsurgical instrument. Science 141:46

Sanders AG (1954) Ear chamber method. Br J Exp Path 35:331

Sanders JH (1959) Optical maser design. Phys Rev Lett 3:86

Sataloff J (1967) Experimental use of laser in otosclerotic stapes. Arch Otolaryngol 85:614

Schauenstein K, Wick G, Herzog F, Steinbatz A (1975) Investigations on the recovery phenomen in immunofluorescence after laser excitation. J Immunol Methods 8:9–16

Schawlow AL, Townes CH (1958) Infrared and optical masers. Phys Rev 112:1940

Schellhas HD, Fidler JP, Rockwell RJ (1975) Resecting vulvar lesions with the CO_2 laser. Contemp Obstet Gynecol 6:35–39

Schellhas HF (1978) Laser surgery in gynecology. Surg Clin N Am 58:151–166

Schellhas HF (1979a) Cryogens and carbon dioxide laser in cyclic combination for volume reduction of vascular tumors. In: K3, vol 1, p 239

Schellhas HF (1979b) Laser beam in gynecology. In: Goldsmith H (ed) Practice of surgery, Harper and Row, New York

Schenk P (1979) Die Ultrastruktur an Haut- und Schleimhautgeweben nach CO_2-Laserwirkung. Z Laryngol Rhinol 58:770

Schenk P, Ehrenberger K (1980) Effect of CO_2-laser on skin lymphatics. Langenbeck's Arch Chir 350:145

Schmid ED, Gramlich V (1979) Ramanspektroskopische Untersuchungen an Nukleinsäuren. Acta Physica Austriaca (Suppl) 20:75–89

Schönberger J (1977) Versuche über CO_2-Laser-Bestrahlungen von Gefäßen. In: Horch HH, Habil.-Schrift, Düsseldorf

Schulthess von GK, Cohen RJ, Benedek GB (1976a) Laser light scattering spectroscopic immunoassay in the agglutination-inhibition mode for human chorionic gonadotropin (hCG) an human luteinizing hormone (hLH). Immunochemistry 13:963–966

Schulthess von Gk, Cohen RJ, Sakato N, Benedek GB (1976b) Laser light scattering spectroscopic immunoassay for mouse IgA. Immunochemistry 13:955–962

Scovil Hed, Feher G, Seidel H (1957) Operation of a solid state maser. Phys Rev 105:762

Searles SK, Hart GA (1975) Stimulated emission at 281,8 nm from XeBr. Appl Phys Lett 27:243

Shank CV, Ippen E, Bersohn R (1976) Time-resolved spectroscopy of hemoglobin and its complexes with subpicosecond optical pulses. Science 193:50

Shapiro SL, Duguay MA (1969) Observation of subpicosecond components in the mode-locked Nd: Glass laser. Phys lett 28A:698

Shortland J, Clarke S, Boyle P, Fox M (1979) Renal scarring following laser surgery. In: K3, Vol 1, p 313

Sliney DH, Freasier BC (1973) Evaluation of optical radiation hazards. Appl Optics 12:1–24

Slutzki S, Shafir R, Bornstein LA (1977) Use of carbon dioxide laser for large excision with minimal blood loss. Plast Reconstr Surg 60:250

Smith PW, Duguay MA, Ippen EP (1974) Mode-locking of lasers. In: Progress in Quantum Electronics. Vol 3, part 2. Pergamon Press, Oxford New York Toronto Sidney Braunschweig

Smullin LD, Fiocco G (1962a) Project luna see. Proc IRE 50:1703

Smullin LD, Fiocco G (1962b) Optical echoes from the moon. Nature 194:1267

Snitzer E (1961) Optical maser action of Nd^{+3} in a barium crown glass. Phys Rev Lett 7:444

Snow JC, Kripke BJ, Strong MS, Jako GJ, Meyer MR, Vaughan CW (1974) Anesthesia for carbon dioxide laser microsurgery on the larynx and trachea. Anesth Analg (Cleve) 53:507

Sommerfeld A (1919) Atombau und Spektrallinien. Vieweg, Braunschweig

Sommerfeld A (1931) Atombau und Spektrallinien, 5. Aufl, Bd I. Vieweg, Braunschweig

Sorokin PP, Stevenson MJ (1960) Stimulated infrared emission from trivalent uranium. Phys Rev Lett 5:557

Sorokin PP, Stevenson MJ (1961) Solid-state optical maser using divalent samarium in calcium fluoride. IBM J Res Develop 5:56

Sorokin PP, Luzzi JJ, Lankard JR, Pettit GD (1964) Ruby laser Q-switching elements using phthalocyanine molecules in solution. IBM J Res Develop 8:182

Sorokin PP, Lankard JR (1966) Stimulated emission observed from an organic dye, chloro-aluminium phthalocyanine. IBM J Res Develop 10:162

Sorokin PP, Lankard JR (1967) Flashlamp excitation of organic dye lasers: A short communication. IBM J Res Develop 11:148

Sorokin PP, Shiren NS, Lankard JR, Hammond EC, Kazyaka TG (1967) Stimulated electronic Raman scattering. Appl Phys Lett 10:44–46

Spencer EG, Lenzo PV, Ballman AA (1967) Dielectric materials for electrooptic, elastooptic, and ultrasonic device applications. Proc IEEE 55:2074

Spiro RH, Strong EW (1973) Discontinuous partial glossectomy and radical neck dissection in selected patients with epidermoid carcinoma of the mobile tongue. Am J Surg 123:544

Staehler G, Hofstetter A, Gorisch W, Keiditsch E, Müssiggang M (1976) Endoscopy in experimental urology using an argon-laser beam. Endoscopy 8:1–4

Staehler G, Hofstetter A, Schmiedt E, Rother W, Keiditsch E (1977a) Endoskopische Laserbestrahlung von Blasentumoren des Menschen. Fortschr Med (Würzburg) 1:3

Staehler G, Hofstetter A, Siepe W (1977b) Endoskopische Laserbestrahlung von Harnblasentumoren. GSF, p 3–1

Staehler G, Halldorsson T, Langerholc J, Bilgram R (1979) Dosimetry for Nd : YAG laser application in urology. Int. Medical Laser Sympos., Detroit

Staehler G, Halldorsson T, Frank F, Bilgram R (1980) Influence of light scattering on thermal behaviour of the bladder, irradiated with Nd : YAG-laser. Urol Res (in press)

Stafl A, Wilkinson EF, Mattingly RF (1977) Laser treatment of cervical and vaginal neoplasia. Am J Obstet Gynecol 128:128–136

Stellar S (1965a) A study of the effects of laser light on nervous tissue. Proceed. 3rd Internat. Congr. Neurol. Surg. (Reprinted from Excerpta Medica Int'l Cong Series No 110) Copenhagen, p 542

Stellar S (1965b) Effects of laser energy on brain and nerve tissue. Laser Focus 1(15):3–5

Stellar S, Polanyi TG, Bredemeier HC (1970) Experimental studies with the carbon dioxide laser as a neurosurgical instrument. Med Biol Eng Comput 8:549–557

Stellar S, Polanyi TE, Bredemeier HC (1974) Lasers in surgery. In: Laser application in medicine and biology. Vol 2 Plenum Press, New York, p 241–293

Stöhr M, Goerttler K (1974) Neue instrumentelle Möglichkeiten zur Optimierung der ultraschnellen Microfluorometrie. Histochemistry 39:35–40

Strohwald H, Salzmann H (1976) Picosecond uv laser pulses from gas discharges in pure nitrogen at pressures up to 6 atm. Appl Phys Lett 28:272

Strong MS, Jako GJ (1972) Laser-surgery in the larynx. Ann Otol Rhinol Laryngol 81:791

Strong MS, Jako GJ, Polanyi T, Wallace RA (1973) Laser surgery in the aerodigestive tract. Am J Surg 126:529

Strong MS, Vaughan CW, Polanyi TG, Wallace RA (1974) Bronchoscopic CO_2 laryngology. Ann Otol Rhinol Laryngol 83:769

Strong MS (1975a) Laser management of premalignant lesions of the larynx. Can J Otolaryngol 3:560

Strong MS (1975b) Laser excision of carcinoma of the larynx. Laryngoscope 85:1286

Strong MS, Vaughan CW, Jako GJ, Polanyi T (1979) Transoral resection of cancer of the oral cavity: The role of the CO_2 laser. Otolaryngol Clin N Am 12:207

Thekaekara MP (1976) Solar irradiance: total and spectral and its possible variations. Appl Optics 15:915

Tiffany WB, Targ R, Foster JD (1969) Kilowatt CO_2 gastransport laser. Appl Phys Lett 15:91

Toaff R (1972) The carbon dioxide laser in gynecological surgery. In: K1, p 129

Toaff R (1979) Use of carbon dioxide laser in gynecological surgery. In: K3, Vol 1, p 235

Tomberg VT (1964) Non-thermal biological effects of laser beam. Nature 204:868–870

Tomson SH (1976) Tumor destruction due to acridine orange photoactivation by argon laser. Ann NY Acad Sci 267:191

Topp NE (1965) The chemistry of the rare-earth elements. Elsevier, Amsterdam London New York

Vasko A (1963) Infra-red radiation. Iliffe Books Ltd, London; SNTL-Publishers of Technical Literature, Prague

Vaughan CW, Strong MS, Jako G (1974) Continuous wave CO_2 laser surgery in head and neck tumors. Pan Med 16:41

Veith G, Schmidt AJ (1978) An inexpensive TEA N_2 laser as a pump for dye laser amplifier system. J Phys E Sci Instrum 11:833

Verschueren R (1976) The CO_2-laser in tumor surgery. Van Gorcum, Assen Amsterdam

Viehberger G, Fischer R, Kyrle P, Plenk H jr (1979) Ultrastructure of sceletal muscle after CO_2-laser incision. Res Exp Med (Berlin) 176:69–79

Virella G, Fudenberg HH (1977) Comparison of immunoglobulin determinations in pathological sera by radial immunodiffusion and laser nephelometry. Clin Chem 23:1925

Vogel HU (1974) Chemiker-Kalender, 2. Aufl, Springer, Berlin Heidelberg New York

Wallace SC, Dreyfus RW (1974) Continuously tunable xenon laser at 1720 Å. Appl Phys Lett 25:498

Wang CC, Racette GW (1965) Measurement of parametric gain accompanying optical difference frequency generation. Appl Phys Lett 6:169

Ware BR (1977) Application of laser velocimetry in biology and medicine. In: Chemical and biochemical applications of lasers. Academic Press, New York San Francisco London

Waynant RW, Shipman JD jr, Elton RC, Ali AW (1970) Vacuum ultraviolet laser emission from molecular hydrogen. Appl Phys Lett 17:383

Weber J (1953) Amplification of microwave radiation by substances not in thermal equilibrium. IRE Trans Elect Devices, PGED 3:1

Weissmann R (1979) Laser-Akupunktur – keine Alternative zur klassischen Akupunktur. Münch Med Wochenschr 121:243

Welsch H, Birngruber R, Boergen KP, Gabel VP, Hillenkamp F (1977) The influence of scattering on the wavelength dependent light absorption in blood. GSF, p 14–1

White AD, Rigden JD (1962) Continuous gas maser operation in the visible. Proc IRE 50:1697

Wilson J (1966) Nitrogen laser action in a supersonic flow. Appl Phys Lett 8:160

Wolbarsht ML (1971, 1974, 1977) Laser applications in medicine and biology Vol 1, 2, 3. Plenum Press, New York London

Wolfe WL (ed) 1965 Handbook of military infrared technology. Government Printing Office, Washington D.C.

Wood OR, Schwarz SE (1967) Passive Q-switching of a CO_2 laser. Appl Phys Lett 11:88

Wurster H (1977) Endoskop zur Lasertherapie. GSF, S 34

Yahr WZ, Strully J (1966) Blood vessels anastomosis by laser and other biomedical applications. J Assoc Adv Med Instrum 1:1–4

Young CG (1969) Glass lasers. Proc IEEE 57:1267–1289
Zadrobilek E, Draxler V, Riegler R, Höfler H (1980) Injektbeatmung bei direkter Laryngoskopie und endolaryngealen mikrochirurgischen Eingriffen in Allgemeinanästhesie. Anästhesist (in press)
Zweng HC, Flocks M (1967) Retinal laser photocoagulation. Trans Am Acad Ophthalmol 71:39
Zweng HC, Little HL, Vassiliadis H (1977) Argon laser photocoagulation. Mosby, S. Louis

22 Glossar

P.L. Fischer

Da heutzutage Englisch die Sprache der Wissenschaft ist, erscheint es für den Benützer dieses Buches wertvoll, die in der Literatur gängigen Ausdrücke der *Laserphysik* alphabetisch geordnet mit Erklärungen vorzufinden; so soll das Verständnis erleichtert und vertieft werden. Neben den SI-Einheiten (ÖN 1972) sind auch andere Einheiten aufgenommen worden. Manchen Definitionen sind die Begriffe des American National Standards Institute (ANST 1976) zugrundegelegt. Durch das Glossar soll der Leser in den Stand gesetzt werden, selbständig weiter in die Fachliteratur vorzudringen. Auch auf die Fülle der medizinischen Fachausdrücke einzugehen, würde den Rahmen des Buches weit überschreiten.

Aberration (of lenses): Abbildungsfehler (Aberrationen) von Linsen. Die wichtigsten sind: Sphärische Aberration (Öffnungsfehler) bei achsenfernen Strahlen, Koma, Astigmatismus schräger Bündel, Bildfeldwölbung, tonnen- und kissenförmige Verzeichnung, verschiedene Farbfehler (chromatische Aberration)

Ablation (of material): Abtragung von Material (durch Laserbestrahlung)

Absorber: Absorber, ein Stoff, der Strahlung bestimmter Wellenlänge verschluckt

Absorptance: Absorptionsgrad, Absorptionsvermögen, A. Trifft der Strahlungsfluß Φ_0 einen Körper und verschluckt dieser den Anteil Φ_A, so ist A = .Φ_A/Φ_0, (0 bis 1, bzw. %)

Absorption: Absorption. Aufnahme von Strahlung durch Materie (Umwandlung in Wärme oder andere Energieformen)

Absorptions band: Absorptionsbande. Breiter absorbierender Bereich im Spektrum

Absorption coefficient: Absorptionskonstante K in cm^{-1}. Für den Strahlungsfluß vor (Φ_0) und nach (Φ) Durchsetzen der Schicht der Dicke d gilt das Exponentialgesetz

$$\Phi = \Phi_0 \, e^{-Kd}$$

Unter „Absorptionskoeffizient" wird heutzutage die Größe k verstanden, die im Exponentialgesetz für die Abnahme der *Amplitude* auftritt. Beträgt die Amplitude der auftreffenden Strahlung A_0 und wird sie beim Eindringen um das Wegstück d auf A geschwächt, so gilt

$$A = A_0 \, e^{-\frac{2\pi}{\lambda} kd};$$

λ Vakuumwellenlänge; k ist eine dimensionslose Zahl

Absorption depth: Absorptionstiefe, Dicke der Gewebsschicht, nach deren Durchsetzung 98% der einfallenden Strahlungsenergie in Wärme umgewandelt sind; vgl. Fidler et al. 1976

Absorption spectrum: Absorptionsspektrum, das für einen Stoff charakteristische Verhalten des Absorptionsgrades (A) als Funktion der Wellenlänge oder Frequenz. Oft wird statt A auch der Durchlaßgrad T auf der Ordinate aufgetragen

Absorptivity: spektraler Absorptionsgrad

Acceleration grid: Beschleunigungsgitter

Acceptor: Akzeptor. Das ist z.B. eine Störstelle (Fremdatom, Verunreinigung) im Atomgitter eines Halbleiters mit der Eigenschaft, ein Elektron leicht bei sich zu lokalisieren (accipere, aufnehmen). Solche Störstellen bewirken die Defektelektronenleitung (p-Leitung)

Accessories (for laser): Zubehörteile für Laser

Acousto-optic Q-switch: akustooptischer Güteschalter. Element, das den Verlust eines Laserresonators periodisch sehr rasch variiert. Dabei wechseln die folgenden beiden Zustände ab:
1) high-loss state: Die Verluste überwiegen die Verstärkung; es ist keine Laserschwingung möglich. Dafür wird die Inversion zu hohen Werten aufgepumpt (Stadium des Energieaufstaus)
2) low-loss state: Die Laserschwingung setzt plötzlich ein; die optische Feldenergie wächst rapid an; die Inversion wird entleert (Stadium der „Entladung"). Dieser ständige Wechsel kann durch einen akustooptischen Modulator *(acousto-optic modulator)* bewirkt werden. Das ist ein in den Laserresonator eingebauter Quarzblock, durch den ein Transducer (Frequenz im Megahertzbereich) mit Unterbrechungen (im Kilohertzbereich) eine Ultraschallwelle sendet, die wie ein Beugungsgitter wirkt, daher das Licht ablenkt und das Verluststadium hervorruft

Active material: aktives Material; Stoff, der für Lasertätigkeit geeignet ist

Active medium: aktives Medium, Ensemble von Atomen, Molekülen oder Ionen, die durch stimulierte Emission Strahlung verstärken können; z.B. Neon-Atome; CO_2-Moleküle, Farbstoffmoleküle; Cr^{3+}, Nd^{3+}

Active modulation: aktive Modulation, ein Verfahren der Modenkopplung (s. auch mode locking)

Active region: aktives Gebiet (Region) eines Halbleiterlasers. Hier vereinigen sich die von der n-Seite kommenden Elektronen mit den von der p-Seite kommenden Löchern unter Emission von Strahlung

Adapter: Adapter, Anpassungsstück oder -vorrichtung, z.B. Mikroskopadapter, Adapterplatten usw.

Additional gas: Gas, das einem aktiven Medium zugegeben wird, um die Laserleistung zu erhöhen, z.B. N_2 und He zu CO_2, oder He zu Ne

ADP – *a*mmonium *d*ihydrogen *p*hosphate –: $NH_4H_2PO_4$, ein häufig verwendeter optisch nichtlinearer Kristall

Aiming light, aiming beam: Ziel- oder Pilotstrahl zur Kennzeichnung des Ziels bei Infrarotlasern; das Pilotlicht wird durch einen He-Ne-Laser (rot) oder einen Argonlaser (blaugrün) erzeugt

Air breakdown: Luftdurchschlag. Kurzdauernde Plasmabildung im Fokus von Impulslasern bei Leistungsdichten von etwa 10^{11} W/cm^2; durch die enorme elektrische Feldstärke wird die Luft ionisiert und aufgeheizt. Das auf den Gasdurchbruch folgende, sich ausbreitende helle Leuchten *(bright flash)* von etwa 0,2 μsec Dauer wird als *spark* (Funke) bezeichnet. Mit einem Nd-Glas-Laser-System (Oszillator, mehrere Nachverstärker, Output 4 GW, 25 ns) gelang es Hagen (1969) eine 25 m lange *Spark*-Folge zu erzeugen. Eine Übersicht des interessanten Phänomens gibt Ready (1971)

Alignment: Justierung, Ausrichtung

Alignment beam: Richt- oder Justierstrahl. Dazu wird gerne der Helium-Neon-Laser verwendet

Alloy: Legierung

Amplifier: Verstärker

Amplifier equipment: Verstärkeranlage

Analyzer: Analysator. Einrichtung zum Untersuchen oder Abschwächen polarisierten Lichtes

Angle: Winkel

Angle of divergence: Divergenzwinkel, sehr geringe Auffächerung des den Laser verlassenden Lichtbündels infolge der unvermeidlichen Beugung

Angle of polarization: Polarisations- oder Brewster-Winkel. Ein unter diesem Winkel auffallendes Lichtbündel erleidet keine Reflexionsverluste

Angle of reflection: Reflexionswinkel

Angle of refraction: Brechungswinkel

Angle of rotation: Drehwinkel (s. Faraday-Effect)

Angstrom (Å): Angström (Einheit).

$$1\,\text{Å} = 10^{-10}\,\text{m}$$

Angular deviation: Winkelabweichung (in Milliradiant). Winkel zwischen Achse und Strahlrichtung

Arc tube: Bogenentladungsröhre, z.B. bei einem Argon- oder Kryptonlaser

Argon II (laser): Argonionenlaser. Die Spektroskopiker bezeichnen das einfach ionisierte Argon als *„argon II"*, das nichtionisierte als *„argon I"*

Arrangement: Anordnung, Aufbau, Aufstellung

Articulated light guide: Gegliederter Lichtführer. Rohre, die durch Gelenke verbunden sind, in denen sich Spiegel zur Weiterleitung von langwelliger Infrarotstrahlung (z.B. eines CO_2-Lasers) befinden. Auch als *articulated arm arrangement (of mirrors)* bezeichnet

Assisting gas: Gasassistenz (vgl. gas assistance)

Attenuation: Schwächung (auch Extinktion). Abnahme des Strahlungsflusses beim Durchsetzen eines Mediums infolge Absorption oder Streuung oder beides. Der von der Strahlung durchsetzte Stoff ist durch den Koeffizienten der Schwächung (Schwächungskoeffizienten, *attenuation coefficient*) oder Extinktionskonstante in cm^{-1} gekennzeichnet (s. auch extinction)

Auxiliary lens: Hilfslinse

Average: Durchschnitt, Mittelwert

Backscattering: Rückwärtsstreuung. Biologisches Gewebe wurde diesbezüglich von Halldorsson und Langerholc 1978 untersucht

Bandwidth: Bandbreite. Frequenzbereich, der von einem Gerät (z.B. Filter, Modulator usw.) durchgelassen wird. Als Grenzen werden meist die Frequenzen genommen, bei denen der Scheitelwert der Intensität auf die Hälfte abgesunken ist

Bar: Bar (Druckeinheit) 1 bar = 10^5 Pa (Pascal)

Beam: (Licht-) Strahl, (Licht-) Bündel

Beam bender: Strahlablenker (z.B. *right-angle beam bender* bei rechtwinkliger Strahlablenkung)

Beam deflection, electro-optic: Einrichtung zur Aufspaltung eines Laserstrahlbündels in mehrere durch abwechselnd hintereinandergeschaltete elektrooptische und doppelbrechende Kristalle (Anordnung nach Beesley 1976, p. 89)

Beam delivery system: Strahlübertragungsssystem

Beam diameter: Strahldurchmesser. Abstand zweier entgegengesetzt gelegener Punkte des Strahlquerschnitts, in denen die Leistungsdichte nur mehr 1/e (37%) des Höchstwertes beträgt (vgl. ANST, S. 12)

Beam divergence: Strahldivergenz. Voller Öffnungswinkel (s. Abb. 4.7) zwischen den auseinanderlaufenden Randstrahlen (1/e-Punkte), meist gemessen in Milliradiant (mrad); 1 mrad ≈ 3,4 Bogenminuten; vgl. ANST, S. 12)

Beam expander: Strahlexpander. Linsensystem zur Aufweitung des Strahldurchmessers (strahlaufweiterndes Teleskop)

Beam manipulator: Manipulationsarm. Gegliedertes Rohrsystem, das über Spiegel in den Gelenken die CO_2-Laserstrahlung vom Laserkopf zum Laserskalpell weiterleitet und es möglich macht, daß die Hand des Chirurgen dieses in jeder Richtung bewegen kann (bei Polanyi et al. 1970, p. 548 als Strahlferngreifer übersetzt)

Beam shutter: Strahlverschluß. Einrichtung zum Verschließen des Strahlweges. Ein elektrisch betätigter Spiegel lenkt das Strahlbündel zu einer „heat sink"

Beamsplitter: Strahlteiler. Teilweise reflektierende ebene Fläche zur Amplitudenteilung eines Lichtbündels. Ein Teil davon wird abgelenkt, der andere geht durch. *Pellicle beamsplitter* Membranstrahlteiler; er vermeidet die seitliche Versetzung des durchgehenden Strahlbündels

Beam waist: Strahltaille. Engste Stelle des Grundmode

Beat frequency: Schwebungsfrequenz

Bending vibrational motion: Biegeschwingungsbewegung (Deformationsschwingung)

Birefringence: Doppelbrechung. Erscheinung, daß ein Lichtbündel beim Eindringen in Kristalle, die nicht dem kubischen System angehören (optisch anisotrope Körper), in zwei Anteile aufgespalten wird, die beide linear polarisiert sind; die Schwingungsebenen sind zueinander normal. Außer dieser natürlichen Doppelbrechung gibt es auch eine *temporäre*, die durch besondere Maßnahmen (Spannung, Strömung, elektrische und magnetische Felder) hervorgerufen werden kann

Black body: Schwarzer Körper. Ein Körper, der bei jeder Temperatur Strahlung jedweder Wellenlänge zu 100% absorbiert. Absorptionsgrad = Emissionsgrad = 1

Blast wave: Explosionswelle

Bleachable dye: ausbleichbarer Farbstoff. Farbstofflösung (z.B. Kryptocyanin in Methanol) oder gefärbtes Glas, das bei zunehmender Lichtintensität transparent wird (ausbleicht). Passiver Schalter beim Q-switch oder Mode locking

Blow off material: Materie, die bei intensiver Laserbestrahlung ausgestoßen wird; sie wird während der Dauer des Laserimpulses noch weiter aufgeheizt. Die Richtung des Abblasens hängt nicht vom Einfallswinkel des Laserstrahlbündels ab (Untersuchungen von Ready, 1971)

Boiling point: Siedepunkt

Bolometer: Bolometer, Strahlungsmeßgerät; die absorbierte Strahlung erwärmt einen geschwärzten Platindraht, dessen elektrischer Widerstand sich erhöht

Bragg angle: Braggwinkel. Bei der Wechselwirkung von Licht und Ultraschall der Winkel ϑ zwischen dem Laserstrahlbündel und den (ebenen) akustischen Wellenfronten, die durch ein Medium (Flüssigkeit, Kristall) hindurchlaufen. Diese Wellenfronten „reflektieren" (wie bei den Röntgenstrahlen die Gitterebenen des Kristalls) die unter dem „Glanzwinkel" ϑ einfallende Strahlung. Ist λ_a die akustische und λ_0 die optische Wellenlänge, so gilt die *Braggsche Bedingung* $n\lambda_0 = 2\lambda_a \sin\vartheta$, $n = 1, 2, \ldots$ (Ordnung). Infolge des Dopplereffekts zeigen die reflektierten Wellen gegenüber den einfallenden eine Frequenzverschiebung, die gestattet, zu einer Trägerfrequenz ein Seitenband zu erzeugen.

Breakdown: Durchbruch (s. air breakdown)

Brewster angle: Brewster-Winkel. Einfallswinkel, bei dem keine Reflexionsverluste auftreten [s. Gl. (3.3)]

Brewster angle prism: Brewster-Winkel-Prisma. So angeordnet, daß das Licht unter dem Brewster-Winkel einfällt

Brewster window: Brewster-Fenster. Planparallele Platten, auf die die Strahlung unter dem Brewster-Winkel einfällt (s. Kap. 3.3.3)

Brightness: Helligkeit. Ausdruck für das, was mit dem Auge empfunden wird (Gesichtsempfindung); ist unter einschränkenden Bedingungen in etwa dem Logarithmus der Leuchtdichte proportional (Gesetz von Fechner und Weber). *Brightness* wird in der Literatur aber oft für Leuchtdichte (luminance) verwendet

Broadening: Verbreiterung

Broadband source: breitbandige Lichtquelle; sie stellt als Pumplichtquelle eine große Anzahl von Frequenzen (Wellenlängen) zur Verfügung. Beispiel: Blitzlampe

Buffer gas: Puffergas. Gas mit hohem Ionisationspotential, das dem eigentlichen Lasermedium zugesetzt wird, um es durch Stoßvorgänge anzuregen. Beispiele: Helium zu Neon, Helium zu Kadmiumdampf

Burning: Verbrennung

Burst: Aufleuchten (einer Lampe)

Calcite: Kalkspat ($CaCO_3$); rhomboedrische Spaltstücke

Capacitance: Kapazität

Capacitor: Kondensator

Capacitor bank: Kondensatorbatterie

Carbon dioxide: Kohlendioxid (CO_2)

Carbonization: Karbonisation (Verkohlung). Schwärze, zunehmende Absorption. Fortgeschrittene Stufe bei der Lasereinwirkung auf biologisches Gewebe (einige 100 °C) (Vgl. Staehler et al. 1979)

Carcinogenic: krebserzeugend, karzinogen

Carrier frequency: Trägerfrequenz

Cataphoresis: Kataphorese oder Elektrophorese, eine elektrokinetische Erscheinung. Das Wandern geladener Teilchen in einer Flüssigkeit (oder einem Gas) beim Anlegen oder Vorhandensein einer elektrischen Spannung. Auch das Triften ionisierter Kadmiumatome zur Anode beim Helium-Kadmium-Laser beruht darauf

Cavity: Kavität (eigentlich Höhlung, Hohlraum); damit wird in der englischsprachigen Literatur gerne der Laserresonator bezeichnet

Cavity dumping: Verfahren zur Steigerung der Laserleistung. Die Repetitionsrate liegt zwischen der des Q-switch (50 kHz) und der des Mode locking (hunderte MHz): 1 bis etliche 100 MHz. Das Verfahren beruht darauf, daß zunächst keine Laserleistung aus dem Resonator herausgelassen wird und sich somit die Laseroszillation maximal aufschaukeln kann. Im geeigneten Augenblick wird dann durch ein geeignetes Schaltelement (akusto- oder elektrooptisch) die im Resonator gespeicherte Energie herausgelassen. Der Unterschied zum Q-switch besteht darin, daß bei diesem die Speicherung im aktiven Lasermaterial erfolgt; beim Cavity dumping aber im Licht des Resonators; das erweist sich bei den Gaslasern als günstig! Eine Beschreibung des Cavity dumping bei einem Neodym-YAG-Laser mit gefalteter Kavität (folded cavity) mit einem akustooptischen Schalter gibt Maydan und Chesler 1971

Charring: Verkohlung, Angebranntwerden

Chelate: Chelat. Innere Komplexsalze, bei denen ein Metallatom von organischen Liganden umgeben ist (χηλή = Krebsschere), z.B. Nickel von Dimethylglyoxim (Nickelnachweis) oder Europium von Benzoylaceton. Die Liganden schirmen das Zentralatom vor den thermischen Bewegungen der Lösungsmittelmoleküle ab

Chemical laser: chemischer Laser. Diese beruhen darauf, daß ein Teil der freiwerdenden Reaktionsenergie als Licht auftritt. Beispiel: photochemische Reaktion von Chlor und Wasserstoff

Chemical quenching: s. TSQA

Chopper disc: Zerhackerscheibe, zum periodischen Unterbrechen eines Lichtweges
Circuit: Stromkreis, Schaltung, Schaltschema
Circulating pump: Umlaufpumpe
Cladding: Umhüllung einer Lichtleiterfaser. Diese hat eine geringere Brechzahl als der Kern *(core)*
Clad rod: ummantelter Stab. Der Kern besteht aus dem Lasermaterial
Coagulation: Koagulation, Gerinnen, Ausfällen
Coated lenses: vergütete Linsen (antireflection)
Coating: Belag eines dielektrischen Spiegels (multilayer mirror). Auf den Schichtträger (Glas) werden abwechselnd Schichten hoher und niedriger Brechzahl stets in ungerader Anzahl aufgedampft. Es gibt „weiche" *(soft)* und „harte" Beläge *(hard coating)*
Coefficient of thermal expansion: thermischer Ausdehnungskoeffizient in K^{-1} ($°C^{-1}$). Der lineare Ausdehnungskoeffizient gibt die Längenzunahme eines Stabes von 1 m Länge beim Erwärmen um 1 Grad an. Der kubische Ausdehnungskoeffizient (räumliche Ausdehnung) ist etwa 3 mal so groß
Coherence: Kohärenz (Interferenzfähigkeit). Diese ist gegeben, wenn eine *feste Phasenbeziehung* zwischen zwei Wellenbewegungen besteht, die sich überlagern. Mit anderen Worten: Die Wellenquellen sind kohärent, wenn die Phasendifferenz zwischen einem Paar von Punkten, der eine in der einen, der andere in der anderen Quelle, *konstant* bleibt. Die Tatsache, daß es auch inkohärentes Licht gibt, also Licht, in dessen Wellenfeld stets statistische Phasensprünge auftreten und daher zwischen zwei Punkten keine bestimmte Phasendifferenz angegeben werden kann, ist aus der Quantennatur zu verstehen. Die Sender des Lichtes sind die unzähligen Atome eines Körpers, die ihre Strahlung in endlichen Wellenzügen (Photonen, Lichtquanten) emittieren. Je nachdem, ob diese Emissionsakte eine konstante Phasenbeziehung untereinander aufweisen oder nicht, wird kohärentes Licht (Laser) oder inkohärentes Licht (Sonne, übrige technische Lichtquellen) unterschieden. Ein tieferes Verständnis der Kohärenz gibt erst die Photonenstatistik. Die Kohärenz hat zwei Aspekte, die durch die Anordnungen von Michelson (Abb. 4.2) und Young (Abb. 4.3) nahegelegt werden:
1) *zeitliche Kohärenz (time coherence)*. Von einem bestimmten Abstand d an wird (trotz der konstanten Phasendifferenz) keine Interferenz mehr beobachtet, weil sich die von S_1 und S_2 reflektierten Wellenzüge nicht mehr treffen. Die Verzögerungszeit des einen gegen den anderen darf nicht größer sein als τ, die Kohärenzzeit *(coherence time)*. Das ist die Zeit, die der endliche Wellenzug zum Durchlaufen eines punktes (z.B. Auftreffpunkt auf dem Strahlteiler T) braucht. Der in dieser Zeit zurückgelegte Weg l ist die Kohärenzlänge *(coherence length)*; nur innerhalb dieser ist noch Interferenz möglich. Es gilt $l = c \cdot \tau$ (c Lichtgeschwindigkeit).
Bei verdünnten atomaren Gasen ist die Kohärenzzeit τ gleich der Lebensdauer *(lifetime)* der angeregten elektronischen Zustände. Bei den Schwingungszuständen der Moleküle ist zwischen Phasenrelaxationszeit *(phase relaxation time)* und Energierelaxationszeit *(energy relaxation time)* zu unterscheiden, wobei die Kohärenzzeit τ durch die Phasenrelaxationszeit gegeben ist. Diese ist stets kleiner oder gleich der Energierelaxationszeit (Entvölkerung des angeregten Schwingungszustandes).
2) *räumliche Kohärenz (space coherence)*. Von einem bestimmten Abstand $\overline{S_1 S_2}$ (Abb. 4.3) an wird keine Interferenz mehr beobachtet deshalb, weil die Phasendifferenz zwischen zwei Punkten des Raumes über eine längere Zeit hinweg nicht mehr konstant bleibt. Diese Art der Kohärenz wird recht anschaulich auch als „*lateral coherence* (seitliche K.)" bezeichnet. Kohärentes Licht ist stets monochromatisch und ohne weiteres interferenzfähig. Laserlicht fällt dem Auge sofort durch die Granulation (s. dort) auf.
Coincidence: Koinzidenz; Zusammentreffen in Raum oder Zeit
Collective lens: Sammellinse (Brennlinse)
Collimated beam: Parallelstrahlbündel mit sehr geringer Divergenz (oder Konvergenz) (vgl. Anst, S. 12)
Collimator: Kollimator. Optisches Gerät zur Herstellung eines Parallelstrahlbündels (ANST, S. 12)
Collision of the first kind: Stoß erster Art, Elektronenstoß. Ein energiereiches Elektron überträgt einen entsprechenden Teil seiner Energie auf ein Gasatom, das dadurch in den angeregten Zustand übergeht
Collision of the second kind: Stoß weiter Art, Stoßanregung. Ein angeregtes Atom (im metastabilen Zustand) überträgt bei einem Stoß seine Energie auf ein anderes Atom (im Grundzustand). Voraussetzung dazu ist Energieresonanz
Concentration: Konzentration. Der Gehalt an aktiven Ionen (z.B. Nd^{3+}) wird oft in Ionen/cm^3 (des Wirtsmaterials) angegeben

Condenser: Kondensor
Condensing lens: Sammellinse, Kondensationslinse
Conduction band: Leitungsband. Die in diesem Energieband befindlichen Elektronen bewirken die n-Leitfähigkeit des Halbleiters
Conductivity: Leitfähigkeit, Leitwert
Confocal: konfokal, mit gleichen Brennpunkten
Content: Gehalt (an ...), Inhalt, Rauminhalt, Fassungsvermögen
Continuously operating laser: Laser mit Dauerbetrieb
Continuous wave (cw): kontinuierlicher oder Dauerstrichbetrieb eines Lasers, d.h. die Strahlung wird unmoduliert emittiert
Control console: Steuerkonsole
Control console panel: Schalttafel (Schaltpult) einer Steuerkonsole
Control of bleeding: Blutstillung (eine Blutung beherrschen)
Control unit: Steuereinheit, Steuerpult
Controlled area: Kontrollzone. Gebiet, wo Inanspruchnahme und Beschäftigung zwecks Schutz vor Strahlengefahren der Kontrolle und Beaufsichtigung unterworfen sind (ANST, S. 12)
Cooling: Kühlung
Cooling supply: Kühlversorgung
Colling unit: Kühleinheit, Kühlsystem
Cornea: Hornhaut
Corner cube reflector: Tripelspiegel. Glaskörper, der aus einem Würfel durch Abschneiden einer Ecke entstanden derart gedacht werden kann, daß die Schnittfläche ein gleichseitiges Dreieck ist. Durchdringt diese Fläche ein Lichtbündel, so wird es auch bei schrägem Einfall um 180° abgelenkt und tritt parallel zu sich selbst aus (Rücksichtprisma)
Coupled cavity technique: Verfahren zur Unterdrückung unerwünschter Moden (mode suppression) und zum Erreichen, daß nur *ein* axialer Mode schwingt (single frequency operation). Kogelnik und Patel (1962) haben das bei einem Helium-Neon-Laser durch drei Spiegel erreicht
Cps – *c*ycles *p*er *s*econd –: Hertz
Cryogenic: kälteerzeugend
Current: Strom, Strömung
Current density: Stromdichte (A/cm^2)
Cutting speed, cutting velocity: Schnittgeschwindigkeit
Cuvette: Küvette
Damage threshold: Schadens-, Schädigungsschwelle, sowohl bei Material (optische Gläser und dgl.) als auch bei Auge und Haut
Dark current: Dunkelstrom
Data storage: Datenspeicherung
dB (auch db): Dezibel = 0,1 Bel. *1 Bel (B)* ist der dekadische Logarithmus des Verhältnisses zweier Leistungen oder Energien, die sich wie 1:10 verhalten
DC – (dc) **direct current** –: Gleichstrom
DC excitation: Gleichstromanregung
Debye-Sears effect: Erscheinung, daß eine in einer Flüssigkeit erzeugte Ultraschallwelle wie ein Beugungsgitter wirkt. Ein Laserstrahlbündel kann beim Durchgang gebeugt werden (Debye und Sears 1932)
Decay: Abklingen, Zerfall, Verfall
Decay rate: Zerfallsquote
Decay time: Zerfalls-, Abklingzeit
Deflection: Ablenkung, Ausschlag (eines Meßgerätes)
Degeneracy: Entartung, Degeneration
Degradation: Herabsetzung, Entartung, Zerlegung, Abbau (chemisch)
Delay: Verzögerung, Verzug, Verspätung, Aufschub
Denaturation of protein: Denaturierung der Eiweißstoffe (beim Erwärmen)
Densitometer: Densitometer. Gerät zur Messung der photographischen Schwärzung (Schwärzungsmesser)
Depleting: Entleerung (z.B. eines Laserniveaus)
Depletion: Entleerung
Detector: Detektor. Gerät zum Nachweis von Strahlung
Device: Vorrichtung, Einrichtung, Gerät, Apparat

DH – double heterostructure –: Doppel-Heterostrukturen. Dioden mit mehreren Schichten, z.B $n\text{–}Ga_xAl_{1-x}As\text{–}n\text{–}GaAs\text{–}p\text{–}GaAs\text{–}p\text{–}Ga_xAl_{1-x}As$ (vgl. SH)
Diameter: Durchmesser
Dichroism: Dichroismus. Erscheinung bei einachsigen Kristallen, daß die Absorption des Lichtes von der Lage der Schwingungsebene des polarisierten Lichtes abhängt
Dichroic mirror: dichroitischer Spiegel
Dielectric material: Dielektrikum
Dielectric mirror: dielektrischer Spiegel (s. coating)
Difference frequency: Differenzfrequenz
Diffraction: Beugung
Diffraction grating: Beugungsgitter
Diffraction limited: beugungsbegrenzt
Diffraction pattern: Beugungsmuster, z.B. entstanden durch Interferenz der Signalwelle des Objekts mit der Referenzwelle (Hologramm)
Diffuse reflection: diffuse Reflexion. Ein Strahlenbündel, das eine Fläche oder ein Medium trifft, wird in alle möglichen Richtungen zurückgeworfen
Diffusion: Diffusion (optisch): Änderung der räumlichen Verteilung, wenn ein Strahlenbündel durch eine Fläche oder ein Medium in verschiedene Richtungen abgelenkt wird
Discharge: Entladung
Discharge channel: Entladungskanal
Discharge current: Entladungsstrom
Discharge tube: Entladungsrohr
Dispersion: Dispersion oder Farbzerlegung des Lichtes. Je nach der Wellenlänge verschieden starke Ablenkung der Strahlung durch ein Prisma (Brechungsdispersion) oder ein Gitter (Beugungsdispersion)
Display: Anzeige (z.B. durch Ziffern)
Distribution: Verteilung
Divalent *(bivalent)*: 2wertig
Divergence: Divergenz, Auseinandergehen
Diverging lens: Zerstreuungslinse
Donor: Donator. Fremdatom, das ein Elektron abgibt. Die Donatoren bewirken die Elektronenüberschußleitung (n-Leitung) bei einem Halbleiter
Dopant: Dopant. Aktives Ion, das in einem Trägermaterial („Wirtsmaterial“) eingebaut ist, z.B. 3wertiges Neodymion (Nd^{3+}) in YAG (Yttrium Aluminium Garnet)
Dopant concentration: Konzentration an aktiven Ionen, z.B. 0,05% Chrom (Cr^{3+}), das sind $1{,}62 \cdot 10^{19}$ Chromionen/cm^3, oder bei einem Neodymglaslaser: $2{,}83 \cdot 10^{20}$ Nd^{3+}/cm^3
Doped: dotiert (mit ...)
Doppler broadening: Dopplerverbreiterung. Die Linienbreite kann durch den Dopplereffekt infolge der thermischen Bewegung der Atome und Moleküle auf etwa 10 GHz anwachsen
Double-beam oscilloscope: Doppelstrahloszilloskop
Double refraction: Doppelbrechung (s. birefringence)
Doubling crystal: nichtlinearer Kristall zur Frequenzverdopplung, z.B. KDP-Kristall
Drift tube: Driftröhre
Drilling: Bohren
Duration: Zeitdauer, Zeit
Dye: Farbstoff
Dye cell: Farbstoffzelle
Dye laser: Farbstofflaser
Dye pump: Farbstoffpumpe
Dye reservoir: Farbstoffvorratsbehälter
Dye selector: Farbenwähler (bei einem FS-Laser)
Dye solution: Farbstofflösung
Efficiency: Wirkungsgrad. Verhältnis der abgegebenen Leistung zu der aufgewendeten Leistung (in %). Er ist bei den Halbleiterlasern am größten
Electroluminiscence: Elektrolumineszenz. Umwandlung elektrischer Energie in Licht. Bekannt ist die Kathodolumineszenz; bei Halbleitern wird das Injektions- und Punktleuchten beobachtet
Electron: Elektron
Electron beam: Elektronenstrahl

Electron beam excitation: Elektronenstrahlanregung von Lasern; eine Übersicht darüber bei Dreyfus und Hodgson 1972

Electron temperature: Elektronen- oder kinetische Temperatur; beruht auf der kinetischen Energie der Elektronen in einem Plasma

Electronic energy state: elektronischer Energiezustand (Elektronenzustand) eines Atoms oder Ions; jeder Elektronenkonfiguration ist ein bestimmter Energiezustand zugeordnet. Die elektronischen Energiezustände umfassen den Grundzustand *(ground state)* und angeregte Zustände *(excited states)*. Weil bei den Molekülen noch Schwingungen und Rotation vorkommen, haben diese noch andere Energiezustände, die die Schwingungs- und Rotationsniveaus *(vibrational-rotational levels)* bedingen

Electro-optic crystal: elektrooptischer Kristall. Ein häufig bei Q-switching oder Mode locking angewandtes Schaltelement

Electro-optic effect: elektrooptischer Effekt. Bestimmte Materialien werden beim Anlegen einer elektrischen Spannung optisch anisotrop: Es gibt dann, wie Abb. 3.25 andeutet *zwei* Brechzahlen η_1 in Richtung des elektrischen Feldes und η_2 normal dazu; es wird temporäre (akzidentelle) Doppelbrechung beobachtet. Wegen der verschiedenen Laufgeschwindigkeiten der Lichtwelle im Stoff entsteht ein Gangunterschied. Linear polarisiert eintretendes Licht wird daher i. allg. elliptisch polarisiert austreten. Beträgt bei einer bestimmten Spannung („Halbwellenspannung") der Gangunterschied genau 180°, so kann erreicht werden, daß wiederum linear polarisiertes Licht austritt, dessen Schwingungsebene aber gegenüber der des eintretenden um 90° verdreht ist. Je nachdem, ob der Effekt der Feldstärke oder ihrem Quadrat proportional ist, wird unterschieden zwischen:
1) *linearem elektrooptischem oder Pockels-Effekt*; dieser wird nur bei Kristallen beobachtet;
2) *quadratischem elektrooptischem oder Kerr-Effekt*; er wird vor allem bei Flüssigkeiten (am ausgeprägtesten beim Nitrobenzol), aber auch bei Kristallen beobachtet

Electro-optic modulator: elektrooptischer Modulator. Aktiver Lichtschalter innerhalb des Resonators zur Erzeugung von Riesenimpulsen

Electrostriction: Elektrostriktion. Zusammenziehung oder Ausdehnung eines Körpers beim Anlegen einer elektrischen Spannung. Wird z.B. an eine Quarzplatte eine hochfrequente Wechselspannung angelegt, so können Schwingungen im Ultraschallbereich erzeugt werden (Schwingquarz)

Emission: Emission, Ausstrahlung

Emissivity: spektrales Emissionsvermögen (Emissionsgrad). Gesetz von Kirchhoff: emissivity = absorptivity

Enhanced: verstärkt, im Sinn von gesteigert

Energy: Energie. Fähigkeit, irgend eine Arbeit zu tun. Bei Impulslasern wird ihr Output durch die Energie in Joule (J) gekennzeichnet (ANST)

Energy density: Energiedichte. Quotient aus Impulsenergie und Strahlquerschnitt, gemessen in J/cm^2. Impulsenergie ist das Produkt aus maximaler Strahlungsleistung und Halbwertbreite des Impulses. Die Energiedichte ist ein Maß für die Gefährdung durch einen Impulslaser (VBG 93, Dfr. zu § 1). Die in einem elektromagnetischen Feld auftretende Gesamtenergiedichte wird auch in J/m^3 angegeben

Energy level: Energieniveau

Energy level diagram: Energieniveauschema, Termschema, Grotrian diagram s. Term

Energy transfer: Energieübertragung, z.B. der Schwingungsenergie der N_2-Moleküle auf die CO_2-Moleküle beim CO_2-Laser

Epitaxy: Epitaxie. Züchtung dünnster Schichten als Einkristalle für Halbleiterdioden. LPE = *L*iquid *P*hase *E*pitaxy (Bloom et al. 1974)

Equipment: Ausrüstung, Einrichtung, Apparatur, Anlage

Etalon: Etalon. 1) Fabry-Perot-Interferometer (s. dort); 2) sehr dünne planparallele Platte innerhalb der Kavität (zur Verringerung der Linienbreite; Frequenzstabilisierung)

Evaporation: Verdampfung, Vaporisieren

Excimer laser: Excimeren-Laser. Das Lasermedium sind Edelgasmoleküle oder Edelgasverbindungen im angeregten Zustand. Der erste Edelgashalogenidlaser arbeitete mit Xenonbromid XeBr (Searles und Hart 1975)

Excitation: Anregung

Excited atom: angeregtes Atom

Excitation potential: Anregungsspannung

Excited state: angeregter Zustand

Exposure: 1) Aussetzung (eines Gewebes der Strahlung); 2) Exposition, Belichtung (photographischen Materials). Produkt aus Bestrahlungsstärke *(irradiance)* und ihrer Dauer *(duration)* (ANST)

Exposure time: Belichtungszeit

Extinction: Extinktion (Auslöschung). Beim Durchgang durch Materie wird die Strahlung geschwächt: teils durch Absorption (Umwandlung in Wärme), teils durch Streuung (Richtungsablenkung). Die Extinktion erfolgt nach einem Exponentialgesetz; der eine Schicht der Dicke d treffende Strahlungsfluß Φ_0 wird nach deren Passieren auf Φ geschwächt und es gilt

$$\Phi = \Phi_0 \, e^{-Kd} ; \qquad (a) ;$$

$K(cm^{-1})$ heißt in diesem Zusammenhang Extinktionskonstante (Extinktionskoeffizient) und ist additiv aus den Anteilen der Absorption und Streuung zusammengesetzt ($K = K_A + K_S$). Ist die Absorption (wie bei homogenen Medien) die vorwiegende oder einzige Ursache der Strahlungsschwächung, so ist Gleichung (a) das Absorptionsgesetz und K die Absorptionskonstante.
Oft wird statt e (2,71828182846 . . ., Eulersche Zahl) die Zahl 10 als Basis genommen; das Extinktionsgesetz hat dann die Form

$$\Phi = \Phi_0 \, 10^{-K'd} ; \qquad (b) .$$

$K'(cm^{-1})$ ist die dekadische Extinktions- bzw. Absorptionskonstante (Koeffizient); es gilt $K' = 0{,}4343\,K$

Extinction length: Extinktionslänge $L = 1/K'$, wobei K' dekadischer Extinktionskoeffizient von Gleichung (b). L ist die Wegstrecke, nach deren Zurücklegung der Strahlungsfluß auf 1/10 = 10% seines anfänglichen Wertes abgesunken ist; 90% wurden also extinguiert.
Bayly et al. 1963 haben die Absorption des Wassers (H_2O, HDO, D_2O) im Infrarot (0,7–10 µm) eingehend untersucht und durch die Extinktionslänge L (in mm) ausgedrückt; L ist also die Dicke jener Schicht, in der 90% absorbiert werden. Diese Messungen werden bei der medizinischen Anwendung des Lasers (CO_2, Nd) herangezogen (Jako und Polanyi 1976; Verschueren 1976; s. auch Abb. 4.9)

Extinction rato: Extinktionsquote. Verhältnis der maximalen zur minimalen Transmission bei einem Lasermodulator

Extraordinary ray: außerordentlicher Strahl, der das Gesetz von Snellius nicht befolgt

Fabry-Perot interferometer: Fabry-Perot-Interferometer. Anordnung zweier Glas- oder Quarzplatten, deren einander zugewandte Seiten durchlässig verspiegelt und zueinander genau parallel sind. Die Luftschicht der Dicke d gibt Anlaß zu Interferenzen, die sehr scharf sind. Es gilt für Luft (Brechzahl = 1) $m = 2\,d/\lambda$ (m = 1, 2, ... Ordnung der Interferenz, λ Wellenlänge des verwendeten Lichtes). Die Dicke (d) der Luftplatte ist entweder mit einer Mikrometerschraube veränderbar oder fix (Fabry-Perot-Etalon)

Farad: Farad, Einheit der elektrischen Kapazität. 1 F ist gleich der Kapazität eines Kondensators, der durch die Elektrizitätsmenge 1 Coulomb auf die elektrische Spannung 1 V aufgeladen wird. 1 F = 1 C/1 V. 10^{-6} F = 1 µF (Mikrofarad), 10^{-9} F = 1 nF (Nanofarad), 10^{-12} F = 1 pF (Picofarad)

Faraday effect: Faradayeffekt, Magnetorotation. Drehung der Polarisationsebene des Lichtes durch ein Magnetfeld der Stärke H in Richtung des Lichtweges. Ist l die Länge des Lichtweges im Material, das durch V, die Verdet-Konstante gekennzeichnet ist, so beträgt der Drehungswinkel $\vartheta = V \cdot l \cdot H$

Faraday rotator: Faraday-Dreher. Glasstab in einer stromdurchflossenen Spule (Solenoid) zwischen zwei Polarisatoren. Das linear polarisierte einfallende Licht wird im Magnetfeld gedreht und nach seiner Reflexion am Spiegel nicht mehr durchgelassen. Wirkt als optischer Isolator

Far infrared: fernes Infrarot. Strahlung mit einer Wellenlänge zwischen etwa 25 µm (Vasko 1963) und etwa 1 mm (keine scharfen Grenzen)

Feedback: Rückkoppelung

Fiberoptic, fiberoptic light pipe, fiberoptic transmission system: Bezeichnungen für Lichtleiter (Lichtleitfasern, oft kurz „Fasern", Lichtübertragungssysteme). Ein dünner flexibler Glas- oder Quarzfaden, umgeben von einem Mantel aus Material mit geringerer Brechzahl als das Kernmaterial, überträgt durch Totalreflexion die eingespeiste Strahlung vom Laser zum Ort der Verwendung. Verschiedene Ausführungsformen (s. Abb. 4.10)

Filter (optical): Filter. Einrichtungen, besondere Wellenlängenbereiche auszusondern. Beruhen auf verschiedenen Vorgängen: 1) selektive Absorption (Farbgläser, Gelatinefilter; sie haben eine Durchlaßbreite von mehr als 100 nm oder zeigen „cut off"); 2) Streuung (Christiansen-Filter mit Flüssigkeiten oder Gasen); 3) Interferenz (Ein- und Mehrfachschichteninterferenzfilter); 4) Polarisation (Lyot-Öhman-Filter). Bei 3) und 4) können äußerst enge Spektralbereiche ausgefiltert werden

Flashlamp: Blitzlichtlampe

Flashlamp excitation: Anregung durch eine Blitzlampe

Flash tube: Blitzlichtröhre. Als Füllgas wird meist Xenon verwendet; das Gefäß *(envelope)* ist aus Quarz *(quartz)*

Flat: flache Platte

Flatness: Ebenheit, meist in Bruchteilen der Wellenlänge angegeben, z.B. $\lambda/10$

Flat wavefront: ebene Wellenfront

Flowing dye cell: Zelle mit strömender Farbstofflösung

Flowing gas: strömendes (Laser-)Gas (s. Abb. 3.17)

Fluid mechanical techniques: strömungsmechanische Techniken, z.B. Gastransportlaser

Fluorescence: Fluoreszenz. Anregung einer Substanz zum charakteristischen Selbstleuchten während der Bestrahlung. Bekannt ist die blaue Fluoreszenzfarbe des Fluorits (Namen), das grüne Leuchten des Fluoresceins oder des Röntgenschirmes. Die Fluoreszenz beruht darauf, daß Moleküle durch die Bestrahlung angeregt werden und sofort wieder (nach etwa 10^{-8} s) die eben aufgenommene Energie reemittieren. Diese Fluoreszenzstrahlung *(fluorescent radiation)* hat entweder die gleiche Wellenlänge wie die einfallende Strahlung *(incident radiation)*, meist aber eine größere: Stokes-Regel. Manchmal können sogar bei zusätzlicher Energiezufuhr auch kurzwelligere Linien, sog. Antistokes-Linien, emittiert werden.

Focal point: Brennpunkt

Focal spot: Brennfleck, Brennpunkt

Focal length: Brennweite *(focal distance)*

Focus: Brennpunkt, Fokus

Focus(s)ed laser beam: fokussierter Laserstrahl (durch eine Linse)

Focus(s)ing lens: Brennlinse

Folded cavity: gefalteter Resonator. Eine gebrochene Laserachse bringt eine kürzere Baulänge des Resonators

Foot switch: Fußschalter. Bei medizinischen Lasern zur Auslösung des Arbeitsstrahls durch den Operateur

Forward biased: Diodenschaltung in Durchlaßrichtung; das n-Gebiet ist mit dem negativen, das p-Gebiet mit dem positiven Pol der Spannungsquelle verbunden

Forward scattering: Vorwärtsstreuung

Four-level system: Vierniveausystem. Der Laserübergang erfolgt nicht zum Grundniveau, sondern zu einem angeregten Niveau. Hauptvorteil ist die geringe Pumpleistung

Framing cameras: Filmkameras zur Aufnahme sehr schnell ablaufender Vorgänge wie Explosionen, Verdampfen usw.; Millionen Aufnahmen/s

Frequency: Frequenz. Zahl der Schwingungen, gemessen in Hertz (oder Vielfachen davon). 1 Hz eine Vollschwingung/s. 10^3 Hz = 1 kHz (Kilohertz), 10^6 Hz = 1 MHz (Megahertz), 10^9 Hz = 1 GHz (Gigahertz), 10^{12} Hz = 1 THz (Terahertz). In englischsprachiger Literatur ist zu finden: 1 kMc/s = 1 GHz

Frequency doubler: Frequenzverdoppler

Frequency doubling: Frequenzverdopplung. Durch nichtlineare Kristalle ist es möglich, z.B. aus Infrarot (1,06 μm) eines Neodymlasers grünes Licht (0,53 μm) zu erzeugen

Frequency spread: Frequenzstreuung, Bandweite (s. auch bandwidth)

Frequency stabilization: Frequenzstabilisierung

Fresnel lens: Fresnel-Linse, Stufenlinse. Sammellinse mit normalem Mittelteil, der von ringförmigen Bereichen umgeben ist, die das Licht durch Brechung oder Totalreflexion zur optischen Achse hin ablenken. Dadurch wird ein größeres Öffnungsverhältnis erreicht und der Lichtstrom voll ausgenutzt

Fresnel number: Fresnel-Zahl. Charakterisiert die Beugungsverluste in einem Laserresonator. Ist n die Brechzahl des Lasermediums, L der Spiegelabstand, d der Spiegeldurchmesser und λ die Wellenlänge, so ist die Fresnel-Zahl definiert als $N = d^2/4\,\lambda\,Ln$

Fringes: Fransen

Fringe pattern: Fransenmuster
Fringe system: Fransensystem; Bezeichungsweisen für die durch Interferenz des Lichtes entstehenden „Muster“
FRS – Forced Rayleigh scattering –: erzwungene Rayleigh-Streuung
Fused silica: geschmolzener Quarz (Quarzglas)
Gain: Verstärkung
Gain curve: Verstärkungskurve
Gain profil: Verstärkungsprofil (s. Abb. 3.8)
Gallium arsenide: Galliumarsenid (GaAs)
Gallon per minute (gpm): 1 Gallon wird verschieden definiert: 1) Großbritannien: 1 imp. gallon = 4,54609 dm^3; 2) USA: 1 US gallon = 3,7854 dm^3
Gas assistance: Gasassistenz. Zufuhr eines Gases bei der Materialbearbeitung mit dem fokussierten Laserstrahlbündel. Das Gas soll entweder den Arbeitsvorgang unterstützen (Sauerstoff beim Schneiden von Stahl) oder als Schutzgas dienen (Stickstoff oder Edelgase, „inerte Gase“)
Gas breakdown: Gasdurchschlag. Das Phänomen wurde nicht nur bei Luft (s. air breakdown), sondern auch bei anderen Gasen untersucht
Gas discharge: Gasentladung. Die selbständige Entladung bei vermindertem Druck wird bei den Gasen häufig zur Erzeugung der Inversion genutzt (elektrisches Pumpen). Die durch *Stoßionisation* freigewordenen Elektronen erhalten im starken elektrischen Feld so hohe kinetische Energie, daß sie Gasteilchen anregen oder ionisieren können. Die Ionenlaser arbeiten mit der Bogenentladung bei hohen Stromdichten
Gas dynamic laser: gasdynamischer Laser. Die Inversion wird durch Strömen oder Expansion eines Gases oder Gasgemisches herbeigeführt
Gas inlet valve: Gaseinlaßventil
Gas insertion: Gaseinführung (-einlaß)
Gas jet: Gasstrom
Gas jet delivery system: Gaszufuhrsystem
Gas laser (gaseous laser): Gaslaser
Gas transport laser: Gastransportlaser
Gauge: Meßgerät, (Prüf-)Lehre
Gaussian distribution: Gauß-Verteilung, Normalverteilung. Gruppierung einer Größe um einen Mittelwert (wahrscheinlichsten Wert); die Häufigkeiten werden durch eine Glockenkurve dargestellt
Giant pulse laser: Riesenimpulslaser
Giga: Giga; diese Vorsilbe bedeutet 10^9 (Milliarde)
Gimbal mount: kardanische Montierung
Goggle(s): Laserschutzbrillen. Sie müssen gekennzeichnet sein durch Wellenlänge (nm), Schutzstufe, Lasertyp (Dauerstrich, Impuls, Riesenimpuls) und Hersteller (DIN 58215)
Granularity, granulation: Granulation. Körnigkeit des Laserlichtes (s. Kap. 4.2). Auch als *granular pattern* bezeichnet
Grating: Gitter
Grotrian diagram: Termschema, Energieniveauschema, s. term
Ground glass: Mattscheibe, Mattglas. Streut das auftreffende Licht und ändert sowohl seine Richtung als auch seine Amplitude (Intensität)
Ground state: Grundzustand. Energieärmster Zustand eines Atoms
Guided modes: geführte Moden, z.B. in Fasern
Half-wave voltage: Halbwellenspannung. Elektrische Spannung an einer Pockels-Zelle (s. *electro-optic effect*), bei der zwischen dem ordentlichen und außerordentlichen Strahl eine Verzögerung um eine halbe Wellenlänge eintritt
Halide: Halogenide. Verbindungen mit einem Halogen (halogen)
Handpiece: Handstück (Laserskalpell)
Hazard (to the eye): Gefahr, Risiko (für das Auge)
Heat: Hitze, Wärme
Heating: Erhitzung, Heizung
Heat sink: Wärmesenke. Einrichtung, die (entstehende oder vorhandene) Wärme abführt
Helical lamp: Spirallampe, besser wendelförmige Blitzlichtlampe
Hemispherical resonator: hemisphärischer Resonator (s. Abb. 3.5)
Hertz: Einheit der Frequenz (s. dort)

High-power laser: Hochleistungslaser
High-power output: starke Ausgangsleistung (eines Lasers)
High pressure: Hochdruck
High voltage: Hochspannung
Hole burning: „ein Loch hineinfressen (ein Loch fressen)“, inhomogene Linienverbreiterung: Das Linienprofil zeigt eine oder mehrere Einsenkungen. Diese Einsenkung *(dip)* zeigt sich an der Stelle, wo der axiale Resonatormode schwingt [*Lamb dip* nach Lamb (1964) benannte Eintiefung]
Holography: Holographie. Die ganze (ὅλος) Information des Objektes wird aufgezeichnet (γράφειν) durch Festhalten des Interferenzmusters *(holographic fringes)*, entstanden durch Überlagerung zweier Wellen: einer unveränderten, die von der beleuchtenden Lichtquelle ausgeht (Referenzwelle), und einer, die vom Objekt verändert zurückgeworfen wird (Signalwelle). Das photographisch festgehaltene Interferenzmuster ist das Hologramm *(hologram)*, aus dem jederzeit bei entsprechender Beleuchtung die Information *dreidimensional* wiedergewonnen werden kann. Holographie ist also ein Zweistufenverfahren *(two-step method)*. Erst durch den Laser (große Beleuchtungsstärke, große Kohärenzlänge) konnte die Holographie voll zum Tragen kommen
Homogeneous broadening: homogene Verbreiterung eines Linienprofils, hervorgerufen durch die endliche Lebensdauer der beteiligten Übergänge
Host material: Wirts- oder Trägermaterial, z.B. Glas oder YAG für Nd-Ionen
Iceland spar: Isländischer Doppelspat
Illuminating lamp: Beleuchtungslampe
Illumination: Beleuchtung
Incident beam: ein-, auftreffender Strahl
Index matching: Anpassung der Brechzahlen bei der Frequenzverdopplung (s. Kap. 4.3.2; Abb. 4.5)
Index of absorption: Absorptionsindex κ, definiert durch die Gleichung

$$A = A_0 e^{-\frac{2\pi}{\lambda_M}\kappa d}$$

A_0 Amplitude am Anfang, A am Ende der durchlaufenen Schicht der Dicke d, λ_M Lichtwellenlänge in Materie. κ ist eine dimensionslose Zahl, die die Abnahme der Amplitude längs einer Strecke der Länge λ_M kennzeichnet
Index of refraction: Brech(ungs)zahl, Brechungsindex. Verhältnis der Lichtgeschwindigkeit im Vakuum zu jener im betreffenden Stoff
Infrared radiation: Infrarotstrahlung (Ultrarot). Elektromagnetische Wellenstrahlung mit Wellenlängen zwischen 0,7 µm und 1 mm
Inhomogeneous broadening: inhomogene Verbreiterung. Linienverbreiterung infolge unterschiedlicher Emissionsfrequenzen der einzelnen an diesen Übergängen beteiligten Atome. Die Linienbreite eines individuellen Atoms ist viel schmäler als die Linienbreite des Kollektivs
Injection laser: Injektionslaser. Bezeichnung für den Halbleiterlaser. Durch den Strom werden Elektronen in das Leitungsband und „Löcher“ in das Valenzband des p-n-Übergangsgebietes injiziert
Inlet: Einlaßöffnung (für Gas oder Flüssigkeit)
Input: Eingang
Input mirror: Einkoppelspiegel
Input power: Eingangsleistung
Input voltage: Eingangsspannung
Integrated radiance: integrierte Strahldichte. Integral der Strahldichte über die Expositionsdauer gemessen in $J/cm^2 \cdot sr$; auch *„pulsed radiance“* (ANST)
Intensity: Intensität. Meist ist darunter der Strahlungsfluß (Strahlungsleistung) zu verstehen
Interaction: Wechselwirkung (gegenseitige Beeinflussung)
Interchangeable: austauschbar
Interference: Interferenz. Überlagerung zweier Wellenbewegungen. Die Interferenz des Lichtes setzt Kohärenz voraus. Durch Interferenz kann Verstärkung *(constructive interference)*, aber auch Auslöschung *(destructive interference)* eintreten
Interference filter: Interferenzfilter. Sind im Prinzip Fabry-Perot-Interferometer, die nur sehr schmale Wellenbereiche durchlassen
Interference fringes, interference pattern: Interferenzfransen, -muster, -figuren
Interlock system: Systeme mit Verriegelungen (Schutz vor Gefahren, Inbetriebnahme nicht ohne weiteres möglich)

Intersystem crossing: Strahlungslose Übergänge vom ersten angeregten Singulettzustand zum ersten angeregten Triplettzustand, durch die die Lasertätigkeit eines Farbstofflasers beeinträchtigt wird (s. Abb. 3.22, s. auch quenching)

Intrabeam viewing: Das „In-den-Strahl-Blicken" kann auf zweierlei Art erfolgen: 1) Das Auge blickt in das Strahlenbündel, das aus dem Laser kommt: *direct (primary) beam.* 2) Das Auge wird von Strahlung, die an ebenen oder gekrümmten Flächen regulär reflektiert worden ist, getroffen: *specularly reflected (secondary) beam.* Eine weitere Gefährdung des Auges besteht durch *diffus* reflektierte Laserstrahlung: *extended-source viewing* (normally diffuse reflection) (ANST)

Intracavity modulation: Der Modulator ist zwischen den Resonatorspiegeln angeordnet

Inversion, population inversion: Inversion, Bevölkerungsumkehr, Besetzungsinversion. Ein künstlich – durch das Pumpen – herbeigeführter Zustand, der dem thermischen Gleichgewicht widerspricht. Die Zahl der Atome (Moleküle, Ionen) in einem höheren Energiezustand übertrifft die Zahl der Atome im energetisch niedrigeren Zustand. Inversion ist die Voraussetzung jeder Lasertätigkeit

Ionization: Ionisation. Zustand eines Atoms, das eines oder mehrerer seiner Elektronen beraubt worden ist. Die Ionisation kann auf verschiedene Art und Weise erfolgen: 1) durch ein stoßendes energiereiches Teilchen (Stoßionisation, *ionization by collision*); 2) durch hinreichend energiereiche Strahlung *(Photoionisation)*; 3) bei Temperaturen von einigen tausend Grad *(thermische Ionisation)*. Die zum Abtrennen eines Elektrons vom Atom erforderliche *Arbeit* heißt Ionisierungsarbeit oder Ionisierungsenergie; diese wird meist in Elektronvolt (eV) gemessen. *1 eV* ist die Energie, die *ein* Elektron bekommt, wenn es im elektrischen Feld durch die Spannung 1 V beschleunigt wird. $1\ \text{eV} \approx 1.60219 \cdot 10^{-19}\ \text{J}$

Ionization limit: Ionisationsgrenze. Für ein bestimmtes Atom typische Anregungsspannung *(excitation potential)*, bei der Ionisation eintritt. Die Ionisierungsarbeit für das 1. Elektron beträgt z.B. beim Wasserstoff 13,6, beim Argon 15,6 eV

Irradiance (irradiancy): Bestrahlungsstärke. Flächendichte des Strahlungsflusses, der eine Fläche trifft. Quotient aus dem Strahlungsfluß und der bestrahlten Fläche, auf der die Strahlung gleichmäßig verteilt ist (Einheit: W/cm^2)

Irradiation: Bestrahlung. Flächendichte der Strahlungsenergie, die eine Fläche trifft. Quotient aus Strahlungsenergie und bestrahlter Fläche (Einheit: J/cm^2); oder Produkt aus Bestrahlungsstärke und ihrer Dauer

Jet: Strom, Strahl (Gas, Flüssigkeit usw.)

Joule: Joule. Einheit der Arbeit, Energie oder Wärmemenge. *1 J* ist die Arbeit, die durch die Kraft 1 Newton verrichtet wird, wenn sich der Angriffspunkt der Kraft um 1 m in der Richtung der Kraft verschiebt. $1\ \text{J} = 1\ \text{N} \cdot 1\ \text{m}$. Als Einheit der Energie wird es auch als $1\ \text{W} \cdot 1\ \text{s}$ definiert (ANST): 1 Ws = 1 J

KDP – potassium dihydrogen phosphate –: Kaliumdihydrogenphosphat, ein häufig verwendeter nichtlinearer Kristall zur Frequenzverdopplung und Modulation

Kerr cell: Kerr-Zelle. Meist mit Nitrobenzol gefüllte Küvette, an die ein elektrisches Feld angelegt ist. Ein schneller aktiver Schalter im Nanosekundenbereich

Kerr effect: Kerr-Effekt, s. electro-optic effect

Lamb dip: Einbuchtung eines Linienprofils, nach Lamb benannt; s. hole burning

LAMMA – *L*aser *M*icroprobe *M*ass *A*nalyzer –: s. Kap. 5.3.2

Laser – *L*ight *A*mplification by *S*timulated *E*mission of *R*adiation –: Lichtgenerator oder -verstärker, beruhend auf der direkten Wechselwirkung von *Strahlung* und *Materie*, wobei der Mechanismus der induzierten Emission genutzt wird. Die Materie, die die Strahlung erzeugt, können Atome, Ionen oder Moleküle sein. Damit der Kontakt zwischen Strahlung und Materie besser stattfinden kann, wird der Großteil der Strahlung und die Materie meist in einem *optischen Resonator* zwischen zwei Spiegeln eingeschlossen (Laseroszillator). Nur ein Teil der Strahlung wird herausgelassen und kann zu verschiedenen Zwecken dienen. Wird bei Lasermedien mit großer Verstärkung kein optischer Resonator verwendet, so handelt es sich um einen *Superstrahler.* Allgemein gefaßt ist ein Laser ein Generator oder Verstärker kohärenter Strahlung in einem relativ engen Frequenzbereich, beruhend auf induzierter Emission

Laser action, lasing action: Lasertätigkeit

Laser blade: Laserklinge. Chirurgisches Messer (Klinge) aus durchsichtigem Material, das zwecks Blutstillung Licht eines Argonionenlasers ausstrahlt (noch in den Anfängen)

Laser cane: Laserstock für Blinde, mit Diodenlasern, Anwendung eines Echoverfahrens

Laser head: Laserkopf. Teil eines Lasergerätes, der die strahlungserzeugenden Teile enthält

Laser knife (auch **light knife**): Lasermesser, Lichtmesser. Handstück zum Schneiden mit Laserstrahlung

Laser oscillation: Laserschwingung

Laser rod: Laserstab (bei Festkörperlasern)

Laser scalpel: Laserskalpell des Chirurgen

Laser system: Lasersystem

Laser transition, lasing transition: Laserübergang. Änderung des Energiezustandes eines Atoms, Ions oder Moleküls, bei dem stimulierte Emission beobachtet und zur Lasertätigkeit genutzt wird. Der Laserübergang wird im Termschema durch einen Pfeil zwischen den betreffenden Niveaus angedeutet

Laser tube: Laserrohr; Entladungsrohr bei Gaslasern

Lasing line: Laserlinie. Heutzutage steht eine Fülle von Spektrallinien vom fernen Infrarot bis zum Ultraviolett zur Verfügung, die von Lasern erzeugt werden können

Lasing material: Lasermaterial

Lasing medium: Lasermedium. Materie, die kohärente Strahlung auf Grund stimulierter elektronischer oder molekularer Übergänge (Schwingung, Rotation) aussenden kann (ANST)

Lasing threshold: Laserschwelle, Einsatz der Oszillation

Lasing wavelength: Laserwellenlänge

LED – *L*ight-*e*mitting *D*iodes –: Leuchtdioden, wie z.B. bei vielen Taschenrechnern

Lens assembly, lens combination: Linsenzusammenstellung, Linsenkombination

Lens error: Linsenfehler

Lens holder: Linsenhalter

Lens housing: Linsengehäuse

Lens opening: Linsenöffnung

Lens positioner: Einstellvorrichtung für Linsen

Lens system: Linsensystem

Level (electronic, vibrational, rotational): (Energie-)Niveau, Term (elektronisches, Schwingungs-, Rotationsniveau)

LIDAR – *L*ight *D*etection *a*nd *R*anging –: Lichtradargerät, das mit einem Impulslaser als Sender arbeitet und zu Distanzmessungen und zur Ortung mannigfaltige Anwendung findet: Erde–Mond-Entfernung, Militär, Meteorologie, Umweltschutz (Aerosole, Airpollution)

Lifetime: Lebensdauer τ. Es handelt sich um eine statistische Aussage über eine Menge von Atomen und nicht über ein einzelnes Atom; daher sollte τ als „*mittlere Lebensdauer*" bezeichnet werden. Es ist also der *Mittelwert* der Zeit, während der die Atome noch angeregt existieren. Nach der Zeit τ sind $1 - 1/e = 63\%$ der Atome nicht mehr im angeregten Zustand. Auf das Einzelatom bezogen gilt: Die Wahrscheinlichkeit W, daß nach der Zeit t ein angeregtes Atom noch in diesem angeregten Zustand angetroffen wird, beträgt

$$W = e^{-\frac{1}{\tau}t} .$$

Es besteht eine Analogie zum radioaktiven Zerfall

Light: Licht. Durch Elementarakte in der Materie entstandene elektromagnetische Wellenstrahlung, eine Form der Energie. Ein kleiner Ausschnitt (etwa 1 Oktav) kann vom Auge des Menschen wahrgenommen werden

Light flux: Lichtfluß. Lichtenergie, die in der Zeiteinheit durch eine Fläche geht oder von einer Lichtquelle abgestrahlt wird

Light gate: Lichttor. Duguay und Hansen (1969) verwenden diesen Ausdruck für einen Kerr-Typ-Verschluß mit einer Öffnungszeit von etwa 8 Picosekunden. Auf eine zwischen zwei Polarisatoren befindliche, mit Schwefelkohlenstoff gefüllte Kerr-Zelle fällt der Impuls eines mode-locked Neodymglaslasers. Darüber und über Picosekundenlichtpulse und Echos berichten Duguay und Mattick (1971)

Light guide: Lichtleiter

Light source: Lichtquelle

Linear polarized: linear polarisiert. Licht, das nur in einer Ebene schwingt

Lineshape: Linienform

Line width: Linienbreite. Halbwertsbreite einer Spektrallinie. Die durch die Heisenbergsche Unbestimmtheitsbeziehung bedingte wird „natürliche Linienbreite" *(natural line width)* genannt

Liquid lasers: Flüssigkeitslaser

Littrow prism: Littrow-Prisma. Element zur Wellenlängenselektion (s. Kap. 3.3.3; Abb. 3.6)

Longitudinal Pockels effect: longitudinaler Pockels-Effekt. Die elektrischen Feldlinien verlaufen in Richtung der Lichtausbreitung; die Kondensatorplatten müssen daher Bohrungen aufweisen

Loss(es): Verlust(e) im Laserresonator. Ursachen sind: 1) Absorption des Lasermediums; 2) Verluste durch die Spiegel (Absorption, Transmission, Beugung und schlechte Justierung); 3) Streuung durch das Lasermedium, die Spiegel und Staub

Lossy medium: Verlustmedium. Ein Stoff, der das ihn durchsetzende Licht absorbiert oder streut (ANST)

LPE (*L*iquid *P*hase *E*pitaxy): Eine häufig angewandte Methode der Epitaxie (vgl. Bloom et al. 1974)

Luminance: Leuchtdichte. Als photometrische Größe ist sie als Quotient aus Lichtstärke und lichtaussendender Fläche definiert. *SI-Einheit:* Candela je Quadratmeter; *1 cd/m²* Leuchtdichte einer gleichmäßig leuchtenden ebenen Fläche von 1 m^2 in der Richtung der Flächennormale, die in der gleichen Richtung eine Lichtstärke von 1 Candela hat. *Andere Einheiten:* Stilb, 1 sb = 10^4 cd/m^2; Lambert, 1 la = $1/\pi$ sb = 0,3183099 sb; Apostilb, 1 asb = $1/\pi$ cd/m^2. Interessant ist ein Vergleich verschiedener Lichtquellen (nach Ebert 1976):

Luminophore (Nachleuchten)	10^{-4} bis 1 cd/m^2
Fluoreszenz	10^{-3} bis 10^3 cd/m^2
Wolframwendel	10^3 bis $3 \cdot 10^3$ cd/cm^2
Reinkohlebogenkrater	$15 \cdot 10^3$ bis $18 \cdot 10^3$ cd/cm^2
Quecksilberhöchstdrucklampen	$25 \cdot 10^3$ bis $150 \cdot 10^3$ cd/cm^2
Beck-Bogenkrater	150000 cd/cm^2
Xenonhochdrucklampen	$50 \cdot 10^3$ bis 10^6 cd/cm^2
Argonionenlaser (1 W) (nach Aussenegg)	10^{12} cd/cm^2

Luminescent radiation: Lumineszenzstrahlung, kaltes Leuchten. Strahlung, die nicht auf die thermische Anregung der Atome oder Moleküle zurückzuführen ist. Verschiedene Erscheinungsformen: Fluoreszenz, Phosphoreszenz (Nachleuchten), Bio-, Chemo-, Elektro-, Kristallo-, Radio-, Sono-, Tribolumineszenz und noch andere Formen

Magnification: Vergrößerung

Manipulator arm: Manipulationsarm, s. articulated light guide

MASER: *M*icrowave *A*mplification by *S*timulated *E*mission of *R*adiation. *Optical maser* = Laser

Mass spectrometer: Massenspektrometer. Gerät zum Ordnen von Teilchen nach ihrer Masse

Mega: Mega. Diese Vorsilbe bedeutet 10^6 (Million)

Melting point: Schmelzpunkt

Mercury lamp: Quecksilberlampe

Metastable: metastabil. Angeregte Zustände eines Atoms oder Moleküls, bei denen ein direkter Übergang in den Grundzustand nicht beobachtet wird. Diese können vom Grundzustand aus nur auf einem Umweg durch Stöße zweiter Art erreicht werden. Metastabile Zustände *(metastable states)* sind durch besonders lange Lebensdauern (bis 1/1000 s) ausgezeichnet. Daher ist die Wahrscheinlichkeit der Energieübertragung durch Stöße auf andere Gasteilchen sehr groß. So fördert der metastabile Zustand die Ausbildung der Inversion

Microbeam system: Lasermikrostrahlsystem. Gerät, mit dem mikroskopisch gesetzte Läsionen an Zellen untersucht werden können. So berichten z.B. Rieske und Kreutzberg (1978) über die Regeneration von Neuriten nach solchen mikrochirurgischen Eingriffen

Microdensitometer: Mikrodensitometer. Registriergerät zur Messung der Schwärzungsverteilung

Microdensitometer tracing: Registrierkurve

Micrometer (micron): Mikrometer, 1 μm = 10^{-6} Meter; oft als „Mikron" (μ) bezeichnet

Micrometer screw: Mikrometerschraube

Microslad: Mikroslad. Bezeichnung für ein Steuergerät zur Bedienung eines chirurgischen Lasers durch den Operateur

Microsurgery: Mikrochirurgie

Microwave oscillator: Maser

Microwaves: Mikrowellen. Elektromagnetische Wellen im Bereich von 1 m bis 1 mm Wellenlänge: sie werden in drei Gruppen eingeteilt: UHF (ultra high frequency): 300 bis 3000 MHz; SHF (super high frequency): 3 GHz bis 30 GHz; EHF (extremely high frequency): 30 GHz bis 300 GHz

Mirror arrangement: Spiegelanordnung

Mode: (der) Mode. Elektromagnetische Eigenschwingungen eines Laseroszillators; es werden axiale und transversale Moden unterschieden. Die durch die Zahl der Knoten entlang der Laserachse unterscheidbaren Zustände der Schwingung heißen axiale Moden *(axial modes)*. Die durch die Nullstellen auf der x- und y-Richtung (normal zur Laserachse) unterscheidbaren Zustände heißen *transversale elektromagnetische Moden* (*t*ransverse *e*lectro*m*agnetic modes) oder kurz TEM_{pq}; von ihnen schwingt der TEM_{00}- oder Grundmode *(uniphase mode)* am leichtesten an; er hat keine Nullstellen. Die Moden mit Nullstellen auf der x- und y-Richtung (ein oder beide Indizes ungleich Null) heißen transversale Moden *(transverse modes)* höherer Ordnung. Diese machen sich auf einem Schirm durch besondere Fleckkonfigurationen (Abb. 3.9) bemerkbar. Je nachdem, ob bei einem Laser mehrere Moden oder nur ein einziger schwingt, wird zwischen Mehr- und Einmodenbetrieb *(multi-mode – single-mode operation)* unterschieden. Bestimmte Moden können bevorzugt oder unterdrückt werden *(mode selection – mode suppression)*

Mode locking: Modenkopplung, Modensynchronisation. Ein Verfahren zur Erzeugung von Impulsen im Picosekundenbereich; dadurch werden enorme Ausgangsleistungen im Gigawattbereich erzielt. Zum Verständnis sei vorausgeschickt: In einem Laserresonator werden i. allg. viele Moden gleichzeitig schwingen. Ist c die Lichtgeschwindigkeit und L die optische Weglänge zwischen den Spiegeln, so beträgt der Frequenzabstand benachbarter Moden c/2 L. Wegen verschiedener Instabilitäten des Resonators (Schwankungen der Dispersion des Lasermediums, mechanische Änderungen des Resonators, Wechselwirkung zwischen Moden und Lasermedium usw. werden sowohl die Amplituden als auch die Phasen all dieser Moden sich im Lauf der Zeit in völlig unkontrollierbarer Weise ändern und statistisch schwanken. Gelingt es aber durch eine entsprechende *Modulation* zu erreichen, daß eine einzige bestimmte Phasenlage *stabil* eingehalten wird, so entstehen durch konstruktive und destruktive Interferenz *Wellenpakete*, die im Resonator mit Lichtgeschwindigkeit hin- und herlaufen. Diese sind um so schmäler und haben um so größere Spitzenwerte, je mehr Moden sich überlagern.

Damit eine *Kopplung* der Moden eintritt, muß in den Resonator eine Sperre *(lock)* eingebaut sein, die sich mit der Frequenz c/2 L schließt und öffnet. Durch diesen Modulator *(modulator)* erzeugt ein Mode (ν_0) bei den Frequenzen der Nachbarmoden Seitenbänder $\nu_0 \pm c/2\,L$ mit definierter Phasenbeziehung. Diese synchronisieren die benachbarten Moden; der Vorgang wiederholt sich bezüglich der weiteren Nachbarmoden immer wieder, wodurch sich eine *Synchronisation* aller unter den gegebenen Bedingungen anschwingenden Moden ergibt. So wird den Moden eine feste Phasen- und Amplitudenbeziehung aufgeprägt.

Abgesehen davon, daß dies unter Umständen auch ohne einen Modulator eintreten kann (sog. *self-locking*), sind zwei Verfahren der Modulation üblich:

1) aktive Modulation (active modulation) durch

a) einen akustooptischen Modulator (*acousto-optic modulator*, s. S. 204), der die Verluste variiert;

b) einen elektrooptischen Kristall (z.B. *KDP*), der die optische Länge des Resonators ändert;

2) passive Modulation (passive modulation) durch einen sättigbaren Absorber *(saturable absorber)*. Das ist ein Farbstoff, dessen Absorption abnimmt, wenn der Strahlungsfluß des Laserlichtes zunimmt. Es werden allerdings an den Absorber größere Ansprüche als beim Q-switch gestellt:

a) er muß eine wesentlich kürzere Relaxationszeit haben, als das Licht für einen Rundlauf *(round trip)* im Resonator benötigt;

b) er muß bei *allen* Moden ausbleichen.

Eine wertvolle Übersicht der Mode locking stammt von Smith et al. 1974

Modulation: Modulation. Beeinflussung der Güte eines Resonators durch Schaltelemente. Dies kann auf verschiedene Art erreicht werden:

1) durch äußere Maßnahmen („aktive Modulation“): z.B. durch einen rotierenden Spiegel, elektrooptisch, magnetooptisch durch den Faraday-Effekt oder akustooptisch (ein Transducer erzeugt eine Ultraschallwelle, die als Beugungsgitter wirkt);

2) durch das Licht selbst („passive Modulation“): ausbleichbarer Farbstoff *(bleachable dye, saturable absorber)*

Molecular laser: Moleküllaser. Das Lasermedium sind Moleküle (CO_2, N_2 usw.)

Monochromatic radiation: monochromatische Strahlung. Eine Strahlung, die einen schmalen Spektralbereich einnimmt und so betrachtet werden kann, als ob sie nur eine Wellenlänge hätte (z.B. Licht der Natriumdampflampe)

MPE (*m*aximum *p*ermissible *e*xposure): maximal zulässige Bestrahlung bzw. Bestrahlungsstärke für den Menschen (Vorschriften darüber z.B. ANST oder VBG 93) (s. S. 89)

Multilayer mirror: Vielschichten- oder dielektrischer Spiegel (s. dort)

Multiplier: Elektronenvervielfacher; s. photomultiplier

Nanosecond: Nanosekunde. 1 ns = 10^{-9} s

Narrow band: enges Spektralband

Narrowing: Einengung

Negative absorption: negative Absorption. In der älteren Literatur gerne gebrauchte Bezeichnung der induzierten Emission. Berechtigt, da bei der Absorption eine Aufnahme (+), bei der induzierten Emission aber eine Abgabe (–) von Energie erfolgt

Negative temperature: Würde für ein *invertiertes* Medium die Boltzmann-Verteilung rein formal angewandt werden, so ergäbe sich eine negative Temperatur

Neodymium: Neodym (Nd)

Nitrobenzene: Nitrobenzol, $C_6H_5NO_2$

Nitrobenzene Kerr cell: Kerr-Zelle mit Nitrobenzol

Nitrogen: Stickstoff (nitrogenium) (N)

Noble gas: Edelgas. Die Elemente Helium (He), Neon (Ne), Argon (Ar), Krypton (Kr), Xenon (Xe), Radon (Rn) (Emanation)

Noise: Rauschen. Die in der Hochfrequenztechnik bekannten ungeordneten Schwankungserscheinungen, die die Reinheit des Signals stören, haben in der Laserphysik in der spontanen Emission ihr Gegenstück

Nonlinear optics: nichtlineare Optik. Dieses neue und umfangreiche Gebiet der Physik, das erst durch den Laser erschlossen wurde, umfaßt optische Erscheinungen, wie sie erst bei den hohen lichtelektrischen Feldstärken beobachtet werden. Trifft Licht auf Materie, so bewirkt das elektrische Wechselfeld der Lichtwelle, daß die die Atomkerne umgebenden Elektronen gegenüber diesen elastisch kleine Verschiebungen erfahren; diese Erscheinung wird als dielektrische Polarisation P bezeichnet. Bei den geringen lichtelektrischen Feldstärken E, wie sie durch die Sonne und die schon vor dem Laser bekannten Lichtquellen erzeugt werden, ist der Zusammenhang zwischen P und E linear. Bei den hohen lichtelektrischen Feldstärken intensiver Laserstrahlung ist dies aber nicht mehr der Fall und in den Formeln machen sich quadratische und höhere Glieder von E bemerkbar; daher die Bezeichnung *nicht*lineare Optik! Auch die für einen Stoff kennzeichnenden Größen, wie Brechzahl und Absorptionskoeffizient, erweisen sich bei den hohen Strahlungsleistungen nicht mehr als konstant. Es ergeben sich also neue Gesetzmäßigkeiten für die Ausbreitung des Lichtes. Die Forschung nach Materialien, in denen nichtlineare Effekte forciert auftreten, brachte die nichtlinearen Kristalle *(nonlinear crystals)*
Bei der Fülle der Erscheinungen, mit denen sich die nichtlineare Optik beschäftigt, können nur einige angeführt werden:
1) Frequenzverdopplung durch nichtlineare Kristalle, z.B. die infrarote Strahlung eines Neodymlasers kann in grünes Licht verwandelt werden
2) induzierte Raman-Streuung
3) Selbstfokussierung des Lichtbündels, Selbsteinschnürung
4) Zweiphotonenabsorption

Nonradiative transition: Strahlungsloser Übergang, z.B. von einem höheren Niveau (Band) zum oberen Laserniveau

Nonthermal biological effects: Nichtthermische biologische Wirkungen der Laserstrahlung. Übersichten haben Tomberg (1964) und Goldman und Rockwell (1966) gegeben

Nozzle: Düse (bei thermodynamischen Lasern)

Nuclear fission: Kernspaltung. Umwandlung schwerer Elemente in leichtere, wobei Energie frei wird. Bekannt ist die Uranspaltung (Hahn und Strassmann 1938) bei Beschuß von Uran mit Neutronen (n):

$$^{235}_{92}\mathrm{U} + \mathrm{n} \rightarrow {}^{141}_{56}\mathrm{Ba} + {}^{88}_{36}\mathrm{Kr} + 2\,\mathrm{n}\,.$$

Die obere Zahl bedeutet die Massenzahl (Anzahl der Nukleonen), die untere die Ordnungszahl (Protonenzahl)

Nuclear fusion: Kernverschmelzung. Aufbau schwerer Kerne aus leichten Elementen, z.B.

$$\underset{\text{Deuterium}}{^{2}_{1}\mathrm{D}} + \underset{\text{Tritium}}{^{3}_{1}\mathrm{T}} \rightarrow \underset{\text{Helium}}{^{4}_{2}\mathrm{He}} + \mathrm{n} + 17{,}6\ \mathrm{MeV}\,.$$

Über Fusionsexperimente mit dem Laser berichtet Boyer 1973

Off-axis mirror: seitlich der Achse versetzter Spiegel
Onset: Einsatz, Beginn (der Lasertätigkeit)
Opaque: undurchsichtig, undurchlässig
Operating mode (mode of operation): Arbeitsweise (eines Lasers); z.B. CW Dauerstrichbetrieb, pulsed Impulsbetrieb; Q-switch, cavity dumping, mode locked
Optical density: optische Dichte. Dekadischer Logarithmus des Kehrwerts des Durchlaßgrades *(transmittance)*
Optical isolator: optischer Isolator: s. Faraday rotator
Optical maser: optischer Maser. Anfängliche Bezeichnung für den Laser
Optical path length: optische Weglänge, d.h. geometrische Weglänge mal Brechzahl
Optical pumped laser: optisch, d.h. durch Bestrahlung mit intensivem Licht einer Blitzlichtlampe, gepumpter Laser
Optical resonator: optischer Resonator. Anordnung aus zwei oder mehr Spiegeln, in der das Licht mehrmals den selben Weg durchlaufen muß. Die meisten Resonatoren können nur zu diskreten Eigenschwingungen angeregt werden. Weil die Resonatorlänge viel größer ist als die Wellenlänge des Lichtes, werden nur Oberschwingungen sehr hoher Ordnung angeregt.
Ordinary ray: ordentlicher Strahl. Befolgt das Gesetz von Snellius
Organic dye laser, organic laser: Laser, der mit einem organischen Farbstoff arbeitet. Solche Laser können durchgestimmt werden *(tunable laser)*
Oscillation: Schwingung
Oscillator: schwingungsfähiges Gebilde, Oszillator
Oscillograph: Oszillograph. Elektrisches (meist elektronisches) Gerät zur Sichtbarmachung von Schwingungen. Auch besser als *oscilloscope* (Oszilloskop) bezeichnet
Outlet: Auslaß, Abfluß (für Gas oder Flüssigkeit)
Output: Output (Ausgang), das, was der Laser produziert (Strahlung)
Output power: Output-Leistung (W)
Overcoat: Überzug, Belag (z.B. Aluminium auf einem optischen Prisma)
Parahydrogen: Parawasserstoff, $p-H_2$. Form der Wasserstoffmoleküle, bei denen die beiden Atomkerne innerhalb der gemeinsamen Elektronenhülle gegensinnig rotieren; energetisch ärmere Form; daher in Nähe des absoluten Nullpunkts allein existent
Parametric gain: parametrische Verstärkung. Werden in einem nichtlinearen Kristall zwei Strahlungen, die des „Signals“ (S) und die der Pumplichtquelle (P), *gemischt*, so steigt die Leistung der Signalstrahlung auf Kosten der Pumpstrahlung an und es entsteht nebenbei noch eine unausgenützte *(idle)* Strahlung (I). Ist ν_P die Pumpfrequenz und ν_S die Signalfrequenz, so enthält das austretende Licht zu diesen beiden Frequenzen noch eine dritte Frequenz $\nu_I = \nu_P - \nu_S$, die als „Idler“ bezeichnet wird.
Parametrische Verstärkung wurde erstmalig von Wang und Racette (1965) beobachtet. Zum Mischen verwendeten sie einen ADP-Kristall. Signallichtquelle war ein He-Ne-Laser ($\lambda = 632{,}8$ nm, $\nu_S = 474 \cdot 10^{12}$ Hz, Leistung 10 mW). Die frequenzverdoppelte Strahlung eines 2-MW-Rubinlasers ($\lambda = 347{,}2$ nm, $\nu_P = 864 \cdot 10^{12}$ Hz) wurde zum Pumpen verwendet. Die aus dem ADP-Kristall austretende Strahlung wurde durch ein Prisma spektral zerlegt und zeigte ν_S und ν_P sowie die Differenzfrequenz (Idler) $\nu_I = 390 \cdot 10^{12}$ Hz. Die Verstärkung wird mit 168 % oder 4,4 db angegeben.
Parametric oscillator: parametrischer Oszillator. Anordnung eines nichtlinearen Kristalls (z.B. Lithiumniobat, $LiNbO_3$) zwischen zwei Spiegeln, die die Pumstrahlung (z.B. eines Nd-YAG-Lasers) durchlassen, nicht aber die Signal- oder Idlerstrahlung. Durch die parametrische Verstärkung bei der Signalfrequenz kann der so gebildete Resonator bei dieser Frequenz anschwingen. Der Kristall wird in einen Ofen *(crystal oven)* auf konstanter Temperatur gehalten. Durch Änderung dieser oder Austausch der Spiegel können verschiedene Ausgangswellenlängen erhalten werden
Pascal: SI-Einheit des Drucks. *1 Pa* ist gleich dem auf eine ebene Fläche von 1 m^2 wirkenden Druck, der eine Kraft von 1 N normal zu dieser Fläche hervorruft; 1 Pa = 1 N/1 m^2. 101325 Pa = *1 atm*, physikalische Atmosphäre; 10^5 Pa = *1 bar*; 10^2 Pa = *1 mbar*. *1 Torr* = 101325/760 Pa ≈ *1 mmHg*. 98066,5 Pa = *1 at*, technische Atmosphäre
Passive mode locking: s. Mode locking
Passive Q-switching: s. Q-switching
Pattern: Muster, Figur (bei Interferenz)
Peak output power: Spitzenausgangsleistung (bei Impulslasern)
Pellet (spherical): kleines Kügelchen (D + T), wie es bei Kernfusionsexperimenten beschossen wird

Penetration depth: Eindringtiefe. Dicke jener Gewebsschicht, in der 98% absorbiert werden (s. Kap. 4.3.5.3)

Phase matching: Phasenanpassung. Erfüllung der Bedingung, daß zwischen zwei Lichtwellen (z.B. Grund- und Oberwelle) überall im Kristall dieselbe Phasensituation herrscht. Wird das durch Gleichmachen der Brechzahlen (Brechungsindizes) für eine bestimmte Richtung im Kristall erreicht, so liegt Indexanpassung *(index matching)* vor

Phase-randomized laser illumination for microscopy: Zerstörung der Phasenordnung bei Lasermikroskopbeleuchtung. Wird das intensive Licht eines Lasers beim Mikroskopieren verwendet, so entstehen wegen der Kohärenz störende Interferenzerscheinungen *(complex interference pattern)*. Daher muß die Kohärenz weitgehend vermindert werden. Das wird durch einen rotierenden Keil *(optical glass wedge)* und einen Mattglasdiffuser *(ground glass diffuser)* erreicht. Eine solche Anordnung wird von Hard et al. (1977) beschrieben.

Phase shift: Phasenverschiebung

Photocoagulation: Lichtkoagulation. Erzeugung kleiner koagulierter Flecke *(spots)* auf der Netzhaut *(retina)* durch fokussiertes intensives Licht (Sonne, Bogenlampe, Xenonhochdrucklampe, Rubin-, Argon- und Kryptonlaser)

Photocoagulator: Photokoagulator. Ophthalmologisches Gerät mit Laser und Spaltlampe zur Photokoagulation

Photoelectric effect: lichtelektrischer Effekt. Auslösung von Elektronen aus einer Oberfläche (äußerer Photoeffekt, Hallwachs-Effekt) oder in einem Halbleiter (innerer Photoeffekt). Die durch das Licht ausgelösten Elektronen heißen Photoelektronen *(photoelectron)*. Die Tatsache, daß die kinetische Energie ($m \cdot v^2/2$) der aus dem Metall ausgelösten Elektronen *nur* von der Frequenz (ν) bzw. Wellenlänge des Lichtes, nicht von seiner Intensität abhängt, führte Einstein 1905 zur Annahme der Existenz von Lichtquanten. Es gilt

$$\frac{m\,v^2}{2} = h\nu - W\,;$$

W ist die für das Metall charakteristische Austrittsarbeit

Photomultiplier: Sekundärelektronenvervielfacher, Multiplier. Hochempfindliches Meßgerät für Licht. Die von ihm aus der Photokathode freigemachten Elektronen durchlaufen einen Satz von Elektroden (Dynoden), wobei durch Sekundärelektronenemission die Zahl der Elektronen enorm vervielfacht wird (bis 10^8fach)

Photon: Lichtquant, Photon. Diskreter elementarer Betrag von Strahlungsenergie gleich dem Produkt aus der Planckschen Konstanten h und der Frequenz der Strahlung (Bramson 1968). $h = 6.626196 \cdot 10^{-34}$ Js hat die Dimension einer Wirkung (Energie mal Zeit). Aus $E = h\nu$ folgt, daß die Lichtquanten um so energiereicher sind, je kurzwelliger die Strahlung ist. Das Photon hat keine Ruhemasse, es existiert nur, wenn es sich mit Lichtgeschwindigkeit bewegt

Photosensitizer: (Licht-)Sensibilisator. Ein Stoff, der die Empfindlichkeit eines Materials für Bestrahlung mit elektromagnetischer Strahlung erhöht (ANST)

Phototoxic effect: phototoxischer Effekt. Zerstörung von Gewebe, in dem Farbstoffe (z.B. Acridinorange) angereichert sind, beim Bestrahlen

Picosecond: Picosekunde. $1\ ps = 10^{-12}\ s$

Piezoelectricity: Piezoelektrizität. Kristalle mit einer oder mehreren polaren Achsen (Symmetriezentrum nicht vorhanden) erzeugen bei Druck (πιέζω) oder Zug ein elektrisches Feld; wird Kompression und Dilatation vertauscht, so ändert das Feld sein Vorzeichen. Wegen dieser elektrischen Erscheinungen wird die polare Achse auch als elektrische oder Piezoachse bezeichnet. Mit einem piezoelektrischen Kristall *(piezoelectric crystal)* kann Druck oder Zug gemessen werden: piezoelektrischer Transducer *(piezoelectric transducer)*

Pinhole: Loch *(blende)*

Piston: Kolben, Stempel

Plasma: Plasma. Ein Ensemble von neutralen Atomen, positiven Ionen, Elektronen und Photonen (u.U. auch Molekülen und negativen Ionen), das elektrisch leitend ist und Licht emittiert. Die in ständiger regelloser Bewegung befindlichen Plasmateilchen sind in Wechselwirkung miteinander und der Umgebung. Ein Plasma hat die Tendenz zu expandieren und seine Energie abzugeben. Soll es stationär sein, so muß es eingeschlossen sein (durch Gefäß oder Magnetfeld); ferner muß ihm ständig Energie zugeführt werden: 1) elektrisch (Gasentladung); 2) thermisch (chemische oder nukleare Prozesse); 3) energiereiche Strahlung (Ionosphäre wird von der Sonne her ernährt)

Plasma tube: Plasmaröhre, Gasentladungsrohr

Plane mirror: ebener Spiegel

Plane of polarization: Polarisationsebene

Plot: Skizze, Graph, Zeichnung

Plume: „Federbusch". Das bei intensiver Laserbestrahlung beobachtbare leuchtende Plasma; von Ready (1971) eingehend untersucht

p-n junction: p-n-Übergang. Mikrometerdicke Schicht, in der sich p- und n-Material gegenüberliegen; sie wird im selben Gastgitter *(host lattice)* durch Diffusion oder Epitaxie hergestellt

Pockels-effect: linearer elektrooptischer Effekt

Point source: Punktlichtquelle. Strahlungsquelle, deren Ausmaße klein sind gegenüber ihrer Entfernung zum Empfänger der Strahlung

Polarizability: Polarisierbarkeit. Atomares Analogon zur Suszeptibilität

Polarization: Polarisation. Licht, das nicht alle möglichen Schwingungsrichtungen enthält (← unpolarisiertes oder natürliches Licht), sondern Licht, bei dem der Lichtvektor die gleiche Lage beibehält (*linear polarisiertes* Licht) oder sich gesetzmäßig ändert. Je nachdem, ob die Spitze des Lichtvektors eine Ellipse oder einen Kreis beschreibt, wird *elliptisch* bzw. *zirkular polarisiertes* Licht unterschieden

Polarizer: Polarisator. Einrichtung, die aus natürlichem polarisiertes Licht macht. Solches Licht kann durch Reflexion, Brechung (insbesondere Doppelbrechung) oder Absorption hergestellt werden

Population inversion: s. inversion

Power: Leistung (Watt)

Power density: Leistungsdichte, Quotient aus Strahlungsleistung und Strahlquerschnitt, gemessen in W/cm^2; wird bei kontinuierlich strahlenden Lasern angegeben

Powerful: leistungsstark

Power meter: Leistungsmesser

Power supply: Energieversorgung (Netzgerät)

ppm: parts per million

pps (*p*ulses *p*er *s*econd): Impulse pro Sekunde

Pressure: Druck

Pressure broadening: Druckverbreiterung (bei Spektrallinien, Verstärkungsprofil)

Pressure gauge: Druckanzeiger, Manometer

prf (*p*ulse *r*epetition *f*requency): Pulsrepetitionsfrequenz; gilt als „hoch" (high), wenn sie größer als 1 Hz ist (ANST)

Prism tuning: Abstimmung (Durchstimmung) mit einem Prisma

Probability of transition: Übergangswahrscheinlichkeit

Protective screen: Laserschutzfilter

Psi (oder ppsi) (*p*ounds *p*er *s*quare *i*nch): In USA verwendete Druckeinheit; 1 psi = 6894,67 Pa ≈ 52 Torr

Pulse: Impuls, Puls

Pulse length: Impulsdauer (meist in Nanosekunden)

Pulsed laser: Impulslaser

Pulsed mode operation, pulsed mode: Impulsbetrieb

Pulse duration: Impulsdauer. Die Dauer eines Laserimpulses wird gewöhnlich als Zeitspanne zwischen den Punkten halber Leistung *(half-power points)* im auf- und absteigenden Ast der Impulskurve angegeben (ANST)

Pulse energy: Impulsenergie (Joule)

Pulse rate: Pulsquote, Pulsfolge (Hz)

Pulse repetition frequence: Pulsrepetitionsfrequenz, Pulsfolgefrequenz (gemessen in Hz)

Pulse rise time: Anstiegszeit eines Impulses

Pulse separation: Impulsabstand; **impulse shape:** Impulsprofil; **impulse train:** Impulsfolge

Pumping current: Pumpstrom

Pumping flash, pump lamp: (Blitzlicht) Pumplampe

Pumping mechanism: Pumpmechanismus

Quantity: physikalische Größe

Quantum efficiency: Quantenausbeute, Quantenwirkungsgrad. Bei Halbleiterlasern: *external quantum efficiency:* Prozentsatz an Photonen in bezug auf die Anzahl der Elektronen, die die p-n-Junktion durchsetzen

Quenching: Quenchen. Bei Farbstofflasern kann es, wie das Termschema (Abb. 3.22) erkennen läßt, durch Intersystem crossing (C) zu einer Ansammlung von Farbstoffmolekülen im Triplettzustand T_1 kommen, was die Lasertätigkeit stark beeinträchtigen würde. Das Unterdrücken *(quench)* dieser mißlichen Situation wird als *Quenchen* bezeichnet. Es kann auf zweierlei Weise erfolgen: 1) chemisches Quenchen. Zusatz geeigneter Substanzen, die als TSQA (*t*riplet-*s*tate *q*uenching *a*dditive) bezeichnet werden (s. auch Kap. 3.4.7); 2) mechanisches Quenchen durch rasche Zirkulation der Farbstofflösung. Ergebnisse über die chemische Triplettauslöschung bringen Marling et al. (1970)

Q-switching: Güteschaltung, auch *Q-spoiling* (Güteberaubung). Die einfachste Maßnahme zur Erhöhung der Laserleistung. Sobald die Verstärkung durch induzierte Emission die Resonatorverluste überwiegt, setzt die Laseroszillation ein. Durch Steigern der Verluste aber kann der Einsatz der Oszillation hinausgeschoben werden. Während dieser Zeit aber baut sich eine kräftige Inversion auf (Energiespeicherung). Werden dann die Verluste plötzlich weggenommen, so setzt die Laserschwingung ein und es entsteht ein Riesenimpuls *(giant pulse)* von 20 bis 30 ns Dauer
Dieses Verfahren setzt einen Schalter *(switch)* voraus, der es erlaubt, verschieden hohe Resonatorverluste herzustellen. Der Wechsel zwischen hohen und niedrigen Verlusten heißt *Modulation* (Gütemodulation) und ist durch eine bestimmte Wiederholungsrate *(repetition rate)* gekennzeichnet (über die Arten der Modulation s. *modulation*)
Die Güteschaltung läßt sich bei allen Lasermedien mit langer Lebensdauer des oberen Laserniveaus (Nd, Rubin, CO_2) anwenden. Es lassen sich Impulse von nur wenigen Nanosekunden und Leistungen von einigen 100 MW erzielen. Weil der Inversionsaufbau nach Schalterschluß eine gewisse Zeit benötigt, ist der Folgefrequenz *(repetition frequency)* eine obere Grenze bei etwa 50 kHz gesetzt. Soll diese Grenze überschritten werden, so stehen andere wirksame Verfahren zur Verfügung, wie *cavity dumping*, Mode locking

Radar: *R*adio *D*etection *a*nd *R*anging (apparatus)

Radian: Radiant. *1 rad* ist gleich dem *ebenen* Winkel, bei dem das Verhältnis der Länge des zugehörigen Kreisbogens zur Länge seines Halbmessers gleich 1 ist. 1 Grad (°) = 1/90 des rechten Winkels = $(\pi/180)$ rad. 1 rad = 57° 17′ 45″ (57,3°)

Radiance (unit radiant intensity): Strahldichte L. Flächendichte der Strahlstärke I in einer gegebenen Richtung, gleich dem Quotienten aus der Strahlstärke und der Projektion der Fläche (s. auch Kap. 4.3.3). Einheit: $W/(m^2 \cdot sr)$. Oder: L ist der Strahlungsfluß (Strahlungsleistung) pro Raumwinkel und Flächeneinheit (ANST)

Radiant emittance, radiancy: spezifische Ausstrahlung. Quotient aus der Flächendichte des Strahlungsflusses, den eine Fläche ausstrahlt und eben dieser strahlenden Fläche. Einheit: W/m^2

Radiant energy (quantity of radiant energy): Strahlungsenergie, Strahlungsmenge. Energie, die durch elektromagnetische Strahlung transportiert wird. Einheit: Joule (J)

Radiant exposure, radiation exposure: s. irradiance

Radiant flux, radiant power: Strahlungsfluß, Strahlungsleistung (Φ). Leistung, die in Form optischer Strahlung emittiert, transportiert oder empfangen wird. Einheit: Watt (W)

Radiant intensity: Strahlstärke I. Raumdichte des emittierten Strahlungsflusses gleich dem Quotienten aus dem Strahlungsfluß und dem Raumwinkel, in dem die Strahlung gleichmäßig verteilt ist. Einheit: w/sr

Radiation density: Strahlungsdichte

Radiation flux: Strahlungsfluß

Radiation intensity: Strahlungsintensität

Radiation hazards: Strahlengefahren

Radiative transition: mit Strahlung verbundener Übergang

Raman-Nath effect: Wenn in einem Festkörper eine Ultraschallwelle erzeugt wird, deren Wellenlänge in der Größenordnung der Lichtwellenlänge ist, so verhält sich das Material wie ein Beugungsgitter

Raman scattering: Raman-Streuung. Wird eine Substanz mit monochromatischem Licht bestrahlt, so zeigen sich im gestreuten Licht noch andere benachbarte Linien sowohl bei längeren Wellenlängen *(Stokes-Linien)* als auch bei kürzeren *(Antistokes-Linien)*; das ist der Smekal-Raman-Effekt. Die Frequenzverschiebung resultiert aus Energieaufnahme bzw. -abgabe durch die Materie. Da die gestreuten Linien sehr schwach sind, ist der Laser eine ausgezeichnete Lichtquelle für die Raman-Spektroskopie; seine Strahlung ist intensiv und monochromatisch

Range: Bereich, Umfang. Statistisch die Variationsbreite, d.h. der Abstand zwischen den Extremen einer Verteilung

Rare earth metals: seltene Erdmetalle oder Lanthaniden. Die „Fraternal Fifteen" (Gschneidner 1966) sind die Elemente Lanthanum, Lanthan (La); Cerium, Cer (Ce); Praseodymium, Praseodym (Pr); Neodymium, Neodym (Nd); Promethium (Pm); Samarium (Sm); Europium (Eu); Gadolinium (Gd); Terbium (Tb); Dysprosium (Dy); Holmium (Ho); Erbium (Er); Thulium (Tm); Ytterbium (Yb); Lutetium (Lu). Eine Übersicht der Chemie dieser Elemente gibt Topp (1965)

Rare gas: Edelgase (s. noble gas)

Ratio: Verhältnis; *in the inverso ratio:* im umgekehrten Verhältnis

Ray: Strahl

Rayleigh scattering: Rayleigh-Streuung. Unter Zugrundelegung der elektromagnetischen Lichttheorie von Maxwell faßte Rayleigh die Gasmoleküle als Störkörper auf, die das Licht durch Streuung schwächen; das gestreute Licht ist meist teilweise polarisiert. Die sich ergebende *Streufunktion* ist der vierten Potenz der Wellenlänge indirekt proportional („λ^{-4}-Gesetz"). Das bedeutet, daß kurzwelliges Licht wesentlich mehr gestreut wird als langwelliges, z.B. wird violettes Licht (420 nm) etwa 10mal mehr gestreut als rotes (720 nm). Die Rayleigh-Theorie erklärt die blaue Farbe des Himmels und die gelb bis roten Farben der Sonne nahe dem Horizont

REB (*r*elativistic *e*lectron *b*eam): Generatoren, die Elektronenstrahlen hoher Energie erzeugen, können zum Pumpen von Gaslasern verwendet werden

Recombination radiation: Rekombinationsleuchten. Strahlung, die bei der Wiedervereinigung eines Ions (A^+) mit einem Elektron (e) auftritt. Die wieder frei werdende Ionisationsenergie und die kinetische Energie ($m\,v^2/2$) des Elektrons werden in Licht verwandelt:

$$A^+ + e + \frac{m\,v^2}{2} \rightarrow A + h\nu$$

Reconstruction of wave front: Rekonstruktion der Wellenfront (bei der Holographie)

Recorder: Meßschreiber, Registriergerät, Recorder

Reference beam: Referenzstrahl

Reference wave: Referenzwelle (s. Holographie

Reflectance: Reflexionsgrad (Reflexions- oder Rückstrahlvermögen), auch *reflectivity* (R). Trifft der Strahlungsfluß Φ_0 einen Körper und wirft dieser den Anteil Φ_R zurück, so ist $R = \Phi_R/\Phi_0$

Reflecting power, Reflectivity: s. reflectance

Refraction: Brechung. Richtungsänderung beim Durchsetzen der Grenze zweier Medien, in denen das Licht verschiedene Fortpflanzungsgeschwindigkeiten hat ($c_1 \neq c_2$). Ist α der Einfallswinkel im Vakuum und β der Brechungswinkel im Stoff, so ist das Sinusverhältnis dieser Winkel *konstant:*

$$\frac{\sin\alpha}{\sin\beta} = \eta \qquad \textit{Brechungsgesetz}\text{ von Snellius ;}$$

η wird als Brechzahl oder Brechungsindex *(index of refraction, refractive index)* bezeichnet. Diese bei einer bestimmten Temperatur für einen Stoff charakteristische Größe hängt von der Wellenlänge ab; Licht wird um so stärker gebrochen, je kurzwelliger es ist

Relationship: Beziehung, Verhältnis

Relaxation time: Übergangs- oder Relaxationszeit (τ); meist bei molekularen Übergängen üblich (s. life time). Die angehängten Indizes geben die Niveaus an, zwischen denen der Übergang stattfindet

Repetition frequency: Folgefrequenz, Repetitionsfrequenz

Repetition rate: Wiederholungsrate, Repetitionsrate, Frequenz. In der englischsprachigen Literatur wird sie oft in *cps* (cycles per second) oder *pps* (pulses per second) angegeben

Repetitively pulsed laser: Impulsfolgelaser. Laser mit vielen Strahlungsimpulsen, die eine Folge bilden (ANST)

Resistance: Widerstand

Resolution: Auflösung, Trennung

Resolving power: Auflösungsvermögen, Trennschärfe

Resonator: Resonator (Resonanzkasten). (Hohl-)Raum, in dem Schwingungen stattfinden können

Response: Reaktion, Verhalten (eines Körpers), Ansprechen (eines Meßgerätes)

Response time: Reaktionszeit

Responsivity: Ansprechbarkeit

Retina: Netzhaut

Reversible: umkehrbar, reversibel
Ripple: kleine Welle, Kräuselwelle; Welligkeit, z.B. einer Spannung oder Frequenz (± %)
Rise time: Anstiegszeit
Rod: Stab; **laser rod:** Laserstab; **quartz rod:** Quarzstab
Rotating mirror: Drehspiegel
Rotating prism: rotierendes Prisma (z.B. beim Q-switch)
Rotational energy: Rotationsenergie
Rotational level: Rotationsniveau
Round trip: (Rundreise, Rundfahrt) Umlauf im Laserresonator
Ruby: Rubin. 1) Mineralogie: Rote Form des Korund, Al_2O_3; rote Farbe durch Gehalt an Chrom (1–2%). 2) Laserphysik: Künstlich hergestellte Kristalle, die geplant mit Cr^{3+} dotiert werden; symbolisch $Al_2O_3 : Cr^{3+}$ (0,05% Chrom)
Safety: Sicherheit, Sicherung, Schutz
Safety goggles: Schutzbrillen
Sample: Probe, Muster, Stichprobe
Sandwich arrangement: Sandwich-Anordnung (wie zwei Brotscheiben und etwas dazwischen)
Saturable absorber: sättigbarer Absorber (Q-switch)
Saturable dye: sättigbarer Farbstoff
Scanner: Abtastgerät
Scanning: Abtastung (mit einem Strahl)
Scattered light: gestreutes Licht
Scattering: Streuung
Scattering coefficient: (cm^{-1}) Streuungskoeffizient (s. extinction)
Scintillation: Funkeln, Szintillieren, Szintillation. Rasche Änderungen der Bestrahlungsstärke in einem Querschnitt des Laserstrahlbündels (ANST)
Sreen: Schirm (zum Auffangen der Strahlung), Bildschirm
Screw: Schraube
Second harmonic: 2. Harmonische, Oberwelle (erste nach der Grundschwingung)
Second harmonic generation (SHG): Erzeugung der 2. Harmonischen, Frequenzverdoppelung mit einem nichtlinearen Kristall. Es muß erreicht werden, daß sich Grund- und 1. Oberwelle mit der *gleichen* Geschwindigkeit im Kristall ausbreiten
Second of arc: Bogensekunde (″). $1'' = (\pi/648000)$ rad oder $1'' = 0{,}0000048481$ rad
Self-focusing: Selbstfokussierung. Einschnürung des Laserstrahlbündels infolge der von ihm selbst hervorgerufenen Änderung der Brechzahl, ein typischer nichtlinearer Effekt. Damit verwandt ist die Bildung von *Filamenten*, in denen die Strahlung sich selbst gefangen hält. *Self-trapping of optical beams, self-trapped light beams:* Selbsteinfang und Selbstführung optischer Strahlung
Self-locking, self mode locking: Die Nichtlinearität der Wechselwirkung zwischen dem Lasermedium und der Strahlung im Resonator kann zuweilen von selbst zu einer festen Phasenbeziehung unter den Moden führen (s. mode locking)
Self-sustaining chain reaction: eine sich selbst unterhaltende Kettenreaktion
Self-synchronization: Selbstsynchronisation
Semiconductor: Halbleiter. Substanzen mit gestörtem Raumgitter, deren spezifischer elektrischer Widerstand zwischen 10^{-4} und 10^{10} Ωcm liegt. Ihre geringe Leitfähigkeit beruht entweder auf Verschiebungen der Ionen im Gitter (Ionenleiter) oder der Bewegung von Elektronen (Elektronenleiter). Zur ersten Gruppe gehören z.B. Steinsalz, Silberhalogenide oder Glas (das beim Erwärmen den Strom besonders gut leitet); zur zweiten Gruppe gehören Silicium, Germanium, Tellur, Galliumarsenid, Galliumphosphid usw. Im üblichen Sprachgebrauch werden unter „Halbleiter“ stets Elektronenleiter verstanden
Sensitivity: Empfindlichkeit
Separation: Abstand, Trennung, Absonderung, Scheidung
SERS (*s*timulated *e*lectronic *R*aman *s*cattering) z.B. bei der Einstrahlung eines intensiven Laserstrahles in Kaliumdampf (Sorokin et al. 1967; Rokni und Yatsin 1967)
Set up: Aufbau, Versuchsanordnung
SH (*s*ingle *h*eterostructure laser): Verbesserung bei einem Halbleiterlaser (z.B. GaAs). Da ein Teil der Strahlung nahe des p-n-Übergangs durch Absorption verloren geht, wird das p-Material mit einer Schicht anderer Brechzahl überzogen: *single heterostructure*. Wird auch die Fläche des n-Materials überzogen, so ergibt sich die *double heterostructure*
SHG: s. *s*econd *h*armonic *g*eneration

Shock: Stoß
Shock frequency: Stoßzahl
Shock front: Stoßfront
Shock stress: Stoßbeanspruchung
Shock wave: Stoßwelle, Kopfwelle
Shutter: Verschluß
Silica: Kiesel(-erde)
Silicon: Silicium (Si)
Single crystal: Einkristall
Single-line oscillation: nur eine Laserlinie schwingen lassen (z.B. 632,8 nm)
Single mode (laser): Einmodenlaser (Einzelmode-, Single-mode-Betrieb)
Singlet state: Singulettzustand. (Farbstoff-)Molekül mit dem Gesamtspin null; durch Wechselwirkung mit anderen Molekülen kann bei einem Zusammenstoß eine Spinumkehr bei einem Elektron erfolgen und somit der Gesamtspin des Moleküls nicht mehr null sein; solche angeregte Moleküle sind im Triplettzustand
Singly ionized: einfach ionisiert. Nur *eine* Elementarladung ist zu viel oder zu wenig vorhanden
Sink: Senke, Ausguß
Size: Größe, Format, Umfang
Slit: Spalt (Schlitz)
Sodium: Natrium (Na)
Solid: Körper, Festkörper
Solid angle: Raumwinkel (Ω). Verhältnis der Fläche auf der Kugeloberfläche zum Quadrat des Kugelradius, gemessen in Steradiant (sr). Der volle Raumwinkel ist 4π
Solid-state laser: Festkörperlaser, z.B. Rubin-, Neodymlaser
Sonochemistry: Chemische Veränderungen im Gewebe, hervorgerufen durch Druck- oder Schallwellen; die Bezeichnung stammt von Anbar (1966) (vgl. S. 76)
Space: Raum, Weltraum; Abstand, Zwischenraum
Space coherence: räumliche Kohärenz (s. dort)
Spacing: Abstand, Intervall, Einteilung (in Abstände)
Spark: Funke, Entladung, (Licht-)Bogen, Zündung
Spark discharge: Funkentladung
Spark gap: Funkenstrecke
Spark in air: häufig angewandte Bezeichnung für den Luftdurchschlag (z.B. Ramsden und Savic 1964; Basov et al. 1967)
Spatial coherence: räumliche Kohärenz (s. dort)
Spatially coherent: räumlich kohärent
Specific heat: spezifische Wärme, spezifische Wärmekapazität (c). Wärme, die der Masseneinheit eines Stoffes zugeführt werden muß, um seine Temperatur um 1 °C zu erwärmen. Einheit: J/(kg °C)
Specimen: Probe, Muster
Speckle: Fleck, Tupfen, Sprenkelung. Bezeichnung für das körnige oder gesprenkelte Aussehen von Flächen, die von Laserstrahlung getroffen werden. Die Erscheinung wird durch Interferenz des kohärenten Laserlichtes erklärt, das an einer mehr oder weniger rauhen Fläche gestreut wird. Die Erscheinung wurde experimentell und theoretisch eingehend untersucht, z.B. Arbeiten im J Opt Soc Am, 66 (1976)
Specklegram: Photographie von *speckles*, um geringfügige Änderungen eines Körpers (Oberfläche) durch Beanspruchungen feststellen oder messen zu können
Spectral line: Spektrallinie
Spectral range: Spektralbereich
Specular reflection: Reflexion an einem Spiegel
Speed of light: Lichtgeschwindigkeit $c = 2{,}997925 \cdot 10^8$ m/s
Spherical mirror: sphärischer Spiegel
Spikes: Spitzen, Nägel, Dornen, Spieße. Bezeichnung für die während des Aufleuchtens der Blitzlichtlampe beobachtbare, dicht gedrängte, aber nicht genau regelmäßige Folge sehr kurzer Lichtimpulse eines Lasers, wenn seine Emission nicht zeitlich kontrolliert wird (z.B. Q-switch). Der Beginn dieser Impulsfolge ist gegenüber dem Einsatz der Pumplampe verzögert. Die auch als *spiking* bezeichnete Erscheinung kann als Einschwingvorgang erklärt werden
Spontaneous emission: spontane Emission (Abb. 2.2). Ohne besondere Veranlassung durch ein Strahlungsfeld gibt ein angeregtes Teilchen (Atom, Ion, Molekül) Energie in Form von Strahlung

ab (Emission eines Photons)

Spot size: Fleckgröße (z.B. im Brennpunkt)

Square term: quadratisches Glied

Stability: Stabilität

Stabilization: Stabilisation, Beständigmachen

Stable state: stabiler Zustand

Stainless steel: rostfreier Stahl

Standing wave: stehende Welle. Entsteht durch Interferenz einer hin- und hergehenden Welle; zeigt Bäuche (maximale Bewegung) und Knoten (Ruhe)

Steradian: Steradiant. *1 sr* ist gleich dem Raumwinkel, bei dem das Verhältnis des Flächeninhaltes der zugehörigen Kugelfläche zum Quadrat der Länge ihres Radius gleich 1 ist. $1\ sr = 1\ m^2/1\ m^2$

Stimulated emission: stimulierte (oder induzierte) Emission (Abb. 2.2). Setzt ein Strahlungsfeld und angeregte Teilchen voraus; ein Photon des Strahlungsfeldes kann dann aus einem angeregten Teilchen ein weiteres, vom auslösenden Teilchen ununterscheidbares Photon der gleichen Energie auslösen *(trigger)*. Die den Photonen zugeordneten Wellen sind in Phase, d.h. es entsteht *kohärentes* Licht

Storage system: Speichersystem

Stress pulse: Beanspruchungsimpuls. Solche Impulse eines Q-switched Neodymglaslasers haben Felix und Ellis (1972) durch Festkörper (Al, Stahl, Messing, Cu, W) und zum Vergleich auch durch Wasser (deionisiert und entgast) hindurchgeschickt und die Veränderung der Impulskurve nach dem Durchgang studiert. Die Veränderung der Kurvengestalt läßt auf Leerstellen im Metall (bzw. Luftbläschen im Wasser) schließen, deren Dimensionen etwas kleiner als ein Mikron sind

Stress wave generator: Belastungswellengenerator. Ein gütegeschalteter Neodym-Glas-Laser erzeugt sowohl einzelne Druckbeanspruchungsimpulse als auch sinusförmige Wellenzüge, mit denen Festkörper und Flüssigkeiten untersucht werden können (Materialprüfung)

Subpicosecond pulses: Impulse kürzer als 10^{-12} s

Substage illumination: Beleuchtung unter dem Mikroskoptisch (*substage* = Haltevorrichtung für die unter dem Tisch des Mikroskops befindlichen Teile)

Superradiance: Superstrahlung. Bei Lasermedien mit hinreichend hoher Verstärkung genügt bereits die spontane Emission, die an einem Ende vorhanden ist, eine Lasertätigkeit durch stimulierte Emission auszulösen. Weil bereits bei *einem* Durchgang kohärente Strahlung entsteht, braucht ein solcher *„Superstrahler"* keine Spiegel

Supersonic wave: Ultraschallwelle *Supersonic flow* Strömung mit Überschallgeschwindigkeit

Surface: Oberfläche, Fläche

Susceptibility: Suszeptibilität (s. Kap. 4.3.2)

Sweep frequency: Ablenkfrequenz

Sweep oscillator: Ablenkungsoszillator

Synchronous: synchron, gleichlaufend

Target: Ziel (Auf-)Treffplatte, Auffänger, beschossener Körper

TEA – *T*ransverse *E*xcited *A*tmospheric (pressure laser) –: Arbeitet beim herrschenden Luftdruck mit einem Gas, das quer zur Laserachse elektrisch angeregt wird

TEM – *T*ransverse *E*lectro*m*agnetic (modes) –: s. Kap. 3.3.4

Temporal coherence: zeitliche Kohärenz (s. coherence)

Term: Term. Dieser geläufige spektroskopische Fachausdruck geht auf die Bezeichnung „Glied (Term)" zurück, die auch heute noch in der Mathematik verwendet wird. 1885 fand Balmer für die Wellenlängen (λ) der nach ihm benannten Spektralserie des Wasserstoffs:

$$\lambda = C \frac{n^2}{n^2 - 2^2} (m) \qquad C = 3645{,}1 \cdot 10^{-10}\ m \quad n = 3, 4, \ldots .$$

Wird $1/\lambda = \bar{\nu}$, die Wellenzahl (Zahl der Lichtwellen pro Meter), eingeführt, so ergibt sich die Fassung von Rydberg:

$$\bar{\nu} = R \left(\frac{1}{2^2} - \frac{1}{n^2} \right) = \frac{R}{2^2} - \frac{R}{n^2},$$

wobei $R = 1{,}097373 \cdot 10^7\ m^{-1}$ die Rydberg-Konstante und n die Laufzahl des 2. Terms ist. Die Wellenzahl erscheint also stets als Differenz zweier Terme, die genauer als „Spektralterme" bezeichnet werden können.

Werden Terme der Gestalt $T_n = R/n^2$ in einem Diagramm für n = 1, 2, ... (bis unendlich) durch horizontale Gerade dargestellt, so ergibt sich ein Termschema *(Grotrian diagram)*. Die Größen T_n der Dimension nach Wellenzahlen (m^{-1}) werden so auf der Ordinatenachse aufgetragen, daß die Zählung oben beginnt. Die unterste Gerade (R, n = 1) symbolisiert dann den Grundzustand des Atoms, die nächst höhere (R/4, n = 2) den 1. angeregten Zustand usw. Diese Horizontalen werden sich mit steigendem n im Diagramm oben immer mehr zusammendrängen; (0, ∞) ist die Ionisationsgrenze. Oft werden auch die Anregungsenergien E in Elektronvolt (eV) angegeben. Die Horizontalen sind dann die Energieniveaus *(energy level)* und das Schema heißt „Energieniveauschema" *(energy level diagram)*. Zwischen den Termen T_n und den Energien E besteht die Beziehung $T_n = E/hc$.

Die bei einem Atom möglichen Übergänge (transitions) von einem in einen anderen Energiezustand sind durch lotrechte (oder schräge) Striche angedeutet. Aus der Differenz der Wellenzahlen ($\bar{\nu}$) kann die *Wellenlänge* der entsprechenden Spektrallinie berechnet werden, aus der Differenz der Energien ergibt sich die *Frequenz* der Strahlung: $\Delta E = h\nu$; dabei ist zu beachten $1\ eV \approx 1{,}60219 \cdot 10^{-19}\ J$

Thermal conductivity: Wärmeleitzahl (Wärmeleitfähigkeit, Wärmeleitvermögen). Wärmemenge, die in der Zeiteinheit durch zwei Leiterquerschnitte fließt, die voneinander 1 m Abstand haben und zwischen denen eine Temperaturdifferenz von 1 K herrscht. Einheit: Watt pro Meterkelvin, $W/(m \cdot K)$

Thermal equilibrium: thermisches Gleichgewicht. Endzustand bei verschieden temperierten Körpern, die sich selbst überlassen bleiben. Es kommt dann zu einer Gleichverteilung der Bewegungsenergie auf alle möglichen Freiheitsgrade der Atome

Thermal radiation: Wärmestrahlung, reine Temperaturstrahlung. Durch die Bewegung der Atome oder Moleküle bedingte elektromagnetische Strahlung

Thermal stress: Wärmebeanspruchung

Thermionic emission: glühelektrische Emission. Austritt von Elektronen aus der glühenden (geheizten) Katode; kann auch durch Laserbestrahlung verursacht sein (vgl. Giori et al. 1963)

Thermopile: Thermosäule

Three-level system: Dreiniveausystem (s. Kap. 3.2.3)

Threshold: Schwelle

Threshold condition: Schwellbedingung für den Lasereinsatz

Time coherence: zeitliche Kohärenz (s. coherence)

Time delay: zeitliche Verzögerung

Time dependence: Zeitabhängigkeit

Timed shutter: Schalter eines medizinischen Lasers, der kurze Emissionszeiten (Sekundenbruchteile) vorzuwählen gestattet

Time-of-flight mass spectrometer: Flugzeitmassenspektrometer. Wegen der Verschiedenheit der Teilchenmassen ist deren Geschwindigkeit am Ende der Beschleunigungsstrecke verschieden. Sie durchfliegen daher den feldfreien Raum in unterschiedlichen Zeiten und so werden die Ankunftszeiten am Ausgangsgitter verschieden

Toggle switch: Kippschalter

Torr: Torr. *1 Torr* = 101325/760 Pa ≈ 1 mmHg

TPE – *t*wo-*p*hoton *e*xcitation –: Zweiphotonanregung

TPF – *t*wo-*p*hoton *f*luorescence –: Zweiphotonfluoreszenz

Transducer: Transducer, Wandler. Gerät, das beim Anlegen einer elektrischen Wechselspannung Ultraschall erzeugt

Transmission: Transmission. Durchgang von Strahlung durch ein Medium (ANST)

Transmittance: Durchlaßgrad (Transmissionsgrad, Durchlässigkeit) T. Wird vom auftreffenden Strahlungsfluß Φ_0 der Anteil Φ_T von einem Körper durchgelassen, so ist $T = \Phi_T/\Phi_0$

Transmitter: Sender (z.B. kleine GaAS-Diode)

Transparency: Durchsichtigkeit, Transparenz; Diapositiv

Transverse pumping scheme: transversale Pumpanordnung (quer zur Laserachse)

Traveling wave discharge: Wanderwellenentladung

Trigger: auslösen; Auslöser, Auslösehebel

Trimming: Zurichten (mit fokussierter Laserstrahlung)

Triplet quenching: Triplettquenchen
Triplet state: Triplettzustand; s. quenching
Trivalent: dreiwertig
TSQA – *t*riplet *s*tate *q*uenching *a*dditive – s. quenching
Tube: Röhre, Rohr
Tunability: Durchstimmbarkeit (z.B. eines Farbstofflasers)
Tunable: durchstimmbar. Veränderung der Wellenlänge der emittierten Laserstrahlung
Tuning range: Durchstimmbarkeitsbereich (z.B. 540 bis 600 nm)
Tungsten: Wolfram (W)
Two-level system: Zweiniveausystem
Two-photon (absorption) process: Zweiphotonenprozeß. Zwei gleichzeitig von einem Atom absorbierte Photonen versetzen es in den angeregten Zustand, wobei dieser gleich der *Summe* der beiden Photonenenergien entspricht. Spektroskopisch bedeutungsvoll, weil so über angeregte Zustände der Materie Information erhalten wird, die sonst nicht möglich wäre
Ultrashort light pulses: ultrakurze Lichtimpulse (durch phaselocked Laser, im Picosekundenbereich)
Ultrasonic: Ultraschall –
Ultraviolet radiation: ultraviolette Strahlung. Elektromagnetische Strahlung zwischen dem Violett (0,4 μm) und den Röntgenstrahlen (Überlappung). Es wird Quarz- und Vakuum-UV (VUV) unterschieden; Grenze 0,18 μm
Uncertainty principle: Unbestimmtheits- oder Unschärferelation von Heisenberg. Beziehung zwischen zwei miteinander gekoppelten Größen, deren Produkt die Dimension einer *Wirkung* hat, wie z.B. Ort (x) und Impuls (p) eines Teilchens in folgendem Sinn: Je genauer der Ort gemessen wird, desto ungenauer ist der Impuls und umgekehrt. Das Produkt Ortsunschärfe Δx mal Impulsunschärfe Δp ist etwa dem Planckschen Wirkungsquantum proportional: $\Delta x \cdot \Delta p \approx h$. Diese Unschärfe ist eine *grundsätzliche* und hat mit den bei jeder Beobachtung gemachten Meßfehlern nichts zu tun
Undesired wavelength: unerwünschte Wellenlängen (bei Mehrmodenbetrieb)
Unfocused: nicht fokussiert
Uniphase mode – TEM_{00} – s. mode
Unstable state: unstabiler Zustand
Unwanted lines: unerwünschte (Spektral-)Linien
Upper level: oberes (Laser-)Niveau
Valence band: Valenzband
Vaporization: Verdampfung
Vaporize: verdampfen
Vaporized material: verdampftes Material (Näheres dazu s. Kap. 4.3.4 und 4.3.5.5)
Velocity: Geschwindigkeit
Vibrational level: Schwingungsniveau. Energiezustände eines Moleküls infolge von Schwingungen, zusätzlich zu den durch Kernbindungskräfte und Elektronenkonfigurationen bedingten Energiezuständen. Diese Schwingungsniveaus unterscheiden sich nur sehr wenig voneinander
Vibrational-rotational bands: Rotationsschwingungsbanden. Aufspaltung der Schwingungsniveaus in noch feiner unterteilte Niveaus infolge verschiedener Rotationszustände bei mehratomigen Gasen
Visibility: Sichtbarkeit (V). Beobachtbarkeit der Interferenzmuster bei interferometrischen Untersuchungen; ist I_{max} die Intensität im Zentrum einer hellen Stelle und I_{min} einer dunklen, so ist V definiert als

$$V = \frac{I_{max} - I_{min}}{I_{max} + I_{min}};$$

V = 1 beste Sichtbarkeit, V = 0 keine Interferenz
Visible radiation: sichtbare Strahlung. 0,4 bis 0,7 μm
Voltage: Spannung (elektrisch)
Volume heating: Volumserwärmung
VUV – *v*acuum *u*ltra *v*iolet –: Wellenlänge unter 0,18 μm
Waist: schmalste Stelle (Taille)
Walk off: Hinauslaufen der Moden aus dem Resonator (Wanderungsverluste)
Wall: Wand (eines Gefäßes, Gasentladungsrohres)

Warm-up time: Aufwärmzeit. Zeit, die vergeht, bis ein Gerät betriebsbereit ist
Wave: Welle
Waveguide: Wellenleiter
Wavelength: Wellenlänge (Abstand zweier benachbarter gleicher Phasen)
Wave number: Wellenzahl; (s. term)
Wave train: Wellenzug
Water-cooled (laser): wassergekühlter (Laser)
Water cooling: Wasserkühlung
Water pressure: Wasserdruck
Water temperature: Wassertemperatur
Watt: Watt (W). 1 W ist gleich der Leistung, bei der die Energie von 1 Joule gleichmäßig während einer Sekunde umgesetzt wird. 1 W = 1 J/1 s
Wedge: Keil
Weight: Gewicht
Welding: Schweißen, Schweißung
Worst-case condition: Bedingung bei ungünstigstem Fall
wt% – weight per cent –: Gewichtsprozent
X-ray: Röntgenstrahlen
YAG – *y*ttrium *a*luminium *g*arnet –: Yttrium-Aluminium-Granat, $Y_3Al_5O_{12}$. Beliebtes Wirtsmaterial für Neodymionen
Zoom lens: Gummilinse

23 Sachverzeichnis

Dieses Verzeichnis umfaßt auch das GLOSSAR, enthält aber nicht die englischsprachigen Termini. Im GLOSSAR werden oft noch ausführlichere Erklärungen gegeben!